生物质热化学转化技术

肖 波　马隆龙　李建芬　朱跃钊　主编

北 京
冶 金 工 业 出 版 社
2016

内 容 提 要

本书以生物质热化学转化技术为主线，从生物质资源和特性入手，重点阐述了生物质储运及预处理技术、生物质燃烧技术、生物质热解气化技术、生物质材料技术等方面的内容，并介绍了国内外在该领域的研究进展情况及发展前景。全书共分 9 章，包括生态系统中的生物质资源，生物质的特性，生物质收运、储存与机械预处理技术，生物质燃料及其制备工艺，生物质燃料燃烧技术，生物质热解液化技术，生物质热解气化技术，生物质原油提炼技术，生物质热转化材料技术。

本书内容丰富、取材新颖，对生物质热化学转化技术进行了比较完整和深入的讨论，系统性强。本书既可作为能源、化工、材料、环境、机械等相关学科的高等院校师生阅读材料，也可供相关科研院所的工程技术人员、管理干部及关注该技术的相关人士参考。

图书在版编目(CIP)数据

生物质热化学转化技术/肖波等主编．—北京：冶金工业出版社，2016.6
（现代生物质能源技术丛书）
ISBN 978-7-5024-7135-4

Ⅰ.①生…　Ⅱ.①肖…　Ⅲ.①生物能源—热化学—转化　Ⅳ.①TK6

中国版本图书馆 CIP 数据核字（2016）第 075308 号

出 版 人　谭学余
地　　址　北京市东城区嵩祝院北巷 39 号　邮编　100009　电话　(010)64027926
网　　址　www.cnmip.com.cn　电子信箱　yjcbs@cnmip.com.cn
策划编辑　谢冠伦　责任编辑　李维科　李鑫雨　美术编辑　彭子赫
版式设计　孙跃红　责任校对　卿文春　责任印制　李玉山
ISBN 978-7-5024-7135-4
冶金工业出版社出版发行；各地新华书店经销；固安华明印业有限公司印刷
2016 年 6 月第 1 版，2016 年 6 月第 1 次印刷
169mm×239mm；19.5 印张；381 千字；298 页
59.00 元

冶金工业出版社　投稿电话　(010)64027932　投稿信箱　tougao@cnmip.com.cn
冶金工业出版社营销中心　电话　(010)64044283　传真　(010)64027893
冶金书店　地址　北京市东四西大街 46 号(100010)　电话　(010)65289081(兼传真)
冶金工业出版社天猫旗舰店　yjgycbs.tmall.com

（本书如有印装质量问题，本社营销中心负责退换）

作 者 简 介

肖　波，华中科技大学教授，博士生导师，华中科技大学生态能源研究所所长。长期从事生物质能源技术及清洁生产技术研究，承担国家和省部级等纵横向科研项目30余项；荣获国家教委、湖北省及武汉市科技成果奖5项；获得国家发明专利12项；在国际权威期刊上发表论文100余篇。近年来，大力推广生物质热化学转化与利用技术，并利用该技术协助建立4个生物质热解和气化生产民用燃气示范基地，为居民提供生活燃气服务，供气达万余户，解决了农林废弃物堆放和焚烧污染难题，取得了良好的经济、社会和环境效益。

马隆龙，中国科学院广州能源所党委书记兼副所长，研究员，博士生导师，“973”计划项目首席科学家，“百千万人才工程”国家级人选，“万人计划”人选，享受国务院政府特殊津贴。长期从事生物质能源科研开发和战略研究工作，主要研究方向为生物燃料高效制备与利用、生物质热解气化及发电以及生物质全组分高效转化与利用。主持完成了“973”计划、国家基金、“863”计划、科技攻关、重大国际合作项目和广东省研究项目等科研项目30余项，取得了水平较高的科研成果和较大的经济效益。

李建芬，武汉轻工大学教授，博士，湖北省新世纪高层次人才，湖北省有突出贡献中青年专家。主要从事固体废物资源化及生物质热转化利用技术的应用基础研究。近年来主持国家和省部级项目20余项，主编专著6部；发表高水平学术论文100余篇；获国家发明专利8项；获省部级科技成果奖6项。致力于推广生物质热化学转化与利用技术，协助建立3个生物质燃气站，受到当地政府和用户好评，经济、社会和环境效益显著。

朱跃钊，博士，教授，博士生导师。从事热科学与工程教学和科研工作，并作为常务副理事长筹建“中国绿色能源产业技术创新战略联盟”，牵头组建“江苏省低碳技术学会”并当选常务副理事长；担任中国机械工程学会膨胀节委员会副主任委员，江苏省工程热物理学会副理事长及江苏省过程强化和新能源装备重点实验室副主任，入选省“六大人才高峰”。主持国家和省级项目10多项；发表论文近100篇，主编著作3部；授权发明专利30项；获国家和省级奖励5项。

前　言

从物质的角度，地球上物质资源可分为地下不可再生矿物资源和地表可再生的生物质碳氢资源。经济发展必须以物质资源为媒介，而且当今世界经济80%以上是利用地下不可再生矿物资源，如果现代工业没有地下矿物资源，世界经济将随之崩溃，矿物资源匮乏和生态环境恶化将动摇现代物质文明的基石。利用低品位的自然资源获取经济建设所需要的物质，是未来科技发展的重点领域，也是人类物质文明总的发展趋势，人类要有足够的心理准备去迎接开采良田土壤冶炼金属的时代。利用低品位物质资源进行可持续的经济发展，关键依靠的是新的化学方法、化学工艺和工业装备。

相对于化石碳氢能源，生物质就是一种低品位的碳氢资源。生物质与化石能源特性相比，它们的主体成分都是碳和氢，这在科学原理及物质本质上决定了生物质具备转化为与化石能源同品质燃料和同品质材料的可行性，决定了未来能源和有机材料的出路。导致生物质燃料品质低的原因是其较高的含氧量和含水量，以及体积大且不规则的物理特性，这些劣势不是本质问题，是科学技术发展所处的阶段问题，它可以通过不断进步的科学技术和方法予以解决。至于生物质资源分散更不是障碍，这是国家系统管理的问题，在国家层面容易解决。因此，利用低品位资源维持人类的生存，才是人类实践活动的常态。越早掌握将低品位资源转换为高品质材料的科学技术，就越能占据未来发展的主动，这是新一轮科学追求的原动力引擎。

在支撑现代商品经济生产的金属材料、无机材料和有机材料三大材料体系中，基于碳氢资源的有机材料最具有活力，它不仅是国民经济中重要的材料，而且是国民经济中的主要能源。发展至今，抗拉强度最高的是碳纤维，而热值最高的常规能源是氢能。从化学的角度看，物质在开采、加工、使用和再生的生命周期中活动的本质，在很大程度上可以归纳为各种元素氧化物的还原加工、使用过程的氧化物回归和氧化物再还原加工的往返过程。然而世界上100多种元素中，只有碳和氢两种元素被人类氧化使用后，能够通过大自然太阳能的光合作用合成为碳氢化合物资源（生物质），并可以规模化收获再利用，而其他所有元素在使用过程中氧化后，都不能通过大自然再生。例如铁矿石冶炼还原成钢铁材料，在使用过程中被氧化成氧化铁后，自然界不能将氧化铁规模化地还原。尤其是绝大多数元素的氧化物为固体，经过多次人为再生回用的过程，越来越分散于广阔空间的陆地上和水体中，在工程上是无法收集的，也无法按常规方法循环再生。无机材料的原料经过高温烧制后，很难再规模化逆转为原来的原料。生物质碳氢资源具备材料、能源和可持续发展的优势，这是其他元素物质所不具备的。可见，生物质碳氢资源科学对人类的可持续发展极为重要。

支撑当今世界有机材料的化石碳氢能源资源越来越匮乏，所导致的环境问题越来越严重，解决这一问题的重担落在生物质碳氢资源肩上。其中的科学问题是如何对低碳氢含量的生物质纤维材料进行精细化加工及低成本高效率转化，以达到化石能源的燃料品质和煤化工及石油化工材料品质的标准要求。

生物质作为固体燃料，应该达到燃煤的燃烧温度，以替代燃煤，比如要达到1400℃以上温度去烧制水泥；生物质转化为商品燃气，应该达到中热值煤和高热值天然气的热值标准；生物质转化为商品燃油，应该转变为汽油、柴油和煤油的烷烃物质；生物质转化为有机原料、塑料和纤维，应该具备相应的分子结构和物化性能。

生物质热化学转化，除了解决生物质的高温高效和清洁燃烧的科学问题之外，更重要的任务是如何通过热化学手段，把生物质碳氢化合物的复杂大分子转变成为高品质的气体燃料、液体燃料和有机化工原料及材料等结构规则的碳氢化合物。这可以利用热解技术，将生物质转化为热解油，再加以分离纯化；也可以利用气化技术，先将生物质经热化学转化为H_2、CO、CH_4等小分子燃气，再合成需要的高分子燃料和有机化工原料。这既需要开发相关热化学转化技术和传热传质技术，也需要研制相关工艺设备。可见，生物质热化学转化过程是十分复杂的热化学化工过程，生物质热化学转化将不断引出一系列新的复杂的化工科学问题，它包括化学、工程热物理、材料、机械和控制等多学科交叉的科学问题。这个科学问题的解决及其技术和装备的延伸，必将形成新兴生物质化学工业，并带动新兴能源、有机材料、农业和环保产业链兴起。在这个新兴工业平台上，人类将可在短期内摆脱对化石能源的依赖，利用取之不尽的低品位生物质碳氢资源，获得支撑国民经济可持续发展的高品质的绿色能源和有机材料。本书第1~3章介绍了生物质资源和特性及其储运技术，第4~9章用大量篇幅详细地介绍了生物质燃料制备、燃烧技术、热解液化技术、气化技术、生物油提炼技术、生物质材料技术，并对其发展前景进行了展望。希望本书能为读者对生物质热转化利用技术提供一些有益的参考。

本书是编者长期从事生物质热转化技术研究和实践成果的积累。参与本书编写的主要成员有：华中科技大学肖波教授、李光兴教授、靳世平教授、梅付名教授、舒朝晖教授、刘石明副教授、胡智泉副教授，中国科学院广州能源研究所马隆龙研究员，武汉轻工大学李建芬教授、许芳实验师，南京工业大学朱跃钊教授等；华中科技大学博士研究生王布匀、陈治华、易其国、王晶博，硕士研究生朱小磊、徐琼、冉丽、张焕影、孙蕾、李炳堂、王海萍、廖玉华、马彩凤、杨琳、蔡海燕、邓芳、陈健、王冰、李方华、李婷、马姝、王训、滕鹰、熊梅杰、张振雷、胡万勇、陈松黄、华伟、杨娉、许婷婷等，武汉轻工大学研究生王强胜、路遥等为本书进行资料收集、整理、文字修改和校对，做了大量的工作。同时本书还吸收和借鉴了该领域有关的研究成果，编者在此对给予本书以启示及参考的有关文献著作者深表谢意。

由于编者水平有限，书中难免有疏漏和不妥之处，诚请专家与读者予以批评指正。

编　者

2015年9月

目　　录

1　生态系统中的生物质资源

生物界是一个多层次的系统，生态系统是其中非常重要的一个层次，生态系统包括特定范围内的生物与环境因子。同更大的生物圈和较小的群落、种群以及个体层次比较起来，生态系统更多地强调生物与环境因子间的相互作用。因此在使用生态系统这一名词的时候，通常更关注于生物与环境之间的关系，而不仅仅将生物受到的环境影响或者生物对环境产生的影响限制于一时一地。最大的生态系统显然就是地球上的整个生物圈，当我们利用生物质的时候，对环境产生的影响可能是深远或者难以预测的，这是在利用生物质的时候必须注意的一点。

生物质可被认为是建立在光合作用基础之上的各种有机体。这个定义显然过于宽泛，因此一般认为生物质是来源于各种动物、植物、微生物的生命活动且能够再生的物质。在对生物质资源加以利用的时候，需要考虑到人工行为对环境的影响，而行之有效的方法莫过于根据生物质生长的环境条件进行生态系统的划分而具体加以讨论。因此，人们常常将生物质资源根据其生长条件而划分成为陆生植物、水生植物、动物以及其他生物质等。

从能源角度来说，生物质是最早被人类利用的。毕竟，这是一种从人类学会钻木取火开始就主动利用的能源方式。时至今日，我国广大农村每天升起的袅袅炊烟依然在诉说着人们对生物质利用的悠久历史。但是这种生物质的能量利用方式无疑是低效而且不能适应现代社会发展需求的，因此各种提升生物质在能源行业中效能的方式也就应运而生了。例如以乙醇发酵和长醇发酵以及生物柴油分解的生物利用方式，在生物质转化为高等级能源的过程中充分利用了生物反应温和与清洁的特点，是一种很有前途的能源转化方式。但是利用生物方法实现能源转化方式转化效率低而且不够稳定，因此目前最有效而且发展较快的转化方式是生物质的热化学转化技术。适用于热化学转化技术的生物质种类繁多，而且能够有效地将生物质中的各种有机物都转变为能源产品，这都是生物法所远远不能比拟的。本书主要讨论的就是生物质的热化学转化方法。

1.1　自然界的生物质

自然界的生物质基本上都是建立在植物或者藻类的光合作用基础上的。植物是能够进行光合作用的多细胞真核生物。植物基本上都是陆生的，即使是水生植物也都符合陆生生长的形态结构与生殖要求。地球上生存的植物大约有 40 多万种，结构不同、形态各异，这都是为了适应不同的生活条件而逐步进化产生的差异。

1.1.1 陆生植物

细胞分化过程中，形成了组成植物的各类组织，并组成了植物的各种营养器官和繁殖器官。根据其功能和结构的不同，植物的组织可以被分为分生组织、薄壁组织、保护组织、输导组织、机械组织和分泌组织等。分生组织具有细胞分裂的能力，位于植物生长的部位。其他的组织都是从分生组织分生而来的。植物生物质则主要是由薄壁组织合成而来的，薄壁组织又被称为基本组织，其中的同化组织是光合作用发生的部位。薄壁组织中还有一类储存组织，储藏了大量的淀粉、脂类和蛋白质。保护组织则是植物暴露于空气中的表皮，通常只有一层细胞且排列紧密。输导组织是植物体内运送水分和营养物质的组织，包括导管和筛管，分别组成了木质部和韧皮部。机械组织在植物体内起着支持的作用，细胞大多为细长形，主要的特点是都有加厚的细胞壁。机械组织中的厚壁细胞具有加厚的次生壁，且大部分都木质化，成熟细胞一般没有生活的原生质体。厚壁组织中形状较长的一般称为纤维，纤维不仅仅起着支持植物形状的作用，还对人类有着其他的重要作用，比如苎麻中的纤维长久以来就被作为纺织纤维的来源，其中的次生细胞壁含有的大量木质纤维素也得到了越来越多的关注。分泌组织可以产生一些特殊的物质，例如蜜汁、黏液、挥发油、树脂、乳汁等，作为次生代谢产物，这些物质对植物在生态系统中的生存起到了重要的作用，例如曼陀罗的生物碱就可以对其他的植物生长起到拮抗作用，还对一些昆虫有毒。与此同时，这些次生代谢产物对人类也有着多种重要作用，比如橡胶、蜡质、单宁和淀粉等。

承担一定生理功能且具有一定形态特征的有机体组成部分，就是器官。被子植物的植物体中各个器官比较完备，包括承担营养物质吸收、合成、运输和储藏等生理功能的营养器官和承担繁殖任务的繁殖器官，其中前者为根、茎、叶，后者包括花、种子和果实。

除了少数的气生种类外，一般植物的根是生长于地下的营养器官，除了将植物体固着于土壤中之外，根还要从土壤中吸收水分和无机盐。一般的生长因子也要通过根从土壤中吸收。另外在菌根和根瘤这两种情况下，根也承担了合成的任务。根构成了生态系统中的地下生物质部分，这部分生物质通常不会被人类所利用，而是重新返回到生物的物质循环中去。

茎是植物地上部分的骨干，在茎上着生叶、花和果实。茎的形状根据植物的生长需求而各有不同，一般最常见的为圆柱形。茎是植物的地上生物质部分的主要部分，相对已经被广泛应用的果实、种子和次生代谢产物，现代生物技术也逐渐开始重视茎在能源利用中的作用。特别是茎中次生木质部中含有的大量木质纤维素，不论是用于第二代乙醇还是热化学转化技术，可提供的潜在生物量都是非常巨大的。

叶是植物重要的营养器官，通过叶片中的光合组织进行的光合作用产生的生物质，是陆地上绝大多数生物量产生的基础。理论上叶也是可以加以利用的生物质部分，但是由于叶片中含有较多的蛋白质、酶并富集了植物在生长时从环境中提取并隔离的多种有害物质，目前对叶的利用还未有系统的研究。我国特别是城市，在每年秋天往往会对行道树的叶片进行集中燃烧，这会产生大量的空气污染物，显然不是一种很好的处置方式。

果实与种子既是植物的繁殖器官，也是人类及动物的主要粮食来源。例如各种水果，可食用的部分就是其果实部分；而水稻、小麦的种子胚乳经加工后就成为了大米、面粉；各种食用的植物油、调味品也主要是植物的果实和种子。一般所谓的作物产量指的就是这两个部分。

从能源利用的角度来看，特别是在现代能源技术发展迅猛的背景下，整个植物的全部生物质都可以作为能源供给使用，将植物的可利用部分仅限制于某个组织或者器官的做法已经很不现实了。根据植物的化学成分或者主要利用方式进行划分，则是在具体实践中常用的方法。

最简单的能源转化方式莫过于利用糖料作物进行的乙醇生产。例如甘蔗、甜菜和甜高粱中富含可溶性糖，这些作物中的含糖量很高以至于它们可以被直接用于酵母发酵生产乙醇。巴西盛产甘蔗，通过这种方式产生的乙醇成为了巴西主要的燃料乙醇来源。我国东北盛产甜菜，也可以用来进行乙醇的生产。这类作物最大的优点在于含糖量高，因此所需的预处理以及生产后的废渣处置都非常简单，而且生长周期也不长，一旦气候条件和种植条件都满足的话，就能迅速地达到很高的生物质产出。但是这类作物也有一定的缺点，首先是它们普遍需要较好的生长条件，会与粮食作物争地争肥，其次就是糖也是很多工业应用的原料，将其用于能源生产会严重影响其他行业的发展。

目前，用来生产生物乙醇的原料多是淀粉，因此关于淀粉类作物方面的研究是最多的。以淀粉为原料酿酒技术已经有很长的历史了，工业化生产燃料乙醇正是利用了酿酒酵母在厌氧条件下的发酵功能。常见的禾谷类作物产生的淀粉都可以用来生产乙醇，例如小麦、大麦、玉米、高粱以及水稻等，其次还有甘薯、木薯、马铃薯等薯类作物。但是这些作物一般也都是当地重要的粮食作物，利用这些作物生产乙醇不可避免地会引起汽车和人争夺粮食的结果。因此目前这类乙醇的生产基本都是利用农业生产过程中产生的废弃部分，例如霉变、劣质或者口感较差的面粉、大米等。但也因此产生了很多限制因素，第一就是这样的原料来源受到严重限制，特别是由于粮食作物生产技术和方法的不断改进，使得粮食的营养价值和口感也在不停地提升，而且在生产过程中带来的损失也越来越少，能够用于生产燃料乙醇的原料也就越来越少了；第二就是生物转化淀粉生产乙醇的过程中，首先会生成糖，这样就可以直接用于其他工业生产了；第三就是利用生物转化的方法生产燃料乙醇比较耗能，在生产过程中微生物生长需要消耗大量的能量，酶对淀粉的水解虽然是自发反应，但是在大量生长的情况下，利用 ATP 进行的磷解也是相当耗能的。不过一般的生产过程中产生的蛋白质可被回收，产生一定的经济效益，这可以弥补一定的能量损失。

利用生物产生的油脂经过酯化作用产生生物柴油是一种新的生物质能源利用方式。油菜、向日葵、蓖麻和大豆等都可以用来生产植物油，目前也有了商业生产的种植田；而像黄连木这样的作物也能用来进行相关的生产，在我国也有一定的种植和生产研究。

这些能源利用方式都仅仅利用了植物的果实或者储存部分，但是植物的大量生物质部分例如茎和枝干都未能得到很好的利用。这些部位特别是地上部分经收割后废弃部分的处置一直都采用了比较原始的方法，最经常的处置方法就是直接燃烧，这是一种能量利用效率极低的方式，而且还会对生态系统产生严重的污染，例如我国华北地区，每年秋天在农业收割后会对秸秆进行燃烧处理，不仅仅白白浪费了其中蕴含的大量生物质能，还导致了空气中严重的氮化合物污染，在林业生产中产生的锯末处置也会导致相同的问题。

为了应对这些问题，人们提出了第二代乙醇的概念，也即利用微生物产生的纤维素酶水解这些富含木质纤维素的植物成分以产生可溶性糖，然后利用与淀粉发酵生产乙醇相同的工艺生产乙醇，也即所谓的纤维素乙醇。但是微生物产生的纤维素酶在转化效率上较低，不能满足大量的工业需求，在工业生产中也导致投入与产出不能平衡，除了少数几个国家采用了要求较高的发酵工艺来生产纤维素乙醇外，目前全世界尚未有大量的工业生产应用。

纤维素是植物细胞中次生壁的主要组成成分，在初生细胞壁中也有一定的含量，主要存在于植物的机械组织和木质部导管中。木质纤维素是地球上含量最大的有机化合物，约占据了生物圈中生物质总量的 30%~40%。这么大的生物量之前由于技术的限制都被白白浪费或者在极低的转化方式下仅利用了很少的一部分。目前针对木质纤维素的能量转化提出了一些新的方法，例如溶解后再利用纤维素酶进行水解，但是溶解剂的研发技术仍然停滞不前；纤维素改性也面临着同样的问题，现有的溶解剂或者改性方法不仅效率低，而且所用试剂都对环境造成很大污染，不能大规模的应用。综合来看，热化学转化方法是目前最具备应用前途的方式。

目前具有应用价值的热化学方法很多，其中包括将生物质制成生物质颗粒燃料、生物质微米燃料直接燃烧，热解产生焦炭，将由热解转化而来的生物质气化、液化等。根据不同的生物质特性或者应用目的，可采用不同的热化学方法将能量含量密度较低的所谓低级生物质转化为高能量密度的“高级燃料”，并用来产生相关的产物。理论上，这种转化方式随着化学方法的改进，可以最终完全替代人类对化石能源的依赖。

一般来说，凡是种植用来生产第二代乙醇的植物也都同时是热化学转化的天然底物，如芒草、柳枝稷还有麻类作物已经是比较有名且种植广泛的纤维素作物。

芒草是禾本科芒属植物的统称，原生于热带与亚热带地区。其中中国芒的生长范围已经延伸到了温带地区。中国芒既可以通过种子也可以通过地下茎分株繁殖，具有很强的生长能力，适应环境与气候条件范围非常广。中国芒的株高可以达到5m，年产生物质量很大，适合各种木质纤维素能量转化方法。中国芒由于生长迅速，生物量大，容易争夺周边植物的阳光与养分，降低其他作物的光合能力，在欧洲和北美洲成为一种入侵植物而且非常难以根治。充分利用中国芒，不仅可以生产能源，还可以从环境中不间断收割而降低其对当地生态系统和生物多样性的破坏。柳枝稷是原产于北美的一种多年生草本植物，草梗粗壮，可以生长到3m的高度，也是一种很好的能源植物。另外还有麻类植物，例如大麻、苎麻、黄麻等，都具有很大的生物量，特别是木质纤维素产量很高，都能作为草本能源植物加以种植利用。

陆地生态系统中可作为能源植物的种类很多，远不止上述几种，它们仅是一些典型代表而已。凡是能够用来提供能源的植物都可以被归类于能源植物，当然，具体应用到实际生产时又有一定要求。

能源植物首先应该具有较大的生物质产出，特别是用于能源生产的部分。比如松子，尽管也含有大量的油脂，但是由于松子的产量不大，不能满足能量生产的需求，就不能将松树划分到油料类能源植物中去。

能源植物应当主要被应用到能源中去。小麦、水稻等粮食作物，尽管有很大的淀粉产量，但是其食用价值明显大于能源利用价值，松树的生态价值大于其能源利用价值，都不能被划分为能源植物。而甜菜、甘蔗，尽管在某些国家或者地区被主要用于能源生产，但是在世界范围内偏重于经济作物的利用方式，也不能简单地认为其属于能源植物。

能源植物在种植过程中不应与当地的其他生产产生冲突。如果能源植物的种植影响了粮食生产或者其他经济生产，则违背了能源植物种植的初衷，例如我国的黄连木种植一般都是选择在粮食生产较为困难的地区，这就很好地实现了荒地的应用，在能源利用外也带来了一定的附加价值。

能源作物的种植也不能对当地的生态系统产生严重的破坏。生态系统的平衡对于维持经济与环境的可持续发展非常重要，以破坏环境的方式换取能源利用是非常得不偿失的。

能源植物的种植应当对生态系统具有一定的修复或者改良作用。能源植物年产生物质量巨大，种群内部可以构成一个良好的生态系统，为动物提供较好的栖息地，同时通过植物的生产对土壤特性进行一定的改良。但是如果选择植物错误的话，则可能收到完全相反的效果，例如若蒸腾量大大超过降水量则有可能引起土地的荒漠化，这是在进行决策时所必须考虑到的。

总之，陆生植物是目前能源利用中最大的生物质来源。陆生植物不仅种类繁多，为我们提供了多种选择，而且可利用方式多样，有广阔的利用前途。对植物进行利用时要综合考虑到植物的组织以及器官特性，根据不同部位的潜在价值采取综合利用方式。

1.1.2 水生植物

广义来讲，凡是能够长期在水中正常生活的植物都可被称为水生植物。水生植物可以直接从水和底泥中吸收营养物质，因此其根系没有一般的陆生植物发达。但是沉水植物在光照和气体的传送上显然要比陆生植物困难一些，因此沉水植物的茎和叶片也发生了一定的变化来适应这种环境，例如像莲藕中的孔隙和一般沉水植物大而柔软的叶片。

水生植物对维持湿地的生态系统非常重要，它既是水环境中的生产者，也是水中营养物质的重要循环者，同时对底泥中有机质的堆积有重要的作用，为水生生态系统的进化提供了基础。水生植物为水中的动物和微生物提供了主要的栖息地。与此同时，水生植物也常常因为其多种多样的形态成为重要的景观植物，除维护生态系统的稳定平衡外，还能产生额外的经济效益，例如在武汉大东湖水网的构建中，就有将大东湖水网通过各种水生植物的栽培建成为城市内的生态旅游景区的设想。这不仅利用了水生植物的外观，还综合利用了水生植物净化水质和泥质的作用。

某些水生植物具有很大的生物质产量，最著名的莫过于芦苇。芦苇生长于水缘或者浅水中，是一种多年生的禾草。芦苇具有很强的适应能力，是很好的先锋植物，对盐碱地和重金属污染的湿地都有良好的修复作用，同时通过强大的根状茎形成很厚的植物生物质层，为微生物和动物的定居提供场所。从某种意义上，芦苇也可以作为指示性植物用来标志环境的污染情况。芦苇与一般的水生植物的区别在于芦苇的地上或者水上部分的含水率并不高，可以作为很好的造纸原料使用。我国很多地区都有秋天燃烧芦苇的习惯，燃烧后剩下的草木灰富含各种矿物质，为农作物的种植提供丰富的营养。但是烧荒的处置方式对生物质资源是一种严重的浪费，目前迫切需要发展出其他的芦苇综合利用方式。

花叶芦竹的生长环境与芦苇非常相似，也生长在较湿的地方，通常也可以迅速通过丛生形成大量的芦竹荡。与芦苇不同的是，花叶芦竹中的纤维素含量增长更快，所需要的生长期也更短一些，因此对于将花叶芦竹作为纤维素植物加以使用的研究很早就已经开始了。花叶芦竹在抗逆性上比芦苇要差一些，花叶芦竹在严重的盐碱地上不能很好地生长。但是花叶芦竹在土壤水分上的要求比芦苇低一些，不一定非要在水体周围生长，只要有相当湿润的土壤就能快速生长。而且花叶芦竹在组成特性上与一般的秸秆也非常类似，可以很轻易地利用现有的能源转化技术加以利用。在热带或者亚热带地区都可以利用花叶芦竹，由于其生长期较短，在温带的多雨季节，例如春天到初夏这一段时间，花叶芦竹也可以单季生长并收割。

凤眼莲含水率可以达到95%，由于有一个类似葫芦一样的气囊，又经常被称为水葫芦。凤眼莲由于含水率高且有气囊，密度较低，漂浮于水面生长。同时其生长旺盛，增殖很快，在短时间内就能完全占据生长区域的水面，这样就阻挡了沉水植物对阳光的获取。因此当有凤眼莲生长于水体表面时，就会严重影响水体的生态系统，成为有害物种。

尽管含水率较高，但是凤眼莲的生长很快，如果有合适的收集手段，其产生的大量生物质理论上可以提供给沼气发酵使用。同时，凤眼莲对水体富营养化有很好的修复效果，除了很极端的情况，凤眼莲在严重污染的水体中都能很快的生长并利用其中的氮、磷等化合物，以此消除水中过多的氮、磷等污染物。另外，凤眼莲对水中的重金属也有很强的吸收能力，可以轻易地富集水中的重金属，达到修复的目的。但是由于重金属的不可降解性，凤眼莲富集的重金属需要另外的处理方式，否则凤眼莲死亡后重金属会随着生物质的沉降而富集在底泥中危害底泥中的微生物。如果能够研究出凤眼莲的利用方式，并能同耐重金属的微生物处置结合起来，那么凤眼莲的这一特性就能得到很好的利用。

作为最大的湿地生态系统，海洋中的生物质量是最大的。对海洋中产生的生物质的利用方式很多，但是在能源利用上的研究进展则很少。实际上，海洋中的很多生物质例如海藻类生物，一般的组成都是以海藻糖为主体的不均一硫酸多糖。就其组成来看，海藻如同其他的多糖类生物质一样都可以被水解并发酵产生乙醇，目前已经有了相关的研究。同陆地植物比起来，海藻的产量更大、受到季节的影响更少一些且生长也快一些。当然，海藻的归类在生物界中还有一些争议，不过通常都是以植物对待的。

随着人们对湿地生态系统认识的逐渐加深，对湿地中植物的应用研究也逐渐增多。当然，由于湿地在生物圈中的重要地位，对湿地植物的开发利用要更加审慎。湿地植物在生态系统中更多地担任了调节整体生态平衡的作用，湿地的生物质产出更应关注于动物和微生物方面。

1.1.3 动物机体

动物是生态系统中的消费者，动物通过其摄食行为维持着生态系统的平衡。

动物是生态系统中重要的生物质组成部分，不论是陆地还是湿地，动物生物质的产出都为人类社会的发展提供了重要的支持。动物类食品和饰品等已经在人类经济生活中占据了重要的地位。动物油脂也可像植物油脂那样通过脂肪酶的作用发酵产生生物柴油。

但是从总体上看，动物并不能像植物那样通过自身机体为生物质能的转化提供直接支持，这主要是因为：首先从动物机体的组成上看，诸如动物肌肉等蛋白质成分含有较高的氮和其他在能量转化过程中容易产生污染的元素；其次从集中获取的手段来看，动物的集中饲养涉及的技术与法规等比种植植物的难度和复杂度要高得多；第三，动物在能量的转化效率上比植物要低很多，因此利用动物质能转化产能比直接利用植物质能会有更大的能量损失。

1.1.4 其他生物质

可以作为生物质来进行生物质能转化的物质还有很多。首先最常见的物种就是藻类，在生物界中对藻类的划分一直存有争议。通常对藻类的研究被划分在植物界之下，常见的蓝藻和绿藻都能像植物那样进行光合作用，而且地球上大部分的氧气都是由湿地中的蓝、绿藻类合成释放出的，湿地特别是海洋中的蓝、绿藻类具有很大的生物量。

人工培育蓝、绿藻具有很大的前途。蓝、绿藻首先可以用于污水或者受损水体的修复与净化，将水中的氮、磷、硫和其他的生物因子转化为生物质，并通过生态系统的作用最终转化为植物或者动物的生物质产出。藻类的增殖也符合一般微生物的生长规律，能够在很短的时间内通过群体生长迅速地产生很大的生物量，可以为沼气的生产提供充足的原料。沼气生产完毕剩余的废渣还可以作为绿肥施用于土壤以增加植物的产量。如果能够解决藻类的脱水问题，藻类细胞壁也可用于各种热转化方法中以生产高密度的燃气、焦油等燃料。藻类细胞壁由多糖组成，理论上也可以通过发酵的方式产生乙醇，由于藻类本身含水量较大，在发酵上可以采用诸如固体发酵或者液体深层发酵等各种已经经过验证的、成熟的发酵方式。

另一个可用来进行能量转化的富含生物质的底物就是污泥。污泥的种类很多，有来自城市污水处理的污水污泥，有来自河湖疏浚的疏浚底泥，还有工程产生的工程污泥。其中前两者含有大量的生物质，因而热值很高，有很大的利用前途。现代污水污泥均由污水处理厂产生，在产生上具有定时定量的特性，非常适合集中处理，现在所称的污泥一般都是污水污泥。疏浚污泥的产生不具备长期性，但是每次河湖疏浚的时候产生的疏浚污泥量非常大，集中处置也有相当的价值。

污泥中除含有大量的有机质，还有大量的氮、磷、钾和其他的生长因子，是非常好的肥料。有很多的研究都已经证明了污泥作用于土地，可以改善土壤的团粒结构，增加土壤中的微生物多样性，显著增加土壤上的作物生物量产出。污泥的肥料价值还可以通过堆肥的方法进一步加以提升。堆肥利用好氧条件下嗜温菌和嗜热菌的作用，局部分解有机质并通过腐熟过程产生腐殖质。经过二级堆肥后，污泥还可形成粒状肥料，更易于作为肥料使用。

除此之外，污泥还可作为能量转化的直接来源。在日本、德国等发达国家，已经建立起了一些比较成熟的污泥焚烧工艺，通过较小的焚烧设备，能够实现能量的净产出。通过热解的方式，污泥也可以被转化为焦炭、燃气及焦油等高能量密度物质。

第三种比较大量的生物质是各种生产过程中的生物质残余。最常见的生物质残余就是各种农业生产中的秸秆，例如麦秆、稻秆、豆秆等。还有以农业生产为基础的工业残余物，例如纺织工业中的棉秆和麻骨等，在纺织工业的废水中也有大量的纤维素等生物质残余。此外还有大量的木材残余物，例如各种锯末等。

这类生物质残余物一般同已经开发利用的能源植物有着相同或者相似的组成与物化特性。例如麻骨、稻秆、锯末等，在热解动力学和热解产物上同芒草、柳枝稷都具有相同的表征。针对这些生物质进行热解的设备的设计也有了相关的研究，它们同其他的草本木质纤维植物是完全可以共用设备的。

另外，尽管动物机体本身不太适合作为能源底物利用，但是，动物的粪便在合适条件下却是很好的生物质能来源。我国农村很早就有燃烧动物粪便的历史，现在随着技术的发展，很多农村的人畜粪便都被收集起来用于产生沼气，实现清洁能源的生产。

1.1.5 自然界的生物质总量

据估计，全球每年通过光合作用固定的生物质总量约 50 亿吨，相当于世界主要燃料量的 10 倍，然而作为能源开发利用的不到 1%。中国拥有充足的生物质量，如农作物秸秆年产 6 亿吨，畜禽粪便年产 21.5 亿吨，农产品加工业如稻壳、玉米芯、花生壳、甘蔗渣等副产品的年产量超过 1 亿吨；另有边际土地 4.2 亿公顷，同时还包括各种荒地、荒草地、盐碱地、沼泽地等可用来种植能源作物的土地。

生物质能源的主要问题并不在于生物质能的总量，由于植物的光合作用，生物质能的产出可以说是无穷无尽的。生物质能应用面临的主要问题在于如何合理有效地利用其为人类社会发展服务，生物质的热值及热效率同化石能源比较起来很低，而且会占据很大的储存体积，这是在今后的研究中需要克服的问题。

1.2 生物质循环的生态保护功能

生物质能源主要来源于光合作用产生的底物，光合作用所固定的太阳能是所

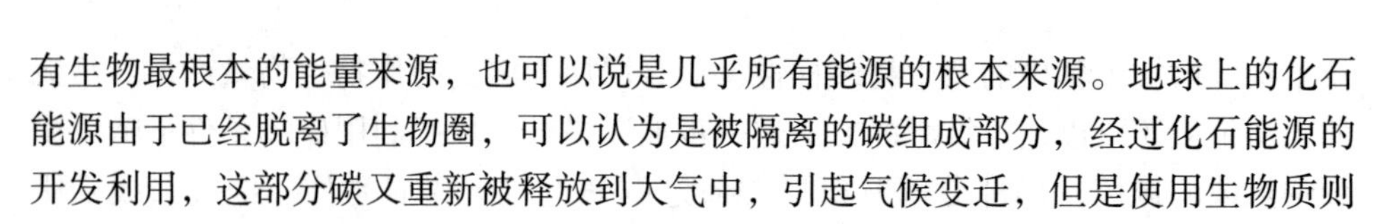

有生物最根本的能量来源，也可以说是几乎所有能源的根本来源。地球上的化石能源由于已经脱离了生物圈，可以认为是被隔离的碳组成部分，经过化石能源的开发利用，这部分碳又重新被释放到大气中，引起气候变迁，但是使用生物质则没有这方面的问题。

1.2.1 光合作用碳循环

光合作用是地球上最大的有机合成反应，它通过光合色素（主要是叶绿素）在日光下将无机物质（CO_2、H_2O 和 H_2S 等）合成有机化合物，并释放氧气或其他物质。光合作用中释放的氧气来源于 H_2O，CO_2则全部被光合作用的光反应固定到了有机化合物中。

植物的这种作用被称为同化作用，也叫做合成代谢。通过将二氧化碳经过复杂的循环最终固定到葡萄糖或者蔗糖中，葡萄糖和蔗糖再通过微管运输到植物其他部分成为生长发育中的能量来源或者植物的储存物质。葡萄糖还要经过种种途径形成其他一些植物生长所需要的单糖类成分，还有相当大的一部分的葡萄糖则作为单体，在微管的指导下，聚合成为纤维素，形成植物的细胞壁，起着保护植物躯干的作用。

纤维素是植物中的主要高分子组成成分，植物细胞壁中还含有其他的组成成分，如半纤维素和木质素，也都是植物经过生物化学途径合成的碳水化合物。在能源利用过程中，这些碳水化合物重新被氧化释放出来，从这一意义上来讲，生物质的能源利用实现了碳的“零排放”。

考察光合作用的原理，它利用的是太阳光的辐射能量，利用光合色素受到阳光辐射能的激发后产生的化学能来固定二氧化碳，整个化学反应是在温和的反应条件下进行的，不像人工固定二氧化碳并合成有机物时需要剧烈的反应环境。在光照下，植物固定二氧化碳并产生具有高能的生物化学分子用于随后的反应。固定的二氧化碳经过一系列的循环反应最终形成新的有机物，一般以葡萄糖或者蔗糖作为最终的产物而被转运出行使光合作用的植物细胞，而涉及其中的化学分子则在细胞内经过反应而再生。总体上看，植物固定二氧化碳并不需要消耗额外的有机分子，因此这是一个将无机的二氧化碳完全转变为有机物的过程，除了太阳光能，也并不需要额外的能量投入。

由于光合作用，植物与蓝、绿藻类在生态系统中承担了生产者的角色，它们将空气中无机的二氧化碳转变为有机物，然后被动物摄食后成为动物有机体，动物再经呼吸作用将有机物氧化成为二氧化碳释放出去，这样就完成了碳元素在整个生态系统中的循环。

化石能源也是光合作用的产物，只是这一部分碳因为沉积后从生态系统中隔离的时间较长，在这期间，生态系统已经取得了平衡，重新释放出这些碳会破坏现有的生态平衡。在正常情况下，光合作用固定的碳也有可能被重新保存起来，植物和动物死亡后留下的有机体在细菌的最终作用下会转变为二氧化碳，但是在特定条件下也可以生成腐殖质或者水体下的底泥有机质而从碳循环中隔离出去。能源植物生长非常迅速，这不仅包括地上的茎秆部分，还要包括地下的根，收割后，这些根留在土壤中，通过细菌的消化与温度变化等条件最终腐殖化，增加土壤的肥力。经若干年的能源作物种植后，土壤的生物质产出可以得到明显的改善，通过光合作用固定的二氧化碳量也会有大幅提升。

总之，光合作用固定的碳最终可以有多种去向，利用好有机碳不仅仅可以实现能源利用中的零排放，还有可能将二氧化碳从环境中隔离出去，减少大气中的温室气体。

1.2.2 植物的净化功能

植物通过吸收、转化等生理生化过程可以对土壤、水体、空气中的污染物进行净化。研究的比较成熟的植物修复集中在土壤污染修复上。土壤中的污染分为无机污染和有机污染，无机污染中主要是重金属污染。

土壤金属污染来源众多，直接导致受污染土壤面积不断增加，不仅降低土壤肥力，而且恶化土壤水环境，通过食物链危及人类健康。对土壤中的金属净化通常采用一些物理或者化学的方法，但是这些方法不仅代价高昂，而且往往会对土壤带来二次污染，所以如何利用天然手段改良并最终解决土地的金属污染问题，在当下显得尤为引人关注。

在众多研究中，利用植物进行的修复工作获得了更多的关注。这是基于以下原因：

（1）植物比动物更能耐受金属的污染。植物可以通过本身的结构在细胞内隔离金属元素，或者通过某些手段从体内释放出有毒金属元素，从而可以比动物耐受更高浓度的金属元素而保持对土壤的连续净化能力。

（2）植物直接同土壤产生联系。植物生长于土壤上，可以直接将金属元素从土壤中吸收出来，降低土壤中残留的金属元素浓度，而植物的根部往往可以通过改变土壤中的物化环境来活化金属元素以加速吸收过程。

（3）植物可以将金属元素从土壤中提取出来。植物通过地下部分向地上部分的运输将金属元素从土壤中提取出来，对植物地上部分的收割工作相对比较容易且成本低廉，而土壤微生物尽管对金属元素也有吸收作用，但是由于其生活在土壤中，不仅不能将金属元素从土壤中隔离出来，往往还会导致金属元素在局部地区土壤中的污染加强。

（4）植物修复，同时具有一定的经济效应。某些生长于污染土壤上的植物在净化土壤的同时所产生的生物质量可以产生其他的经济效益。

根据植物净化土壤的作用过程和机理，金属污染土壤的植物修复技术可分为三类：植物稳定、植物挥发、植物吸取。

（1）植物稳定：利用植物吸收和沉淀来固定土壤中的大量有毒金属，以降低其生物有效性和防止其进入地下水和食物链，从而减少其对环境和人类健康的污染风险。植物稳定可以保护污染土壤不受侵蚀，减少土壤渗漏来防止金属污染物的淋移，可以通过在根部累积和沉淀或通过根部吸收金属来加强对污染物的固定。同时，通过改变根际环境（pH 值、氧化还原电位）来改变污染物的化学形态。植物稳定可以与原位化学钝化技术相结合，局部替代昂贵而复杂的工程技术。

（2）植物挥发：植物挥发与植物吸取相关，它利用植物吸取土壤中的金属元素，在植物体内积累，然后通过叶片等器官将金属元素挥发到空气中，其中最典型的应用是汞污染的植物修复。植物通过自身的代谢作用转变吸收到体内的金属元素存在形式，因此目前这方面的研究集中在对植物内部代谢系统的分子生物学、酶学等领域。

（3）植物吸取：植物稳定和植物挥发这两种植物修复途径有其局限性。植物稳定只是一种原位降低污染元素生物有效性的途径，而不是一种永久性去除土壤中污染元素的方法。植物挥发仅是去除土壤中一些可挥发的污染物，并且其向大气挥发的速度应以不构成生态危害为限。植物吸取是利用专性植物根系吸收一种或几种污染物特别是有毒金属，并将其转移、贮存到植物茎叶，然后收割茎叶，离地处理。专性植物，通常指超积累植物，可以从土壤中吸取和积累超寻常水平的有毒金属，现已发现 Cd、Co、Cu、Pb、Ni、Se、Mn、Zn 超积累植物 400 余种，其中 73%为 Ni 超积累植物。植物修复的成本相对于传统的物理或者化学方法非常低廉，往往还不到这些方法的十分之一，并且通过回收和出售植物中的金属还可进一步降低植物修复的成本。植物吸取还有一些其他的优点，比如可以原地处理而不用异地治理污染，同时还有美化环境的作用。

植物吸取是一项有前途的修复方法，但是其中所涉及的化学作用过程相当复杂，其中原因局部来自于其处理的对象——土壤和污泥的复杂性，主要包括：

（1）微生物的影响。植物的根圈范围是土壤环境中微生物活性和数量最为集中的地方，在这里包括细菌、真菌、放线菌在内的微生物与植物的根之间发生着复杂的生理生化反应。不同土壤中的土著微生物和受污染后的微生物群落均有所不同，即使是同一批污泥，放置时间长短也会带来优势菌群的变化。由于中间涉及的微生物种类过多，使得在不同的根圈范围内其生理生化反应的种类和程度均有所不同。目前在这方面的研究主要从总体环境着手，衡量总体微生物量对植物吸取的修复影响程度。

（2）土壤本身物理化学性质的影响。土壤能够支撑植物生长，是因为土壤形成的多孔性介质能够保证植物及其共生的微生物生长必需的空气、水、有机质的充分供给和相对适合的离子环境。凡是对这些土壤特性产生影响的因素都会引起植物修复效果的变动。其中最为常见的就是有机质、pH 值、生物酶活性的波动。

有机质既是植物和微生物生长所必需的营养成分来源，又会对土壤中的重金属元素起到螯合作用。在一定程度上，腐殖程度较高的有机质对重金属有较好的螯合作用，起到了稳定作用，因此土壤中腐殖有机质含量较高能够减少植物的吸取，人为操纵土壤中有机质含量可以达到调节植物吸取的效果。

pH 值直接影响土壤中金属元素的存在形式，被认为是影响土壤中矿质元素植物有效性的主要因素，所导致的直接结果就是作物对不同金属元素的吸收情况与 pH 值之间表现出明显的相关性。

第三个重要的因素就是土壤酶的含量与活性的变化，这种变化既与重金属含量有关系，又对最终的植物修复效果有影响，完全是一个动态变化的过程。重金属与土壤酶之间的关系有三种：

1）酶作为蛋白质，需要一定量的重金属离子作为辅基，此时重金属的加入能促进酶活性中心与底物间的配位结合，使酶分子及其活性中心保持一定的专性结构，改变酶催化反应的平衡性质和酶蛋白的表面电荷，从而可增强酶活性，即有激活作用。

2）重金属占据了酶的活性中心，或与酶分子的巯基、氨基和羧基的结合，导致酶活性降低，即有抑制作用。

3）重金属与土壤酶没有专一性对应关系，酶活性没有受到影响。

目前对重金属与土壤酶之间的关系研究主要从两个方面入手：一方面是多个重金属对某个土壤酶的影响；另一方面是某个重金属对土壤中多种酶的综合影响。由于重金属在不同环境条件下对不同蛋白质之间的竞争作用不同，且蛋白质性质随环境变化也有所变化，因此综合研究复杂条件下的土壤酶总体活性变化需要更进一步的理论突破。

除此之外，还有一些其他因素也对植物修复的效果产生着影响。

（1）土壤改良手段：通过向土壤中添加土壤改良剂来影响植物对重金属的吸取是一种常见的方法。这种方法往往会影响土壤中的微生物生长，也能够达到促进某些重金属的植物修复的效果。由于土壤中的重金属之间存在着相互竞争，因此往往增加了一种重金属的吸收，反而减弱了其他重金属修复效果。而表面活性剂则可以增加所有重金属的植物有效性，因此也有相关方面的研究。由于这些土壤改良手段往往也是污泥处置中常用的改良手段，这方面的研究对污泥处置后的重金属变化和对植物修复效果的探索很有借鉴意义。

（2）钾离子在土壤中的变化：由于通常城市水污染和污泥土地利用中 N、P

的含量较高，所以影响微生物和植物生长的一个关键因素是土壤中钾离子的浓度及生物有效性。由于钾离子是单价小离子，其吸附—解吸受到重金属浓度的影响较大。当重金属浓度增加时，对土壤中阳离子吸附位点竞争加强，导致土壤对钾的持有力下降，严重影响了微生物和植物的生长，从而影响整体植物修复效果。

（3）植物对不同重金属的富集部位：植物对不同重金属的富集部位往往不同，关于这方面的研究较多。重金属富集的部位对植物修复效果的影响在某些情况下是较为重要的，这是因为如果重金属富集在植物的生殖器官将会严重干扰植物繁殖，减弱或消除植物对重金属的连续提取。

总体而言，植物修复是一个方兴未艾的环境治理手段，植物吸取有着很多的优点，但是由于植物吸取重金属所需的时间长，且超积累植物的生长速度较慢，生物量又很低，现在关于植物吸取的实验一般都是在实验室完成的，真正在野外环境进行的研究很少。

植物同时对土壤中的有机物也有净化的功能，有机污染物与重金属有所不同，重金属是不可被转化的，而有机污染物如果能够被植物吸收，则有可能通过植物的生理生化反应而分解或者转化为无害的形式。

植物可以通过直接吸收的方式吸收土壤中的有机污染物。有些有机污染物被植物吸收后，可能不能被分解，而植物可以将这些有机污染物集中于特定的器官中，例如多环芳香类有机污染物在自然界中非常难以降解，但是这些有机污染物却可以通过植物的凯氏带，被植物的根吸收并被转运到叶片或者其他器官中去，它们也可以经由角质层中的孔隙直接被植物吸收，然后经过胞间连丝在植物体内运输到叶片等器官中集中起来。对落叶进行集中收集并处理，可以有效地防止有机污染物对环境的污染。其中最著名的环境有机污染物莫过于二噁英，二噁英主要来源于燃烧和某些化合物在自然环境中的光化学反应。从理论分析上来看，任何温度下的燃烧都不能避免二噁英的产生。二噁英属高度持久性化合物，会在空中漂浮被人体吸入，或通过降雨使水域、土壤受到污染，还可在该环境中生活的动植物体内富积，人吃这些动植物时，二噁英也同时被摄入，由此导致严重的病变。少量的二噁英可以进入植物的叶片，并在植物叶片中富集，对脱落的叶片收集集中处理可以有效地去除环境中的二噁英。现在已有研究证明植物对环境中难以分解的多环类有机污染物不仅可以通过根系吸收，其他各部位都能有效吸收这些污染物。因此一些类似的污染物例如“六六六”和 DDT 等都可以被迅速吸收并达到隔离的效果。

植物还可以代谢分解土壤与空气中的有机污染物。通过这种方式被分解的最著名的环境危害物是三硝基甲苯（TNT），它可以被多种植物例如杨树、曼陀罗、茄科植物等高等植物迅速吸收并分解为高极性的化合物，这样就为各种生物产生的水解酶的进一步分解提供了可能，其分解产物被集中在植物的根和叶片中，进行集中的处置也比较容易。由于这些植物多是高等植物，生长迅速且耐受浓度很高，所以对环境中的 TNT 去除是非常快速的。一些环境中残留的除草剂也能通过这种方式而被快速的分解掉。

植物不仅通过自身的修复作用达到净化环境的效果，还可以通过与微生物之间的互动加强各自对环境的净化作用。微生物可以通过直接代谢或者共代谢的方式去除环境中的污染物，其中直接代谢方式是以污染物作为代谢底物，绝大多数是将污染物作为电子受体进行的呼吸或者发酵作用，这些污染物主要是一些无机离子，例如硫酸根或者硝酸根等。而共代谢则主要针对一些有机污染物，例如有名的工业有机溶剂三氯乙烯就可以通过甲烷菌的共代谢来进行氧化。如同植物对污染物的净化一样，微生物对污染物的净化作用也受到种种因素的影响。植物的根圈具有特殊的土壤物化条件，通常 pH 值要比正常的土壤 pH 值低 1~2，同时根圈还有植物根所分泌或者泄漏的各种蛋白质以及酶等生物有机分子，能够显著地提升该处的有机污染物的生物可利用性，而且较强的酸性可以一定程度上改变污染物的化学特性，也有利于微生物吸收并分解有机污染物。因此，往往植物与合适的土壤微生物菌群能够获得更好的污染物去除效果。

植物同样对水环境中的污染物有很强的净化效果。前文中提到的凤眼莲，尽管由于其生长旺盛会抑制其他植物或者微生物的生长，但是却对重金属有很强的吸收能力，而且即使是某些重金属浓度超过 700mg/L 的重度污染情况下都能迅速生长并富集重金属，这种净化能力在污水处理中不仅不需要大量的投入，而且不会产生人工试剂法带来的二次污染。另外，凤眼莲在处理重金属的同时，还对水中的氮、磷等废物有很好的利用效果，因此可同时处理废水的重金属污染和富营养化污染，与此同时，对有机污染物也有很好的吸收效果，在复杂情况下，仅需要这样一种水生植物就可以达到综合治理的效果，这也是人工处理法所远不能企及的。

尽管由海藻对污染物的吸收带来的食品安全问题非常令人头疼，但是海藻对污染物的吸收效果却可从这一情况得到反证。事实上，海藻对海洋污染的净化效果是早就被论证过的，与陆地植物不同的是，这些水生生物质并没有发达的根系。很多陆生植物会将从环境中吸收的污染物富集在根中，由于根难以收集，因此结果就是污染物会继续残留在环境中。在水生植物中，这种情况就不复存在了，污染物从环境中的隔离也就变得更为简单了。

1.2.3 植物的水土保持功能

水土流失本是自然界的一种正常现象，但更多情况下，却是由人为活动所造成的，譬如过度放牧、开垦土地、砍伐森林、开矿筑路、炸山采石等。目前关于水土流失的成因和防治的讨论相当多，本书在此不再赘述。但是需要强调的一点是植物在水土保持中的作用需要根据具体情况进行具体分析，主根和须根的区别应当与当地的降水和栽培时的环境结合起来考虑，必要的时候相关的人工辅助也是必不可少的。

整体来看，不论是须根系还是直根系，由于能源植物生长迅速，其根系都比一般植物的发育要更快一些，从理论上看，在水土保持中的效应比一般植物应该强一些。

1.2.4 植物的气候调节功能

大型的生态系统对气候条件有着重要的影响，其中与大气、土壤和水体直接接触的植物体对气候条件有着直接而具体的影响。

植物首先通过蒸腾作用实现生物圈中的水分循环。植物将土壤中的水分吸收，然后经由导管运送到叶片等部位通过蒸腾作用进入空气。大规模植物体与空气接触的边缘部分有相当的潮湿度，这里的水分可以被空气流动带走，形成除了光照之外对当地水土条件的重要影响。更大规模的森林可以显著增加当地的空气湿润度，增加降雨，在较长的时间范围内改变整个气候条件。但是蒸腾效应如果利用不当，也会带来相反的效果。如果降雨条件未及时得到改善，或者水分蒸发过快，降雨量不能弥补蒸腾作用带来的土壤水分的丧失，则可以引起土壤的退化并进一步沙化。因此在大规模的植物特别是蒸腾作用较大的乔木种植前，需要严格考察当地的降雨量与生物质在单位蒸腾作用下的生物质产出之间的对比关系。

其次，大片的林地可以显著降低空气流动的速度。这一点在风沙的防范和沙漠以及沙尘暴的治理中有着重要的作用。在降低风速方面，间断的大片林地要比连续林地的效果更好一些，在有限资源条件下，需要充分利用这一点。随着风速的降低和植物表面的摩擦作用，可以有效地降低空气中的粉尘含量。

乔木林的树冠和大片草地都可以有效地吸收太阳辐射用于光合作用。通过对太阳辐射的吸收，将其中大量的光能转化为生物能，这样可以有效降低光能辐射对空气中分子的激发，减小分子间的相互碰撞，从而有效地降低气温。夏天林地里的温度要比建筑中的低10℃左右，而草地上的温度则要低3℃左右，这都是植物对光能吸收的结果。

当然，植物降低温度的效果不仅是由对光照辐射吸收所引起的。从小的生态范围来讲，植物能够降低周围环境的温度还包括了水分蒸腾作用吸收的热量和植物叶片本身反射的阳光辐射。在大的生态环境中，植物对温室气体主要是CO_2的吸收，这是延缓地球温室化效应的主要原因。

1.3 自然界生物质潜在的能源资源

尽管能源这一术语谈论较多，但是对于能源的定义目前却莫衷一是。一般可以将能源认为是能够提供能量的物质资源。能源可以分为一次能源和二次能源，其中前者是自然界现成存在的能源，例如煤、石油、天然气、风能、水能、太阳能等；二次能源指由前者加工转化形成的能源形式，例如电力、煤气、蒸汽和各种石油制品。显然，如果仅仅只能形成一次能源或者某种形式的能源只能作为一次能源来利用的话，是不足以全部满足现在的主要能源需求的。

1.3.1　生物质与能源的区别

生物质可以通过燃烧等方式直接释放出能量，也可以通过生物转化或者热化学转化等方式产生二次能源，从这一意义上来说，生物质属于能源的一种。但是需要注意的是这两种概念之间既有交叉又有区别。生物质包括了地球上的各种各样的有机体，其中有些例如动物机体和土壤中的土著微生物显然不适合应用到能源中去。能源定义本身也包含了一定的限定因素，这其中隐含的涵义就是在当时利用条件下能够有效利用的能量来源。尽管某些植物可以被称为能源植物，但是很多条件下又不能成为真正意义上的能源来源。具体讨论这一问题就先要对生物质作为能源利用时可能遇见的问题进行分析。

1.3.2　生物质作为能源存在的问题

生物质相对化石能源来说，热值和热转化效率比较低。这是生物质作为能源利用中的最大问题，也主要是因为这个原因，很多生物质也常常被称为“低（等）级”燃料。在经过高温以及高压的地质转化过程后，生物质得到了一定程度的还原和聚合，形成了诸如石油、煤等今天使用的化石能源。但是生物质本身含有较高的氧，特别是多糖类化合物，在进行氧化的过程中，由于电势差的内在原因，决定了单位生物质本身产能就不如相同的化石能源。另外，由于生物质较为疏松并具有一定的韧性，在加工过程中比化石能源也困难一些，导致最终的生物质制品与燃烧时的空气或者氧气接触不良，不能有效地释放热量。

生物质作为能源使用时的第二个重要问题就是污染的问题。生物质能源利用中可能产生的污染形式相比化石能源也要更多一些。

首先，人们一般的看法是植物生物质在能量转化的整个循环中实现了温室气体的零排放，这是生物质相对化石能源最大的优势，但是这并不意味着植物在能源利用中就不会释放出其他的污染物。煤在燃烧时的最大污染物就是含硫以及含氮的污染物，会对空气质量造成严重的危害，而这些化合物原本很大一部分就是来源于形成煤的生物质。目前应用最多的植物生物质是秸秆类植物，其中既包括了含木质纤维素的草本植物例如芒草、皇竹草等，也包括了相当的农业或工业生物质残余物，例如麦秆、稻秆、麻骨、棉秆等。这些生物质在能源利用中会导致的共同问题就是氮的污染。由于种植技术和生物育种技术的发展，相关行业在利用植物的时候更关注行业所需部分的改进，比如棉花和苎麻在纺织工业中的应用就是如此。棉桃中的棉纤维和苎麻秆中的麻纤维成熟所需的时间在经过若干年的改进后，已经比以前大大缩短了。但是在棉桃和麻纤维收割的时候，这些植物的其余部分却还远未成熟，其中的蛋白质含量相当高，在某些品种中，其蛋白质含量甚至可以超过 30%，若转换为氮含量甚至接近 5%，这比某些煤中的氮含量还要高，在燃烧时造成的大气氮污染就更为严重一些。这些生物质残余物中又含有大量的纤维，作为饲料使用又不太合适或者至少需要较长的发酵时期。现实中，这些生物质残余物往往被废弃掉。相同的情况也出现在农业生物质废弃物中，有研究证明，麦秆中的蛋白质含量在一周内可以从 40%下降到 5%左右，而为了收割并继续进行其他粮食作物的种植，农民们往往不会多等一个星期，这些秸秆或者被收割后燃烧，或者留在农田中被烧荒，造成的结果都是产生了大量的含氮空气污染物。

其次，常见的能源植物并不是一般意义上的超积累植物，这也就是说它们从土壤中吸收并积累在植物体内的重金属或者其他污染物的量并不大。但是能源植物有着庞大的生物量产出，因此在相同条件下，能源植物从土壤中提取的重金属也很多。尽管超积累植物生物质中的重金属含量可以是普通植物的 100 倍以上，但是其生物量产出很低，在相同种植条件下还不及能源植物生物量的百分之一。因此，能源植物在修复土壤中重金属或者其他污染物上是非常有效的，但是这也为能源利用带来了难题，其中主要问题在于重金属。

重金属不会随着能源利用过程而消除，能源利用中消耗的植物生物量一般都非常大，这就造成了其中的重金属总量也很大。重金属或者存在于燃烧后的飞灰中，或者在生物质热解后存在于焦炭或者焦油中，最终燃烧后仍然存在于飞灰中。根据包含重金属的颗粒大小，重金属可以存在于残渣或者气溶胶中，由于重金属总量很大，这两种物质中的重金属浓度也很高。如果在残渣中，可以集中处理，例如在生物质燃烧后生成的半焦中就含有很大量的重金属。半焦的物理化学性质与活性炭非常相似，理论上可以作为活性炭使用，但是其中的大量重金属在使用过程中可能被释放出来造成介质的重金属污染，因此目前半焦主要被集中填埋处理。如果由于燃烧时的通风条件或者温度条件的改变而造成重金属大量出现在气溶胶中，最后有可能会形成严重的空气重金属污染，通过气溶胶的方式直接被人体摄入。

同植物类生物质比较起来，污泥中的重金属和氮、硫等污染物的含量则要更高一些，在热转化过程中生成的污染物含量也要高很多，这都是能源利用中需要注意的。人畜粪便也有相同的情况，因此目前这些生物质的主要能源利用形式为沼气生产，这样可以有效避开一些污染物，但是也导致了大量能量未得到有效利用。

第三种重要的污染物在于燃烧中产生的环境污染物。与含氮和含硫等燃烧过程中产生的污染物不同，这类污染物是由燃烧本身特性所决定的，其典型代表就是二噁英。相关研究已经证明二噁英的生成量与温度有直接的关系，生物质由于其本身特性，在直接燃烧时温度难以超过600℃，这造成了大量的二噁英生成，其根源还是在于生物质燃烧技术上。

生物质作为能源中所要面临的第三个问题就是生态问题，这个问题需要从两个方面进行讨论；其一是大量收割生物质进行能源生产后带来的环境破坏；另一个方面则是大量的能源作物的种植带来的环境危害。

植物不仅仅提供了本身的生物质产出，还要为动物和微生物提供生活的栖息地，同时还承担着环境中的空气、水土的循环流通作用以及成为一个生态系统中的种群演进的一环。简单举例来说，一片芦苇荡就可以成为一个成熟的生态系统，在芦苇相互盘结的根状茎上，动物例如野鸭、候鸟等可以在上面筑巢、生活，摄取其中的食物例如浮游生物或者鱼虾，其下则为鱼虾提供了生活的栖息地，通过对浮游生物的摄食获得生长，根际微生物则可以同土壤微生物和水中的微生物进行相互的群体交换。如果将芦苇收割，这些生物都丧失了生活的栖息地，即使是仅仅收割了水上或者地上部分，也会完全摧毁整个生态系统。另外，芦苇也是水生生态系统中的先锋植物，芦苇首先生活在岸边靠近水的部分，芦苇的逐年死亡在岸边土壤中形成生物质的堆积层，一些其他的植物就会逐渐替换芦苇，增加整个生态系统中的生物多样性。人为对芦苇生物质的收割会严重影响土壤中生物质的积累，造成生态系统进化的缓慢或者退化，对环境的影响是潜在而难以预测的，时至今日，也没有见到较为深入的理论研究来论证收割量与生物量持续生产之间的关系。

另一方面，能源植物通常对水肥的要求不高，但是生长很迅速，很短时间内就能长得很高，这样会严重影响其他植物对阳光资源的获取。这一点在普通的树林中就可以发现，如果树木有较大的树冠，地面的草类生长不会太好。黄连木林在我国贵州等地区的荒地上生长时就会影响当地杂草的生长。与之类似，芒草等草本木质纤维素类植物原本是丛生杂草，它们与当地的其他植物之间有着较好的共存关系，但是如果通过人工种植的方式大量培育，由于其生长迅速，会对其他植物的生长造成影响，破坏物种多样性。

另外，很多植物同时会通过生成次生代谢产物的形式来抑制其他植物的生长。其中最有名的莫过于曼陀罗的生物碱对其他植物的拮抗作用。在曼陀罗集中种植的情况下，种植区内以及周边几乎不能生长其他的草类植物，这一点在选择能源植物的种类时也是需要特别注意的。

生物质在能源工业中的大量应用可能还会导致同其他行业的冲突，在皇竹草的利用中就突出体现了这一点。皇竹草本是作为饲料用草培育出来的，每年可以分蘖80~90株，结合其株高，可以为养殖业提供充足的饲料来源。同其他草本植物一样，皇竹草在生长期超过4个月后蛋白质含量急剧下降，而纤维含量迅速升高。在某些气候条件下，这一生长期要缩短到3个月，因此也为能源利用提供了可能。因此在同一地区，当其他的生物质来源受限的时候，对皇竹草的能源利用就不可避免的影响到养殖行业。而对芦苇的利用情况也是如此，能源行业与造纸业之间的冲突在局部地区也很突出。

尽管作为农业残余的秸秆产量在农村很大，但是将这种生物质残余物收集到能源生产中去的时候会影响一些欠发达地区的人民生活，在我国部分欠发达地区，很多人依然采用燃烧秸秆的方式来提供日常生活所需的能量。

生物质能源面对的最后一个，也是应用中最现实的一个问题是反应器的构建。我国南方秸秆资源丰富，如果充分利用，能够在广东地区完全替代化石资源在当地工业中的应用。然而效率低下的反应器严重束缚了当地的生物质资源利用。生物质能源在产能过程中需要大量的加料并同时去除灰烬，为煤炭或者石油燃烧而设计的反应器完全不适合生物质的燃烧，过多的人工处理不仅带来了大量的能量损失，而且加快了设备的报废。原始的敲打式生产设备的方法不能用来建造生物质反应器。同样的问题也出现在生物质发电和供热中，由于这两种利用方式并不像燃烧要求那么高，这一问题在我国北方和中部还不是显得那么突出，但是当生物质应用企业越来越多的时候，提升其利用效率对生物质行业的可持续发展也变得越来越具有现实意义。

1.3.3 生物质能源的技术瓶颈

与化石能源相比，在具体的能源转化过程中，生物质能源首先面临的技术问题就是其收运、储存与预处理的问题。

为了综合利用能源植物的生态效益，能源植物的人工种植一般都选择在沙化、石漠化土壤以及盐碱地、荒地等退化土地上。这些地区一般都较为偏远，交通不便，特别是很多退化土地都位于丘陵地带，因此最初的技术问题在于发展适合这些区域的交通与收割工具。在欧洲一些国家，由于对生物质的应用比较广泛，已经设计并生产了一些专门适用于这些地区的农用机械。在我国对生物质能源的利用尚不广泛，因此还没有这方面的技术应用，目前普遍采用的都是现有的农用机械或者仅仅经过了简单的改装，这些机械并不适合大规模的生物质采集，未来需要相关领域的专门研究。

另一个问题在于一些水生植物的收集，例如芦苇的收割还有凤眼莲的收集。在我国一般采用的都是船上的人工收集，这种方式不仅缓慢而且很不安全，还有藻类的收集也是如此，对新的收集手段的需求目前看来是非常迫切的。

收集到的生物质如何转运也是一个很大的难题。生物质的密度很低，因此需要非常大的转运空间。不论是传统的卡车运输还是中转式仓库存储，都无法在短时间内存储足够的生物质以满足能源工业的连续运转。同时，连续的生物质转运显然会增加能源利用中的能耗，可能会使生物质的能源利用得不偿失。

如果在短时间内储存了大量的生物质，又会发生生物质的霉变及灰分的产生，这又对预处理提出了一定的要求。

目前普遍采用生物质颗粒燃料的方法来应对生物质收集过程中的一系列问题。通过机械压力将生物质压制成为密度较高的颗粒型或者砖型燃料，在方便运输的同时，也一定程度上提升了单位生物质的热值，有时候还能去除一定的蛋白质成分。在现在看来这是一个行之有效的方法，而且这种方法仅需要较小的机械就能实现，比较适合我国广大农村散居的现状。

但是生物质颗粒燃料有一个问题，这就是相关标准的建立。目前我国正在筹划建立生物质颗粒燃料的标准，欧洲已经有了一系列的标准体系。但是这些标准通常都是结果性的，也就是对最终制成的颗粒燃料在各种物化性质上做出了要求，对加工过程却没有相应的指导。众所周知，生物质在类型上千差万别，且不论不同的两种生物质，即使是一种植物在不同的生长期，其物化性质都有严重的区别，例如上文中提到的麦秆成分在一周时间内就会发生剧烈的变化，而且这种变化是植物生物质生长中的共性。根据对苎麻的研究，在生长尾期的 30 天之内，其纤维素成分可以从 60%增加到 66%左右，形成颗粒燃料过程中最重要的木质素含量可以从 0.7%增加到 1.2%左右，几乎翻倍。采用相同的工艺对不同的生物质进行加工制得的颗粒燃料结果必然是大相径庭。我国同欧美等发达国家在农业中的最大差异体现在自动化程度上，而且各地的作物品种差别又非常大，农民利用现有机械和经验生产的颗粒燃料难以保证合格率，既影响了农民的收益，又严重阻碍了生物质能源工业的发展。

为保证能源利用中的热值和热转化效率，需要对生物质进行一定的预处理。生物质颗粒燃料就是预处理的一种，当然还有其他的预处理方式。在预处理中，首先要解决的是生物质的含水率问题，当然在乙醇生产和沼气生产中，并不需要考虑这一点，但是在其他的利用方式中，特别是热化学方法中，这一点就非常重要，需要大量去除底物的水分以避免在转化过程中水分的蒸发热消耗太多的能量。通常植物类生物质经过晒干就可以利用了，但是对污泥来说，其中的水分非常难以去除。

污泥由于其产生方式，导致其含水率甚至可以超过 90%。根据对普通城市污水污泥的研究，当污泥中含水率超过 76%的时候，水分蒸发所需能量和污泥中有机质燃烧所释放的能量就已经不能达到平衡了。实际操作时，考虑到其他的经济投入，污泥中的含水率至少要在 60%以下才能有经济产出，但是在现实情况下，往往需要很长时间的暴晒和翻动才能达到这一要求。其间，污泥的臭味、致病菌和各种污染物又会同时污染环境。考虑到其中的难度，现在绝大部分污泥都未能得到有效利用。

增加生物质的比表面积可以有效地提高生物质在直接燃烧时产生的温度。生物质微米燃料正是基于这一考虑之上实现的技术，通过将生物质粉碎为细小的微粒，增加了燃料与空气间的接触面积，在燃烧时温度可以达到2000℃以上。这一技术对生物质的气化具有重要意义，可以在我国广大农村利用秸秆类资源生产可燃气这一清洁能源，彻底消除农村燃烧秸秆带来的空气污染。当然，这一技术也有其自身的限制条件，那就是将生物质粉碎为微米级的颗粒需要较大的能量投入，未来对于其粉碎方法的研究具有很大的应用前景。

在生物发酵和沼气生产中并不需要对生物质进行上述的预处理，因为这两种能源产生方式都是在水中进行的。除去沼气在我国主要应用于农村家庭使用外，生物质发酵产乙醇或者长醇面临着独特的问题。

淀粉类生物质发酵产乙醇的历史非常悠久，在现代得到了大规模的工业应用，这主要是因为对α-糖苷键的水解比较容易，而且这类糖苷键的水解酶专一性也比较差，在单体的要求上也不高，因而很容易就能进行大量的生产。但是存在于纤维素中的β-1，4-糖苷键则完全相反，它所形成的糖链在空间中成为一条直线，若干条直线糖链相互平行排列形成片层状结构后再相互垂直排列，极性集团之间相互形成氢键，结果就是整个纤维素分子在外观上表现出非极性，而细菌纤维素酶在专一性上较强，结合这类细菌一般为兼性厌氧细菌，群体生长较慢，导致总体水解能力不高。而真菌纤维素酶不能够水解结晶的木质纤维素，延缓了整个水解过程，所以至今对真正来源于木质纤维素的乙醇发酵都未能获得很大的进展。

纤维素乙醇发酵的研究主要集中在两个技术问题上。第一个是纤维素的预处理，通过酸或者碱的预处理可以局部解开纤维素的结晶，增加酶在纤维素上表现出的活性从而大量获得可溶性糖用于乙醇发酵。这其中主要的技术难题是在木质纤维素的结构破坏程度上。一般的物化处理方法如果能够持续足够长的时间或者保持有足够的强度，都能够最终将纤维素中的结晶完全去除，但是这些方法都需要剧烈的条件，需要投入的能量本身就价值不菲，而且使用到的人工试剂最后都会对环境产生一定的危害，需要更大的投入来治理。

对发酵生产工艺的改进是另外一条研究方向，这其中既涉及发酵工艺的改进，也涉及微生物的联合利用。现代发酵工艺中应用和研究最多的是固体发酵和液体深层发酵，这两种发酵方式比原始的发酵过程有更多的产物产出。目前的研究主要集中在这两种发酵方式中的各种条件控制上，由于产生纤维素酶的菌种众多，各种纯培养的发酵所需条件也不一样，生物技术中对高产酶菌株的研究也很多。

由于乙醇和过多的可溶性糖会抑制纤维素酶产生菌的活性，通过发酵工艺的改进将各种微生物联合培养，消除对各种微生物生长不利的因素，理论上可以实现木质纤维素的连续大规模水解。但是迄今为止，利用微生物分解纤维素并发酵生产乙醇的大规模生产尚未获得很大进展，距离真正工业化利用还有很远的距离。

与此同时，对木质纤维素的热化学利用技术的改进也从未停止过。例如华中科技大学采用云燃烧技术增加燃料与空气的接触，可以提升生物质燃料的热转化效率。相对而言，不同的植物生物质在相同条件下的燃烧或者热解时，它们的动力学具有很大的相似性，所以在燃烧和热解上的研究具有较高的普适性，这比单纯的生物质颗粒燃料的制作要简单一些。

当然，生物质如果真的要全面替代化石能源在人类生活中的作用，还需要有更多更深入的研究。通过化学工艺手段的改进，利用生物质热解的产品合成出各种合适的石油制品，才能真正实现生物质作为能源的全面使用。

1.4 生物质能源的使命

化石资源目前仍然是人类社会主要应用的能源物质，但是对化石能源的利用已经导致了众多的问题，目前有很多新能源都是人们关注的焦点。

1.4.1 化石能源的作用及其问题

化石能源是目前利用的最主要的能源形式，它是一种碳氢化合物或其衍生物。它由古代生物的化石沉积而来，是一次能源。化石能源所包含的天然资源有煤炭、石油和天然气。化石能源是现代工业的基础，除了为各种工业过程提供需要的能量外，化石能源还为现代化工合成工艺提供了原料。各种化学制品从本质上都是能量存在的一种形式，从这个意义上来说，化石能源全面满足了能源的全部涵义。

但是化石能源的大量应用也带来了严重的环境问题。化石能源是生物体经由地质时代漫长演变形成的，其中含有的大量的碳原本可被认为已经从生物圈中隔离出去了。自从工业革命开始以来，短短的一百多年对化石能源的集中使用向大气中释放了大量的 CO_2。相关研究结果表明地球上的温室气体主要是 CO_2，而其中人为导致的 CO_2排放有 90%是由化石能源的消费引起的。

不仅是 CO_2，对化石能源的开发利用还带来了其他的污染问题。

首先便是化石能源开采所带来的严重的环境问题。化石能源随着地质演化，已经成为了地壳的一部分，对化石能源的开采不仅破坏了当地的地质结构，而且也破坏了当地的生态系统。

其次是化石能源在运输、储存中带来的损失。化石能源从开采地到使用地一般需要经过较远距离的运输。我国是煤炭大国，但是煤炭产量多集中在西部，从西部向东部和南方运送煤炭需要经过长途的火车或者轮船运输，在运送过程中由于煤炭自身发热所带来的损失量非常巨大；同时，表层产生的粉尘也污染了沿路环境。石油运输中的泄漏也带来了严重的海洋污染。化石能源在运输过程中需要同周围环境隔离开来，如果发生了泄漏，不仅是污染环境，还会变成有严重危险的危害物。生物质新能源由于随处可见或者可以因地制宜地发展相关技术，都能够有效地避免这个问题。

化石能源由于其来源或者组成，在利用中还会产生大量的环境污染物。各种化石资源的能量转化过程中会产生 NO_x、SO_x 等大气污染物，在空气中这些化合物在光化学反应的作用下继续转变成各种对人类有严重危害的化学分子，同时还会导致酸雨等严重的生态污染效应。

为了防止这些污染物的生成，能源产业中先后发展出了很多的处理技术。煤炭中的含硫化合物可以通过洗选煤的方法去除，与此同时还能够部分去除煤中的含氮化合物和一些杂质。但是由此产生的废水也是一种严重污染土壤和地下水的污染物。洗选煤技术尽管应用时间较长而且也比较成熟，但是要想获得更好的处理效果也比较困难，尤其是对煤炭中的含氮化合物的去除。为了消除化石能源燃烧烟气中的含氮类空气污染物，人们又发展出了各种烟气处理技术，例如选择性催化技术和光催化技术等，这些技术已经在一些小型的发电厂得到了广泛的应用，但是它们的问题在于需要使用大量的催化剂，而催化剂一般又价值不菲，大大增加了发电厂的经济负担，而新型有效的催化剂的开发又迟迟难以获得进展。因此在我国，中小型发电厂一般采用更为便宜的方法，将烟气通过水洗或者酸洗的方法来处理，通过水或者酸液吸收其中的空气污染物达到烟气的清洁化，但由此造成的废水导致了接纳水体的严重富营养化。因此防治烟气污染的任务依旧任重而道远。

尽管化石资源有着上述严重的缺点，但是由于人类对其工业应用的历史较长，技术又比较成熟，在目前的能量资源中还是最易于开发利用的。然而化石资源的储存量毕竟是有限的，近些年来，化石资源枯竭的可能性被越来越多地提起，新资源的发现也变得越来越困难。为了人类社会的未来发展，对新能源的研究要尽快尽早开始了。

1.4.2 气候变暖对人类的影响

所有化石资源对人类社会发展带来的问题中，最重要的就是其导致的温室效应并由此引起的气候变暖。

气候变暖对人类社会最直观的影响在于其引起海平面的升高会威胁沿海城市的生存。气候变暖引起极地冰盖融化，冰盖不仅包括南北极的冰盖，还包括地球上其他地方的冰盖，例如永久冻土层和高海拔地区的冰盖。两极冰盖的溶解直接提升了海平面，而其他地方的冰盖溶解后，水分进入空气再通过大气循环和降水也间接提升了海平面。与此同时，温度的上升导致海水膨胀，同时导致海平面上升。近 20 年来，海平面已经上升了 11mm，而在过去 100 年中，海平面共计上升了 14.4cm。海平面的上升首先会直接淹没一些沿海的低洼地区，侵蚀海岸，而沿海地区又多是经济比较发达的地区，这会对沿海的社会经济导致直接的影响。

其次，海平面的上升会导致沿海地区的盐碱化。海平面上升导致海水对海岸地区地下水压力增加，海水向海岸地区地下渗透，其中的盐分经水分蒸发后留在土壤中，形成沿海的盐碱地。原始生长于沿海地区的植物和微生物以及聚丛等微型生态系统遭到破坏，然后动物等生物丧失其栖息地及食物来源，整个沿岸生态系统也会在长期的海水沁润下遭到破坏。

与此同时，海平面上升导致的海水渗透还会引起海水对地下水的倒灌。沿岸地区的地下水在海水倒灌后，被海水污染，变得不再适合人类社会使用，增加当地经济发展和社会生活的负担，这一情况在我国的海河流域和大连等沿海城市已经有了明显的体现。气候变暖不仅通过这种方式影响人类社会发展所需的淡水来源，其导致的冰盖融化实际上是对地球上淡水储备的最大威胁。

气候变暖还会导致极端天气条件的频繁出现。尽管这两者之间的关系对理论研究显得过于复杂，但是历年来的观察结果明显地表明随着温度上升，极端气候也随之越来越多地出现，其中包括了城市的高温热浪、极端酷寒和沿海地区的台风等气候灾害事件，而厄尔尼诺现象不仅更加频繁地出现，持续时间和强度也变得更大了。

气候变暖导致的温度上升对人体健康有直接的影响。城市热浪持续的时间比以前更长，直接导致心脏和呼吸系统疾病的发病率上升，增加了热浪引起的死亡率。而极端天气和气候事件可以显著地延长病菌的存活时间并增加病菌的迁移距离，导致瘟疫的流行。

气候变暖会引起生态系统的变迁，这会对人类社会的发展产生间接的影响。这种影响首先体现在农业上，由于大气温度的上升，土壤水分流失加快，植物蒸腾效应也有可能增加，引起部分地区的干旱，但是在另外一些地区，则又会由于空气水分增加而增加降雨，结果就是涝灾的频繁出现。降雨分布的不均衡会随着温度的升高而加重，导致越来越多的地区不再适合农作物的种植。与此同时，一些地区原有的生态系统也会由于温度与降水的变化而发生变迁，导致热带面积的扩大，一些病毒或者病菌可能会因此突破种群隔离的限制而导致更大的生态灾害。另外还有一些可能的灾害目前仍然是未知的，随着全球变暖速度的增加，今后需要继续紧密地观察生态和环境的变化。

当然，全球的气候变暖对人类的影响也不都是负面的。随着温度的升高，一些产量较高的热带作物可以获得更大的种植面积并增加其产量，例如橡胶树的种植面积就增加了。同时，一些粮食作物的产量也会随着温度升高而有所增加，这也会为人类社会的发展带来一定的益处。当然这种益处也会受到温度升高带来的产量波动变大和极端气候条件的影响，总体结果还需要继续进行研究。

1.4.3 其他可再生能源的局限性

除生物质能外，还有许多新能源被认为是潜在的化石能源替代者，它们同生物质能一起被称为可再生能源，也就是被认为在自然界中可以不断再生、永续利用、取之不尽、用之不竭的能源资源，这些能源包括太阳能、风能、水能、生物质能、地热能、海洋能等。由于它们的产生形式，一般被认为是环境友好的能源资源。近些年来，对这些能源资源的应用也逐渐增多。过去 30 年间，全球可再生能源增长率，超过了一次能源的增长率，增长速度最快的分别是风电、太阳能和地热能。在 1971~2004 年间，风电增长了 48.1%，太阳能增长了 28.1%，地热能增长了 7.5%。

太阳能是地球上绝大部分能源的源头。由于它是阳光的辐射能量，在利用过程中不会引起温室气体和污染物分子的增加，因此被认为是清洁能源。目前关于太阳能的利用很多，但是绝大部分都是集中在基础研究上，例如美国已经在实验室实现了利用人工合成的催化剂直接利用太阳能发电的技术。但是，在实际应用中太阳能存在着成本高、转换效率低的问题。

光电转化中需要光伏板，这是一种以硅为主要组成成分的半导体材料。目前我国光伏材料的生产量与出口量很大。但是光电技术中的经济负担并不是一些小型企业或者家庭所能承受得了的，而且由于其效率低，性价比远不能与常规能源相竞争。

家庭使用的太阳能则主要集中在光热转换技术上，即使用各种集热器将太阳光能收集起来，提供家庭的供热。尽管理论上这种热能可以提供工业使用的蒸汽来发电，但是距离实际应用还相差甚远。

太阳能利用的主要限制因素还是在太阳能自身的特点上。太阳能尽管看起来是无穷无尽而且随处可得的，但是具体到应用时，则又显得在局部过于分散，辐射量不敷使用，要获得足够的辐射能量，需要面积相当大的收集和转换设备。

在实际应用中，太阳能还不能达到像化石能源那样的稳定性。由于天气原因造成一地的太阳能辐射量总是处于不停地变化中，不能连续维持在较合适的水平。尽管蓄能技术的进步可以解决这一问题，但是蓄能技术本身获得的进步也不大，这也严重制约了太阳能的利用。

风能是一种可再生能源，利用大气流动产生的能量带动风车产生动能并用来发电。原理上风能也是无穷无尽的，然而由于风力发电机运转时发出的巨大噪声会造成严重的噪声污染，倒也未必就是清洁能源。风能的问题首先就在于不稳定而且不具备连续性，这一点同太阳能是一样的。其次，风能的获取也需要建造大规模的风车，占据相当大面积的土地，这些都制约了风能的使用。

水能看起来是一种清洁、稳定的能源资源。水能来源于水中包含的势能，通过水库、水坝等设施将水的势能保留起来，当需要利用的时候，释放成为水流的动能，因而可以带动机器转动产生电力。这个过程中没有污染物的生成，而且大型水库的蓄水能力又可以保证水力发电的连续性。我国有丰富的水力资源，例如长江三峡的水能已经被利用起来，另外，据考证，怒江上游的水力资源可能比长江的还要丰富，但是水能的大规模应用也会带来众多的社会人文问题。

首先是改变河流自身的水流特性。其中黄河体现的比较明显，三门峡水库的修建延缓了黄河的流动并造成了在三门峡水库处的卵石淤积。大型水库的建立会严重影响当地或者周边的地质条件。特别是大型水体的浸泡会导致沿岸的土地松软并崩塌，进而引发相应的地质灾害，我国三峡水库蓄水区的红线一再提升就是因为这个原因。

水库的建立会对生态系统造成严重的影响。一些近岸植物会因为蓄水被淹没并造成相应的物种灭绝，而大坝的建立会阻断溯游生物的洄游，造成鱼类无法产卵。同时被水淹没的还有当地的人文建筑和历史遗迹。

当然，水能的利用还有其他的缺点，不过相对其他的发电方式，目前还是除了火电之外最具备应用价值的。

地热能的利用应用历史也比较长，这种能源资源的优点和缺点都是一目了然的。首先地热是地球中热能的释放，不需要任何额外的运输和采集费用，而且地热稳定、持久。但是它的缺点在于只能限制在某些地点，而且想要普遍开发地热面临的风险可能也比较大。

海洋能面临的问题同太阳能和风能是一样的，而且海洋能另外还要面临的一个问题就是海水对设备的侵蚀。

除了这些能源之外，还有一种能源就是核能。在法国、德国等一些国家，核能一度占据了整个国家发电的三分之一以上。核能过去被认为是一种清洁安全的能量来源，但是日本的福岛核危机改变了这种看法，目前对核能的关注已经显著降低了。

尽管这些能源各有各的优点和缺点，但是如果综合起来应用的话，理论上是能够满足人类社会对电能的需求的。但是它们的一个最大的缺点在于不能提供液体燃料。虽然蓄电池技术的发展可能在将来实现这些能量在电力供应上的稳定性，而且利用电力推动的一些运输技术也能降低对液体燃料的依赖。但是液体燃料的不可替代性决定了只有生物质能源才有可能完全替代化石能源。

液体燃料首先在能源利用的方式上有一些电力不能完全替代的功能。例如，在加热、运输上液体燃料比电力更有效率。液体燃料的重要意义还在于它可以作为化学合成的原料生产相关的化学制品，这是其他的能源资源所不能做到的。通过生物质发酵产生的乙醇就是这样一种液体燃料。当然，生物质在其他转化过程中产生的其他含碳化合物如甲烷、一氧化碳等，甚至于焦油都有可能通过化学手段用来合成现代工业中需要的各种原材料。

1.4.4 生物质热化学转化技术与低碳社会的关系

低碳社会包含了很多概念，主要的意义就是通过各种理念和技术手段的更新，实现单位二氧化碳排放的产值与社会效益最大化。在低碳社会中，最重要的就是调整经济结构，提高能源利用效率以达到节能减排的目的。

其他的能源资源只能提供无碳的电力资源或者热能，但是并不能提供合成的原料。生物质发酵产生的乙醇或者甲烷固然是用来合成的合适原料，但是不论是纤维素乙醇还是甲烷在当下的技术水平条件下都不能大量合成出来，利用它们作为化学合成的前体，整个生产过程中所需要耗费的能量比直接利用化石资源的还要高。在更为有效的纤维素水解技术和沼气发酵与收集手段彻底改变这两种化合物的低效获取现状之前，最为有效的手段是利用生物质热转化技术来生产各种一碳化合物。这样生物质所固定的碳被转移到化学工业中去，不仅可以实现低碳生产，还可以通过对化石能源的替代直接减少大气中的二氧化碳排放。

从能源利用的角度来看，生物质的热化学转化技术也要比其他的能源更符合低碳社会的要求。生物质尽管收集、运输困难，但是其热化学转化特别是各种热解产物却可以方便地收集、运输。一般情况下，生物质在400℃以下可以被转化为焦炭，在600℃左右可以被大量液化，在800℃以上能够转化为燃气。华中科技大学的生物质微米燃料技术能够通过增大燃料的比表面积提升生物质燃烧的温度，通过微米燃料的燃烧，不仅可以提供生物质热转化需要的能量，而且能够弥补制备生物质微米燃料的能量损失，这样就可以完全实现整个生产过程中碳的零排放。

生物质热转化技术在低碳生活中的意义不仅在于能够实现能源转化全过程中的二氧化碳零排放，更在于相对其他新能源方式具有更高的能量传输效率。不论是太阳能、风能，还是水能，目前都没有高效的转化效率，而后在电力传输的过程中产生的能量损失也非常大。生物质可以转化成各种燃料运输，在运输途中产生的能量损失相比电力的损失就比较小了，而且生物质热转化形成的燃料可以借用现成的化石能源运输途径，例如各种管道，不需要再去额外铺设线路，基本可以无缝地实现新能源和化石能源的对接。

1.4.5 生物质热化学转化技术的使命

在提出生物质能源这一概念的时候，生物质能源的使命就已经确定下来，即是用来完全替代化石能源的。然而科技发展至今，能源的涵义逐渐扩展，生物质能源的使命也不应仅限于此。除了替代化石能源提供能量并为化工行业提供原料之外，生物质能源还有其他的用途。

生物质能源首先要完成一定的环境保护与修复功能。生物质能源的生产担负着平衡好环境与生态的健康发展与人类社会快速发展的任务。气候变化引起的环境退化与生态系统的变化需要得到修复以维持整个生物圈的可持续发展。速生林或者速生能源植物种植就是通过人为种植迅速替代环境中退化的主要植物物种，承担起原有植物物种在生态系统中的作用。例如，一些森林中的乔木在经过若干年的生长后进入其老龄期，生物量的产出和食物链中的物质循环能力大大下降，会引起整个食物链的崩溃，人为将这些植物替换为生长迅速的速生林有着显著的生态系统维护作用。

化石能源和各种矿产的开采都会破坏当地的生态系统。有研究表明人为干涉与自然修复的速度可能是一样的，但是这其中忽略了人为修复中同时产出的生物质能源，这是自然修复所不能做到的。

低碳社会中需要做到的不仅是能量循环中的低碳排放和能效提升，还要做到的是整个经济产业结构的提升。建筑行业可以作为这方面最典型的例证。建筑行业中所需要的能源不仅可以由生物质提供，更深入的研究还要集中在建筑材料上。随着低碳社会的发展要求，对建筑材料也提出了更多更高的要求，例如在热量传输上的惰性要求。现在的钢筋水泥材料在热量传输上较快，建造的房间冬冷夏热，受环境温度变化的影响非常大，但是植物材料则没有这方面的问题。建筑材料本质上也只是能量存在的一种变化形式，如何加工好生物质材料，使其在能量转移与转化上变得更适合社会发展的需求，也是今后生物质能源工业中需要综合考虑的问题。

生物质能源在提升整体国民经济组成结构上也有很重要的意义。化石能源的开发利用需要较高的门槛，尽管煤炭、石油、天然气等化石能源在较低技术手段下也可以直接利用，但首先有很大的危险性，其次利用效率也非常低，再次是环境危害也很大。因此各国都对化石能源的开发利用制定了相关的标准，这使得中小型的化石能源企业的经济与技术负担都比较大。相反，在生物质能源中，尽管当使用技术较低时，也具有类似的问题，但这些问题却并不像化石能源那么严重。首先，生物质并不会像化石能源有那么大的危险；其次，即使是利用效率低，生物质能源的来源就决定了它不会产生能源意义上的浪费，而仅仅是利用了多少的问题；第三，热转化过程中生物质含有的可转变为污染物的成分，可以通过便宜且几乎没有环境危害的生物方法去除，这一点也是化石能源所不能比拟的。

从生物质能源的来源也决定了生物质能源的利用应当采用分散的方式，我国的农业人口众多，基本都是散居在广大土地上，种植的能源植物和各种农业残余物产生都是分散的。利用众多的小型甚至是家庭型的生物质热转化设备不仅可以有效利用这些作物以及作物残余物，还可以为农村家庭带来一定的经济产出，而且小型的热转化设备操作简单、便利，非常符合我国的农村发展现状。生物质能源可以在我国新农村的建设中起到很大的支持作用。

作为另一种生物质资源，污水污泥有着同样的状况。我国的很多小型污水处理厂每天都在产生大量的污泥，这些污泥在未经处理的情况下以非常便宜的价格被出售为农业肥料，不仅附加值低，还会带来环境污染。如果充分利用污泥的能源价值将其转化为各种能源产品，可以获得大量的经济产出以弥补污水处理中的资金投入，不仅改善了能源组成结构，还可有效缓解我国众多小型污水处理厂因为资金问题导致的开工不足，有很大的社会意义。污泥中的有害菌在热转化后可被完全杀灭，有机污染物则转化为能源产品。污泥热转化后的残渣物理、化学特征都比较稳定，其中的重金属很难被释放出来，这样的残渣可以用于建筑材料的制作，减少建筑行业取材对环境的破坏。

总之，生物质能源的发展不仅是用来替代化石能源的，还具有强烈的社会、环境、经济意义，对国民经济的可持续发展，改善总体国民经济收入，提升产业结构都有着很大的作用，使人类社会发展中的资源真正实现取之自然，用之自然，保证人类社会与环境、生态之间的和谐、共同发展。

2 生物质的特性

2.1 生物质的组织特性

2.1.1 生物质的元素组成

元素分析组成是指组成燃料的各种元素（主要是可燃物质的有机元素），不反映由元素结合的化学组成与结构。根据燃料的元素分析可知，可燃物基本上都是由碳（C）、氢（H）、氧（O）、氮（N）、硫（S）等化学元素组成的。因此，在实际工程计算中就以此作为燃料的成分，同时认为燃料就是由这些元素构成的机械混合物，而不考虑其中所含有的各有机化合物的单独性质。显然，这种处理方法不能完全反映出燃料的特性，也就不能以此来判断燃料在各方面的化学性质和燃料性能，但燃料中各组成元素的性质及其含量与燃料燃烧性能却是密切相关的，其影响也各不相同。

固体燃料和液体燃料的各元素组成为碳（C）、氢（H）、氧（O）、氮（N）、硫（S）、水分（M）、灰分（A），通常用其相对质量（即质量分数）来表示，即：

$$C + H + O + N + S + A + M = 100\%$$

2.1.1.1 碳含量测定

碳是燃料中最基本的可燃元素，1kg 碳完全燃烧时生成二氧化碳，可放出大约 33858kJ 热量，固体燃料中碳的含量基本决定了燃料热值的高低。例如以干燥无灰基计，则生物中含碳 44%~58%，而煤的形成年代越长，碳元素含量越高，泥煤中含碳 50%~60%，褐煤中含碳 60%~77%，无烟煤中含碳 90%~98%。液体燃料中的碳的含量一般都比固体燃料高，而且对于不同的油品，它们的含碳量基本是一样的，在 85%~87%之间。

碳在燃料中一般与 H、N、S 等元素形成复杂的有机化合物，在受热分解（或燃烧）时以挥发物的形式析出（或燃烧）。除这部分有机物中的碳以外，生物中其余的碳是以单质形式存在的固定碳。固定碳的燃点很高，需在较高温度下才能着火燃烧，所以燃料中固定碳的含量越高，则燃料越难燃烧，着火燃烧的温度也就越高，易产生固体不完全燃烧，在灰渣中有碳残留。1kg 碳不完全燃烧时生成一氧化碳，仅放出10204kJ的热量；而当一氧化碳进一步燃烧生成二氧化碳时放出热量为23654kJ。

2.1.1.2 氢含量测定

氢是燃料中仅次于碳的可燃成分，1kg氢完全燃烧时，能放出约125400kJ的热量，相当于碳的3.5~3.8倍，氢含量多少直接影响燃料的热值、着火温度以及燃烧的难易程度。氢在燃料中主要是以碳氢化合物形式存在。当燃料被加热时，碳氢化合物以气态挥发出来，所以燃料中含氢越高，越容易着火燃烧，燃烧得越好。

氢在固体燃料中的含量很低，煤中为2%~8%，并且随着碳含量的增多（碳化程度的加深）逐渐减少；而生物质中为5%~7%。在固体燃料中有一部分氢与氧化合形成结晶状态的水，这部分氢是不能燃烧放热的；而未和氧化合的那部分氢称为“自由氢”，它和其他元素（如碳、硫等）化合，构成可燃化合物，在燃烧时与空气中的氧反应放出很高的热量。含有大量氢的固体燃料在储藏时易于风化，风化时会失去部分可燃元素，其中首先失去的是氢气。

氢在液体中的含量相对来说较高，一般在10%~14%之间。不同油品中氢的含量相差不多，且碳、氢两元素的总和占其可燃质元素组成总量的96%~99.5%。因此可以说，液体燃料（如石油）主要是由碳和氢两种元素组成的，所以液体燃料的热值一般相当高，为39710~43890kJ/kg。

含重碳氢化合物的燃料在供氧不足的燃烧过程中燃烧不充分，易形成炭黑，既造成燃料损失，又污染大气。

2.1.1.3 硫含量测定

硫是煤中可燃成分之一，也是有害的成分。1kg硫完全燃烧时，可放出9033kJ的热量，约为碳热值的1/3。但它在燃烧后会生成硫氧化物SO_x（如SO_2、SO_3气体），这些气体可与烟气中水蒸气相遇化合成亚硫酸H_2SO_3、硫酸H_2SO_4，在一定温度下凝结在转化设备的低温金属受热面上，使其腐蚀；硫氧化合物SO_x若随烟气排入大气中则会污染大气，是酸雨的成因之一，对人体、植物都有害。

燃料中的硫可分为有机硫和无机硫两类，有机硫是指煤中与C、H、O形成有机化合物的硫，煤中有机硫含量极微，无机硫包括硫化物硫、元素硫以及硫酸盐硫。硫化物硫主要是指黄铁矿硫FeS_2、微量闪锌矿硫ZnS、方铅矿硫PbS、黄铜矿硫$Fe_2S_3 \cdot CuS$、砷黄铁矿硫$FeS \cdot FeAs_2$。硫酸盐硫主要指硫酸钙$CaSO_4 \cdot 2H_2O$（即石膏）以及微量硫酸亚铁$FeSO_4 \cdot 7H_2O$（绿矾）和微量硫酸镁($MgSO_4$)。

从燃烧角度上也可将硫分为可燃硫（挥发硫）和固定硫（不可燃硫）两类。

将有机硫、无机硫中的硫化物硫和元素硫称为可燃硫。它们燃烧后以 SO_3、SO_2 气态形式存在于烟气中。将无机硫中的硫酸盐硫称为固定硫，因为它不可燃烧，最后仍以固态形式留在灰中。一般所谓的燃料中全硫，若不特别说明即指可燃硫，即有机硫和主要为硫铁矿硫的无机硫。

固体燃料中的硫含量一般较少，生物质中的含硫量极低，一般少于 0.3%，有的生物质甚至不含硫；含硫量大于 2%的煤被认为是高硫煤，一般含硫 0.2%~1%。我国的煤含硫 0~8%，个别地区的煤中含硫大于 10%。燃烧高硫煤应采取措施防止污染大气。大型电厂的煤粉锅炉采用从烟气中脱硫的方法，设备庞大，投资约占电厂总投资的 1/4。目前各国都在深入研究各种脱硫的方法，其中采用流化床燃烧技术并加入石灰石或白云石作为脱硫剂进行脱硫，设备较简单，脱硫效果也好。

由于液体燃料的含氢量比固体燃料高，燃烧后生成的大量水蒸气可与 SO_2、SO_3 等形成亚硫酸、硫酸蒸气，所以液体燃料中含硫的危害性比固体燃料更大，一般对在液体燃料中硫的含量都有严格要求。我国石油含硫量大都很少，含硫量小于 1%；而中东原油硫含量大于 1%。

2.1.1.4 氮含量测定

氮在高温下与 O_2 发生燃烧反应，生成 NO_2 或 NO，统称 NO_x。NO_x 排入空气中造成环境污染，在光的作用下对人体有害。但是氮在较低温度（800℃）与 O_2 燃烧反应时产生的 NO_x 显著下降，大多数不与 O_2 进行化学反应而呈游离态氮气（N_2）状态。例如在锅炉热力计算中计算煤的燃烧产物时，近似地认为煤中氮元素最后只以氮气形式析出。

氮是固体和液体燃料中唯一的完全以有机状态存在的元素。生物质中有机氮化物被认为是比较稳定的杂环和复杂的非环结构的化合物，例如蛋白质、脂肪、植物碱、叶绿素和其他组织的环状结构中都含有氮，而且相当稳定。

氮在固体燃料、液体燃料中的含量一般都不高，但在某些气体燃料中氮的含量却占很大比例。生物质中的氮含量较少，一般在 3%以下，故影响不大；煤中的氮含量比较少，一般为 0.5%~3.0%，且随着煤的变质程度加深而减少，随着氢含量的增高而增大。

2.1.1.5 磷和钾含量测定

磷和钾是生物质燃料特有的可燃成分。磷燃烧后产生五氧化二磷（P_2O_5），而钾燃烧后产生氧化钾（K_2O），它们就是草木灰中的磷肥和钾肥。在柴草中磷的含量不多，我国原煤的含磷量一般都在 0.01%~0.1%，个别高达 0.1%~1%。经过洗选的精煤，含磷量一般低于 0.001%。生物质中磷的含量很少，一般在

0.2%~3%不等，有机磷、无机磷共存。无机磷，如磷灰石［$3Ca_3(PO_4)_2 \cdot CaF_2$］、磷酸铝矿（$Al_6P_2O_{14} \cdot 18H_2O$）等，其余以有机磷的形式存在于生物质细胞中，有机磷和无机磷的总和称为全磷。而钾在柴草中的含量较大，一般为11%~20%。

在燃烧等转化时，燃料中磷灰石在湿空气中受热，这是磷灰石中的磷以磷化氢的形式逸出，磷化氢是剧毒物质。同时，在高温还原气氛中，磷被还原为磷蒸气，随着在火焰上燃烧，遇水蒸气形成了焦磷酸（$H_4P_2O_7$）。而焦磷酸附着在转化设备壁面使其受损。而K_2O的存在则可降低灰分的熔点，形成结渣现象。但一般在元素分析中若非必要，并不测定磷和钾的含量，也不把磷和钾的热值计算在内。

2.1.1.6 氧含量测定

氧不能燃烧释放热量，但在加热时，氧极易使有机组分分解成挥发性物质，因此仍将它列为有机成分。燃料中的氧是内部杂质，它的存在会使燃料成分中可燃元素碳和氢相对地减少，使燃料热值降低。此外，氧与燃料中一部分可燃元素氢或碳结合处于化合状态，因而降低了燃料燃烧时放出的热量。

氧是燃料中第三个重要的组成元素，它以有机和无机两种状态存在。有机氧主要存在于含氧官能团中，如羧基（—COOH）、羟基（—OH）和甲氧基（$—OCH_3$）等；无机氧主要存在于煤中的水分、硅酸盐、碳酸盐、硫酸盐和氧化物中等。氧在固体和液体燃料中呈化合态存在。

燃料中含氧差别很大，如煤中氧含量随着煤种不同变化范围很大，地质年代高的煤氧含量低，相反则高。无烟煤中仅为1%~2%，泥煤中可达40%，生物质中一般为35%~48%。在元素分析中，习惯上把氧和氮并在燃料的可燃质项目下，但按照它们的化学性质，这种说法是不大确切的。

燃料中氧含量一般都没有直接测定方法，靠减差法计算，即在已测定燃料试样中碳（C）、氢（H）、氮（N）、硫（S）、水分（M）、灰分（A）的质量分数情况下，按下式计算：

$$O = 100\% - (C + H + N + S + M + A)$$

元素分析结果也必须标明基，不同基的元素分析结果可以用下列方程式表示。

收到基：$C_{ar}+H_{ar}+O_{ar}+N_{ar}+S_{ar}+M_{ar}+A_{ar}=100\%$

空气干燥基：$C_{ad}+H_{ad}+O_{ad}+N_{ad}+S_{ad}+M_{ad}+A_{ad}=100\%$

干燥基：$C_d+H_d+O_d+N_d+S_d+A_d=100\%$

干燥无灰基：$C_{daf}+H_{daf}+O_{daf}+N_{daf}+S_{daf}=100\%$

综上所述，对于生物质燃料，元素分析数据是生物质转化利用装置设计的基本参数，它对燃烧理论烟气量、过剩空气量、热平衡的计算，都是不可缺少的。在高位及低位热值的计算中，必须应用硫含量与氢含量的值。硫含量对设备的腐蚀及烟气中二氧化硫是否构成对大气的污染有着直接的关系。在热力计算上，一般需要根据氮及其他元素的含量来求算氧含量，故提供可靠的元素分析结果在生产上有着重要的实际意义。

元素测定分析工作比较烦琐，设备比较复杂，必须由专门的化学实验室来完成，一般的燃烧工程技术人员不做这种测定。此外，我国目前还没有针对生物质进行元素分析的国家标准，所以一般进行的元素分析参照煤的元素分析的相关标准进行。

不同的生物质种类，其元素分析结果也不同，几种主要生物质的元素组成见表2-1。由表2-1可以看出，生物质的主要元素组成是碳、氢和氧，它们占生物质总量的95%以上，以干燥无灰基计，农作物秸秆中各元素的平均含量为：碳48.60%，氢5.96%，氧43.20%，氮0.91%，硫0.10%~0.30%；而木材中各元素的平均含量为：碳50.7%，氢6.06%，氧42.80%，氮0.37%，硫含量一般较少，小于0.10%；与煤的元素含量（碳为53.00%~92.00%，氢为3.00%~6.00%，氧低于40.00%，氮为0.60%~3.40%，硫为0.10%~8.90%）有很大区别。

表2-1 几种主要生物质的元素组成和热值

种 类	元素分析结果/%					HHV_{daf} /kJ·kg^{-1}	LHV_{daf} /kJ·kg^{-1}
	C_{daf}	H_{daf}	O_{daf}	N_{daf}	S_{daf}		
玉米秸	49.30	6.00	43.60	0.70	0.11	19065	17746
玉米芯	47.20	6.00	46.10	0.48	0.01	19029	17730
麦秸	49.60	6.20	43.40	0.61	0.07	19876	18532
稻草	48.30	5.30	42.20	0.81	0.09	18803	17636
稻壳	49.40	6.20	43.70	0.30	0.40	17370	16017
花生壳	54.90	6.70	36.90	1.37	0.10	22869	21417
棉秸	49.80	5.70	43.10	0.69	0.22	19325	18089
杉木	51.40	6.00	42.30	0.06	0.03	20504	19194
榉木	49.70	6.20	43.80	0.28	0.01	19432	18077
松木	51.00	6.00	42.90	0.08	0.00	20353	19045
红木	50.80	6.00	43.00	0.05	0.03	20795	19485
杨木	51.60	6.00	41.70	0.60	0.02	19239	17933
柳木	49.50	5.90	44.10	0.42	0.04	19921	18625
桦木	49.00	6.10	44.80	0.10	0.00	19739	18413
枫木	51.30	6.10	42.30	0.25	0.00	20233	18902

2.1.2 生物质高分子化学特性

生物质作为有机燃料，是多种复杂的高分子有机化合物组成的复合体，其化学组成主要有纤维素（cellulose）、半纤维素（semi-cellulose）、木质素（lignin）和提取物（extractives）等，这些高分子物质在不同的生物质、同一种生物质的不同部位分布不同，甚至有很大差异。因此，了解生物质的化学组成及各成分的性质是研究和开发生物质热化学转换技术和工艺的基础理论依据。

生物质的化学组成可大致分为主要成分和少量成分两种。其中主要成分是由纤维素、半纤维素和木质素构成，存在于细胞壁中，如图 2-1 所示。不同生物质的化学组成见表 2-2。

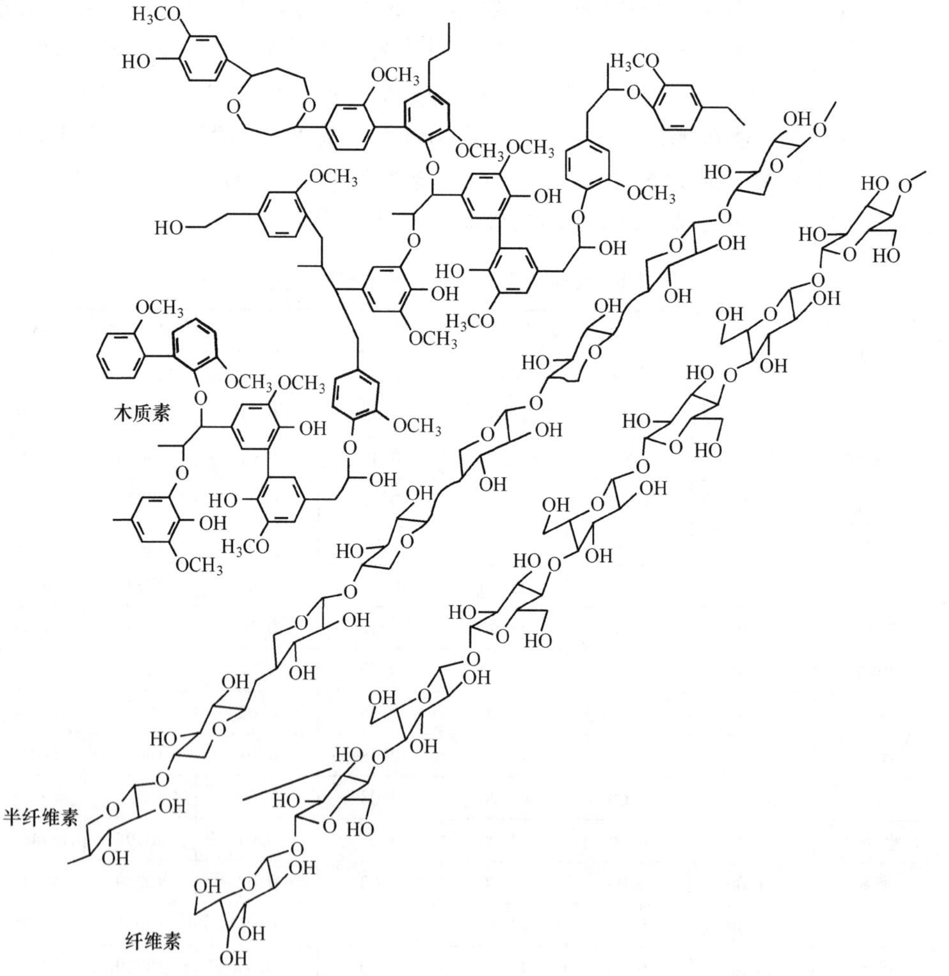

图 2-1 生物质的主要成分

表 2-2 不同生物质的化学组成 (%)

种 类	水溶性成分	纤维素	半纤维素	木质素	蜡	灰分
麦草	4.7	38.6	32.6	14.1	1.7	5.9
稻草	6.1	36.5	27.7	12.3	3.8	13.3
黑麦草	4.1	37.9	32.8	17.6	2.0	3.0
大麦草	6.8	34.8	27.9	14.6	1.9	5.7
燕麦草	4.6	38.5	31.7	16.8	2.2	6.1
玉米秆	5.6	38.5	28.0	15.0	3.6	4.2
玉米芯	4.2	43.2	31.8	14.6	3.9	2.2
制糖甜菜渣	（果胶 27.1）5.9	18.4	14.8	5.9	1.4	3.7
蔗渣	4.0	39.2	28.7	19.4	1.6	5.1
油棕榈纤维	5.0	40.2	32.1	18.7	0.5	3.4

少量成分则是指可以用水、水蒸气或有机溶剂提取出来的物质，也称“提取物”。这类物质在生物质中的含量很少，大部分存在于细胞腔和胞间层中，所以也称为非细胞壁提取物。提取物的组分和含量随生物质的种类和提取条件而改变。属于提取物的物质有很多，其中重要的有天然树脂、单宁、香精油、色素、木质素及少量生物碱、果胶、蛋白质等。生物质中除了绝大多数为有机物质外，尚有极少量无机的矿物元素成分，如钙、钾、镁、铁等，它们在生物质热化学转换后，通常以氧化物的形态存在于灰分中。

生物质的主要成分，即细胞壁物质，属于高分子化合物，这些高分子化合物相互穿插交织构成复杂的高聚合物体系。要把这些物质彼此分离又不受到破坏是非常困难的。因此，目前用任何一种方法分离出来的各种组分，实际上只能代表某一组分的主要部分。

2.1.2.1 纤维素

纤维素是一种重要的多糖，它是植物细胞支撑物质的材料，是自然界最丰富的生物质资源，在我们的提取对象农作物秸秆中的含量达到 450~460g/kg。纤维素的结构确定为β-D-葡萄糖单元经β-1,4-糖苷键连接而成的直链多聚体，其结构中没有分支。纤维素的化学式为 $(C_6H_{10}O_5)_n$，化学结构的实验分子式也为 $(C_6H_{10}O_5)_n$。早在 20 世纪 20 年代，就证明了纤维素由纯的脱水 D-葡萄糖的重复单元所组成，也已证明重复单元是纤维二糖，如图 2-2 所示。纤维素中碳、氢、氧三种元素的比例是：碳含量为 44.44%，氢含量为 6.17%，氧含量为 49.39%。一般认为纤维素分子由 8000~12000 个左右的葡萄糖残基所构成。

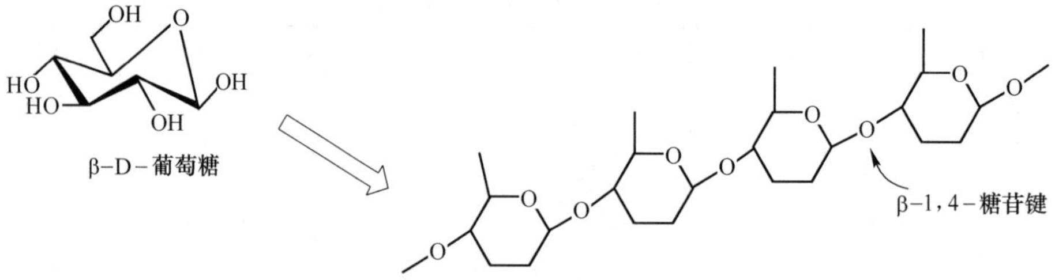

β-D-葡萄糖

β-1，4-糖苷键

图 2-2 纤维素分子的部分结构

（碳上所连羟基和氢省略）

A 化学结构

经典概念认为，纤维素分子是由 β-1,4-糖苷键连接的无分枝多聚葡萄糖链。但是，近年来的研究表明，甘露糖和木糖可能存在纤维素链状分子中，它们既可能只存在于纤维素链状分子中的某些区域，例如甘露糖富集区（mannose-rich domain），又可能存在于链状分子的一端。纤维素分子中葡萄糖（和其他糖）残基的多少，或者称之为聚合程度的高低，因植物种属不同或时间和空间关系的变化而有差异。如初生壁中的一类纤维素分子中残基数少于 500，另一类则在 2500～4500 之间；而次生壁中纤维素分子的残基数可高达 14000 甚至更多。

大约 30～100 个纤维素分子“并肩”排列，在分子内（intramolecular）氢键和分子间（intermolecular）氢键作用下，形成结晶的（crystalline）或类晶状的（paracrystalline）微纤丝。关于微纤丝内的纤维素分子究竟是平行还是反向平行排列的这一问题虽仍有争议，但在单球法囊藻（*thealga valonia ventricosa*）的微纤丝中，纤维素分子的确是平行排列的。目前一般认为，天然纤维素，或称Ⅰ型纤维素的微纤丝内，纤维素分子是平行排列的。Ⅰ型纤维素被碱化（alkalization）后不可逆地转变为Ⅱ型纤维素。在Ⅱ型纤维素的微纤丝中，它们则是反向平行排列的。这样两种微纤丝中纤维素分子的排列方式如图 2-3 所示。Ⅱ型纤维素在热力学上最稳定，而天然形态的Ⅰ型纤维素则处于亚稳态（metastable），其原因是前者的分子更加伸展，形成的氢键也比Ⅰ型的多。

X 射线衍射和化学研究表明，纤维素微纤丝的结构如图 2-3 所示。图 2-3 中的结晶区为 β-1,4-葡聚糖区，而中央的非结晶区则可能是甘露糖或木糖的存在部位。由图 2-3 还可看出，非结晶的或结晶程度差的表面区包围着中央的结晶核（crystalline core）。这一模型得到了一些实验结果的支持，例如，强酸处理后，纤维素被“打断”（酸解）成完全是结晶状的 β-1,4-葡聚糖片段。这些片段相应于图 2-2 中的结晶区，而被“打断”处则是结晶程度差或非结晶的非葡聚糖区。再如，在电镜下观察“负染”（negative stain）的微纤丝时，可以偶尔见到重金属染色区能穿过微纤丝的中心，说明某些部位的非结晶区中断了中央的结晶核。

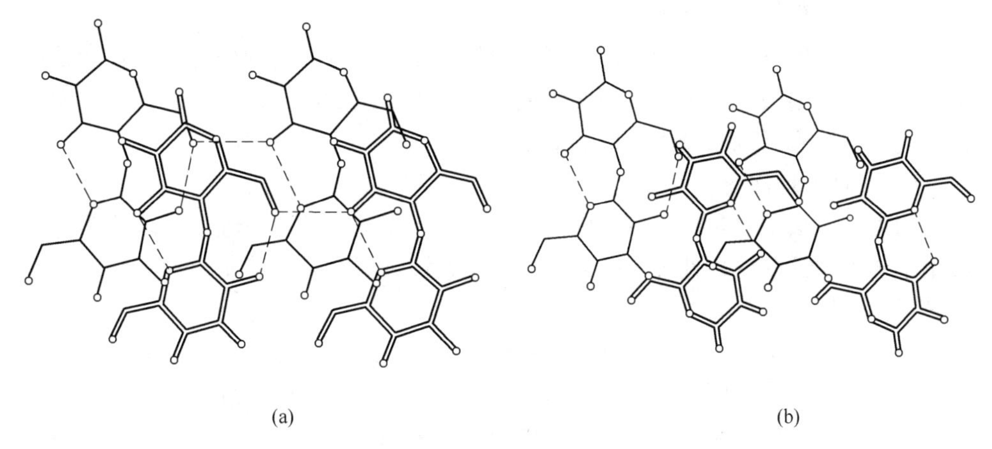

(a) (b)

图 2-3 Ⅰ型（a）和Ⅱ型（b）纤维素分子的排列方式

○ 氧原子；--- 氢键

虽然关于纤维素化学结构的研究取得了进展，但是无论是纤维素的化学组成还是其晶体结构都有待于更多研究成果，特别是纤维素生物合成方面的研究成果的证实。

B 化学性质

纤维素的可及性，纤维素链中每个葡萄糖基环上有 3 个活泼羟基，因此纤维素可以发生一系列与羟基有关的化学反应。然而，这些羟基又可以综合成分子内及分子间氢键。他们对纤维素链的形态和反应性有很大的影响，尤其是 C_3 位羟基与邻近环上的氧所形成的分子间氢键不仅增强了纤维素分子链的线性完整性和刚性，而且使其分子链紧密排列成高度有序的结晶区，反应试剂抵达纤维素羟基的难易程度，即纤维素的可及性（accessibility）。C_6 位羟基的空间位阻最小，故庞大的取代基对 C_6 位羟基的反应性高于对其他羟基的反应性。另外，结晶度越高，氢键越强，则反应试剂难以达到其羟基上。在润张或溶解状态的纤维素中所有羟基都有可及性。

纤维素的降解，降解反应可用于鉴定组成多糖的单糖组分以及比例。其中，酸降解、微生物降解和碱降解主要是纤维素相邻两个葡萄糖单体间的糖苷键被打开；碱剥皮反应和纤维素的还原反应作用于纤维素的还原性末端；纤维素的氧化降解主要发生在纤维素的葡萄糖苷键；纤维素的酯化反应和醚化反应发生在纤维素分子单体上的 3 个醇羟基上。而甲基化反应是多糖中未被取代的羟基被全甲基化，连接糖之间的键被水解这样就能确定在多糖中单糖的结合位点。甲基化试剂有硫酸二甲酯/NaOH 水溶液（Haworth）；碘代甲烷/氧化银（Purdie）；二甲基硫化钠/DMSO（Hakomori）；中性条件下甲基化采用的试剂是三氟甲磺酸甲酯/磷酸三甲酯。

C 纤维素分离和提取

根据所使用方法的不同性质，纤维素提取工艺可分为物理处理法和化学处理法。在实际应用中，大多是采用两种或两种以上方法的组合，以取长补短，发挥各自优势，改善纤维素分离提取的效果。

a 物理处理法

物理处理法主要包括机械粉碎、蒸汽爆破、微波和超声波辅助提取法等，一般用于纤维素提取的预处理工艺或是辅助工艺，其目的是去除木质素等对纤维素具有保护作用的成分。

（1）机械粉碎法。机械粉碎常用双辊压碎机、球磨机、流态能量研磨和湿胶体磨将天然纤维素原料粉碎。物料经过微粉碎后，纤维的物理性能发生了明显的变化，物料的尺寸明显变小，结晶度降低，平均聚合度变小，物料的水溶性组分增加。

（2）蒸汽爆破法。蒸汽爆破实质是一种复杂的物理和化学联合预处理过程，利用水蒸气在高温高压条件下可渗透进入细胞壁内部的特性，使之在进入细胞壁时冷凝成为液态，然后突然释放压力造成细胞壁内的冷凝液体突然蒸发形成巨大的剪切力，从而破坏细胞壁结构，使得大部分的半纤维素降解和木质素的软化部分降解。汽爆处理强度是直接影响汽爆处理结果的因素，随着汽爆强度增大，半纤维素的水解程度增大，对后续的组分分离有利，但是会带来纤维素分子链的断裂，造成纤维素品质降低。

（3）微波辅助提取法。微波是指频率范围在 0.3~300GHz 的电磁波，微波辅助提取是利用微波辐射对分子运动产生的影响，促进分子间的摩擦和碰撞。Azuma 等人发现微波辐射处理植物纤维素原料会部分降解木质素和半纤维素，增加纤维素的可及度。这种新型的预处理方法能够有效提高天然纤维素原料的化学反应和加工性，极大地缩短了反应时间，提高了生产效率。

（4）超声波辅助提取法。利用超声波的特殊效应（空化作用、机械作用和热效应）辅助分离木质素和纤维素，其原理在于：超声波产生的机械作用及空化产生的微射流对天然纤维素原料表面产生冲击、剪切，且空化作用所产生的热量及自由基均可使大分子降解。

b 化学处理法

化学处理法是应用化学制剂来打破木质素和纤维素的连接，同时使半纤维素溶解的过程，传统造纸工业的制浆过程就是采用化学方法进行处理的过程。化学处理法包括碱液分离法、无机酸处理、有机溶剂法、离子液体法等。

（1）碱液分离法。碱液分离是发现较早、应用较广的纤维素提取手段之一。碱液具有溶胀纤维素、断裂纤维素与纤维素间氢键的作用。碱法蒸煮中，使用碱液处理植物原料，常用的碱提取试剂有 NaOH、KOH、$Ca(OH)_2$等。碱浓度的选择是碱提取过程中一个重要的环节。

（2）无机酸处理。无机酸处理以其低成本、高效率、适应性强等优点被广泛采用，但是无机酸废液的后处理困难，整个过程造成的污染问题不可小视。

（3）有机溶剂法。有机溶剂法是目前研究较多也是较好的一类木质素与纤维素分离技术，即采用单一或者复合有机溶剂（或外加一些催化剂）在一定的温度、压力条件下降解木质素和半纤维素，得到纤维素。该法充分利用了有机溶剂良好的溶解性和易挥发性，达到木质素与纤维素的高效分离，并可以通过蒸馏回收有机溶剂，反复循环利用，实现无废水或少量废水排放。常用有机溶剂主要是有机酸、醇类、酮类等，但在提取过程中一般不以单纯的有机溶剂形式进行，而是将有机溶剂与水、碱或者酸混合作为提取试剂。

（4）离子液体法。离子液体是一种近年新被广泛应用于绿色化学领域的环保溶液，凭借其特有的良溶剂性，以及不挥发、对水和空气稳定等优点，被广泛地用来作为易挥发有机溶剂的绿色替代溶剂，在纤维素溶解、再生领域发挥了极大的作用。

2.1.2.2　半纤维素

半纤维素初指溶于稀碱，并在加热情况下被稀无机酸迅速水解成单糖的植物细胞壁组分。随着碳水化合物化学的发展，提出了若干半纤维素新定义。目前，半纤维素是指与纤维素，尤其是木质素有紧密联系的一类非纤维素多糖物质，但植物渗出胶，植物黏液及果胶类物质通常不列为半纤维素。组成半纤维素分子的常见糖基有若干种，如木糖、阿拉伯糖、鼠李糖、半乳糖、甘露糖、葡萄糖及半乳糖醛酸和葡萄糖醛酸等，如图 2-4 所示。半纤维素分子中常连有甲氧基、乙酰基等官能团，实质上，半纤维素是一类复杂的共聚糖。

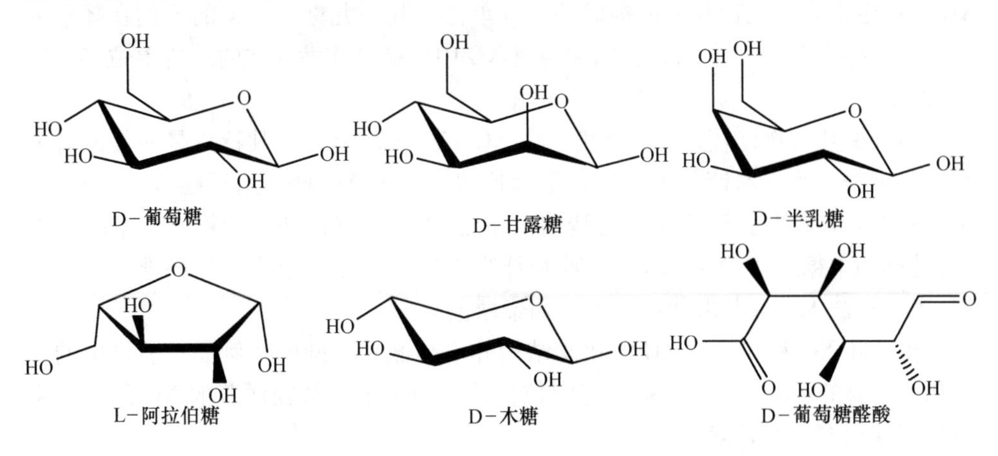

图 2-4　半纤维素的主要成分

A 化学结构

半纤维素的化学结构极其复杂，这是因为它们既有长短不一的主链，又可能有结构各异的侧链，单糖残基不仅种类较多，而且还存在α或β构象；每个残基通常有3到4个位置可与另一残基相连，还具有五元或六元环的不同形式，半纤维素分子上的某些基因可以被非糖基的分子或基团所修饰。正是由于这些原因，尽管整整一个世纪前Schulze就创造了半纤维素这个名词，但是至今尚无严谨明确且被人们普遍接受的定义。本书中半纤维素仅指不包括果胶多糖在内的细胞壁非纤维素多糖。

a 木葡聚糖

木葡聚糖（xyloglucans，XG）最初是在凤仙花科（Balsaminaceae）、亚麻科（Linaceae）等13科数十种植物的种子细胞壁中作为类淀粉（amyloid）被发现的。双子叶植物中，XG占细胞初生壁重量的20%，单子叶植物中，XG仅占2%。木葡聚糖和纤维素都是由D-吡喃葡萄糖残基以β-1,4-糖苷键相连构成主链，其差别在于前者的主链上约75%的葡萄糖残基在O-6被α-D-吡喃木糖所取代。XG中主要含有葡萄糖、木糖、半乳糖，其残基比大致为4∶3∶1。根据植物种属的不同，XG还可能含有岩藻糖或阿拉伯糖。已经发现，竹笋、悬浮培养的菠菜细胞以及禾木本科一些成员的XG中都含有阿魏酸。

双子叶植物XG主链都是β-1,4-葡聚糖。α-木糖残基连接到β-葡萄糖残基的O-6上。末端半乳糖通过β键与木糖残基的O-2相连。如果含有岩藻糖的话，则岩藻糖以α键连接在半乳糖残基的O-2上。阿拉伯糖有时也存在于XG中，不过其含量甚微。用β-1,4-葡聚糖内切酶（endo-1,4-β-glucanase），即纤维素酶降解豌豆的XG时，产生1∶1的九糖和七糖，前者是葡萄糖、木糖、半乳糖和岩藻糖（残基比为4∶3∶1∶1），后者的葡萄糖和木糖之比为4∶3。部分酶解豌豆XG则产生主要由九糖和七糖构成的寡糖单位，其中九糖和七糖的比例在降解的各个阶段都是1∶1，所以，它们在豌豆XG中可能是交替存在的结构单位，如图2-5所示。

与双子叶植物比较，单子叶植物中XG有较大的差异。其特点是一般没有末端的岩藻糖，而且木糖和半乳糖含量都比双子叶的XG低。用纤维素酶降解时，单子叶XG主要产生五糖（葡萄糖和木糖之比为3∶2）和葡萄糖，少量的六糖（葡萄糖和木糖之比为4∶2）、三糖和纤维二糖。显然，葡萄糖和纤维二糖来自XG中没有被木糖残基取代的β-1,4-葡聚糖主链。

单子叶XG和双子叶XG的化学结构并不是截然不同的。例如，茄科中的烟草和马铃薯的XG不含岩藻糖而有阿拉伯糖，而单子叶植物洋葱的XG却含有末端岩藻糖和末端半乳糖。

用木葡聚糖的多克隆抗体检测悬浮培养的假挪威槭细胞，Moore发现XG存

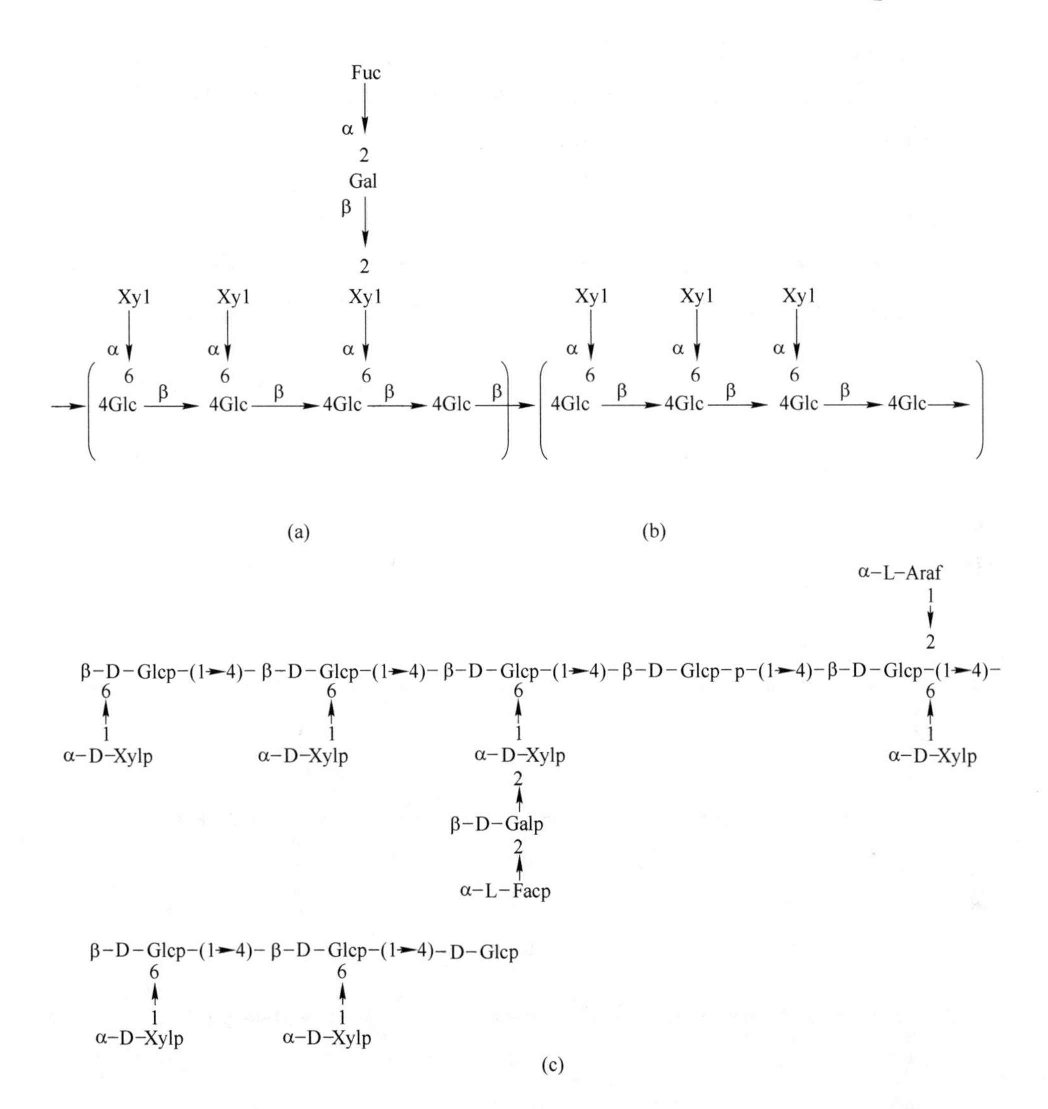

图 2-5 存在 XG 中的九糖（a）和七糖（b）单位及由它们组成的 XG 部分结构（c）
Glc—葡萄糖；Xyl—木糖；Gal—半乳糖；Ara—阿拉伯糖；Fuc—岩藻糖；
f，p—分别表示糖残基为呋喃型和吡喃型（下同）

在于整个初生壁和中层之中。不过，Missaki 等制备的八糖抗体虽然与八糖（葡萄糖：木糖：半乳糖为 4：3：1）-牛血清蛋白和九糖（葡萄糖：木糖：半乳糖：岩藻糖为 4：3：1：1）-牛血清蛋白有强烈反应，却不与细胞壁中层反应。因此，XG 是否普遍存在于中层还有待更多研究的证实。

利用光学显微镜、电子显微镜等，Hayashi 和 Maclachlan 在豌豆颈伸长区的细胞壁中发现了由 XG 和纤维素组成的大分子复合物（macro-molecular complex），并表明 XG 既存在于纤维素微纤丝的表面，也存在于微纤丝之间。XG 与纤维素的结合方式很特异，即使有过量的 β-1,2-葡聚糖、β-1,3-葡聚糖，β-1,6-葡聚糖、阿拉伯半乳糖或果胶的存在，XG 与纤维素的结合也不受影响。

b 木聚糖

木聚糖（xylan，XN）是单子叶植物初生细胞壁中半纤维素的主要成员，在双子叶植物中含量较少，如图 2-6（a）所示。硬材细胞壁中含较多的 XN。XN 的主链是 β-1,4-糖苷键连接的木糖，它们与纤维素分子之间可以形成氢键。绝

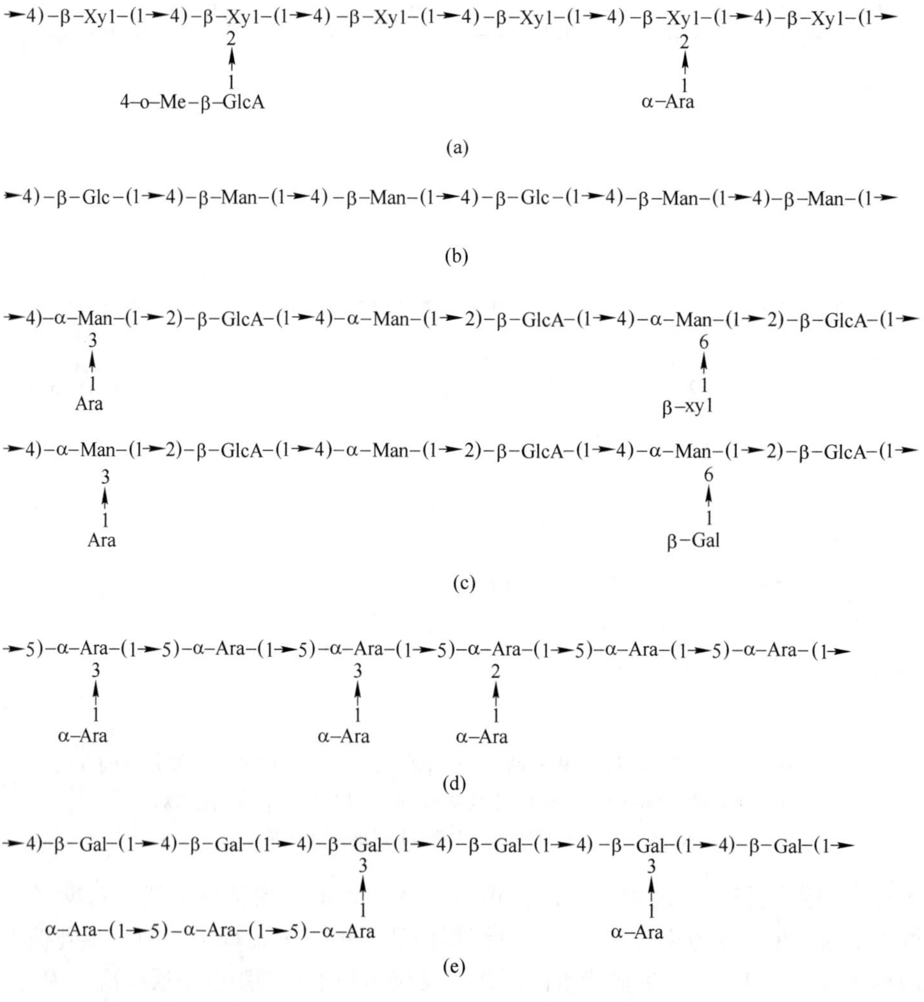

```
→4)-β-Xyl-(1→4)-β-Xyl-(1→4)-β-Xyl-(1→4)-β-Xyl-(1→4)-β-Xyl-(1→4)-β-Xyl-(1→
             2                                         2
             ↑                                         ↑
             1                                         1
      4-o-Me-β-GlcA                                  α-Ara
```

(a)

```
→4)-β-Glc-(1→4)-β-Man-(1→4)-β-Man-(1→4)-β-Glc-(1→4)-β-Man-(1→4)-β-Man-(1→
```

(b)

```
→4)-α-Man-(1→2)-β-GlcA-(1→4)-α-Man-(1→2)-β-GlcA-(1→4)-α-Man-(1→2)-β-GlcA-(1→
      3                                             6
      ↑                                             ↑
      1                                             1
     Ara                                          β-xyl

→4)-α-Man-(1→2)-β-GlcA-(1→4)-α-Man-(1→2)-β-GlcA-(1→4)-α-Man-(1→2)-β-GlcA-(1→
      3                                             6
      ↑                                             ↑
      1                                             1
     Ara                                          β-Gal
```

(c)

```
→5)-α-Ara-(1→5)-α-Ara-(1→5)-α-Ara-(1→5)-α-Ara-(1→5)-α-Ara-(1→5)-α-Ara-(1→
      3                     3           2
      ↑                     ↑           ↑
      1                     1           1
    α-Ara                 α-Ara       α-Ara
```

(d)

```
→4)-β-Gal-(1→4)-β-Gal-(1→4)-β-Gal-(1→4)-β-Gal-(1→4)-β-Gal-(1→4)-β-Gal-(1→
                            3                       3
                            ↑                       ↑
                            1                       1
  α-Ara-(1→5)-α-Ara-(1→5)-α-Ara                   α-Ara
```

(e)

图 2-6 部分化学结构

（a）木聚糖；（b）普糖甘露聚糖；（c）葡萄糖醛酸甘露聚糖；（d）阿拉伯聚糖；（e）阿拉伯半乳聚糖

大多数的XN具有侧链，最常见的侧链是连接在木糖残基O-2和O-3上的呋喃阿拉伯糖。此外，可能还有甲基葡萄糖醛酸侧链。主链中的木糖残基的O-2或O-3有时被乙酰化。木聚糖主链上发生阿拉伯糖基取代的程度，或者说侧链的多少，在相当大的程度上决定了木聚糖的溶解性及其与纤维素结合的能力。XN侧链中的糖残基及其排列方式不尽相同。已经发现，单子叶XN侧链中的阿拉伯糖残基与阿魏酸相连，这又使得XN有可能与木质素发生交联。

c 甘露聚糖类

甘露聚糖类包括甘露聚糖（mannan，MN）、半乳甘露聚糖（galactomannan，GaM）、葡萄甘露聚糖（glucomannan，GlM）和葡萄糖醛酸甘露聚糖（glucuronomannan，GuM）等。甘露糖残基以β-1,4-糖苷键连接成MN。当半乳糖残基以α-1,6-糖苷键连接到MN时则形成GsM。豆科种子的胚乳细胞中存在MN和GaM，在某些藻类中，MN能形成很硬的品状结构，并且也能形成微纤丝。

GlM是裸子植物次生壁中一种主要的半纤维素，在被子植物次生壁中含量较少。其主链由β-1,4-糖苷键连接的葡萄糖和甘露糖组成，二者的残基比约为1∶3，如图2-6（b）所示。尚未发现这两种残基的排列有特定的规律。在裸子植物中，GlM还可能有单个半乳残基的侧链，因此，有时也被称为半乳糖甘露聚糖（galactoglucomannan），此外，甘露糖残基的羟基还可能被乙酰化。

GuM虽然可能在细胞壁中普遍存在，但其含量较低。其主链含α-1,4-糖苷键连接的甘露糖残基和β-1,2-糖苷键连接的葡萄糖醛酸残基，二者可能交替存在；侧链既有β-1,6-糖苷键连接的木糖或半乳糖，也有β-1,3-糖苷键连接的阿拉伯糖。

d 阿拉伯聚糖

初生细胞壁中的阿拉伯聚糖（arabinan，AN）基本上全部由阿拉伯糖组成，α-L-呋喃阿拉伯糖残基在C-5相连构成主链（见图2-6（d）），AN支链较多，既有连接在O-2或O-3或者同时连接在O-2和O-3的呋喃阿拉伯糖侧链，也有阿拉伯寡糖侧链。阿拉伯聚糖与细胞壁中其他多糖的连接方式还有待研究。

e 半乳聚糖和阿拉伯半乳聚糖

初生细胞壁中存在基本上由半乳糖组成的半乳聚糖（galactan，GN）。它们由β-1,4-糖苷键连接的半乳糖残基组成主链，侧链则是连接在O-6上的半乳糖残基。烟草的半乳聚糖可以根据分子大小分成两类，一类分子量约为8000，另一类则大致为60000。

细胞壁中可能还有两类阿拉伯半乳聚糖（arabinoglactan，AG）。常见的一类具有末端及和O-3或O-6连接的半乳糖残基，以及和O-3或O-5连接的呋喃阿拉伯糖残基；另一类则含有O-4或O-3和O-4连接的半乳糖残基和O-5及末端连接的呋喃阿拉伯糖残基。AG的侧链也可能是由几个阿拉伯残基构成的寡糖。此外，阿魏酸也可能连接在某些阿拉伯糖和半乳糖残基上。细胞壁中的AG既可能是独立存在的分子，也可能作为果胶多糖分子上的侧链。

B 化学性质

除聚阿拉伯半乳糖外，各种高聚糖的主链都是由β-1,4-糖苷键组成，它们都是醛糖，都有大量的游离羟基。半纤维素的化学性质也就表现在羟基、末端醛基和糖苷键上。一般来说，半纤维素的化学性质与纤维素相似，但半纤维素基本上为无定形结构，它比纤维素更容易发生化学反应。

a 半纤维素的酯化和醚化反应

半纤维素中各种高聚糖均能发生酯化和醚化反应，而且反应速度较快，这种性质对制备纤维素硝酸酯和纤维素磺酸酯有不利的影响。

b 半纤维素的氧化反应

半纤维素大分子上含有羟基，用次氯酸盐漂白时，会发生氧化反应，产生碳基和羧基，进一步氧化则成为有机酸，如草酸、甲酸及二氧化碳等。半纤维素比纤维素更易被氧化，因此，含半纤维素多的纸浆漂白后容易返黄。

用氧碱漂白时，半纤维素也要发生氧化反应、降解甚至分解。为了减少纤维素和半纤维素的过度降解，在纸浆氧碱漂白时必须加入保护剂（如碳酸镁等）。

c 半纤维素的酸水解

半纤维素在酸性水溶液中加热时，其糖苷键发生水解反应生成单糖，且比纤维素水解容易得多，速度也快得多。但是，各类半纤维素高聚糖的酸水解速度是不一样的。一般来说，己糖糖苷比戊糖糖苷更难以水解；吡喃糖糖苷比相应的呋喃糖糖苷更难以水解；酸性糖糖苷比相应的非酸性糖糖苷更难以水解；多数情况下，α 型糖糖苷要比相应的 β 型糖糖苷更难以水解。聚葡甘糖要比聚木糖类更难以水解，有时甚至超过纤维素的无定形部分。在聚半葡甘糖中，由于半乳糖糖苷键对酸不稳定，酸水解后转变为葡苷聚糖。

半纤维素的酸性水解产物主要是以单糖状态存在，但也有一部分单糖进一步分解成糖醛、有机酸等。

在水解工业中，半纤维素首先水解成己糖、戊糖及糖醛酸。己糖可以用来发酵生产酒精，而不能被酵母所利用，而生产酒精的戊糖（主要为木糖）可加工制成饲料酵母。

高含聚戊糖的农林副产物，在水解工业中常用来直接生产糖醛，此外，还可生产结晶木糖等。而木糖可进而催化加氢生产木糖醇，或用硝酸氧化生产糖酸。这些产物可用于食品工业或作为有机化学工业的原料。

d 半纤维素的碱性降解

在碱法蒸煮条件下，半纤维素分子链的还原性末端及糖苷键处更易发生碱性水解和剥皮反应。其结果是平均聚合度下降，产生各种糖基的偏变糖酸和异变糖酸，甚至分解为蚁酸、乳酸等。一般来说，聚戊糖在碱性溶液较在酸性溶液中稳定；而聚己糖恰好相反。

C 半纤维素分离和提取

a 碱液分离提取法

提取半纤维素的主要障碍来自于木质素的存在形式，传统碱提取方法主要运用化学方法脱除木质素，应用最广的是碱液分级分离半纤维素。碱液具有溶胀纤维素、断裂纤维素与半纤维素间氢键和破坏半纤维素与木质素间酯键的作用，可在不降低半纤维素相对分子质量的前提下使半纤维素溶解。

b 有机溶剂分离提取法

目前，应用于半纤维素提取的有机溶剂主要有二甲基亚砜（DMSO）和二氧六环。在提取过程中一般不以单纯的有机溶剂形式进行提取，而是将有机溶剂与水、碱甚至酸混合作为提取试剂。以 DMSO 为例，由于含水的 DMSO 比不含水的 DMSO 传质阻力大，因此含水的 DMSO 能够分离出结构完整的半纤维素，并且收得率较高。通过 GPC 检测得知，DMSO 与水的混合液提取得到的半纤维素在 150e 下分子结构也不会发生显著的改变，只发生轻微的氧化。DMSO 与酸性二氧六环联用也可从麦草秸秆中分级提取出高收得率、高纯度的半纤维素。Jin 等分别使用 4 种溶剂连续分级提取大麦和玉蜀黍中的半纤维素，这 4 种溶剂分别是质量分数 90%的中性二氧六环、质量分数 80%的酸性二氧六环（即含有 0.105 mol/L HCl）、质量分数 80%的 DMSO 和质量分数为 8%的 KOH。通过研究发现酸性二氧六环可断裂一定数量的糖苷键，使半纤维素发生明显的降解；而质量分数 90%的中性二氧六环分离出的半纤维素结构比较完整，主要由带有分支的阿拉伯木聚糖组成，并含有葡萄糖残基；同时，这种分级分离方法的另一优势在于无需脱木质素即可直接分离得到半纤维素，弥补了用高浓度碱液提取半纤维素的缺陷。

c 蒸汽预处理分离提取法

蒸汽预处理是利用水蒸气在高温高压条件下可渗透进入细胞壁内部的特性，使之在进入细胞壁时冷凝成为液态，然后突然释放压力造成细胞壁内的冷凝液体突然蒸发形成巨大的剪切力，从而破坏细胞壁结构，水解半纤维素和木质素之间的化学键，使半纤维素溶于水。这种预处理方法需在高温条件下进行，优点是不添加任何化学试剂、无环境污染，缺点是半纤维素极易降解而溶于水中，最终导致溶液酸度增加，从而进一步引起半纤维素降解。但是，通过机械手段可以改善这一状况。Makishima 等使用管状反应器利用流动热水系统提取玉米芯中的半纤维素，得到的半纤维素聚合度在 20 以上，收得率超过 82%。另外，这一反应系统与其他蒸汽预处理装置的不同在于反应后生成的糠醛不超过产物总质量的 2%，有效地改善了蒸汽预处理的不足。

d 微波辅助分离提取法

微波辅助提取是利用微波辐射对分子运动产生的影响，促进分子间的摩擦，导致细胞破裂，从而分离提取出细胞壁中的半纤维素成分。这种新型预处理方法已被证明是耗时最短的半纤维素提取方法，提取时间在几分钟到十几分钟之间，而传统碱提取往往需要几小时。微波辅助提取的另一个优点是提取过程中乙酰基的损失不大，提取物分子质量与碱提取得到的半纤维素分子质量相似。Jacobs 等应用微波辅助法从亚麻中提取出 O-乙酰基-4-O-甲基葡萄糖醛酸木聚糖，聚合度达到 28，乙酰基取代度达到 017，与 Hazendonk 利用 DMSO 提取得到的半纤维素乙酰基取代度接近，而后者仅为 015。Sun 等在碱性条件下提取蔗渣半纤维素得到相对分子质量为 45370 的半纤维素组分。

e 超声辅助分离提取法

超声辅助是通过超声波产生的高频率振动使溶质和溶液之间产生声波空化作用，引发溶液内产生微小气泡并突然破裂，从而产生一定压力，最终导致溶质增溶。在碱液提取半纤维素前期，利用超声辅助提取的优势明显，可有效地破坏细胞壁结构和简化分离步骤，缩短反应时间，提高产物收得率，且不影响半纤维素的活性功能。

2.1.2.3 木质素

木质素是一类结构复杂且在酸作用下难以水解的聚集体，其与纤维素、半纤维素是构成植物细胞壁和胞间层的三大天然高分子化合物。它们构成植物骨架，其总量约占木材成分的 90%以上，如图 2-7 所示。由图 2-7 可见，一个细胞可以通过细胞间层的木质素与周边的其他细胞连接起来，具有这种结构的细胞壁，水分难以渗透，植物茎干的机械强度也大大增加，使植物能够更加直立挺拔，而且不易被微生物侵蚀。

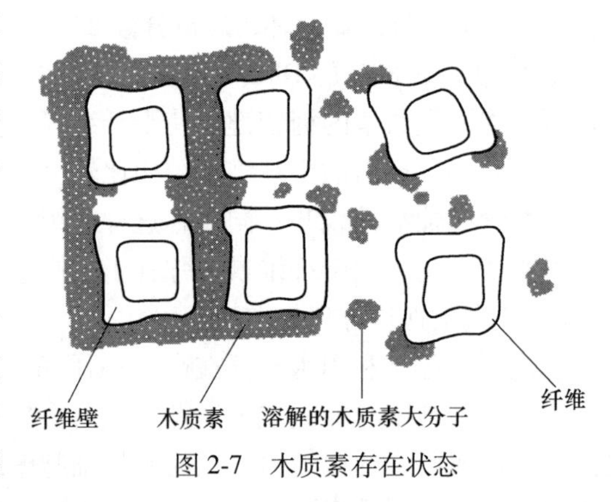

图 2-7 木质素存在状态

在植物体内，虽然不同部位木质素的含量有高有低，但总体来说，含量最高的是胞间层，其次是次生壁内层，含量最低的是细胞内部。现如今，一般将木质素大体分为三大类，即草类木质素、阔叶树木质素和针叶树木质素，其中，阔叶树和针叶树中木质素含量比草本植物高，前者为 20%~35%，后者为 15%~25%。

A 化学结构

木质素的结构复杂，不能用简单的语言表达，只能说木质素是一种具有芳香族特性，其结构单元为苯丙烷型的，非结晶性的，三维高分子网状化合物。按照植物种类不同，木质素可分为针叶树、阔叶树和草本植物木质素三大类。针叶树木质素主要由愈创木基丙烷单元所构成，阔叶树木质素主要由愈创木基丙烷单元和紫丁香基丙烷的结构所构成，草本植物木质素主要由愈创木基丙烷单元和紫丁香基丙烷单元及对羟基苯丙烷单元所构成。这些单元的结构如图 2-8 所示。

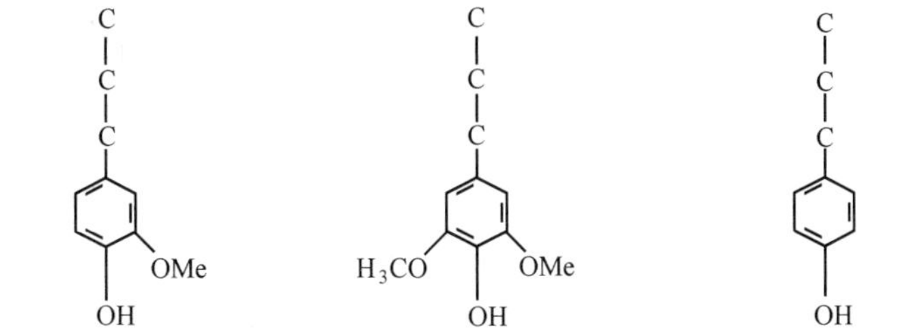

愈创木基丙烷单元　　紫丁香基丙烷单元　　对羟基苯丙烷单元

图 2-8　木质素单元结构

木质素由 C、H、O 三种元素组成。木质素是芳香族的高聚物，因而其中 C 的含量比木材或其他植物原料中的高聚糖要高得多。以草类碱木质素为例，虽历经高温蒸煮和酸化，但基本结构单元不变，分子量范围在 20000～50000 的约占 50%，分子量在 1000～20000 之间的约占 45%。

木质素是天然高分子聚合物，在不同植物纤维原料中，木质素的结构不同，即使同一原料不同部位，木质素的结构也不相同。因此，木质素本身在结构上，具有庞大性和复杂性，再加上木质素化学性质极不稳定，当受到化学试剂、温度、酸度影响时，都会发生化学变化，即便在较温和的条件下，也会发生缩合作用。因此，迄今为止，还没有一种方法能得到天然木质素，这给木质素研究造成一定困难。目前，对木质素结构还尚未完全弄清。经过光谱法、生物合成、模型物法等多种方法研究结果确定，木质素是由苯基丙烷结构单元构成的，具有三维空间结构的天然高分子化合物。木质素结构单元的苯环和侧链上都连有各种不同的基团，它们可以是甲氧基、酚羟基、醇羟基、羰基等各种功能基，也可以是氢、碳、烷基或芳基。经试验研究得知，木质素结构单元之间以醚键和 C—C 键连接。构成木质素大分子醚键和 C—C 键的连接部位，可位于苯环酚羟基之间，或位于结构单元三个碳原子之间，或位于苯环侧链之间，如图 2-9 所示。图 2-9 中（1）、（4）代表醚键分别为（β-O-4）、（α-O-4）的连接方式；而（2）、（3）、（5）、（6）代表 C—C 键分别为（β-5）、（5-5）、（β-1）、（5-5）的连接方式。研究结果表明，木质素是一个大的分子网络，通常都以木质素中若干结构单元，各结构单元的比例及相互之间的连接方式加以说明，要严格确定它的结构式十分困难。

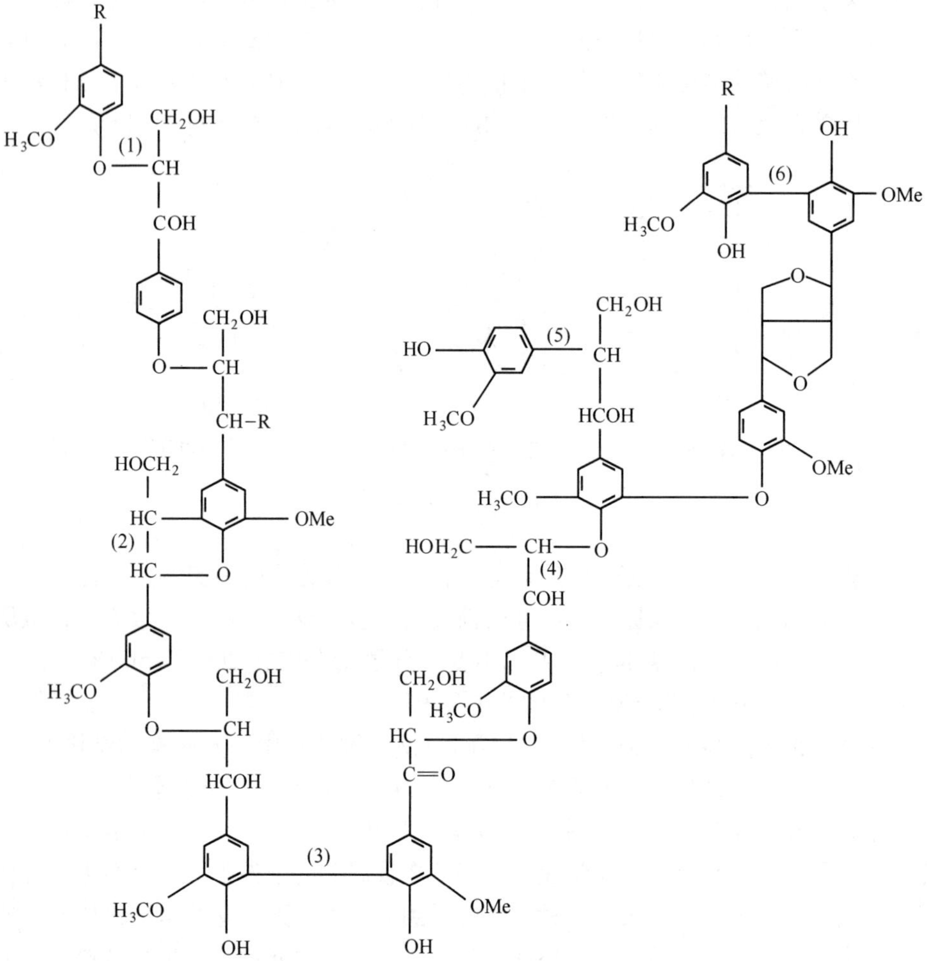

R
H_3CO
(1)
CH_2OH
O—CH
COH
CH_2OH
O—CH
CH—R
$HOCH_2$
HC
OMe
(2)
HC—O
H_3CO
CH_2OH
O—CH
HCOH
(3)
H_3CO
OH
OH
OMe
R
OH
(6)
OMe
H_3CO
OH
O
O
CH_2OH
HO
(5)
CH
H_3CO
HCOH
OMe
H_3CO
O
HOH_2C—CH—O
(4)
COH
CH_2OH
H_3CO
HC—O
C=O

图 2-9 一段木质素的结构

B 化学性质

木质素的化学性质包括木质素的各种化学反应：如发生在苯环上的卤化、硝化、氧化以及发生在侧链的苯甲醇基、芳醚键和烷醚键上的反应，还有木质素的改性反应等。

a 木质素结构单元上侧链的化学反应

侧链上的反应都与制浆和木质素改性有关，其本质是亲核反应。

（1）在碱性介质中的反应。其原理是在烧碱或硫酸盐法制浆中，木质素分子在亲核试剂 HO^-、HS^-和 S^{2-}攻击下，主要的醚键发生断裂，如 α-芳醚键、酚型 α-烷醚键和酚型 β-芳醚键的断裂，木质素大分子碎片化，部分木质素溶解于反应溶液中。

在碱性介质中，酚型结构单元解离成酚盐阴离子，酚盐阴离子的盐氧原子通过诱导和共轭效应影响苯环，使其邻位和对位活化，进而影响了 C—O 键的稳定性，使 α-芳醚键断裂，生成了亚甲基醌中间体，亚甲基醌芳环化生成 1,2-二苯乙烯结构。

（2）在酸性介质中的反应。该反应涉及在酸性亚硫酸盐制浆中，木质素碎片化反应。亲核试剂 SO_2 水溶液，而木质素结构中酚型和非酚型 α-芳醚键普遍断裂，α-碳磺化，木质素分子的亲水性增加，溶于反应溶液中。如图 2-10 所示，酚型和非酚型 α-芳醚在酸性介质中断裂，质子加到 α-位的羟基 R ═H 或醚基上，生成相应共轭酸，然后 α-醚键断裂，生成正碳离子和带正电荷的非金属离子的稳定共振结构，再与 SO_2 的水溶液反应，生成 α-磺酸结构。酚型和非酚型 α-烷醚键也可发生类似反应。此外，芳环上的高电子云密度中心 C_1、C_5 和 C_6 还能与亚甲基醌中间体发生缩合反应。

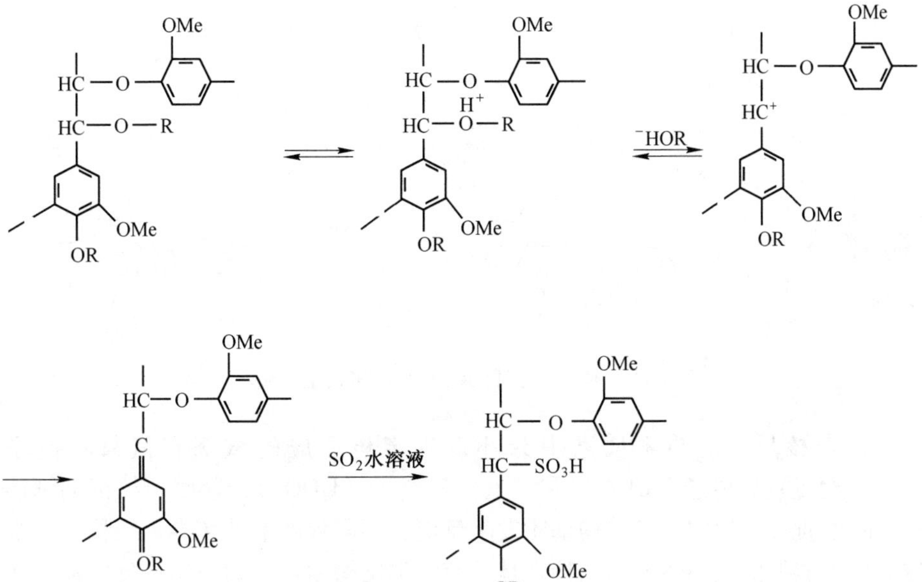

图 2-10 木质素在酸性介质中的反应

b 木质素结构中芳环的化学反应

木质素结构单元中芳环的化学反应与木质素的漂白过程及木质素改性密切相关。反应分为亲电和亲核两大类。

（1）亲电取代反应。Cl 与木质素的反应主要是取代和氧化反应。Cl 是亲电试剂，在 Cl^+作用下木质素中酚型和非酚型的结构单元迅速发生苯环的亲电取代反应，生成氯化木质素。如图 2-11 所示，侧链受到亲电试剂置换而断裂，β-芳醚键氧化断裂，脂肪簇侧链氧化成羧酸，芳环氧化分解成邻醌结构的化合物，最后氧化成二羧酸衍生物。

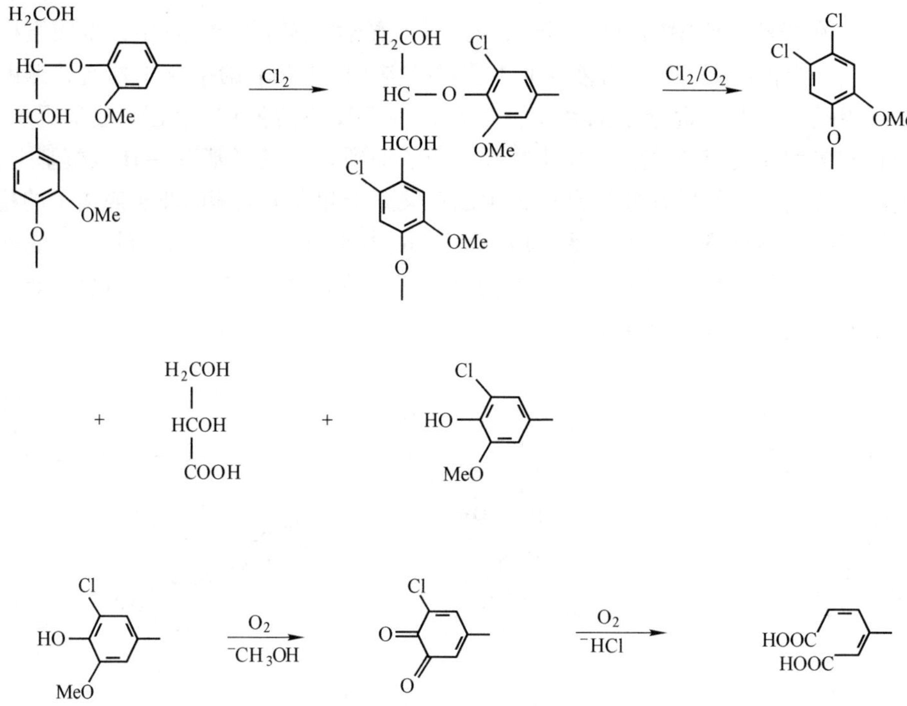

图 2-11 木质素芳环的亲电取代和氧化反应

（2）亲核反应。与木质素中芳环发生亲核反应的试剂有氢氧根离子（OH^-）、次氯酸盐离子（ClO^-）和过氧化氢离子（HOO^-），这些亲核试剂都能和降解的木质素碎片中有色结构基团发生反应，不同程度地破坏有色结构。加次氯酸盐离子能很快地与烯酮结构特别是具有醌类结构的化合物作用，反应经过次氯酸盐酯、环氧化合物中间体，最后氧化成含有羰基和羧基的木质素碎片。次氯酸盐阴离子主要破坏木质素中有色结构，生成含羧基的化合物。

C 木质素的分离和提取

木质素按照可溶性又分为硫酸木质素、盐酸木质素、氧化铜氨木质素、高碘酸木质素、碱木质素、乙醇木质素、硫木质素、酚木质素、有机胺木质素等。其中，酸木质素、氧化铜氨木质素是将木质素以外的成分溶解除去，木质素作为不溶性成分分离；而其他的是将木质素作为可溶性成分来进行分离。

酸木质素在分离过程中受到酸的作用，其结构会发生化学变化，不过盐酸木质素的变化比硫酸木质素的变化要小一些。硫酸木质素在分离过程中所发生的变化，是由于在水解的同时木质素发生高度缩合反应造成的。

作为后一类分离方法的典型例子是造纸的制浆过程。传统的制浆方法有两种：一种是碱法制浆；另一种是亚硫酸盐法制浆。碱法蒸煮中，使用碱液处理植物原料，根据所用的碱料不同，又分为石灰法、烧碱法和硫酸盐法三种。石灰法蒸煮液的成分主要为 $Ca(OH)_2$，烧碱法蒸煮液的成分主要为 NaOH，而硫酸盐法蒸煮液的成分主要为 NaOH 和 Na_2S。石灰法和烧碱法主要适用于草类原料，硫酸盐法既可蒸煮草类原料也可蒸煮木材原料。而亚硫酸盐法使用亚硫酸盐（钙、镁、钠、氨的亚硫酸盐）药液，在 130~140℃下加热蒸煮植物原料。根据蒸煮液 pH 值的不同，该法又分为酸性亚硫酸盐法（pH 值为 1.5~2）、亚硫酸氢盐法（pH 值为 4~5）、中性和碱性亚硫酸盐法（pH 值为 10~13.5）几种。

传统制浆法使用水作为溶剂，制浆过程中产生大量废水，废水中含有大量的有机物，尤其是木质素，不仅造成环境污染还造成资源的大量浪费。传统方法提取的木质素多以木质素盐的形式存在，木质素的纯度不高，不利于木质素的深度加工利用。传统方法大量使用含有硫的催化剂，在反应中，生成的 SO_2 或 H_2SO_4 很容易造成环境污染和对反应设备的腐蚀。

目前各国已经认识到传统制浆造纸行业所带来的巨大污染，传统制浆方法正在被新型的无污染（或低污染）的制浆方法所取代。有机溶剂提取木质素制浆法有其无与伦比的优点。该法是利用有机溶剂（或和少量催化剂共同作用下）良好的溶解性和易挥发性，达到分离、水解或溶解植物中的木质素，使得木质素与纤维素充分、高效分离。生产中得到的纤维素可以直接作为造纸的纸浆；而制浆废液可以通过蒸馏法来回收有机溶剂，反复循环利用，整个过程形成一个封闭的循环系统，无废水或少量废水排放，以纯化木质素，得到的高纯度有机木质素是良好的化工原料，能够真正从源头上防治制浆造纸废水对环境的污染，是一种“绿色环保”的制浆技术；而且通过蒸馏，为大规模开发利用提供了一条新途径，避免了传统造纸行业对资源的大量浪费。

19 世纪末就有人提出利用乙醇提取植物原料中的木质素来生产纸浆，而对有机溶剂法提取木质素制浆的深入研究则是 20 世纪 80 年代才兴起的。中国对有机溶剂法制浆技术的研究起步较晚，但发展很快；美国、加拿大、德国等国在这方面进行了深入的研究，做了不少工作，也取得了很大的成就。

2.2 生物质的工程热物理特性

2.2.1 生物质导热特性

生物质由于质地疏松，具有较大的比表面积，几何外形不规则，往往在工业利用中需要计算其传热性能及能量释放特点，通常情况下，在相关计算中可将其看做热的不良导体。这是由于生物质的多孔性使得孔隙中充满空气或其他气体，空气是热的不良导体，另外颗粒内质地疏松使得传热特点呈现非线性。

生物质的热导率除受温度影响之外，还取决于本身的密度、含水率和纤维方向，生物质导热性随温度或含水率的增加而提高。纤维方向是指生物质体内纤维的走向，分为顺纤维方向和垂直纤维方向，一般热传递沿顺纤维方向的导热率要比垂直纤维方向大。木材的纤维走向如图 2-12 所示。

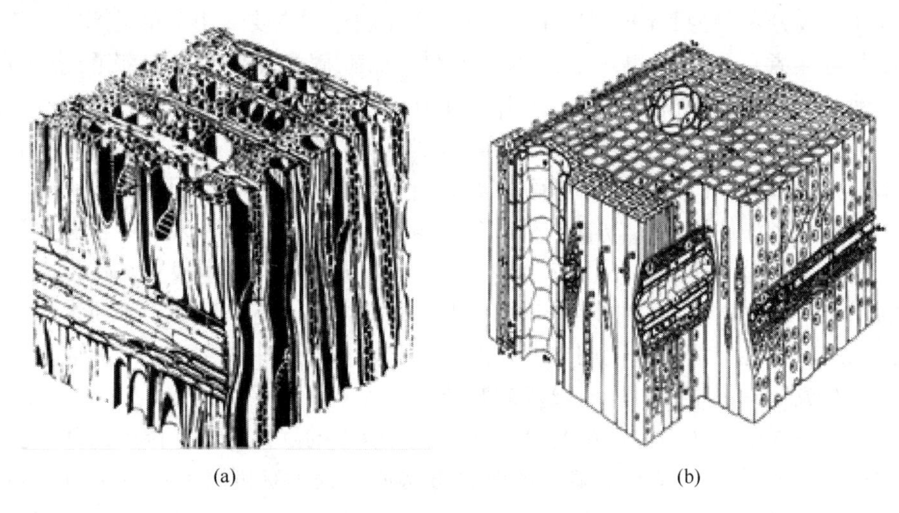

(a) (b)

图 2-12 硬木纤维（a）和软木纤维（b）

在对木材的导热模型的研究中，Henrik Thunman（2002）认为有效导热系数是用于表示木材生物质的化学热转换的重要参数之一，它与温度、热转换方式、密度、含水率有着重要的关系。

在测定生物质导热性能的试验中，如果所测的生物质不容易破碎得较小（如玉米芯）时常常采用平板法，而当所测的材料是容易破碎的物料或其本身就是散碎的物料时，测量其导热系数可采取同心圆球法。下面简单介绍同心圆球法测定生物质热导率的方法原理。

同心圆球法的原理是：在两个同心的圆球壳之间充满被测物料，由内球面向其加热，外球面向空间散热，当这一过程达到平衡时，就可通过测量两球壁之间的温差、加热速率和球壳的几何参数来确定导热系数，如图 2-13 所示。

圆球内稳态导热方程为：

$$\frac{d^2T}{dr^2} + \frac{2}{r}\frac{dT}{dr} = 0 \qquad (2\text{-}1)$$

边界条件为：$r=r_1$时，$T=T_1$；$r=r_2$时，$T=T_2$。

对于任意选取的球面，可认为导热的速率相同，此时可得到透过球面的热量方程为：

$$Q = -4\pi r^2 k \frac{dT}{dr} \tag{2-2}$$

式中 Q——传递热量，J；

k——热导率，W/(m·K)，表示当温度垂直梯度为1℃/m时，单位时间内通过单位水平截面积所传递的热量。

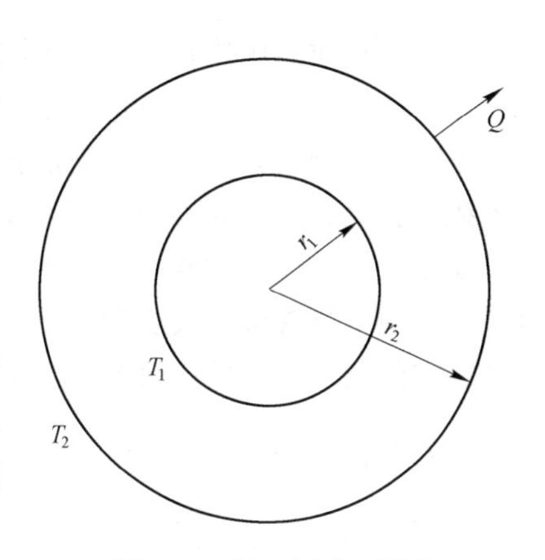

图 2-13 同心圆球法测定生物质热导率

将式（2-1）和式（2-2）联立，并利用两个边界条件解方程即可得到导热系数的表达式为：

$$k = \frac{Q\left(\frac{1}{r_1} - \frac{1}{r_2}\right)}{4\pi(T_1 - T_2)} \tag{2-3}$$

不同的生物质类型具有不同的系数，几种典型生物质在不同温度下的导热系数见表 2-3。

表 2-3 四种生物质的导热系数（易维明，1996）

	T/℃	20	30	40	50	60	70	80
类型	玉米芯/W·(m·K)$^{-1}$	0.064	0.068	0.074	0.079	0.082	0.090	0.098
	稻壳/W·(m·K)$^{-1}$	0.100	0.122	0.143	0.165	0.182	0.201	0.221
	锯末/W·(m·K)$^{-1}$	0.083	0.097	0.124	0.131	0.145	0.161	0.180
	杂树叶/W·(m·K)$^{-1}$	0.091	0.108	0.129	0.141	0.160	0.180	0.198

2.2.2 生物质比热容

物体在一定温度区间［T_1，T_2］内，所吸收的热量为 Q，则 $Q/(T_2-T_1)$ 叫做该物体的平均热容。单位质量的物质在某温度区间的平均热容，叫做该物质的比热容，可表示为：$C = Q/[m(T_2 - T_1)]$。物质比热容的大小与测定条件有关，除温度外还有压强、体积等因素，所以又可分为比定压热容 C_p 和比定容热容 C_v。对气体而言，当压强一定时，温度升高需要吸热，而当体积膨胀时对外做功要耗热，故其 C_p 大于 C_v。液态和固态物质在常温下体积几乎不变，则有 C_p 近似等于 C_v；通常的工程计算中多采用 C_p。

测量生物质的比热容要根据不同的试验温度范围和材料热物性的不同数量级而采取不同的测定方法。在选定某一测定方法时，要考虑下述诸因素：材料的物理特性；加工测定方法所需几何形状的可能性和难易程度；所测数据需要的精度和准确度；测试周期的长短、资金及时间。

对生物质这样一类导热性能差、比热容小、材质疏松的多孔物质，测量的温度范围一般不能取得很大。常常用稳态和准稳态方法来测定其比热容。下面介绍两种常用的测量生物质比热容的方法。

2.2.2.1　施米特和莱登弗罗斯特对比热容的测量方法

如图 2-14 所示，放在球形环隙中的散碎试样包裹着一个小球形加热器；其外侧是量热壳体，由一层球形罩壳包裹着，该罩壳又有辐射遮热屏进行隔离并处于真空中。他们求解了试样发生一线性温度变化时的内部温度分布，并且证明，在一定的初始时间过后，试样内各点的温度将以同样的速率上升。

在这种条件下，所记录的试样内部温度随时间的变化与其比热容成正相关，即：

$$C = (q/\Delta T - W_C)/m$$

式中　q——恒定的输入热流密度；

W_C——量热计本体（球形加热器、外壳及导线）的系统热容；

ΔT——一定时间内试样的温度变化。

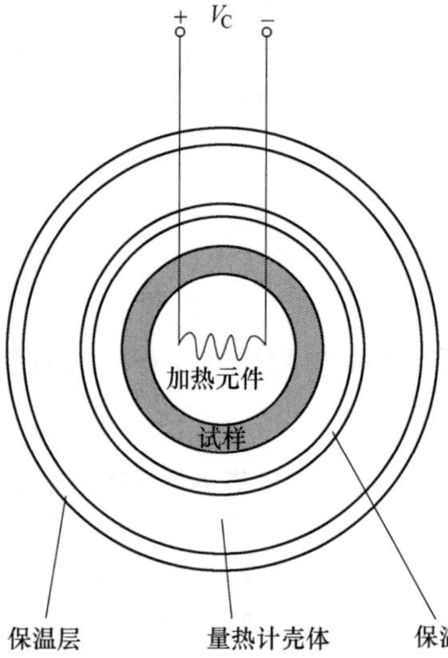

图 2-14　施米特和莱登弗罗斯特的测量仪器

这一方法在测量过程中，只要当选定的加热强度使试样的温度变化和温度满足比热容 C 是常数的假定，并且可以精确地测定温度的变化时，对试样比热容的测定就可以达到很高的精度。

这一方法实际上是一种绝热量热计的测定方法，但是保证绝热是非常困难的，另外还存在着引线损失和由此造成的不均匀性效应等，所以操作过程要精益求精。

采用施米特和莱登弗罗斯特方法测量几种生物质（玉米芯、稻壳、锯屑和杂树叶）的比热容及其随温度的变化，结果见表 2-4。

由表 2-4 中的数据可见，物质的比热容是与温度成线性变化的。可以利用最小二乘法求出由上述数据得出的线性回归方程 $C=b+aT$。其中，b 为线性回归截距；a 为线性回归斜率；T 为温度。线性回归的结果见表 2-5。

表 2-4 几种生物质的比热容与温度的关系

温度/℃		20	30	40	50	60	70	80
比热容 /kJ·(kg·℃)$^{-1}$	玉米芯	1.000	1.040	1.081	1.123	1.145	1.167	1.189
	稻壳	0.750	0.752	0.756	0.761	0.764	0.769	0.772
	锯屑	0.750	0.762	0.768	0.7772	0.781	0.790	0.811
	杂树叶	0.680	0.700	0.718	0.730	0.742	0.748	0.750

表 2-5 几种生物质比热容与温度变化的回归结果

生物质名称	玉米芯	稻壳	锯屑	杂树叶
回归截距 b	0.945	0.744	0.729	0.665
回归斜率 a	3.32×10^{-3}	3.32×10^{-4}	9.36×10^{-4}	1.18×10^{-3}

表 2-5 中回归结果的相关系数在 95%以上。

2.2.2.2 克里舍的测定低导热固体比热容的方法

把低导热或是高湿度的试样做成四片同样大小的片，将它们重叠在一起，在图 2-15 所示 A、B 两夹层中放上箔片加热片，对试样的四周边进行绝热保护。这样的布置当试样足够大，使其满足一维导热假定时，经过一段初始时间后，中间的两个试样内的温度就会出现如图 2-15 所示的准稳态情况，其内部的温度分布的变化就可由如图 2-16 所示的等距离抛物线来描述。

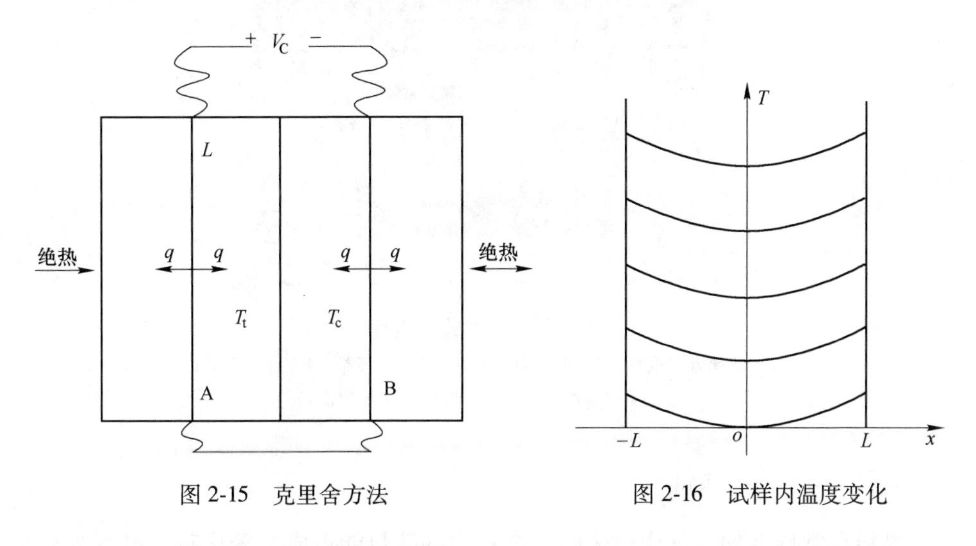

图 2-15 克里舍方法　　图 2-16 试样内温度变化

总之，测量低导热性物料比热容的方法是多种多样的，具体采取哪种方法要根据实际要求的精度来确定。

2.2.3 热值

根据不同的燃烧条件等有关情况，热值有下列三种表示方法。

2.2.3.1 弹筒热值

弹筒热值（bomb heating value）是专业实验室用氧弹式热量计（见图 2-17）的实验值，是指燃料（气体燃料除外）在充有 2.5~2.8MPa 过量氧的氧弹内完全燃烧（约 1500℃），然后使燃烧产物冷却到燃料的原始温度（约 25℃），在此条件下单位质量的燃料所放出的热量，即为弹筒热值。其终态产物为 25℃ 的过量氧气、氮气、二氧化碳、硫酸、硝酸和液态水及固态灰分。这时燃料试样中的碳完全燃烧生成二氧化碳、氢燃烧并经冷却变成液态水，硫和氮（包括弹筒内空气中的游离氮）在氧弹内的燃烧温度下（约 1500℃）与过剩氧作用生成三氧化硫和少量氢氧化合物，并溶于水形成硫酸和硝酸。由于这些化学反应都是放热反应，因而弹筒热值比实际燃烧过程（常压、在空气中）放出的热量数要高，故弹筒热值是燃料的最高热值，在实际应用时，还要换成下面的两种热值。

图 2-17 氧弹式热量计

1—玻璃管温度计；2—搅拌电机；3—温度传感器；4—翻盖手柄；
5—手动搅拌柄；6—氧弹体；7—控制面板

2.2.3.2 高位热值

燃料在常压下的空气中燃烧时，燃料中的硫只能形成二氧化硫，氮变为游离氮，燃烧产物冷却到燃料的原始温度（约 25℃）时，水呈液体状态，以上这些与燃料在弹筒内的燃烧情况有所不同。由弹筒热值减去硝酸形成热和硫酸与二氧化硫形成热之差后所得的热值，即为高位热值（higher heating value）。高位热值是燃料在空气中完全燃烧时所放出的热量，能够表征燃料的质量，评价燃料的质量时可用高位热值作为标准值。

在测定生物质燃料热值的情况下，弹筒热值比高位热值高 12～25kJ/kg。通常可忽略不计，即用弹筒热值代替高位热值。

不同基高位热值之间的换算关系实际上为不同基燃料成分之间的换算关系，换算系数见表 2-6。

表 2-6 不同“基”间换算系数

已知的“基”	所求的“基”			
	收到基	空气干燥基	干燥基	干燥无灰基
收到基（ar）	1	$(100-M_{ad})/(100-M_{ar})$	$100/(100-M_{ar})$	$100/(100-M_{ar}-A_{ar})$
空气干燥基（ad）	$(100-M_{ar})/(100-M_{ad})$	1	$100/(100-M_{ad})$	$100/(100-M_{ad}-A_{ad})$
干燥基（d）	$(100-M_{ar})/100$	$(100-M_{ad})/100$	1	$100/(100-A_d)$
干燥无灰基（daf）	$(100-M_{ar}-A_{ar})/100$	$(100-M_{ad}-A_{ad})/100$	$(100-A_d)/100$	1

2.2.3.3 低位热值

在实际燃烧中，燃烧后产生的烟气排出装置时温度仍相当高，一般都超过100℃，且水汽在烟气中的分压力又比大气压力低得多，故此时燃烧反应所生成的水汽仍是蒸汽状态，因此这部分汽化潜热就无法获得利用，燃料的实际放热量将减少。从燃料高位热值中扣除了这部分水的汽化潜热后所得的净值，就是低位热值（lower heating value，也称净热值）。在实际工程应用中，燃料热值都是采用低位热值，因为低位热值切合实际情况，比较合理。

相同基燃料的高、低位热值的差别仅在于水蒸气吸取的汽化潜能。考虑到烟气中水蒸气是由两部分水组成，即燃料中固有的水分及氢元素化合而成的水分，而后者来源于下列化学反应：

$$H_2+\frac{1}{2}O_2 \longrightarrow H_2O$$

可知，1kg 氢燃烧后产生 9kg 水，故 1kg 燃料燃烧后产生（$9H/100+M/100$）kg 水。而水常压下汽化潜热近似取 250kg/kg，则相同基的低位热值与高位热值的换算关系为：

$$LHV = HHV - 250.8(9H/100 + M/100) = HHV - (226H + 25M) = HHV - 25(9H + M)$$

收到基的高、低位热值的关系为：

$$LHV_{ar} = HHV_{ar} - 25(9H_{ar} + M_{ar})$$

空气干燥基的高、低位热值的关系为：

$$LHV_{ad} = HHV_{ad} - 25(9H_{ad} + M_{ad})$$

干燥基的高、低位热值的关系为：

$$LHV_{d} = HHV_{d} - 226H_{d}$$

干燥无灰基的高、低位热值的关系为：

$$LHV_{daf} = HHV_{daf} - 226H_{daf}$$

对于不同基的计算，由于水分不仅可使可燃元素含量减少，且使汽化潜热损失增加，所以对于低位热值之间的换算，必须先化成高位热值之后才能进行，比较烦琐。为了计算方便，一般列表计算。不同“基”间低位热值的换算见表 2-7。

表 2-7 不同“基”间低位热值的换算

已知的“基”	所求的“基”			
	LHV_{ar}	LHV_{ad}	LHV_{d}	LHV_{daf}
LHV_{ar}	—	$(LHV_{ar} + 25M_{ar}) \times (100 - M_{ad}) / (100 - M_{ar}) - 25M_{ad}$	$(LHV_{ar} + 25M_{ar}) \times 100 / (100 - M_{ar})$	$(LHV_{ar} + 25M_{ar}) / (100 - M_{ar} - A_{ar}) \times 100$
LHV_{ad}	$(LHV_{ad} + 25M_{ad}) \times (100 - M_{ar}) / (100 - M_{ad}) - 25M_{ar}$	—	$(LHV_{ad} + 25M_{ad}) \times 100 / (100 - M_{ad})$	$(LHV_{ad} + 25M_{ad}) / (100 - M_{ad} - A_{ad}) \times 100$
LHV_{d}	$LHV_{d} \times (100 - M_{ar}) / 100 - 25M_{ar}$	$LHV_{d} \times (100 - M_{ad}) / 100 - 25M_{ad}$	—	$LHV_{d} \times 100 / (100 - A_{d})$
LHV_{daf}	$LHV_{daf} \times (100 - M_{ar} - A_{ar}) / 100 - 25M_{ar}$	$LHV_{daf} \times (100 - M_{ad} - A_{ad}) / 100 - 25M_{ad}$	$LHV_{daf} \times (100 - A_{ad}) / 100$	—

2.3 生物质的材料学特性

生物质利用的技术中对生物质原料的形态要求不同，有的工艺需要粉状生物质颗粒，有的需要颗粒较大的、加工过的生物质试块和粒状料，而有的直接利用刚收获的生物质，如秸秆、木材、干草等。根据材料外观，生物质材料的形态基本可以分为粉料（powder feedstocks）、致密料（densified feedstocks，也称生物质型煤）、原始材料（original material）。粉料是经过破碎、磨碎后得到的粒径比较小的粉状材料；致密料是经过外加压力使生物质原料（或生物质和无烟煤等其他物质的混合物）堆积密度提高、容积减少的原料，这类生物质材料又分为粒料

(pellets)、试块或煤饼（briquettes）和方块（cubes）；原始材料是指生物质（如秸秆）没有经过切断、破碎的原料，即生物质的原始形态，如树枝、树干和收割后的秸秆。不同的材料形态适用于不同的利用技术，例如生物质流化床热解气化技术中，生物质原料要求具有一定粒度分布的粉料，这样才能使反应器中的压降在合适的范围内。生物质沼气技术对原料的要求相对没有流化床严格，沼气池的进料既可以是原始材料，也可以是发酵效果更好的粒料和试块。

我国生物质资源蕴藏量十分惊人，可作为能源利用的生物质资源潜力相当巨大，这些生物质类型包括：农林废弃物、禽畜粪便、工业有机废弃物和城市固体有机垃圾，据统计，农林废弃物资源占70%以上，是生物质开发利用的主要资源。然而，由于生物质原料分布不均、质地疏松、能量密度小，给采集、储运和使用带来许多不便，所以未经加工转化的生物质原材料，一般只能当做低品位能源使用，不具有很大的商业价值。

因此，对生物质材料的机械加工，可以得到生物质成型原料，其粒度均匀，单位密度和强度有所增加，运输和储运更为方便，且燃烧性能得到明显改善。生物质的材料性能包括粒径大小分布、密度、机械性能、热导率等。了解生物质的材料学性能，对于研究和开发生物质应用复合材料、生物质压缩成型技术和提高能源利用率具有重要意义。

本节介绍生物质的材料学性能。对于粉状材料，主要讨论物理特性，包括粒度分布、密度、表面特征、传热性能和流动性；对于粒料和试块，讨论其硬度、耐久性等力学性能；针对原始材料，着重讨论其机械加工性能。

2.3.1 生物质材料物理特性

本小节主要就生物质粉料物理特性展开讨论。生物质气化、热解、快（闪）速热解等热化学转化技术正日益受到重视，这些技术能将生物质转变为便于输送、具有替代石油潜力的液体燃料。当前生物质热化学转化还处在实验、示范研究阶段，在加料稳定性、操作参数优化、焦油分析等诸多方面有待进一步研究。在这类技术中所要求的生物质材料多为细粉料，设备的加料是一个需要解决的重要问题，需要确保生物质加料的连续性、稳定性。因此粉料的物理性质直接影响着热化学转化技术的稳定操作和产品组成，并影响到生物质热解过程的正确分析。

2.3.2 粒度

粒度是指颗粒的大小，用其在空间范围内所占据的线性尺寸表示，是固体物料最基本的几何性质。生物质材料作为一种固体颗粒状物料，是由大量的单颗粒组成的颗粒群。对于单一的球状颗粒，粒径大小就是其粒度值（r），用来衡量生物质颗粒的大小。然而生物质颗粒往往并不是规范的球状，不规则形状的颗粒粒径可按照某种规定的线性尺寸表示，如采用球体、立方体或者长方体的代表尺寸。此外，人们还定义了当量直径来表示其大小，但是对于颗粒群来说，由于含有各种粒径大小的颗粒，其大小不能用某一颗粒的粒径大小代表，一般采用平均大小。

2.3.2.1 单一颗粒的粒度

如前所述，颗粒的大小可用多种方法表示和测量。一般来说，约5mm以上的大颗粒可以用卡尺、千分卡尺等工具直接测量；对于0.04mm以下的极小颗粒，则需要基于沉降速度、布朗运动等原理的间接测量方法；在这两者之间的粒度大小，采用筛选（分）法便可方便地测量出来。随着科技的进步，测量颗粒粒度的方法和仪器更先进，测量的粒级更低，精确度更高，例如激光粒度分析仪可以快速地读取数据，测量粒径范围为150~1μm，分为150μm，100μm，80μm，60μm，50μm，40μm，30μm，20μm，10μm，8μm，7μm，6μm，5μm，4μm，3μm，2μm，1μm等多个等级，有兴趣的读者可以阅读仪器分析等方面的书籍进一步了解。

当0.04mm ≤r ≤5mm时，颗粒粒径大小的测量采用最传统、最常用的方法，即用不同规格的筛具测量，表2-8是泰勒（Tyler）标准筛的目数和粒径大小的对比（目数即每寸具有的筛孔数目）。

表2-8 泰勒标准筛与粒径大小对比

目数	孔径		目数	孔径	
	in	μm		in	μm
3	0.263	6680	48	0.0116	295
4	0.185	4699	65	0.0082	208
6	0.131	3327	100	0.0058	147
8	0.093	2362	150	0.0041	104
10	0.065	1651	200	0.0029	74
14	0.046	1168	270	0.0021	53
20	0.0328	883	400	0.0015	38
35	0.0164	417			

2.3.2.2 颗粒群的粒度分布

工程实践中所用的生物质并不是颗粒大小均一的单粒度体系，而是由一定数量的、粒度不等的颗粒组成，称为颗粒群。通常，在生物质能量转换技术中，为了保证转化系统的可靠运转，生物质的粒度分布应当尽可能小。例如，在固定床生物质气化炉中，生物质的粒度分布过大的话，在空气和反应所产生的气体通过床层时，会使细小颗粒和粗粒相互分离，从而导致原料层不均匀，形成热区和冷区，最终导致形成“通道”和结渣现象；而生物质的颗粒粒度过小，就会影响到气化效率。

生物质颗粒群具有不同的粒度，因此，在研究填有不同粒度颗粒的反应器中，首先要求有效地描述颗粒群的粒度分布。设有一堆具有不同粒径的生物质材料，P 为粒径小于粒度 r 的颗粒体积分数（或重量分数、粒数分数），令 $p\mathrm{d}r$ 为粒度介于 r 和 $r+\mathrm{d}r$ 颗粒间的体积分数（或重量分数、粒数分数）。由此可以看出，p 反映颗粒的体积分布，是以长度的倒数为单位；P 清晰地指出颗粒累积的粒度分布，为一定粒度范围内的颗粒分布函数，是一无因次量。

对于颗粒粒径为连续分布时，任意取一个具有具体粒度的颗粒直径为 r_1，则相应的 p_1 和 P_1 可以表示为：

$$p_1 = \left(\frac{\mathrm{d}P}{\mathrm{d}r}\right)_1 \tag{2-4}$$

$$P_1 = \int_0^{\mathrm{d}r_i} p\mathrm{d}r \tag{2-5}$$

而对于粒度间隔相等或不等的离散的粒度分布时，任取 $\mathrm{d}r_i$，则 p 和 P 即可由下式表示：

$$p_i = \left(\frac{\Delta P}{\Delta r}\right)_i \tag{2-6}$$

$$P_i = \sum^{i} (p\Delta r)_i = \sum^{i} x_i \tag{2-7}$$

式中，x_i 为 i 粒度间隔内的物料体积分数。

生物质利用过程中，一般对生物质粒度都有一定的要求。如在流化床热解时，为使生物质原料能够进入床层，并在一定速度载气气流鼓吹作用下形成鼓泡流化状态，要对生物质原料进行破碎预处理，同时为了使床层和载气充分接触，生物质要具有合适的孔隙率（ε），因此床层中的原料不能太细；在生物质成型技术中，往往需要对生物质进行粉碎，以达到一定的粒度分布要求；在生物质气化中，气化炉的设计和粒度大小之间也有直接的关系，无论反应器是固定床还是流化床，生物质的粒度大小直接影响反应器的压降，并且影响到固定床、流化床的传热性能参数，如贝克来数（Pe）、雷诺数（Re）、努塞尔数（Nu）等。因此，在生物质转化技术中，生物质颗粒的形状往往对其转化的效果和转化系统的经济效益有一定的影响。

2.3.3　密度

生物质粉料的密度是指单位体积生物质的质量，一般采用单位 $\mathrm{g/cm^3}$。其实，生物质在破碎后得到的生物质颗粒之间存在许多孔隙，有些颗粒本身也有孔隙（如玉米秸秆、小麦秸秆）。因此确定生物质的密度可以采用几种方法。

2.3.3.1 表观密度

表观密度（apparent density）过去称为视密度，是指材料在自然状态下（即材料长期暴露在空气中的干燥状态），单位体积的干质量。对于形状规则的材料，直接测量体积；对于形状不规则的材料，可用蜡封法封闭孔隙，然后再用排液法测量体积；对于混凝土用的砂石骨料，直接用排液法测量体积，此时的体积是实体积与闭口孔隙体积之和，即不包括与外界连通的开口孔隙体积。生物质的表观密度只包含颗粒本身孔隙在内的单颗粒的密度，用ρ_p表示，一般较为方便的测试方法是采用视密度测试仪。

2.3.3.2 真密度

真密度（true density ）指材料在绝对密实状态下的体积内固体物质的实际体积，不包括内部空隙。同理，生物质颗粒的真密度不包含颗粒本身孔隙在内的单个颗粒密度，一般记为ρ_T。

2.3.3.3 堆积密度

表观密度和真密度是表示单个生物质颗粒的密度，如果要表示生物质颗粒群的密度，则采用堆积密度（bulk denisity）。堆积密度是指把颗粒与颗粒之间的孔隙算作生物质的体积所计算的物质密度，在自然堆积时，单位体积物料的质量就是堆积密度，记为ρ_b。在生物质热化学转化中，计算物料的堆积容积和反应器内的停留时间，确定料仓的尺寸、设计进料装置和反应器时都采用颗粒群的堆积密度。生物质材料的堆积密度受多方面因素的影响，如生物质种类、含水量、颗粒大小等。不同种类、不同颗粒大小生物质的密度比较见表 2-9。

表 2-9 生物质材料密度比较（姚宗路，2010）

种类	堆积密度/g · cm^{-3}	种类	堆积密度/g · cm^{-3}
木材		秸秆	
硬木片	0.230	松散	0.02~0.04
软木片	0.18~0.19	破碎	0.02~0.08
成型颗粒	0.56~0.63	打包	0.11~0.20
木屑	0.12	成型颗粒	0.56~0.71
木炭	0.25	成型块	0.32~0.67
		棉花秸秆	0.2
		玉米芯	0.26

2.3.4 生物质粉料的表面性质

生物质利用的途径可粗略分为能源利用和资源利用。能源利用技术将生物质看做一种富含能量的能源材料，经过燃烧、热解气化或炭化等途径后可释放出用于发电、炊事、工业加热所需要的能量；而资源利用途径则认为生物质可以作为一种质量较优的材料，与有机材料、无机材料混合后合成得到各种新型材料。有研究表明（何娇，2011），生物质颗粒经过改性后，可以作为一种质量很好的吸附材料，能够有效去除水中的污染物。生物质的利用除了少部分直接燃烧不需要进行破碎、切削之外，目前大部分的生物质加工、利用均是采用破碎后的生物质颗粒或颗粒经过压缩得到的致密料。生物质颗粒原料的表面性质，影响到其利用的效率和能量转换效率。

2.3.4.1 球形度

生物质颗粒的微观几何形状是不规则的，既有类似于球形的，也有棒状、块状、薄片状。对于非球形颗粒，可以用球形度近似表示其接近规则球形的程度，此时非球形颗粒的直径表示为具有与颗粒相同体积的球体直径：

$$d_p = d_s \tag{2-8}$$

式中 d_p——非球形颗粒的直径；

d_s——与非球形颗粒具有相同体积的球体的直径。

对于不规则的颗粒，可以用球形度表示该颗粒接近规则球形的尺度或程度。最常用的表示球形度的方法为：

$$\Phi_s = \frac{\text{圆球表面积}}{\text{颗粒表面积}} \tag{2-9}$$

式中的假设条件为颗粒具有与圆球相同的体积。当颗粒为规则球形，则 $\Phi_s = 1$；而其他形状的颗粒则有 $0<\Phi_s<1$。可见，对规则而非球形的颗粒，筛选的结果将根据颗粒形状而有不同，对于棒状或长条状，Φ_s值将偏大；而对于薄片状颗粒，Φ_s值将偏小。不同颗粒的球形度数据见表 2-10。

表 2-10 不同固体颗粒的球形度

物　料	Φ_s
砂粒	0.086
铁催化剂	0.578
烟煤	0.625
硅藻土圆柱体	0.861
硅藻土碎块	0.630
石英砂	0.554~0.628
褐煤粉	0.696

2.3.4.2 比表面积

生物质材料的比表面积（specific surface area）是指单位质量生物质材料所具有的总表面积，以 a 表示，单位为 m^2/g。比表面积是评价生物质材料工业利用的重要指标之一，比表面积的大小，对它的热学性质、吸附能力、化学稳定性、床层停留时间等均有明显的影响。由于生物质颗粒具有一定的几何外形，粉末或多孔性物质比表面积的测定较困难，它们不仅具有不规则的外表面，还有复杂的内表面。借通常的仪器和计算可求得其比表面积：通常称 1g 固体所占有的总表面积为该物质的比表面积 a。下式给出具有一定球形度的生物质颗粒的比表面积计算式。

$$a = \frac{\text{生物质颗粒表面积}}{\text{生物质颗粒体积}} = \frac{\pi d_s^2/\Phi_s}{\pi d_s^3/6} = \frac{6}{\Phi_s d_s} \tag{2-10}$$

生物质材料比表面积的测试方法多采用气体吸附 BET（GB/T 19587—2004），其原理有直接对比法和多点 BET 法。直接对比法测试的原理是：用已知比表面积的标准样品作为参照，来确定未知待测样品相对标准样品的吸附量，从而通过比例运算求得待测样品比表面积。多点 BET 法则是通过求出不同分压下待测样品对氮气的绝对吸附量，通过 BET 理论计算出单层吸附量，从而求出比表面积。这两种方法均使用氮吸附 BET 比表面积标准样品，但由于直接对比法中 BET 的理论假设之一，是在吸附一层之后的吸附过程中的能量变化相当于吸附质分子液化热，也就是和粉体本身无关，且在相同氮气分压（5%~30%）、相同液氮温度条件下，吸附层厚度一致。而多点 BET 法在实际使用中，由于测试过程相对复杂，耗时长，使得测试结果重复性、稳定性、测试效率相对直接对比法都不具有优势。这就是直接对比法和多点 BET 法相比起来，前者虽复杂性较高但测到的值的一致性较好的原因。

2.3.4.3 表面粗糙度

表面粗糙度（surface asperity）或光滑度（surface lubricity）是颗粒表面几何特点之一，它表示的物理意义是：当有惰性气体通过床层时，气体分子在平板与固体颗粒表面的自由行程（free path）的大小，如图 2-18 所示的 l。这一物理量和球形度容易混淆，但它们是两个不同的物理量，球形度表示的是不规则颗粒和理想球体的渐进程度，而表面粗糙度则表示当颗粒与屏壁接触时的有效接触程度。

表面粗糙度的概念最早是 Glosky 提出，他在 1985 年研究流化床的传热特性时为描述加热表面和流化床层之间的热助系数，引入气体分子自由行程（l），即气体分子从平板向颗粒表面的移动距离。如图 2-18 所示，平面几何分析得：

$$l = \frac{d_p}{2}(1 - \cos\phi) + s \tag{2-11}$$

式中，d_p为前文提到的非球形颗粒的直径，即表观直径。而根据德国人 Schlüder 的方法，OTTO MOLERUS 在 1993 年研究移动床时引入了表面粗糙度的表示方法。

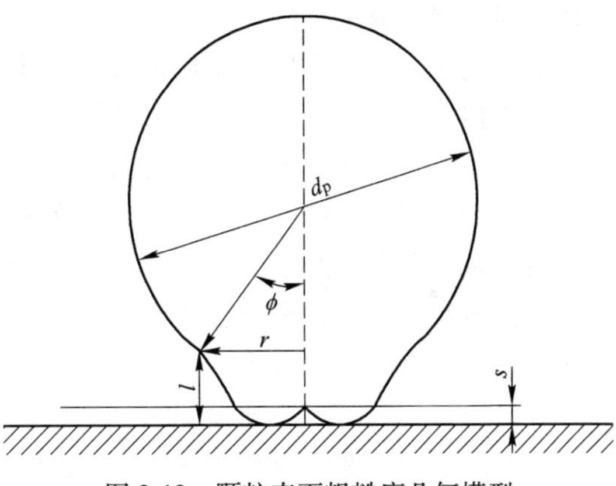

图 2-18 颗粒表面粗糙度几何模型

$$s_{min} = 2l_0 \frac{2 - \gamma}{\gamma} \tag{2-12}$$

式中 s_{min}——颗粒的最小有效粗糙度，m；

l_0——气体分子的平均自由行程；

γ——调节系数，反应分子的自由空间，当气体分子撞击到颗粒表面时无意义。

式（2-12）为颗粒最小粗糙度的表达式，低于该值则可认为是理论上的“热力学光滑”。同样根据 Schlüder 的方法，在流化床反应器中，式（2-12）的 l_0可由下式确定：

$$l_0 = \frac{16}{5}\sqrt{\frac{RT}{2\pi M}} \cdot \frac{\mu}{P} \tag{2-13}$$

式中 R——气体常数，R=8.314510J/(K·mol)；

M——气体摩尔质量，kg/mol；

P——压强，Pa；

μ——气体黏度，kg/(m·s)。

2.3.5 生物质材料机械强度性能

生物质材料的机械强度特征主要描述的是致密料（densified feedstocks）强度性能，由于粉料在应用时较少注重它的机械强度性能，所以关于粉料的机械强度性能的研究和描述较少。

2.3.5.1 *硬度*

硬度是指局部抵抗硬物压入其表面的能力，生物质致密料的硬度是重要的物理量，它在一定程度上影响着粒料或者试块的已损坏性，常常被作为一种基本的测试参数。致密料的硬度大小和多种因素有关，最重要的是生产致密料所施加的压力，另外生物质种类、含水率等因素也对硬度有一定作用。

固体对外界物体入侵的局部抵抗能力，是比较各种材料软硬的指标。由于规定了不同的测试方法，所以有不同的硬度标准。各种硬度标准的力学含义不同，相互不能直接换算，但可通过试验加以对比。早在 1822 年，Friedrich mohs 提出用 10 种矿物来衡量世界上最硬的和最软的物体，按照它们的软硬程度分为 10 级：滑石 1 级，石膏 2 级，方解石 3 级，萤石 4 级，磷灰石 5 级，正长石 6 级，石英 7 级，黄玉 8 级，刚玉 9 级，金刚石 10 级。在这 10 个等级里，硬度从小到大排列，滑石硬度最小，金刚石硬度最大。各级之间硬度的差异不是均等的，等级之间只表示硬度的相对大小。

硬度是衡量金属材料软硬程度的一项重要的性能指标，它既可理解为是材料抵抗弹性变形、塑性变形或破坏的能力，也可表述为材料抵抗残余变形和反破坏的能力。硬度不是一个简单的物理概念，而是材料弹性、塑性、强度和韧性等力学性能的综合指标。硬度试验根据其测试方法的不同可分为静压法（如布氏硬度、洛氏硬度、维氏硬度等）、划痕法（如莫氏硬度）、回跳法（如肖氏硬度）及显微硬度、高温硬度等多种方法。

国标 GB/T 4340—1999 测试硬度的方法为维氏硬度法，由英国科学家维克斯首先提出。以 49.03~980.7N 的负荷，将相对面夹角为 136°的方锥形金刚石压入器压入材料表面，保持规定时间后，用测量压痕对角线长度，再按公式来计算硬度的大小。它适用于较大工件和较深表面层的硬度测定。维氏硬度尚有小负荷维氏硬度，试验负荷为 1.961~49.03N（不含），它适用于较薄工件、工具表面或镀层的硬度测定；显微维氏硬度，试验负荷小于 1.961N，适用于金属箔、极薄表面层的硬度测定。

维氏硬度（HV）适用于显微镜分析，以 120kg 以内的载荷和顶角为 136°的金刚石方形锥压入器压入材料表面，用载荷值除以材料压痕凹坑的表面积，即为维氏硬度值（HV）。

2.3.5.2 耐久性

耐久性（mechanical durability）也就是抗磨损性（abrasion resistance）是生物质材料衡量粒料、试块机械强度的一个重要参数，在西班牙它甚至是技术规格书中的一个重要参数（M. V. Gil，2010），用来衡量生物质材料抖动或其他机械运动下保持原型的能力，它与生物质材料经过机械或气动搅拌后所脱落的粉含量有关，低的耐久性在测试过程中造成大量的粉末脱落，耐久性强的试块或粒料则与之相反。

粒料的耐久性本质上反应粒料在运输过程中时所能经受的破坏负荷或粉末在脱落后保持原型的强弱（Tabil and Sokhansanj，1996），根据 ASABE Standard S269.4（2007），粒料的耐久性测算方法为：将 100g 粒料置于型号为 No.6

U. S. 、筛孔径为 3. 36mm 的筛中，筛子在 50r/min 的转速下翻滚 10min，翻滚过程中粒料外表的细粉脱落，翻滚后得到的粒料质量与翻滚前粒料样品质量之比记为耐久度，可用下式表示：

$$Du = \frac{M_{af}}{M_{be}} \times 100\% \tag{2-14}$$

式中　Du——耐久度,%；

M_{af}——粒料或试块翻滚后的质量，g；

M_{be}——粒料或试块翻滚前的质量，g。

Colley Z 指出，当 $Du \geqslant 80\%$ 时，为高耐久度粒料；$70\% < Du < 80\%$ 时为中耐久度粒料；$Du \leqslant 70\%$ 时的粒料为低耐久度粒料。低 Du 值的粒料会给进料系统带来麻烦，会产生粉尘排放，甚至在粒料存放和运输中具有着火爆炸的潜在危险。试块的耐久性和粒料一样，测试方法也大同小异。

粒料的耐久性与粒度、含水率、粉碎机刀具尺寸、粘合剂、原料配比等多种因素有关，Nalladurai Kaliyan 较全面地研究了这些因素对试块、粒料耐久度的影响。在研究中考察了蒸汽养护温度对试块耐久度的影响，养护温度相当于热处理参数，当达到 80℃时，耐久度达到 96. 5%。热处理可以加速没有黏结能力的半纤维素等可溶性多糖的去除，有利于纤维素结构与煤粒充分结合形成所谓的“钢筋-混凝土”结构，达到提高生物质型煤机械强度的目的；但热处理时间过长，不仅可以去除可溶性多糖，还使具有黏结能力的纤维素结构也会部分水解或降解生成低分子糖类与化合物，降低了压缩料的机械强度。

邢宝林等通过生物质粉料和无烟煤粉按一定比例制备生物质型煤（试块），并考察了产品的跌落强度和抗压强度两个性能。压力是影响成型产品机械强度的一个重要参数，一定压力范围内，生物质纤维在型煤的成型过程中可以形成一个网状骨架，随着成型压力的增大，物料颗粒间距减小，分子间作用力和氢键作用增强，型煤的机械强度也随之提高；而一旦压力过大，煤粒将压碎成粉状，部分较长的纤维素结构被压断，生物质之间的交联作用减弱，使型煤的抗冲击、抗压性能降低，造成其机械强度不高。

2.3.6　生物质机械加工特性

生物质材料的机械强度的所指对象是块状的或者长条状的生物质原料，而不是针对经过破碎后具有一定粒级的生物质材料，例如当讨论玉米秸秆的机械强度时，所指的是一根玉米秸秆的机械强度而不是破碎后得到颗粒粒径较小的颗粒的机械强度。随着生物质的广泛回收利用，特别是农业残留物量大，近年来大规模应用于发电和生物炼制。这些生物质不仅量大（据美国国内预计，2030 年以后每年将有 10 亿吨生物质干料产生，Christopher T. Wright，2005），而且种类多样，运输起来不方便，对这些生物质机械性能特点的了解，有助于设计处理设备。生物质的自然特性和复合材料（加工后的产品）的结构有着密切关系，其力学性能的测量反映生物质的机械性能，为后续破碎、粉碎、压缩等预处理参数设计提供有意义的参考。

2.3.6.1 粉碎特性

目前生物质规模化利用技术主要包括干馏炭化技术、气化技术、饲料技术、致密成型技术、液化技术等，各项技术都需要进行前期粉碎，故对生物质粉碎特性的了解，可以为粉碎机性能改进提供试验依据，进而为生物质特别是农业秸秆资源化利用的预处理技术提供理论依据和实际指导。一般粉碎的方法有压碎、劈碎、剪碎、击碎和磨碎，对于脆性和硬度较小的生物质来说，劈碎、剪碎和磨碎是常用的方法。

（1）劈碎。物料受楔状刀具的作用而分裂，多用于脆性、韧性物料的破碎，能耗较低。

（2）剪碎。物料在两个破碎工作面间，如同承受载荷的两支点（或多支点）梁，除了在外力作用点受劈力外，还发生弯曲折断，多用于较大块的长或薄的硬、脆性物料粉碎。

（3）磨碎。物料在两工作面或各种形状的研磨介质之间受到摩擦、剪切作用而被磨削成细粒，多用于小块物料或韧性物料的粉碎。

根据 Rittinger 粉碎理论，物料经过粉碎，颗粒由大变小，物料单位质量的表面积增加，可以提高物理作用及化学反应的速度；几种固体物料的混合，也必须在细粉状态下，才能均匀混合。粉体材料最重要的质量指标之一是粒度和粒度分布，而粒度和粒度分布决定了粉体产品的技术性能和应用范围，例如物料的比表面积、化学反应速率、吸附性、堆积性，这些都与应用范围有直接关系，而产品的应用领域对物料的粒度及粒度分布均有严格的要求。

Rittinger 粉碎理论也称面积假说，认为粉碎所需要的能量与物料表面积的增加成正比，即 $A_0 \propto \Delta S$。如以均质立方体为例子，每边原始长度 D_0，粉碎后小立方体每边长度 D_i，则新生成的表面积为：

$$\Delta S = 6D_0^3\left(\frac{1}{D_i} - \frac{1}{D_0}\right) \tag{2-15}$$

当颗粒形状不规则时，D_0 和 D_i 只代表粒度的关系。此时，粉碎所需要的功即可按下式计算：

$$A_1 = k_1 D_0^2(i - 1) \tag{2-16}$$

式中 D_0^2——反映物料颗粒在粉碎前的原始表面积；

K_1——取决于物料的形状、质地、粉碎方法等综合因素；

i——破碎比。

这一假说粉碎所做功全都用来克服新生表面物料分子之间的内聚力，适用于比较理想的情况，要求物料在破裂过程中没有变形，各向均匀，无节理和层理结构。当破碎比相当大时（$i>10$），这种假说的结果和实际情况较为接近，同时也适用于塑性和韧性物料的薄刃切割。

衡量粉碎好坏的指标一般来说是产品产量和能耗，不同工况、不同生物质种类的粉碎实验表明，产量和能耗两个指标和生物质的含水率有直接关系。李海军等（2007）研究不同含水率、筛孔直径、锤片数量下玉米秸秆粉碎机的吨料电耗、锤片厚度及度电产量，结果表明：对于相同筛孔直径，随着含水率的增大，负荷输入功率基本不变，吨料电耗增加，生产率降低；对于相同含水率的玉米秸秆，随着筛孔直径的增大，吨料电耗、负荷输入功率降低。

2.3.6.2　可压缩性

生物质材料的可压缩性是指外界压力的作用下，生物质原材料被压实后体积减小或密度增大的特性或能力的大小，一般用物料的体积模量 V_c(MPa) 来表征：

$$V_c = -\frac{\mathrm{d}p}{\mathrm{d}V/V} \tag{2-17}$$

式中　V——物料的体积，mm^3；

p——压力，MPa；

$\mathrm{d}V/V$——压缩速度。

体积模量 V_c 表示物料产生单位体积相对变化量时所需要的压力增量，式（2-17）中负号表示压强与体积呈负变化。在工程中，常用 V_c 值来表示物料抵抗压缩变形能力的大小。V_c 值越大，物料越不易被压缩；当 $V_c \to \infty$ 时，表示该物料绝对不可压缩。物料的种类不同，其 V_c 值也不同，各向同性的弹性物料其 V_c 值恒定。对于非均匀各向异性的农业纤维物料的 V_c 值，其随密度和压力的变化呈非线性变化（范林，2008）。

20 世纪，最早开始研究农业纤维物料压缩过程中的压缩规律的联邦德国学者 Skalweit 开创了农业纤维物料压缩特性研究的先河（李旭英，1991），他在密闭容器内对草物料以压缩的试验研究的基础上，提出低速压缩草物料时压缩力和压缩后物料密度之间的规律：

$$P = c\gamma^m \tag{2-18}$$

式中　P——压力，Pa；

γ——压缩后物料的密度，$\mathrm{kg/cm^3}$；

m，c——试验系数，无量纲，m、c 之间的数学关系为 $c = P_0/\gamma_0^m$；

P_0——初始压力，kg/cm^2；

γ_0——初始密度，kg/cm^3。

由式（2-18）可知生物质的压缩性能可以用能耗表示，能耗与压力有直接关系，初始密度与压力呈指数关系。其实，生物质的可压缩性能本质上与生物质种类、含水率等因素有关。李在峰等（2008）对6种不同的生物质原料进行了冷态压缩成型试验，并绘制出生物质成型压力-密度关系曲线，发现同一种生物质在含水率不同时的压力-密度曲线各不相同，但有一共同交点，在该交点前后水分对密度的影响相反。

当含水率较大时，生物质秸秆特性类似于塑性材料；含水率在一定范围内，其柔韧性较好，不易断裂；而含水率减小时，其特性趋近脆性材料，柔韧性减弱，脆性增强，易断裂。在显微镜下可观察到叶鞘的内部结构主要由表皮、叶肉、维管束和厚壁组织组成。维管束和厚壁组织构成叶肉的主要机械支持。而维管束有大维管束、小维管束及横向维管束之分，外韧维管束位于木质部与韧皮部相接处，木质部在上方，韧皮部在下方，机械组织含有一厚壁组织区，位于维管束上下。成束厚壁组织纤维组成所谓“脊梁结构”（高梦祥，2003）。这样的结构决定了叶鞘纵向抗拉力远大于其横向抗拉力。

生物质种类不同，解剖学上的组织结构不同，即使是同一植物，不同部位压缩性能也各异。在成熟的茎中，邻接表皮处由1~3层排列紧密、形状较小的纤维细胞组成皮下层，这是硅质化的厚壁细胞所形成的机械组织，成熟时都已木质化。如玉米种植过密，直径显著减小，表皮下机械组织内厚壁细胞数目减少，细胞壁薄，因而茎干和机械组织的坚韧性受到影响。肥水比较充足，但密度过大时，常由于光照强度不足，光合作用受到抑制，玉米体内养分合成减弱，茎干的纤维组织发育不好，植株高而细弱，节间增长，茎干表皮细胞细长，细胞壁变薄，削弱了茎干机械组织的坚韧性。这一特性决定了直径对茎干抗冲击能量的影响规律。

2.3.6.3 切削加工特性

切削加工生物质材料的难易程度称为切削加工性能。一般由工件切削后的表面粗糙度及刀具寿命等方面来衡量。影响切削加工性能的因素主要有工件的化学成分、组织状态、硬度、塑性等。生物质致密成型技术作为生物质能转化的重要途径近几年来备受关注，按成型温度可分为两种：热压成型和常温高压成型。生物质材料的削片是致密成型技术中重要的前期处理工序，削片粉碎粒度的大小对于提高生物质致密成型率极为关键。

国内外对木材切削加工性能的研究起步较早，这些研究多集中在对不同生物质材料切削机参数的确定和优化的基础上，这些参数包括切削方向、进料力、刀具宽度、进给量为切削参数（Jean Phihppe，2004）。20 世纪 90 年代，管宁比较系统地研究了木材的切削阻力（管宁，1991、1994），对阔叶树木材切削理论与切削厚度的关系、不同切面切削力的变化、刀具前角对切削力的影响、含水率对切削阻力的影响、木材密度与切削阻力关系等方面进行了比较系统的研究，分析了木材密度影响切削阻力的基本机理。管宁还对 11 种针叶树材和 15 种阔叶树材切削阻力进行研究，得到不同材料的主切削力变动模型，较好地揭示不同木材切削阻力在不同切削条件下的变动规律。

为提高生物质压缩成型燃料的成型率，优化设计参数，对生物质材料的切削力进行分析是必不可少的。切削阻力是削片粉碎机的主要工作载荷，在进行设计计算时，切削阻力值是必不可少的前提条件，也是影响削片粉碎机功率消耗及各零件强度、刚度设计和动力设计及选型（袁湘月，2007）的主要因素。袁湘月对三种生物质切削性能进行了研究，设计了切片粉碎机，并通过大量的理论分析和实验研究得到各种优化参数，该研究的切削助力模型的理论分析如下。

如图 2-19 所示，飞刀在接触弧上任意一点 m 对木料的作用力为 P，它可以分解为两个分力，即法向分力 P_n 和切向分力 P_t，其中 P_t 为圆周力：

$$P = P_t / \cos\varepsilon \tag{2-19}$$

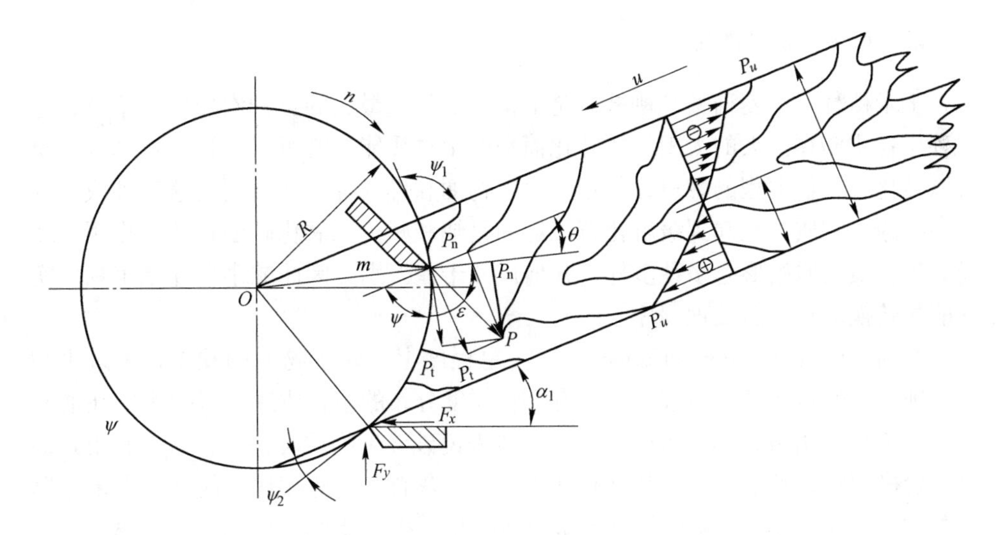

图 2-19　切削力理论分析的几何模型

ε 为 P 与 P_t 之间的夹角，由 P_n/P_t 的值决定，P_n/P_t 一般取值 0.8，此时：

$$P = \frac{P_t}{\cos\varepsilon} = \frac{P_n}{\sin\varepsilon}$$

$$\tan\varepsilon = \frac{P_n}{P_t}$$

$$\varepsilon = \arctan\frac{P_n}{P_t} = 39°$$

按照南京林产工业学院主编的《木材切削原理与刀具》一书中所述，切向力 P_t的计算值 c 可由经验公式求得。

$$c = p \cdot a \cdot b \tag{2-20}$$

式中，a 为切削厚度，mm；b 为切削宽度，mm；p 为单位切削力，可按下式求得：

$$p = \frac{C_p \cdot f'_p}{\alpha} + A_p \cdot \delta + B_p \cdot V - C_p \tag{2-21}$$

式中，f'_p，A_p，B_p，C_p 可根据主要切削方向、树种，在《木材切削原理与刀具》一书中查得；δ 为切削角，$\delta = 90° - \psi$，ψ 的几何意义如图 2-19 所示，称为切削遇角，计算时取平均值。将式（2-20）代入式（2-19），整理得：

$$p = \left(\frac{C_p \cdot f'_p}{\alpha} + A_p \cdot \delta + B_p \cdot V - C_p\right) \cdot a \cdot b/\cos\varepsilon \tag{2-22}$$

由式（2-22）并根据力平衡也可得到 x 和 y 方向的分力 F_x、F_y。

2.3.6.4 磨削性能

玉米秸秆、小麦秸秆和柳枝稷是最常见而且量最大的三种农作物残余物，这三种生物质储存巨大的太阳能所转化而来的生物质能，既可以通过燃烧释放，也可以转化成其他类型的燃料，如乙醇、生物油和燃气等。重新利用这三种或者其他种类的生物质，能起到缓解化石能源的紧缺和减少二氧化碳的排放的作用。然而，生物质的原始形态多种多样，几何尺寸千差万别，因此减小尺寸是生物质实现能量转换的重要前处理程序。

磨削性能（grinding performance）一定程度上反映生物质的硬度，不过生物质磨削性能的指标是用在破碎成具有一定粒度分布的生物质后所需的能量（通常为用电量）来衡量，称为破碎能耗。一般来说破碎生物质时较为容易，所用到的设备价格便宜，易于操作，与破碎铁矿石、石灰石、矿渣相比，能耗小得多。单位质量生物质所需要的破碎能耗与破碎机类型、生物质原始尺寸、含水率、生物质种类、进料速率等有关。

姚宗路等人进行了木质生物质的粉碎机设计研究，采用先切削后粉碎的原理，所设计的破碎机结构如图 2-20 所示。该研究进行了不同直径的果树剪枝切削粉碎性能试验，试验结果表明：对于直径小于 10cm 的树枝，机器运行平稳，生产率达到 2.1m^3/h，粉碎后的原料粒度质量较好，能够满足成型要求；粉碎机的功耗随着树枝直径的增加而明显增加，当树枝直径为10~15cm时，功耗达到15.7kW·h/m^3，机器基本能够正常运行，但当树枝直径超过15cm时，功耗增加了55.8%。Sudhagar Mani等对四种生物质原材料（分别为小麦秆、玉米秸秆、大麦秆和柳枝稷）进行了磨削性能测试，四种不同的原料在破碎到一定粒径（3.2mm、1.6mm和0.8mm）时，消耗的能量不相同，其中柳枝稷所需能耗最大为27.6kW·h/t，玉米秸秆能耗最小为11.0kW·h/t。

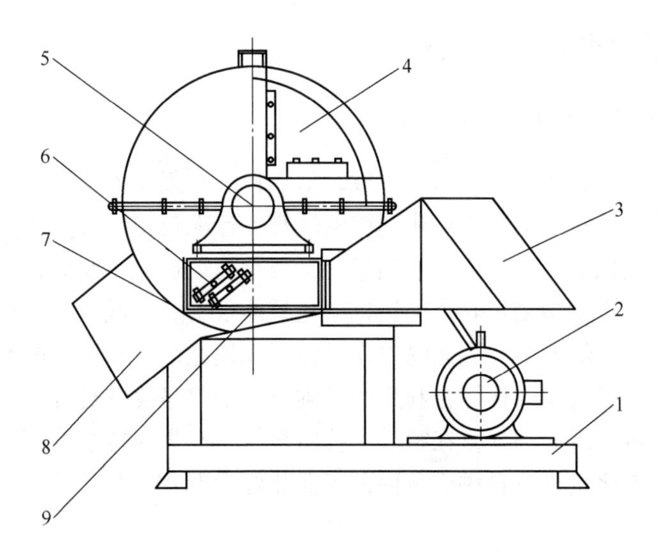

图2-20 木质类粉碎机结构

1—机架；2—电机；3—进料口；4—切削粉碎装置；5—粉碎轴承座；6—旁刀；7—出料口；8—筛板；9—底刀

3 生物质收运、储存与机械预处理技术

3.1 生物质收集方法与设备

3.1.1 农作物秸秆收集方法与设备

我国农作物秸秆量大类多而且分散，依靠传统收集技术与手段，难以实现秸秆的快速收集，更难以满足工业化利用的规模、标准与持续性要求，如收集半径过小达不到规模化的需求，扩大收集半径又因长途运输或中间储存、防腐等问题增加成本。现阶段我国秸秆收集储运机械化整体水平非常低，关键环节技术和装备还处于空白，已经成为严重制约农作物秸秆规模化综合利用的瓶颈。

农作物秸秆收集是秸秆综合利用的基础，其中收集设备是规模化工业利用工程技术体系的重要组成部分，在解决秸秆原料集中收集与持续均衡需求矛盾、保障规模化与标准化秸秆原料供应和促进工业化综合利用发展等方面，具有不可替代的作用。

3.1.1.1 玉米秸秆收获技术

国外玉米秸秆利用主要方式有青贮饲料、粉碎还田、收集利用。前两种技术采用的设备可分为玉米青饲收割机（见图 3-1）和玉米联合收割机（见图 3-2）。玉米青饲收割机技术已经非常成熟，除了与拖拉机配套的悬挂式、牵引式等机械外，还有自走式联合收获设备。国外玉米收获机的研究与生产技术已经成熟，目前美国、德国、乌克兰和俄罗斯等西方国家玉米的收获（包括籽粒和秸秆青贮）

图 3-1　玉米青饲收割机

图 3-2 玉米联合收割机

已基本实现了全部机械化作业，多适合于一年一季种植、收获时玉米籽粒的含水率很低的条件。

我国玉米青贮技术较成熟，设备形成了相对的系列化。一般根据养殖场的规模，在与拖拉机配套的设备中，青贮玉米收获机占多数，个别大型饲养场配备了自走式青贮玉米收获机械。对于籽粒收获的玉米收获机械目前主要是玉米联合收获机以及背负式收获机，收获工艺主要是以摘穗为主，而秸秆粉碎还田存在的最大问题主要是对种植行距的适应性。我国玉米秸秆除了青饲收获、粉碎还田以外，秸秆收集主要以人工为主，机械化收集研究刚刚开始。玉米秸秆粗壮、高大、节硬、表皮密实，在摘穗时水分含量较高不适宜直接打捆作业，是造成玉米秸秆机械收获困难的关键因素。现有的研究技术主要集中在固定式打捆，采用机械主要是用于废品收集的液压式打捆机，人工上料，人工穿绳捆扎，但人工劳动强度极高，生产率太低，成本高。最近几年来有关单位也从国外引进了方捆打捆设备进行试验，也有采用技术相对成熟的国产小型打捆设备进行改造，但普遍存在着缠绕、堵塞工作部件、结构强度不足、捆型不整、密度低、可靠性不高的问题。

3.1.1.2 小麦秸秆收获技术

国外小麦秸秆的收获采用的技术主要是分段式，即小麦联合收获机收获后采用捡拾打捆的收集方式。国外小麦产区大多为一年一季，小麦收获后空闲周期较长，经过小麦联合收获以后，秸秆大多铺在田间晾晒，待含水率符合要求后再利用捡拾打捆机对小麦秸秆进行收集打捆并储放地头。捡拾打捆设备主要以圆捆（见图 3-3）和方捆（见图 3-4）为主。圆捆打捆机有内卷式和外卷式两种形式，著名生产厂家有克拉斯、纽荷兰、爱科、海斯顿和迪尔等公司，草捆直径一般，生产效率高，但是存在着草捆密度低的缺陷，且圆捆储存、运输占用空间较大。

方捆打捆机相对于圆捆来说技术和结构更复杂，虽然各个厂家采用的捡拾、预压打结定时传动的方式、结构以及自动化程度等有一定的差异。但一般都经过捡拾、预压和利用活塞的冲击与挤压、预压草条，通过相对固定的压缩室，使草捆密度高、捆型整齐而易于储运，应用量有高于圆捆的趋势。我国目前对小麦秸秆的处理一种是直接粉碎还田，另一种是与国外基本一致，采用分段式收获。现在秸秆收获普遍使用的设备是直径 60cm、80cm、120cm 的捡拾圆捆设备和截面尺寸 36cm×46cm 的小型捡拾方捆设备。我国东北地区一年一熟地区的大小机型效率低，缺乏高效的装备。华北一年两熟地区一种情况是部分实行套种小麦，收获后，小麦秸秆大部分散落在田间，而此时二茬作物玉米已经长出，小麦收获机不能低茬收获，秸秆覆盖在玉米苗上，收集小麦秸秆的打捆机械田间作业较困难，大多数情况是随着小麦跨区作业来成功实施，小麦收获期缩短实现了小麦收获后抢茬种植玉米，但秸秆如何尽快运出田间成为难题。另外，由于各地耕作模式不同，因此关于小麦秸秆收集，国内不可能沿用一种技术工艺路线，更不能照搬国外的工艺技术，必须研究开发出符合我国国情的捡拾打捆系列设备，研究如何增加小麦联合收割机的秸秆收获功能，在完成小麦收获的同时实现秸秆的收集，满足种植与秸秆直燃发电、气化、液化、建材利用等工业化原料供应，解决焚烧是急需解决的难题。

图 3-3 秸秆圆捆打捆设备

图 3-4 秸秆方捆打捆设备

3.1.2 水生植物收集方法与设备

目前，市场上常见的水生植物机械化收割设备主要有两种类型，分别是针对沉水植物（如水蕴草）和水面植物（如水葫芦）等水生植物的采收。从组成上看主要由作业船、动力推进装置、水生植物切割装置、水生植物收集及输送装置、压缩脱水与打包机构、集草舱等几个部分组成。推进装置主要采用螺旋推进器和明轮推进，技术比较成熟；收集及输送装置也有比较成熟的结构。

3.1.2.1 国外水生植物采集装备

国外在水生植物收割机方面的研究起步较早，应用也较为广泛。美国、英国和澳大利亚等国均有类似产品，其中很多与国内产品结构类似。

图3-5是澳大利亚淡水环境管理公司的一项专利技术——水生植物收割机。其主要特点是在船身中部两侧铰接有摆臂（前臂），割刀和收集装置装在摆臂前端。收割装置在水中的高度由操作人员通过控制装置来调节。抽吸泵通过软管把切碎的植物随同水流抽吸到船上，最后在过滤装置中将水分滤掉。另有运输船将过滤后的植物运送上岸。这种收割机的优点在于泵可以产生强大的吸力，水草漏收率低，但偌大的杂物被吸入软管，则很容易堵塞。

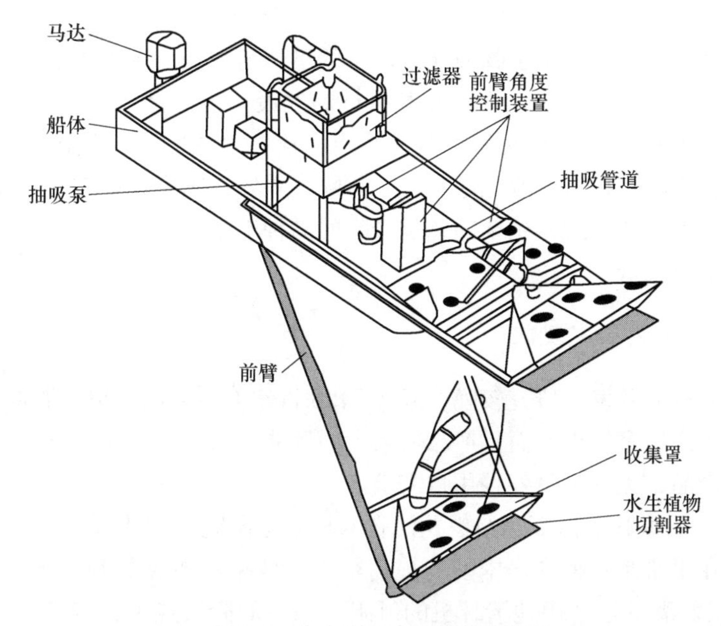

图3-5 澳大利亚水生植物收割机

3.1.2.2 国内水生植物采集装备

目前，国内也有许多大学、企业及研究机构进入水生植物收割研究领域，并且取得了一定的研究成果。

内蒙古农业大学研制的9GSCC-1.4型水生植物收割机船队由1条9GSCC-1.4型水生植物收割机船、1条牵引船和6条装草船组成，可在水下收割各种沉水植物，以切割、捡拾、传送、牵引、运输一体化作业方式进行连续生产。上海水产大学研制的SCSGJ-2.6型水生植物收割机械以柴油机为动力，采用明轮推进，适用于小型水域，能够实现水生植物的切割、滤水与收集，最后将收集的水生植物集中处理。另外，还有宁波市农业机构研究所研制的WH1800型河道清草机，北京市水利局开发了SGY-2.5型水生植物收割船等多种水生植物收割船投入实际应用。

3.1.3 林木收集方法与设备

我国宜林荒山荒地、灌木林地、沙荒地资源丰富，同时我国劳动力资源丰富，低廉的劳动力价格使得林木资源收集及能源林、能源灌木林培育成为可能，从而使林木生物质能源产业化发展有更为广阔的区域。所以，研究适用于各种灌木林收割的机械设备，可有效地解决目前我国因林地条件差等因素所面临的大规模林木收割问题，从而可充分有效地利用林木生物质能源来弥补我国能源的不足。

近十几年，由于对林木生物质能需求量的迅速增加和改善人类的生存环境的呼声的高涨，国内外都很重视林木收割机械的发展。由于林木作业的种类繁多，作业的地点地形复杂，作业面积零散等特点，给林木收割机械提出了更高的要求。而我国林木收获机械产业化起步晚，与欧美等发达国家比存在着技术、制造手段、工艺等方面的差距，主要问题是产品的品种不全，适应性和成套性差，产品的技术水平比较低。

3.1.3.1 国内研究现状

我国割灌机的开发、研究较晚，起步于20世纪60年代，都停留在仿制的基础上。国内生产厂家较少，而且产品质量大、性能落后，品种单一，规格少，不能形成系列产品，无法满足各种用户需求。

1992年原国家林业部下达给黑龙江省木材采运研究所“山地清林机的研制”项目，目的在于研制一种重、中型的提高割灌木效率与质量的割灌木设备。2G-200型悬挂式割灌机是“山地清林机的研制”项目的阶段成果，该机主要是为适应短周期工业用材林以及人工速生丰产林发展的需要，它是以J-50履带拖拉机为动力，在拖拉机前悬挂具有仿行特点的多圆锯片的中型割灌木设备。

山西省广灵县新特服务部成功研制了柠条收割机和麻黄收割机。其主要用途有柠条类丛林灌木的平茬、收割；桑树、茶树更新换代的平茬；冬青、草坪等园林绿化的草和灌木植物的修整；草原牧草收割，如红柳、沙柳、花棒、踏郎、紫花苜蓿、沙打旺、草木栖、柠条和蒿籽等。

福建省林科所研制成功的2GB-081型背负式割灌机，具有质量轻、振动小、适应性强、用途广、易于综合配套等特点，非常适合广大农村多种经营使用。

除此之外，还有北京可尔机械制造有限公司生产的可尔柠条收割机；赤峰田丰农林机械制造厂生产的2GC-70牵引式割灌机；中国农业机械化研究院研制的

XDNZ-2008 型自走式不分行高秆作物割台青贮饲料收割机和 XDNZ-2008 型自走式对行高秆作物割台青贮饲料收割机等，这些机具在国内具有较先进的水平，已被广泛使用。

3.1.3.2 国外研究现状

目前，全世界割灌机的年产量为 300 多万台。日本是世界上生产和使用割灌机最多的国家之一，20 世纪 90 年代产量达 160.8 万台，出口 103 万台。国外对割灌机的开发研究较早，起点高、水平也较高，广泛采用现代科技成果，如工程塑料、CDI 无触点电子点火等，整机质量轻、功率大、使用操作灵巧，并形成了系列产品。以德国 STIHL 公司、SOLO 公司为代表的厂家，其产品动力排量从 22CC 到 56.5CC，功率从 0.6kW 到 2.8kW 不等。

前苏联生产的 Cekop-3 型割灌机可用于幼林的抚育伐、灌木的采伐和割草等。割灌机主要由发动机、传动部分和锯木圆锯片组成。工作时操作人员可将割灌机背在肩上，用右手操作机器，左手扶着锯切的树木。

前苏联制造的 MNC 大型除灌机装在“白俄罗斯”型拖拉机上，前部为压灌部分，后部为割灌切碎部分。机器前进时，前部压灌部分先将灌木压弯压挤在一起，再由后面的割灌装置自根茎处切断，最后由切碎装置切碎并撒抛在地上。该机可用于大面积的除灌作业。

20 世纪 90 年代，这些先进国家的割、搂、捆装、运输等灌木收割机械陆续进入我国种植基地。国外先进的灌木收割机械技术比较完善，机具品种多，性能可靠，但价格昂贵。目前，欧美各国几乎所有的农机公司都生产灌木收割机械，产品品种齐全，系列完整，能满足各种收割需要。其主要结构、技术性能指标至今没有大的变化，只是在操作舒适和电子计算机应用方面有所改进。

3.2 生物质运输方法与设备

近年来中国修建运行了许多生物质直燃发电厂，但由于不合理的燃料物流系统，大多数生物质电厂运营状况不佳，某些电厂甚至停产倒闭，主要原因是燃料供应不稳和运营成本过高。因此，测试研究生物质物流系统的参数性能，最终建立一套合理优化的系统，对于生物质利用的实际操作具有指导意义。

国内对生物质物流系统的模拟和优化的研究做得不多，但在国外，尤其是北欧国家，对该领域做了相当多的研究。Shahab Sokhansanj 等搭建了动态综合生物质供应分析和物流模型（IBSAL）的框架，来模拟生物质燃料的收集、储存和运输，并以玉米秸秆的收集和运输做了实例分析。A. A. Rentizelas 等提出对多种生物质能源转化利用的决策支持系统，采用混合优化得到系统利润最大净现值。D. Nilsson 基于生物质处理基础设施和地理分布的次级模型，建立了秸秆处理模型（SHAM）以分析和衡量秸秆物流系统的性能。

3.2.1 车辆运输

农林生物质具有重量轻、体积大、分布面积广、收获具有季节性等特点。针对生物质的这些特点，生物质的运输一般采用公路运输（即车辆运输）方式。目前，农村基本上村村通公路，农用运输车辆也很普及，在农民农闲时间，将农户堆放在屋前屋后空地上的秸秆用农用车运至收购站也是一种增收的途径。

目前，较常见的运输方式是：个体收购者或农民将收割后留在田间的秸秆集中到田头或屋前屋后空地上，通过农用车送到就近收购站，在收购站打捆或粉碎后贮存，清除燃料中夹杂砖头土块，对含水量大的燃料进行风干，保证生物质燃料质量，当需要时，利用载重车辆输送。

3.2.2 其他运输方式

生物质除了常用的车辆运输以外，还有固体粉末的气力管道输送方式。气力输送是利用气流作为载体，在管道中输送粉、粒状固体物料。空气（或惰性气体）的流动由输送管两端的压力差来实现，直接给输送管内的物料颗粒提供移动所需要的能量。气力输送系统要有气源、供料装置、输送管道以及输送物料的分离设备等构成。上述部件的合理选择和布置，可使工厂的布局和操作更为灵活。现在许多诸如食品、塑料、水泥、化工、冶金等工业部门，已普遍采用气力输送技术来输送不同的颗粒物料，主要应用于物料的贮存、运输、供料及计量等工序。

3.2.2.1 气力输送系统分类

物料在输送管道中的实际流动状态很复杂，主要随气流速度、气流中的物料量和物料本身特性等的不同而变化。通常根据输送管道中气流速度的大小及物料量的多少，物料在输送管道中的流动状态可分为两大类：一类为悬浮流，物料颗粒依靠高速气流的动压而被推动；另一类为栓流，物料颗粒依靠气流的动压或静压而被推动。此外，气力输送系统的分类方法还有：按在输送管道中形成的气流不同，可分为吸送式和压送式；按输送压力的高低，可分为高压式和低压式；按发送装置的不同可分为机械式和仓压式；按输送管的配置形式，可分为单管输送和双管输送，双管输送又分为内旁通管式和外旁通管式；按气源提供方式的不同，可分为连续供气和脉冲供气。目前常将气力输送系统分为以下四种：

（1）压力式气力输送系统。这种系统包括普通的吸送式、压送式和吸送、压送组合式三种。物料在负压或正压状况下的空气流中被输送。

（2）机械式气力输送系统。这种系统是在输送管线的进口，通过特殊设计的旋转供料器或像涡轮、螺旋一样的供料器，将空气和物料混合后送入混合室与空气喷嘴喷出的气流接触而被输送。这种系统要求的空气压力较高，需产生密集的料流。

(3) 高压式气力输送系统。这种系统中，物料加入发送装置的高压仓中，进入该仓的高压空气引起物料流动并将物料送入输送管输送，称为密相输送。工作压力越高，物料就能在更高的浓度与更长的距离下被输送。

(4) 脉冲式气力输送系统。这种系统要求连续补充脉冲空气进入输送管中，以确保被输送物料流态化，并沿整个输送线路流动。

3.2.2.2 常用气力输送系统

正压式气力输送系统：该输送系统是利用安装在其起点的风机或空气压缩机，将高于大气压的空气通入供料装置中，与物料混合后进入管道并输送到终点的贮罐内，空气经过滤后排放到大气中。正压式气力输送系统的输送压差大，适合于长距离、大容量输送，其对空气质量要求严格，且需防止杂质、水、油等侵入系统。正压式气力输送系统又分为低压式和高压式两种。低压式气力输送系统的气源压力常低于0.05MPa，料气比小于5（颗粒料气比最大可达15），气体临界速度为10~25 m/s。它适合输送粒状、块状、纤维状、片状等物料，但对粉状与粉、粒混合状物料的输送则比较困难，用于输送黏性物料常出现堵塞现象。低压式气力输送管道的磨损比较大，物料的破碎率高、耗气量大，除尘器的负载大，但是系统输送能力大，且可以连续稳定输送。高压式气力输送系统的输送效率高、管道磨损小、物料破碎率低、耗气量小，适合于长距离、大容量输送，但由于其输送料气比大、输送阻力大，一般需在输送管中用旁通管补充空气。

负压式气力输送系统：该输送系统主要用于从若干个物料源中的任何一个取料，并将物料输送到一个收集点。负压式气力输送系统是利用安装在其终点的罗茨风机或真空泵抽吸系统内的空气，在输送管中形成低于大气压的负压气流。物料与空气从起点吸嘴或料罐经过混合进入管道并输送到终点的贮罐内。物料颗粒受到重力作用从气流中分离出来，空气则经过除尘后通过风机排放到大气中。

负压式气力输送系统的进料方式比正压式气力输送系统的简单，但对卸料器、除尘器的严密性要求高，要求在气密条件下排料，致使这两种设备的构造较复杂。负压式气力输送系统对输送距离有一定的限制，这主要是由于输送距离越长，真空度就要越高，空气密度变得越低，气固混合物必然很稀，一般实际系统的压力降限度是-44kPa。

3.2.2.3 生物质粉末燃料的气力输送

按被输送物料的浓度可分为稀相输送与浓相输送。两者之间没有非常严格的界限，通常情况下，当输送浓度小于30kg（粉）/kg（气）时，称为稀相输送；

当输送浓度大于30kg（粉）/kg（气）时，称为密相输送。固气比是固体的质量流量与输送气体的质量流量（或体积流量）之比。这是体现输送系统中固体物料浓度高低的一个重要参数，也是决定输送方式、输送能力与输送经济性的一项重要指标。

稀相输送：因被输送物料的质量流量与输送气体的质量流量之比较小，物料颗粒间的距离较大，输送气体的压力较低，输送速度较大，因此不适宜输送长距离、易破碎、磨蚀性强、料粒大、质量密度大和要求输送量大的场合。

密相输送：密相气力输送则具有低速、低压、连续、密相栓流输送的特点，克服了稀相输送的一些缺陷。试验证明，密相气力输送的功率消耗与空气速度的平方成正比；输送物料和管道的摩擦损失与输送速度的2~3次方成正比。

因此，密相气力输送优点可概括为：

（1）因输送速度低，故能做到最小的管道磨蚀和物料的破碎；

（2）因料气比高，输送同样多的物料时系统消耗的输送气体少，故系统节能且使终端的料、气分离比较容易；

（3）有利于减少粒子的静电荷，故有助于防止粉尘爆炸问题。

因此密相气力输送应用越来越广泛，国外已用于药品、谷物、水泥和砂糖等几十种物料的输送，特别适用于输送直径不大于8mm的颗粒物料或粉状物料。生物质粉末可以采用这种输送方式。

3.3 生物质储存方法与设施

3.3.1 生物质在自然界中的变化

在自然条件下，生物质分解是由有机物质逐渐无机化，转化为二氧化碳、水、氨、硝酸盐以及各种无机盐类等简单的化学物质，并且伴随着能量变化。生物质分解一般可分成3个子过程，即淋溶作用（可溶性物质通过降水、浸水等被淋溶的过程）、微生物降解难分解物质（纤维素、木质素等）、生物作用（土壤动物的啃食）与非生物作用（如风化、结冰、解冻和干湿交替等）的破碎化。分解过程包含两条不同的食物链：碎屑食物链和腐食食物链，微生物和土壤动物在分解过程中起决定作用。生物质的淋溶作用是处于温润环境中新近枯落物质量损失的一个重要过程，也是枯落物刚刚落到土壤或水体时决定枯落物质量损失速度的一步。大量研究表明，淋溶过程主要表现为可溶性有机组分（有机酸、蛋白质、苯酸、糖类等）和无机成分（K、Ca、Mg、Mn等）通过降水以及湿地中本身存在的水分而被淋溶损失，该过程一般经历几天到几周。淋溶过程中，土壤动物将大块有机物破碎化，这些小块有机物既为土壤动物提供食物来源，又为微生物生长繁殖和分解生物质中不稳定有机物质和难溶物质提供养分和能量，该过程随着枯落物物理和生物破碎化程度的提高而加强。枯落物的分解者主要是细菌和真菌，它们分别占总分解者生物量和呼吸作用的80%和90%，最初分解生物质的分解者是真菌，真菌通过分泌酶穿过枯落物的角质层，进入到枯落物器官内部，在死亡植物细胞内部和细胞之间繁殖。由于生物质中难溶化合物组成占较大比例，故降解阶段持续的时间比淋溶过程长得多，最终结果是导致碳随着分解的进行而逐渐减少，而一些养分如氮、磷等的释放一般会经历积累、固定和释放几个阶段。

生物质分解按所处空间位置可分为两个阶段：原位分解阶段和非原位分解阶段。原位分解阶段是指植物局部或全部死亡后处于原来的位置并开始分解，反之为非原位分解。原位分解和非原位分解因分解环境不同，其分解过程也不同。大多数生物质死亡后不会立即脱落，如莲等地上部分在植物死亡后不久大部分叶片会从莲上脱落进入土壤或者水体中，茎的立枯状态持续的时间更长，可达数月或数年。这种枯死但未脱落的植物体地上部分的原位分解阶段，又可叫做立枯分解阶段（standing-dead position）。大型挺水植物在立枯阶段就开始了微生物定殖和分解。许多研究表明，生物质的分解从立枯阶段开始，并且原位分解阶段是枯落物分解的重要阶段，不同生物质的立枯分解效果与枯落物种类存在一定关系。

生物质的分解受许多因素作用，并不是一个均一的过程。一般地将生物质分解分为两个阶段，第一个阶段是生物质质量快速减少阶段，与水溶性物质和易分解的碳水化合物的快速淋溶和降解有关；第二个阶段是生物质质量缓慢减少阶段，该阶段以微生物分解作用为主，主要是将枯落物体内的难溶性的物质（纤维素、半纤维素和木质素等）逐渐转化为无机化合物，分解速率取决于微生物的种类和活性。而枯落物分解受众多生物因素和非生物因素的影响，并不是所有的生物质分解都表现出先快后慢。

3.3.2 生物质厂内储存方法与设施

根据国内外已投运生物质发电厂的情况，生物质发燃料储存一般有以下两种模式：

（1）设有厂内和厂外燃料存储点，优点是加大燃料可收集半径，燃料供应可靠性较高，对不同特性的燃料适应性较强，燃料收集方便；缺点是燃料组织的物流环节比较复杂，由于燃料需要中间转运，投资和运行费用较高，适用于燃料收集半径较大，厂内燃料场地较小的电厂，目前国内投产的生物质发电厂基本采用这种模式。

（2）只在厂内设燃料储存点，燃料收集后直接运输进厂存储，优点是燃料组织的物流环节简单，料场投资和运行费用较低；缺点是由于受场地的限制，燃料的储存量较小，燃料供应的可靠性较低，适合于季节性不强、供应量相对稳定且能够常年持续收购的燃料。根据实际工程情况，由于装机容量大，拟使用的燃料种类较多、耗量大，为保证电厂的持续稳定运行，推荐采用模式（1），即采用厂内储存与厂外储存相结合的方式进行燃料的储存。

厂内储存分露天储存和燃料棚储存两种方式：

（1）露天料场主要作厂内中转料场，储存诸如树根、树枝、树皮等不宜变质的硬质燃料，若作为储备料场时，在雨水较多的季节，应堆成斜顶形并采用帆布等遮盖，防止雨水大量渗入料堆，影响燃料的品质。软质秸秆一般季节性较强，供应量大的季节一般处于秋冬季节，雨水量较少，此时露天料场也可用于储存软质秸秆。考虑到南方地区天气的原因，露天堆放的燃料建议根据“先来先烧”的原则，对露天堆放的燃料定期翻烧。

（2）厂内一般设置燃料棚。厂内燃料棚可采用半封闭结构，存放经过破碎处理的成品燃料。燃料棚作为储备料场使用，主要用来堆放厂外收购来的不易腐烂变质的成品燃料。

3.3.3 生物质厂外储存方法与设施

由于生物质发电在国内还是一种新兴的产业，没有更多的可借鉴经验，尤其是燃料收集工作，是一个非常复杂的过程，根据国内外这类生物质发电工程的实际情况，结合该生物质发电厂燃料资源结构特点，本着收购、运输方便的原则，工厂厂外储存点采用若干固定收购站和临时收购点模式。根据燃料分布情况，以及可供场地情况，可在资源较丰富的乡镇设立多个固定储存点以及临时收购点。为了减少作业环节，降低运行成本，建议厂外料场作为储备性料场，在燃料供应充足期，收购高质量的燃料储备，在农忙季节劳动力短缺等原因造成燃料供应量减少时，通过调用厂外料场的储备燃料满足电厂运行的需要；同时，为缓解燃料价格上涨压力，将场内料场作为临时料场，控制来料上料系统，尽量减少堆垛、拆垛等环节，进一步降低运行成本，提高效益。

3.4 生物质机械预处理方法与设备

3.4.1 生物质破碎及设备

生物质的破碎技术不仅能克服生物质原始状态能量密度小、存放体积大、运输不便等缺点，而且是把生物质制成吸附材料、成型燃料和人造板材等以及使生物质形成粉体进行燃烧、气化、液化的先导技术。

破碎机运行时，工作台上的原料借助手动推力或进料系统装置在破碎室内刀片或锤片高速旋转形成的负压以及系统尾部风机的联合作用进入破碎室。物料在破碎室中经刀片高速剪切磨削或锤片的搓揉磨削，以及物料之间的碰撞摩擦而逐渐被破碎为小颗粒及短纤维丝。较小较轻的物料脱离高速圆周运动的轨道进入出料口，而较大较重的物料则继续留在破碎室内被破碎。下面介绍几种常用的破碎方式：

（1）挤压破碎。挤压破碎是破碎设备的工作部件对物料施加挤压作用，物料在压力作用下被破碎。挤压磨、颚式破碎机等均属这类破碎设备，物料在两个工作面之间受到相对缓慢的压力而被破碎。因为压力作用较缓和、均匀，故物料破碎过程较均匀。这种方法通常多用于脆性物料的粗碎，不过，近年来发展的纲领式破碎机也可将物料破碎至几毫米以下。挤压磨磨出的物料有时也会呈片状粉料，通常作为细粉磨前的预破碎设备。

（2）挤压-剪切破碎。这是挤压和剪切两种基本破碎方法相结合的破碎方式，雷蒙磨及各种立式磨通常采用这种破碎方式。

（3）研磨-磨削破碎。研磨和磨削本质上均属剪切摩擦破碎，包括研磨介质对物料的破碎和物料相互间的摩擦作用。振动磨、搅拌磨以及球磨机的细磨仓等都是以此为主要原理。与施加强大破碎力的挤压和冲击破碎不同，研磨和磨削是靠研磨介质对物料颗粒表面的不断腐蚀而实现破碎的。因此有必要考虑研磨介质的物理性质、填充率、尺寸、形状及黏性等。

（4）冲击破碎。冲击破碎包括高速运动的破碎体对被破碎物料的冲击和高速运动的物料向固定壁或靶的冲击。这种破碎过程可在较短时间内发生多次冲击碰撞，每次冲击碰撞的破碎都是在瞬间完成的，破碎体与被破碎物料的动量交换非常迅速。

3.4.2 生物质干燥及设备

干燥是利用热能将物料中的水分蒸发排出，获得固体产品的过程，简单来说就是加热湿物料，从而使水分气化的过程。对于生物质干燥，我们有两种选择方式：一是自然干燥；二是人工干燥，即通过干燥机干燥。自然干燥一般没有什么特殊要求，但是人工干燥就需要很好地控制干燥温度。秸秆中含有大量的纤维素、半纤维素、木质素（木素）、树脂等物质。在较高温度下，木质素开始软化。秸秆的着火点很低，高温容易发生火灾危险，干燥温度控制在80℃左右比较适宜。

3.4.2.1 自然干燥

自然干燥就是让原料暴露在大气中，通过自然风、太阳光照射等方式去除水分。这是最古老、最简单、最实用的一种生物质干燥方法。原料最终水分与当地的气候有直接关系，是由大气中水分含量决定的。

自然干燥不需要特殊的设备，成本低，但容易受自然气候条件的制约，劳动强度大、效率低，干燥后生物质的含水量难以控制。根据我国的气候情况，秸秆自然干燥水分一般在8%左右。

一般来说，如果没有特殊要求，对于生物质秸秆的干燥还是倾向于采用自然干燥技术。

3.4.2.2 人工干燥

人工干燥技术就是利用干燥机，靠外界强制热源给生物质加热，从而将水分气化的技术。这种干燥机是根据所需物料产量、水分含量而专门设计的，并能准确地控制水分。不同种类的秸秆，其干燥技术也不尽相同，现在主要有流化床干燥技术、回转炉干燥技术、筒仓型干燥技术。对于一般秸秆而言，可以采用筒仓型干燥机进行干燥。

A 流化床干燥技术

在流化床装置中，经过准确计算的热气流经流化床的均压布风板均匀分布后，穿过床内的物料，使物料颗粒悬浮于气流之中，形成流化状态，如图3-6所示。呈流化状态的物料颗粒在流化床内均匀地混合，并与气流充分接触，进行十分强烈地传热和传质。流化床干燥装置可以轻易地输送加工材料，干燥过程中可避免局部原料过热，因而对热敏性产品适应性强。尽管物料颗粒剧烈运动，但是产品处理仍比较温和，无明显的磨损。装置出口的气体温度一般低于产品最高温度，因此具有极高的热效率。该系统比较适合于流动性好、颗粒度不大（0.5~10mm）、密度适中的物料，如稻壳、花生壳以及一些果壳等，但不适合于黏度高的物料。

图3-6 振动流化床干燥机

B 回转圆筒干燥技术

回转圆筒干燥机是一种连续运行的直接接触干燥机，如图3-7所示。它由一个缓慢转动的圆柱形壳体组成，壳体倾斜，与水平面有较小的夹角，以利于物料的输送。湿物料由高端进入回转圆筒，干燥后的物料由低端排出。在回转圆筒内，干燥介质与生物质原料并流或者逆流，沿轴向流过圆筒。当物料没有热过敏性或要求较高脱水率时，通常采用逆流方式。并流方式通常用于热过敏性物料或要求有较高脱水速率的干燥。生物质原料在滚筒内的流速主要是根据生物质原料的含水量以及颗粒度等来确定。这种装置适用于流动性好，颗粒度为 0.05～5mm 的物料，如稻壳、花生壳、造纸废弃物、粉料以及一些果壳等。

图 3-7 回转圆筒干燥机

C 筒仓型干燥技术

筒仓型干燥机结构比较简单，把原料堆积在筒仓内，利用热风炉的热风带走原料中的水分。原料在仓内相对静止，与其他方法相比较，其干燥效率比较低，对原料水分的控制也比较困难。现在常用的筒仓式秸秆干燥机不能连续进出料，这就影响了生产效率。但装置对原料的适应性好，基本上适用于各种秸秆。

4 生物质燃料及其制备工艺

4.1 生物质自然燃料

4.1.1 秋后秸秆几何特性及其燃料制备工艺

农作物秸秆是作物收获后的作物残体（crop residues），是重要的资源，具有种类多，数量大，可再生等特点。我国农作物秸秆传统的利用方式一般有：农村生活燃料、大型牲畜草料与有机肥料的主要来源。随着现代科学技术的发展，人们对农作物秸秆资源的认识越来越深，对农作物秸秆的利用日益重视，在如何科学有效的利用秸秆资源上已取得进展。但发展速度较慢，一是因为对开发利用秸秆资源的认识程度有限，更重要的是相关设备研究滞后。

在开发利用农作物秸秆的过程中，由于其结构疏松、分布分散的特点，使收集、运输、储存困难变大，加之其能量密度低，所以使用很不方便。利用秸秆成型技术，将松散细碎的无定形的秸秆挤压成质地致密、形状规则的成型燃料是解决这一问题的一种措施。经挤压成型后原料密度可达 0.8~1.3kg/m^3，与中值煤能量密度相当，秸秆成型燃料的燃烧特性有明显改善，火力持久、黑烟少、炉膛温度高，且储存、运输、使用方便、干净卫生，可代替矿物能源用于生产和生活领域。

4.1.1.1 秸秆的几何特性

秸秆的几何特性即秸秆的机械特性，包括秸秆的抗张强度、抗剪强度、弹性模量和刚性模量等。

1963 年苏联学者提出：小麦秸秆的抗张强度范围在 128~399MPa，但该数据是在假定小麦秸秆壁面积小于秸秆壁几何面积的 5~10 倍的基础上得到的；1950 年 Lim Piti 试验结果显示小麦秸秆的抗张强度范围为 32~38MPa；而 1989 年英国学者试验结果表明小麦秸秆的抗张强度范围为 9~32MPa；1959 年 Dogherty 等用六种不同的方法测试了小麦秸秆的抗剪强度，试验表明小麦秸秆的抗剪强度范围为 5.4~8.4MPa，类似秸秆的抗张强度，小麦秸秆的抗剪强度因小麦品种不同而不同，脆性秸秆的变化系数为 0.18~0.40；1983 年加拿大学者 Kushwaha 等试验了不同含水率的小麦秸秆，得出小麦秸秆的抗剪强度范围为 8.6~13.0MPa。

秸秆弹性模量讨论较少，经过试验得到小麦秸秆的弹性模量的变化范围为

1.6~3.4GPa，刚性模量范围为0.52~0.58GPa。而在实际应用中，秸秆压缩体积变化很大，相对应的，它的弹性特征也会产生变化。

4.1.1.2 秸秆燃料的制备工艺

按照成型加压方法可将目前国内外技术相对成熟、应用较多的生物质成型燃料加工技术分为：螺旋挤压式、活塞冲压式（包括机械式、液压式）、辊模碾压式（包括环模式和平模式）等。按照成型过程中是否对原料辅助加热，可将上述三种加工方式分为冷压成型和热压成型两类工艺；螺旋挤压式、活塞冲压式是热压成型工艺，辊模碾压式则采用冷压成型工艺。

A 螺旋挤压式

由以上可知，螺旋挤压式加压技术属于热压工艺，螺旋式成型机根据成型过程中黏结机理的不同可分为加热和不加热两种形式。不加热成型机是先在物料中加入黏结剂，然后通过锥形螺旋输送器压送，使原料受到的压力逐渐增大，在处于压缩喉口时，物料所受的压力达到最大，使其在高压下体积密度增大，同时在黏结剂的作用下成型，最后从成型机的出口处被连续挤出。加热成型机在成型套筒上设置加热装置，利用物料中的木质素受热塑化所产生的黏结性可使物料成型。这类成型机研发最早，同时也是目前被推广应用的最为广泛的机型。

B 活塞挤压式

活塞挤压式成型机按不同的驱动动力可分为两类：一类为机械驱动活塞式成型机，即用发动机或电动机等机械，通过机械传动驱动；另一类液压驱动活塞成型机，则是用液压机构传动驱动。这两类成型机的共同点是成型过程是靠活塞的往复运动实现动力驱动。进料、压缩和出料过程间歇性完成，活塞每次往复运动均会形成一个压块，压块与压块之间端面连接不牢固，在成型套内紧密挤压，当压块从成型机出口被挤出的时候，重力的作用使其自行分离。根据压缩室末端有无挡板可分为开式或者闭式。闭式机构中压块在压缩过程中依靠压缩室末端挡板形成挤压阻力，挡板开启排出压块，因此具有不需要很大挤压力且消耗能量较少的优点；开式成型机则是依靠被压缩与压缩壁之间的摩擦力和锥形压模所形成的挤压阻力实现原料的压缩成型，其优点是出料方便，不需要特殊的挤出成型块机构和动作。

C 辊模碾压式

辊模成型机按照压模形状的不同可分为平板模颗粒成型机和环板模颗粒成型机两种，其中环模成型机依据结构布置形式可分为立式和卧式。立式环模成型机因具有压模易更换、保养方便、易进行系列化设计等优点，是现有颗粒成型机的主流机型。立式环模成型机的压模和压辊的轴线都为垂直设置。平板模颗粒机的工作原理是：利用平板上的4~6个辊子随轴作圆周运动，同时辊子与平模板间存在相对运动，原料在辊子和模板间受挤压，多数原料被挤入模板孔中，然后用切割机将挤出的成型条按一定的长度切割成粒。

4.1.2 林木废料几何特性及其燃料制备工艺

4.1.2.1 林木废料的几何特性

我国林木生物质资源特点有：种类丰富、生物量大、再生性强、燃烧值高，具有重要的开发利用潜力。开发和利用林木生物质能源一方面是因为林木生物质能源可以更好利用，尤其是在化石燃料缺乏和集中电网不能到达的农村地区，可以通过利用林木生物质能源来实现能源供应。同时比起化石能源等，林木生物质能源属于可再生能源，可以循环利用。而且开发利用林木生物质能源对于改进林业发展模式，增加农村劳动力就业，调整农村产业结构具有重要的推动作用。同时受到能源短缺和环境污染等问题的影响，开发和利用林木生物质能源已经势在必行。

林木生物质是指森林林木及其他木本植物通过光合作用将太阳能转化而形成的有机物质，包括林木地上和地下部分的生物蓄积量、树皮、树叶和油料树种的果实（种子）。林木生物质能源是指利用林木生物质直接或者间接加工成的能源，直接加工主要是指以传统林木生物质燃料（如薪柴）直燃利用；间接加工则是通过现代生物质技术进行转化生产，将林木质生物能源转化为新型能源，如林木生物质固体燃料、林木生物质气体燃料、林木生物质发电、木质液体燃料（生物乙醇和木质纤维素）及木本生物柴油。

4.1.2.2 林木废料燃料制备工艺

林木生物质能源的转化利用方法一般可分为三类：一是燃烧技术，即通过直接燃烧或者将生物质压制为成型燃料（即加工成便于运输和贮存的块型、棒型燃料以便提高其燃烧效率）然后燃烧，其主要目的是为了获取热量；二是生物化学转化法，通过对不同原料（木材、农作物秸秆等）先酸解或水解，然后微生物发酵，制取液体燃料或气体燃料；三是热化学转化法，生物质热化学转化包括气化、热解、液化和超临界萃取，其中气化和液化技术是生物质热化学利用的主要形式，可获得木炭、生物油和可燃气体等高品位能源产品。

下面简单介绍一下生物质能源转化利用的方法：

（1）气化。生物质能气化是指固体物质在高温条件下，与气化剂（空气、氧气和水蒸气）反应得到小分子可燃气体的过程。所用气化剂不同，得到的气体燃料种类也不同，如空气煤气、小煤气、混合煤气以及蒸汽-氧气煤气等。目前使用最广泛的是空气作为气化剂。产生的气体主要作为燃料，用于锅炉民用炉灶、发电等场合，也可作为合成甲醇的化工原料。

（2）液化。液化是指通过化学方式将生物质转换成液体产品的过程。液化技术主要有间接液化和直接液化两类。间接液化就是把生物质气化成气体后，再进一步合成，反应成为液体产品；或者采用水解法，把生物质中的纤维素、半纤维素转化为多糖，然后再用生物技术发酵成为酒精。直接液化是把生物质放在高压设备中，添加适宜的催化剂，在一定的工艺条件下反应，制成液化油，作为汽车用燃料，或进一步分离加工成化工产品。这类技术是生物质能的研究热点。

（3）热解。热解是指生物质在隔绝或少量供给氧气的条件下，加热分解的过程。热解过程所得产品主要有气体、液体、固体三类产品。其比例根据不同的工艺条件而发生变化。最近国外研究开发了快速热解技术（即瞬时裂解）制取液体燃料油。液化油得率以干物质计，可达70%以上，是一种很有开发前景的林木生物质应用技术。

（4）固化。将生物质粉碎至一定的粒度，不添加黏结剂，在高温或高压条件下，挤压成一定形状。其黏结力主要是靠挤压过程产生的热量，使得生物质中木质素产生塑化黏结。成型物再进一步碳化制成木炭。现已开发成功的成型技术，按成型物形状划分主要有三大类，即棒状成型、颗粒状成型和圆柱块状成型技术，解决了林木生物质能源形状各异、堆积密度小且较松散、单位体积的能量密度低，炉温低及运输和贮存使用不方便的问题，提高了林木生物质的使用热效率。

（5）直接燃烧。直接燃烧是林木生物质最早被使用的传统方式。研究开发工作主要是着重于提高直接燃烧的热效率。如研究开发直接用林木生物质的锅炉等用能设备。先进的直接燃烧过程涉及燃烧机理和实际应用，目前已进行大量的研究，取得了不少进展。林木废料由于其分散性且能量密度较低，其规模利用和高效利用都较困难，所以经济效益较差，这也是林木生物质不能成为商品能源的主要原因。

气化、液化、热解的方法主要是通过化学反应、生物降解的方法生产燃料，如生产氢、乙醇、合成汽油等，这些燃料生产成本较高，没有被大量用于生产和日常生活，且气化目前主要集中在固定床空气气化，产生的木质气热值较低，运行缺乏持续稳定性。固化成型燃料除具有比重大、便于贮存和运输、着火易、燃烧性能好、热效率高的优点外，还具有灰分小，燃烧时几乎不产生二氧化硫（SO_2），不会造成环境污染等优点，堪称为一种理想燃料，有着广阔的市场开发前景。

4.1.3 陆生野生生物质几何特性及其燃料制备工艺

随着我国经济的不断发展，严峻的能源问题和环境问题日益受到关注，人类对能源的开发和利用面临着重大转折，因此开发我国野生生物质能源，形成新的能源产业，是解决我国能源问题的一条重要途径。

我国野生生物质能源具有资源丰富、发展潜力巨大等优势。尤其是西部地区，特殊的地理环境使得当地的灌木植物具有抗旱性强、热值高等性质。这些植物是我们大力发展野生生物质能源的前提和保障。而如何合理地开发和利用现有植物资源，以满足日益增长的能源需求，对野生生物质采取工业化利用技术使之转化为工业能源，生产林木生物质能源终端产品，满足国民经济的飞速发展，提高我国能源自给能力，缓解化石能源危机，显得日益紧迫和重要。

4.1.3.1 陆生野生生物质几何特性

我国可开发利用的陆生野生生物质分为三类：野生油料植物、野生薪炭植物以及野生纤维植物。“石油”植物被称为21世纪的绿色能源，所谓“石油”植物，是指那些可以直接生产工业用燃料油，或经发酵加工可生产燃料油的植物的总称。野生植物界可用于制成石油的植物品种很多，如麻风树、棕榈、油楠、光皮树、黄连木、古巴香胶树等，主要原因是在其种子中或汁液中含有大量的油脂类碳氢化合物，其主要成分是烃类，如烷烃、环烷烃等。这些“石油”植物能生产低分子氢化合物，加工后可合成汽油或者柴油的替代品。因此这些能源植物有很大的发展空间，一方面可以作为野生生物质能源的最佳能源；另一方面也可以作为新一代能源开发利用和发展。

4.1.3.2 野生生物质燃料制备

生物柴油提炼动植物油，是生物质能源中的一种，其物理性质与石化柴油接近，具有能量密度高、润滑性能好、储运安全、抗爆性好、燃烧充分等优良使用性能，同时还具有可再生性、环境友好性及良好的替代性等优点，由于是以可再生的植物或动物脂肪酸单酸为原料，生物柴油的使用可降低对石化柴油的需求，因此也成为最具发展潜力的生物质液体燃料。合理开发利用生物柴油对于促进国民经济的可持续发展、保护环境都将产生深远意义。我国幅员辽阔，地域跨度大，水热资源分布各异，能源植物资源种类丰富多样，有十分丰富的原料资源，在当前环境，我国对“石油植物”的研究进入了前所未有的高潮，以光皮树、麻风树、油棕、黄连木、石栗等“石油植物”和“能源树种”为原料的生物柴油技术也出现了研究高潮，这将缓解现今石化资源逐渐减少的险峻环境问题，同时也给我们发展新能源提供了新思路。

目前生物柴油的必备方法包括物理法和化学法：

(1) 物理法。物理法又分为直接混合法与微乳液法。直接混合法指的是将生物柴油与石化柴油、添加剂、降凝剂、抗磨添加剂等混合，改善生物柴油的特性，达到柴油的使用要求。生物柴油可以以任意比例与石化柴油相混合，形成生物柴油混合物。而微乳液法则是将生物柴油与溶剂形成微乳液使用，同时还可以添加表面活性剂等，从而有效改善其性能。微乳液是一种透明的、热力学稳定的胶体分散体系，是由两种互不相溶的液体与离子或非离子的两性分子混合而成的直径在1~150nm的胶质平衡体系。

（2）化学法。化学法包括高温热裂解法和酯交换法。高温热裂解法是指在高温条件下将一种物质转化为另一种物质的过程，目前高温热裂解主要有植物油的热裂解和生物质的热解两种途径。王一平等以木材和农作物的秸秆为原料进行快速热解，以藻类进行慢速热解来制备生物柴油。酯交换法是利用低碳醇在催化剂作用下与植物油或动物油中的脂肪酸甘油酯进行反应的一种适用于生产生物柴油的方法。

酯交换法的催化剂包括酸碱催化、酶催化、超临界催化和超临界介质中的酶催化等。超临界酯交换法制备生物柴油是最近几年发展起来的一种有效方法。由于能很好地解决反应产物与催化剂难分离问题，因此超临界酯交换法受到了广大研究者的关注。它的最大特点是不用催化剂，在较短的反应时间内，取得较高的反应转化率，极大地简化了产物分离精制过程。超临界的甲醇溶解性相当高，油脂与甲醇能很好地互溶。超临界甲醇法中，超临界甲醇既是反应介质又是反应物，还起到催化剂的作用。采用超临界甲醇法，酸和水的存在对最终转化率没有影响。与现行化学法相比，在反应速度、对原料的要求和产物的回收方面都有优越性，因而日益受到人们重视。

4.1.4 水生生物质特性及其燃料制备工艺

随着全球经济的增长，能源问题逐渐受到重视，化石能源等不可再生能源的短缺危机也让人们越发关注可再生能源。水生生物质能源作为一种来源广泛的可再生能源，是人类未来解决能源问题的理想选择。水生植物是指生理上依附水环境，至少部分生殖周期发生在水中或者水表面的植物类群，水生植物包括除小型藻类以外所有水生植物类群。按生活型（指长期生长在相似环境条件而在外貌上产生适应趋同的类型）一般可将其分为湿生植物、挺水植物、浮叶植物、沉水植物。湿生植物生活在水饱和或周期性淹水土壤中，解剖特点与陆生植物相似。挺水植物是指根生底质中、茎直立、光合作用组织气生的植物生活型，主要为单子叶植物。浮叶植物是指茎叶浮水、根固着或自由漂浮的植物生活型。沉水植物是指大部分生活周期中植株沉水生活，根生底质中的植物生活型，主要为单子叶植物。水生植被在整个水体生态系统的构建、平衡、维持和恢复等过程中起着举足轻重的作用。首先作为初级生产者，为各类水生动物直接或间接提供食物基础；其次，调节生态系统的物质循环，维持生态系统的良好循环。

在众多水生生物质能源中，微藻生物柴油和水生植物燃料电池以其无可比拟的独特优势，吸引了越来越多研究者的关注。研究表明我们不仅可以利用微藻和水生植物生产氢气和生物柴油等能源，而且还可以利用植物的光合作用吸收大气中的二氧化碳，有利于环境保护，因此开发和利用微藻和水生生物资源具有广阔的发展前景。

4.1.4.1 水生生物质特性

浮游植物（即自养的浮游生物）包括所有生活在水中以浮游生活方式的微小植物，通常浮游植物就指浮游藻类。浮游藻类包括蓝藻门、裸藻门、绿藻门、硅藻门、金藻门、黄藻门、甲藻门和隐藻门八个门类。

微藻不是一个分类学的名词，而是因其个体微小只有在显微镜下才得以分辨而得名。微藻营养丰富、光合度高。以葡萄藻、小球藻、盐藻、栅藻、雨生红球藻等为例，它们可将光合作用产物转化为油滴细胞内贮藏起来。有些藻类则可在缺氮等条件下，大量积累油脂，最终含油量可高达80%，通过萃取热解可提取这些油脂，再通过转酯化后可转变为脂肪酸甲酯，即生物柴油。

以微藻为原料生产生物柴油的优势主要体现在以下几个方面：

（1）不与传统农业争地、争水。微藻适应能力强，不管是海水或淡水、室内或室外，还是一些荒芜的滩涂盐碱地或废弃的沼泽、鱼塘、盐池等都可以用来进行大规模培养。另外，利用封闭式生物反应器培养微藻可生产相同量的生物质，而其耗水量仅为农作物的1%。

（2）光合利用效率高且产油率高。藻类是光合自养生物，直接将太阳能转化为化学能，能量只需一次转化，光合作用效率高，其太阳能转化效率为3.5%，可提供足以解决全球需求的非粮食可再生的生物质能。

（3）有利于环境保护。藻类生长过程中吸收的二氧化碳与燃烧过程中排出的二氧化碳的数量相等，藻类生物燃料的生产和使用不增加温室气体，可以保持碳平衡。同时微藻对重金属离子有很好的吸附效果，而且一些异养微藻可以分解利用有机物。藻类生产的生物柴油中硫和氮的含量减少，可大大减少燃烧时放出有毒害的气体（SO_2和NO），对环境比较友好。

（4）具有潜在的竞争优势，可高值化综合利用。某些微藻富含蛋白质、不饱和脂肪酸和其他生理活性物质。如杜氏藻富含类胡萝卜素，雨生红球藻则可用于虾青素的生产等。

4.1.4.2 水生生物质燃料制备工艺

A 生物油的热化学制备法

生物油是生物质如木材、秸秆、剩余污泥等在快速加热的条件下，短时间内裂解反应生成低分子有机物蒸气，再经快速冷却制得的液体燃料。近年来，用热化学方法可从微藻中提取制备生物油，该方法生产过程简单、细胞组分利用率高。热化学方法可分为热解法和液化法。热解需先将原料干燥粉碎，液化则无需粉碎直接在液相即可反应。

B 热解法

热解是指有机物在高温下进行热化学无氧分解的过程。按照升温速度、反应时间等将热解法分为快热解和慢热解两种，其中快热解法产油量更高，因此深受研究者青睐。热解法的操作温度范围多在300~800℃之间，其典型的操作温度大于430℃，升温速率在10~600℃/s，油产量在18%~43%之间，微藻的种类不同，热解进行的最佳条件也有所区别。而微藻因为其较高含水率，脱水预处理时间和成本较高，这也是限制热解技术发展和应用的原因之一。

C 液化法

液化是指在一定的压力、中等或高的温度、有催化剂以及介质存在的条件下，生物质发生反应而生成液体产物的过程。液化法采用的压力一般在5~25MPa，温度在250~550℃之间，催化剂有碳酸钠、甲酸、乙酸、丙酮、水-异丙醇混合物等。微藻在不同条件下产油的成分和产率各不相同，如不同温度下的产物各不相同，温度超过374℃更有利于气体产物的生成，温度在300~315℃之间则利于液体油产物的生成。压力提高有利于物质和能量在两相中传递，使介质穿透力增强，生物油转化效率提高。液化法无需脱水干燥等耗时步骤，但是需要高压气体和溶剂，因此对生产设备要求较高。

而近两年来，随着科技的发展，超临界液化、催化液化、微波裂解液化等新兴微藻能源化技术的出现也使得微藻的开发和利用更深入。

以水生植物制作微生物燃料电池为例。

a 水生植物作为阳极系统的微生物燃料电池

1911年，英国植物学家Potter最早发现了微生物产电现象，直到20世纪60~70年代，美国海军开发了海洋沉积物型MFC，就此成为第一个实用系统，其电池结构较为简单，作为阳极的电极被埋在海底沉积物中，而作为阴极的电极则悬于阳极上方的海水中。由于不存在规模放大问题，以及具有结构简单、成本低廉等优势，目前MFC还是真正得到了实际应用，并迅速拓展到淡水水体及其底泥有机污染生态修复研究中。基本方法是通过构建异养细菌-植物原位微生物燃料电池，可以在不收割植物的前提下，结合光合作用，利用太阳能，源源不断地产生生物电流清洁能源。在植物-MFC中阳极的环境必须适合植物的生长，植物生长介质是其中重要的一个方面。最近Strik采用了一种新型的植物生长介质，使植物在生长的同时，电流由原来的186mA/m^{2}增长到469mA/m^2。欧盟在其第七个科技框架计划中，发起并组织了原始创新的“植物发电”专项基金，目标是推动植物-微生物燃料电池新工艺的深入研究，力争为绿色电力的微生物燃料电池带来规模化的生产。

b 水生植物作为阴极系统的微生物燃料电池

2008 年以来，国内外开始研究了以蓝藻、绿藻等为生物阴极的 MFC，究其实质，蓝藻、绿藻等实际上为低等水生植物，其主要目的是通过藻类光合作用向好氧型生物阴极提供氧气或者还原捕获 CO_2。绿藻是一种生命力极强的浮游植物。由于在太阳光下绿藻生长很快，同时厌氧消化和 MFC 对底物浓度有不同要求。Schamphelaire 等构建了太阳光驱动的绿藻生长-厌氧消化-MFC 组合反应器。藻类及生长池出水进入 MFC 阴极，其中的溶解氧作为 MFC 阴极电子受体；生长的绿藻进入厌氧消化池；再从消化池出水进入 MFC 阳极，有机质在 MFC 中进一步降解后回流至藻生长池循环使用。系统获得了藻产量 5.9～7.4kg/(m^2 · a)，甲烷产量 0.5m^3/kg 藻，MFC 产电 0.25W/m^3，产能总计 2.2～5.7W/m^3。但是，因绿藻发酵也可能产生呋喃醛、糠醛、酚类等多种抑制剂，而影响该系统菌群活性，导致系统运行不稳定。将绿藻接种到沉积型 MFC 中，获得的最大电流为 48.5mA/m^2，并且绿藻的产量为 420mg/L。CO_2 的产量随着电阻的增大而减少，这是由于电阻抑制了微生物的活动；CH_4的产量随着电阻的增大而增加。

4.1.5 谷壳原料特性及其燃料制备工艺

随着全球经济飞速发展，能源短缺、环境污染问题日益严重，寻找新的替代能源已经关系到人类的生存和发展。而生物质能作为唯一一种既可以储存太阳能又可以提供碳源的能量物质，也受到了人类的关注。

我国作为世界上主要的产稻国家，谷壳数量庞大（每年超过 4000 万吨），但我国稻壳利用率较低，很多地方通常都是采取的弃置或者焚烧的处理方式，这种处理方式不仅造成了资源的浪费同时还造成了环境的污染，如何合理的利用谷壳资源，对进一步开发新能源，改善环境有很大的意义。

4.1.5.1 谷壳原料特性

谷壳的主要成分是纤维素类、木质素类和硅类。稻子品种、产地不同，组分也会有所差别，大致组成为：粗纤维 35.5%～45%（缩聚戊糖 16%～22%）、木质素 21%～26%、二氧化硅 10%～21%。谷壳化学成分不同，处理和使用方法也会有所差别，可将它的利用分为三类：以利用纤维素资源为主，可采用水解生产糠醛、木糖、乙酰丙酸等化工产品；以利用硅资源为主，可生产泡花碱、白炭黑、二氧化硅等含硅化合物；若要利用碳、氢元素，则可通过热解（气化、燃烧等）获得能源。

谷壳燃料用松散的谷壳制成，谷壳具有廉价、易燃、燃烧充分、热效率高、环保等优点，适用于家庭、中小型企业，特别适宜用作锅炉燃料。它具有以下特点：

（1）谷壳是再生资源，使用谷壳固形燃料有利于节约能源。

（2）使用谷壳燃料有利于环境保护，用谷壳燃料代替烟煤燃烧，其烟尘排放量、烟尘排放浓度、SO_2排放量、SO_2排放浓度均比燃烧烟煤时低得多。

（3）谷壳燃料燃烧充分，烟煤燃烧不充分。谷壳燃料燃烧后的谷壳灰大大少于烟煤燃烧后的煤灰，谷壳灰约为煤灰的25%。

（4）谷壳燃料燃烧热效率高。

（5）谷壳燃料作为燃料与松散谷壳相比，具有耐烧、体积小、便于运输、降低劳动强度、无粉尘飞扬等优点。

4.1.5.2　谷壳燃料制备工艺

生物质压缩成型燃料是生物质能源转化与利用的一个重要领域。它是将木质类的木屑，树叶、谷壳等，在一定粒度和含水率的条件下，在50~200MPa高压和150~300℃高温下，或不加热和不加黏结剂条件下，压缩成棒状、粒状、块状及其他形状的具有一定密实度的成型物。广泛应用于工业锅炉、民用炉灶等场合，还可进一步加工成型炭和活性炭。由于成型燃料具有相对密度大（约1.2），便于贮存和运输，含水率低（8%以下），含挥发物高（75%以上），含灰分低（一般小于5%），热值高，着火容易，使用方便，燃烧完全，燃烧时几乎不产生SO_2的特点，因此不会造成环境污染，故也称为清洁燃料，也可作为气化炉的燃料。成型燃料堪称一种理想能源，有着广阔的市场开发前景。

A　谷壳棒形燃料制备工艺

棒状成型燃料典型的成型工艺流程为：把稻壳等原料送入振动筛中，筛去大于6mm的颗粒和其他杂物，通过料斗加入螺旋加料器，输送到脉冲气流干燥器，由引风机引入热风炉的热烟气，将原料边干燥边输送入高效旋风分离器，气体经引风机排空，而干燥原料则通过星形排料器进入料仓，定量加入棒状成型机，挤出的成型燃料按等长度（450mm）自动切割成短棒。

B　谷壳颗粒燃料制备工艺

原料的成型过程，与成型机结构、模孔尺寸以及成型工艺条件是相关的。在确定了成型机结构和模孔尺寸后，成型工艺成了技术关键。不同原料制造颗粒成型燃料的主要影响因素有成型压力、温度、原料粒度、含水率等。由木质素、半纤维素、纤维素组成的木屑等原料，粒度为0.1~2mm，其中木质素在加热下可塑化，具有黏结性。将原料中的半纤维素、纤维素在压力下黏结成成型燃料，所以成型时应有合适的温度和压力。为了达到合适的温度，必须对原料（气干、含水率在11%~12%）在搅拌器中进行加热增湿处理。蒸汽通入速率为10~

22kg/h，可使常温原料升温到60~80℃，同时使原料含水率从11%~12%增湿至16%~22%。在此范围内，当成型压力为50~100MPa时，能连续稳定制造谷壳颗粒燃料。

4.1.6 污泥原料特性及其燃料制备工艺

4.1.6.1 污泥原料特性

污泥是污水处理过程中产生量最大的副产物，是由有机残片、细菌菌体、胶体、各种微生物及有机、无机颗粒组成的极其复杂的非均质体。污泥中所含的有毒污染物、重金属、有害病原体和寄生虫等严重威胁人类的健康和生活环境。随着污泥处理量和处理率逐年提高，污泥产量急剧增加，以含水率80%计，全国污泥总产生量将很快突破3000万吨/年。因此，开发一种可以充分利用污泥中有效成分，同时实现减量化、无害化、稳定化的污泥处理技术，是当前污泥处理和处置技术研究的重要方向。

城市污泥中有机物占70%~80%（质量分数），低位干基热值为14.9~18.2MJ/kg。将污泥制成燃料燃烧不仅可以利用其有机成分，去除污泥中有机污染物及致病菌，还可将部分重金属离子沉积在灰渣中，减轻环境污染。

使用污泥作为原料制成燃料，实验证明这种燃料抗压强度较好，便于运输和储藏。同时，焚烧能形成稳定的骨架，为燃料的充分燃烧创造较好的条件。

4.1.6.2 污泥燃料制备工艺

目前污泥燃料化的方法主要包括生物发酵、焚烧、直接液化、气化和热解。经过燃料化处置后，可以得到可燃气或燃料油，并且可以稳定污泥，减少污泥对环境的污染。

A 污泥发酵产燃料

在厌氧条件下，经微生物转化，污泥中部分有机物被转化为甲烷或氢气，同时可使污泥性质得到稳定，甲烷和氢气可以作为燃料用来发电、产热，也可以作为化工原料。污泥发酵产沼气的温度为55℃，周期为10~20d，沼气产量与污泥性质和发酵条件有关。沼气产量与污泥的预处理有很大关系，通过破碎、超声波、热化学、酸碱等预处理，可以提高沼气产量，而且超声波可缩短污泥发酵时间。

一般情况下，污泥发酵只能分解污泥中有机物的20%~30%，污泥中重金属并无变化，有毒有机物只能很少的部分被分解，剩余的固体仍需要后续处置；发酵产出的气体与发酵过程中的外加能量相比，并无优势而言，所以污泥发酵产气体燃料有待技术上的突破。

B　焚烧法

焚烧法是在有氧高温的条件下，完全氧化污泥中有机物的过程。焚烧是处理污泥的有效方法，可以减容90%，减少质量的75%以上。焚烧是一种比较成熟的固体废物无害化处置技术，在世界范围内有着广泛的应用。但污泥焚烧过程中会排放CO、SO_2、NO_x、多环芳烃类有机物、附有重金属离子的飞灰和焚烧残渣等污染物，虽然通过附属的烟气处理设施可以控制污染物的排放，但是需要投入大量的资金，因此降低处理成本是焚烧处理亟待解决的问题。

利用现有的焚烧系统来焚烧污泥可以利用系统中的烟气处理系统进行尾气净化，同时还能够利用污泥热量来减少燃料的使用，从而降低污泥焚烧成本。可用于焚烧污泥的有燃煤系统和水泥窑两种。污泥在混合物中所占比例在2%~20%范围内时，并不会影响燃煤系统的正常运转。当污泥在水泥原料中的含量不高于5%时，不会影响水泥的性质，通过控制焚烧条件还可以减少二噁英的生成；但如果污泥中的P和Hg的含量过高，会影响水泥的品质。混合焚烧具有比较广阔的应用前景，也是减少污染物排放的途径之一。

C　直接液化

直接液化是指在高温（≥350℃）高压（≥30MPa）条件下，将固体有机物分解为液体有机物的过程。液化过程中，污泥中的有机物分解为含N、O和低碳链的有机物以及碳氢化合物等多种油状液体有机物，产率约为20%，热值为30~40MJ/kg，可以作为燃料用于产热或发电。直接液化法可以直接处理高含水率的污泥，可节省污泥干燥过程中消耗的能量。由于对设备和操作条件要求严格，且成本较高，国内外目前对于直接液化的工程实例很少，大多只停留在实验室研究阶段。

D　气化与热解法

污泥的有机组分可以在高温条件下被分解，根据温度和产物的不同，可以分为气化和热解。气化是指在1000℃左右，氧气不充分的条件下，将污泥分解为不凝气和灰分的过程。气化的目的是为了尽可能多的得到可燃气，但在此过程中要减少焦油的产生。气体的热值（标态）在2.55~3.2MJ/m^3之间，这些可燃成分可以用来补偿气化过程中所需能量。在污泥气化过程中，虽然各方面条件都有利于气体的生成，但是不可避免的会生成少量的焦油，焦油的产生会造成能量损失、环境污染，并会堵塞管道和腐蚀设备等。

污泥热解过程中得到热解油、水、可燃气和固体半焦，并无污染物排放，而且减量化效果良好，在得到可燃气和燃料油的同时，还可以将污泥中的重金属稳定在固体半焦中，是十分有前途的污泥处置技术。热解过程中固、气、液三种产物的比例与热解工艺和反应条件有关，影响因素包括热解终温、停留时间、加热效率及方式、污泥特性和催化剂等。半焦作为污泥热解的固体产物，具有较大的孔隙率和巨大的比表面积，可用作吸附剂或用于污水处理。热解油为成分复杂的混合物，发热量范围在 15~41MJ/kg，可以作为燃料，但热解油的性质不能满足应用要求需进行加工处理。

4.1.7 玉米芯原料特性及其燃料制备工艺

我国是农业大国，年玉米产量 1.1 亿~1.3 亿吨，副产约 2000 万吨玉米芯。玉米芯作为一种农业废弃物，在过去一直是作为农家燃料，而随着科技的进步，玉米芯加工领域不断扩大，包括木糖醇、木糖等产品相继实现了工业化生产，也使得玉米芯资源的前景得到了一致好评。

4.1.7.1 玉米芯原料的特性

玉米芯结构共为三层：内层、中层和外层。每层结构都有所不同，由其截面可以观察到外层粗糙，中层紧密、结实，内层膨松、易裂。玉米芯中主要成分：半纤维素（35%~40%）、木质素（25%）、纤维素（32%~36%）以及少量的灰分。木质纤维素是纤维素、半纤维素和木质素三者的总称，纤维素组成微细纤维束，构成网状结构的胞壁，半纤维素和木质素则分散在纤维束中及周围，木质纤维素生物质原料结构如图 4-1 所示。

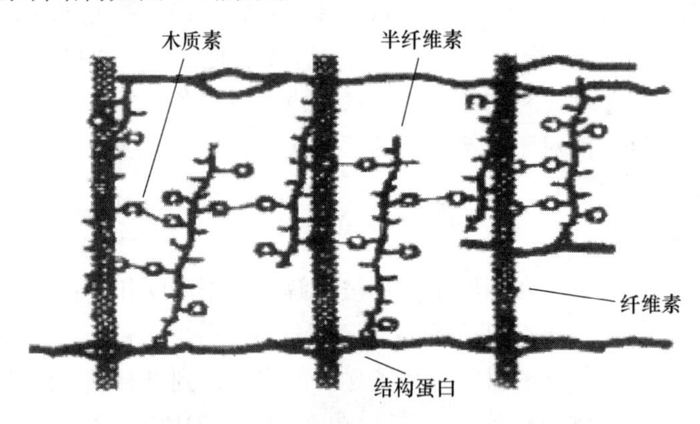

图 4-1 木质纤维素生物质原料结构

纤维素（cenulose）分子是通过 β-1，4-糖苷键连接形成的葡聚糖，分子量为 50000~2500000，相当于 300~15000 个葡萄糖基脱水形成的葡聚糖，分子式为 $(C_6H_{10}O_5)_n$，纤维素化学组成含碳 44.4%、氢 6.17%、氧 49.4%。纤维素的化学性质主要取决于分子中的羰基和醛基的化学性质，纤维素转化的化学反应包括酯化、氧化、碱性降解和酸水解等。纤维素受热后可使聚合度下降，发生碳化或石墨化反应。

半纤维素（hemieenulose）是由不同的糖单元聚合而成的高聚糖，包括多戊糖、多已糖和糠醛酸等组分，其中戊糖以木糖为主，其次为阿拉伯糖；已糖包括甘露糖、半乳糖和少量的葡萄糖；糖醛酸包括葡萄糖醛酸和半乳糖醛酸。半纤维素木聚糖在木质素组织中占总量的50%，它在纤维素的微纤维表面，而且相互连接，构成了坚硬的细胞及相互连接的网络。木质素是大分子的无定形芳香族聚合物，含量约占木材的50%，在植物组织中有增加细胞壁及黏合纤维作用，它由四种醇单体（对香豆醇、松柏醇、5-羟基松柏醇、芥子醇）形成的一种复杂酚类聚合物。木质素的组成与性质比较复杂，并具有极强的活性。

木质素分子结构中存在芳香基、酚羟基、醇羟基、羰基共轭双键等活性基团，因此木质素可以进行氧化、还原、酸解、醇解、水解、光解、磺化、烷基化、硝化、卤化等许多化学反应，其中以氧化、酞化、磺化、缩聚和接枝共聚等反应尤为重要。

现如今，木质素一般以木质素磺酸盐形式被利用。但是随着人们对天然高分子可再生、可降解性等性质的关注，木质素作为产量仅次于纤维素，是一种天然高分子原料且成本较低，其衍生物具有多种功能（可作为分散剂、石油回收助剂、吸附剂/解吸剂、橡胶补强剂、混凝土减水剂、选矿浮选剂和冶炼矿粉黏结剂、耐火材料、陶瓷等），应用前景广阔。

4.1.7.2 玉米芯燃料的制备工艺

A 生物质气化

生物质气化是指在650~900℃时，有空气、氧气、CO_2（或混合物）蒸汽存在的情况下使含碳原料转化为气体，该气体可作为燃料使用或作为生产液体燃料、化学品的中间体。在20世纪80年代，我国就开始研发生物质气化技术，生物质能高品位转换技术和装置的研究已取得重要进展，工业废弃物和农林废弃物等通过生物质气化可转换为高品位的蒸汽、电能或煤气，可以提高生物质能源的综合利用效率。

根据气化环境可将生物质气化分为富氧气化、空气气化、水蒸气气化和热解气化。富氧气化即在与空气气化相同当量比下，使用富氧气体作为气化剂，随反应温度升高，反应速率加快，生成的燃气焦油含量较低，热值为10~18MJ/m^3，与城市煤气大体相当，但制氧设备、电耗和成本较高。空气气化技术直接以空气为气化剂，气化效率高，简单经济，但是由于空气中氮气的存在，燃气中可燃气体被稀释，使燃气热值较低，一般直接用于工业锅炉、供气等。水蒸气气化即在高温下让水蒸气同生物质反应，发生的反应包括甲烷化反应、生物质热分解反应、CO与水蒸气变换反应、水蒸气和碳的还原反应等。该法产氢含量高（30%~60%），燃气质量较好，热值在10~16MJ/m^3，但是反应系统需要蒸汽发生器和过热设备，所以一般需要外供热源，其技术较复杂，系统独立性较差。

B 生物质热解

根据不同的操作条件，可将生物质热解工艺分为直接液化和热裂解两类工艺。直接液化的操作条件为：温度 250～350℃，50～200atm（1atm = 101325Pa）的超临界或亚临界水或其他溶剂中，碱、酸、加氢催化剂作用下，反应几十分钟左右，生物油产率约 45%，其中氧含量（质量分数）为 10%～20%。而热裂解的操作条件为：温度在 375～600℃，负压或常压，反应时间从几十秒到小于 1s 左右，必须通过优化传热、传质、停留时间等工艺条件使产物尽可能多地停留在液态中间体部分。

a 快速热解

快速热解是在传统热解基础上发展起来的新技术，可将生物质原料快速热解液化，采用超短产物停留时间（0.2～3s）、超高加热速率（102～104℃/s）和适中的裂解温度，在隔绝空气条件下，使生物质原料中的有机高聚物分子迅速断裂成为短链分子，使得焦炭和产物气降到最低，液体产品收益最大。此时得到的棕黑色黏性液体产品即为生物油，稳定性非常差，不能直接替代石油产品，需要进一步处理。

b 低温热解

低温热解温度在 500℃ 以下，反应时间几小时或更长，热解时升温速率慢，裂解产物主要是炭。研究发现，低温热解可作为一种预处理技术实现对生物质资源的分级综合利用。热解温度对生物质原料热解液体产物组成影响较大，当玉米芯低温快速热解时，产物的相对含量随温度上升而降低，主要产物为呋喃类、酸类和吡喃类化合物（2-甲氧基-4-乙烯基苯酚、乙酸和 2，3-二氢苯并呋喃）等；当生物质低温热解时，其主要产物中含有大量的乙酸及其他有价值的有机小分子。

c 直接液化

在高压下，生物质原料加压热解液化是热转化过程，因此温度比一般快速热解低，科学家们研发出了著名的 PERC 法，即：木屑、木片等原料在 350℃ 下，加入 Na_2CO_3溶液后，用 CO 加压至 28MPa，反应后可以得到 40%～50% 的液体产物。

近年来，人们开始研究采用氢气加压液化，其热值比快速热解液化明显要高，采用 Co-MO、Ni-MO 系加氢催化剂和酮、醇、四氢萘等溶剂，反应后的液体产物可达 25～30MJ/kg 的高位热值和 80% 以上的液体产率。

4.1.8 甘蔗渣原料特性及其燃料制备工艺

可再生能源是指不随其自身转化或人类开发和利用而递减的可持续供给的清

洁能源，主要包括水能、风能、太阳能、生物质能、地热能、海洋能等非化石能源，其中，生物能源主要指利用淀粉生物质（如粮食、薯类）、糖料作物（甘蔗、甜菜、甜高粱等）及作物秸秆等加工成乙醇、生物柴油、生物制氢等能源产品，以此直接作为动力来源，生物能源的优势在于可再生、清洁。世界上生物质能资源的数量庞大、种类繁多。其中，能源作物是目前可利用的主要的生物质之一。甘蔗因其光合能力强，生物产量高，总可发酵糖量多，因而有良好的利用优势，被认为是中国发展生物能源最有潜力的作物。因此，利用甘蔗作为生物能源具有良好的发展前景。

4.1.8.1 甘蔗渣原料特性

甘蔗渣经烘干后的成分见表4-1。由表4-1可见甘蔗渣成分以纤维素、半纤维素、木质素为主，而蛋白质、淀粉和可溶性糖含量较少。

表4-1 干甘蔗渣成分

成分	纤维素	半纤维素	木质素	淀粉	灰分	可溶性糖	粗蛋白	糠醛酸
含量/%	35.4	20.6	18.6	1.5	8.3	2.8	3.8	3.3

甘蔗渣的主要特点为：

（1）蔗渣来源集中，产量大。蔗渣经压榨已成碎片或丝、粉状，可节约预处理设备动力，而且贮存与运输都较为方便，故在糖厂或附近设酒精厂，储运及动力消耗成本比玉米芯、稻草等其他原料低得多。蔗渣重量为甘蔗总量的25%左右。

（2）蔗渣纤维素含量高达50%~55%，低于木材，但高于稻草。

（3）木质素含量中等，为20%左右，比木材低，但比稻草高。因此蔗渣纤维原料比较容易蒸煮。

（4）半纤维素含量为26%~30%，比针叶树（如松树等）高，接近或超过阔叶树（如白桦等）。

（5）蔗渣灰分含量比木材高，但低于稻草，灰分中SiO_2占60%左右。

（6）热水和1%NaOH抽提物的含量比木材高，蔗渣的1%NaOH的抽提物含量达35%~40%，而木材则在15%~20%之间，故蔗渣制浆收得率低于木材，不适合造纸。

4.1.8.2 甘蔗渣燃料的制备工艺

利用木质纤维原料生产乙醇将是未来燃料乙醇发展的方向。甘蔗渣生产燃料乙醇流程为：原料首先经过物理、化学和生物方法预处理得到糖化液，然后经微生物菌株（酿酒酵母、运动单孢菌）发酵生产乙醇，再进行蒸馏，脱水得到无水乙醇。

纤维素预处理方法有物理、化学方法，包括辐射处理、高压热水、有机溶剂、稀酸、低温浓酸、酸催化的蒸汽水解、蒸汽爆碎、液氨爆碎、碱水解及利用白腐菌等微生物移除木质素等。

A 酸水解

使用72%的浓硫酸分解原料的纤维素片，留下木质素作为残渣，与木质素分离被分解的纤维素用稀硫酸加热水解成糖类。另一种浓酸水解法是用40%的HCl分解纤维素，加水稀释和加热后使纤维素水解成糖类。最近日本完成了用浓盐酸进行纤维素水解研究，浓酸的水解一般比稀酸的水解可得到更高的糖和酒精产量，但酸碱用量大，需设法回收利用。稀酸水解的试验运转已暴露出一些问题：设备的严重腐蚀、侵蚀，焦油的形成和无机盐的结垢等，所有的设备都受到这些问题的困扰，造成高额的投资和极高的清洁和维修费用，并且也限制了这些工艺的商业化。

B 酶处理

对于纤维材料的生物利用总的来说可以分为两类：一类是二步发酵法，即先由纤维素酶或半纤维素酶水解木质纤维素产生葡萄糖、木糖等可发酵性糖，再由酵母菌发酵产生酒精；另一类是经过一个步骤即可将纤维类物质转化为酒精，其中又分为有两种微生物参与的同时糖化发酵和仅用一个菌株的直接发酵法两种。利用纤维素酶作用于纤维类物质，一方面可以直接将纤维素水解产生可发酵性糖，然后由酵母发酵生成酒精；另一方面通过纤维素酶的作用破坏细胞壁的结构，软化细胞壁，从而提高原料利用率，增加酒精产量。

C 蒸汽挤压膨化裂解预处理方法

近年国内外有不少单位进行不同规模的蒸汽挤压膨化裂解预处理方法。蔗渣蒸汽膨化裂解，是利用有压力的蒸汽在一定压力、温度下，使部分容易水解的成分先降解为醋酸，作为催化剂，再加上蔗渣从膨化器中突然降压排出，粗纤维组织内部产生新的快速脱水而使纤维素、半纤维素与木质素分开，并降解其聚合度成为低聚化合物。螺旋连续热压式裂解设备，主要由三部分组成：入料器，专用于蔗渣压缩，不同螺纹距的螺旋叶，使入料蔗渣越往里越紧密，达到如“塞子”的密度，足以承受反应区的压力，而不会“反喷”；反应器，即热压器，蔗渣在通入蒸汽压力为15~20Pa时，反应时间5~10min，消化率约50%；排料器，在热压反应区反应完毕的蔗渣，经排料螺旋输送至快开阀，由于释放产生压差，闪急蒸发，爆发膨胀，使蔗渣组织分化而离解，进入旋风分离或收料器，把产品与蒸汽分开，并回收蒸汽。裂解出来的预处理蔗渣十分细小，添加尿素拌匀，便是很理想的原料。

4.2 生物质成型燃料及其制备技术

4.2.1 生物质成型燃料原理

4.2.1.1 生物质成型燃料的概念及种类

广义的生物质能包括一切由植物光合作用转化和固定下来的太阳能，生物质作为生物质能的载体有许多种定义，美国能源部（DOE）把生物质定义为：生物质是指来源于植物和动物的有机物质。目前，地球上的生物质资源仅次于煤炭、石油和天然气，成为第四大能源，其消费总量位居六大可再生能源（太阳能、风能、地热能、水能、生物质能和海洋能）之首。我国可以开发利用的生物质能源有：各种农业废弃物（秸秆和谷壳等）、薪柴、林业废弃物（树叶和有机垃圾）和人畜粪便等。

统计表明，我国秸秆、薪柴、粪便和垃圾四项资源分别相当于3.08亿吨、1.3亿吨、0.77亿吨和1.43亿吨标准煤，总计约6.58亿吨标准煤。生物质被认为是一种CO_2零排放的能源，燃烧时其NO_x的排放量仅为燃煤的五分之一，SO_2的排放量仅为燃煤的十分之一。生物质能源作为一种可再生的清洁能源，有着良好的发展前景。但是生物质资源也具有能源密度低、可利用半径小、生产具有季节性、存储损耗大和存储费用高的缺点。而生物质压缩成型，即生物质致密成型是克服上述缺点的有效技术手段之一。近年来我国已在一些地区进行批量生产，这也成为了热点，预计在我国未来的能源消耗中，生物质成型燃料将占有越来越大的份额。

通常，生物质成型燃料是指将干枯的草本类（如农作物秸秆）、木本类（如树枝）植物经粉碎后，在一定的压力作用下压缩成为一种固型物，所以也称之为致密成型燃料、生物质固型燃料、生物质型煤等。相比于散碎状的秸秆、木屑，经压缩成型后的生物质成型燃料，密度大大提高，储运和使用都更为方便，人们可以像使用煤炭一样燃烧成型燃料。

按照原料及其添加物类型，生物质成型燃料主要可分为单一组分的成型燃料和复合成型燃料。复合成型燃料是为了增加成型效果或增加燃料的除硫效果，在原料中可添加一些黏结剂、除硫剂等。

按照成型后的密度大小，生物质成型燃料可分为高、中、低三种密度。高密度成型燃料密度在1100kg/m^{3}以上，适合于加工成碳化制品；低密度成型燃料指密度在700kg/m^{3}以下；密度介于二者之间的称为中密度成型燃料。块型大小适宜的中低密度生物质成型燃料可以完全代替煤或与煤一起混合，在普通炉灶、工业锅炉和燃烧电厂锅炉中燃烧。

4.2.1.2 生物质成型燃料的成型原理

A 生物质压缩成型的黏结机制

1962 年德国的 Rumpf 针对不同材料的压缩成型，将成型物内部的黏结力类型和黏结方式分成五类：固体颗粒桥接或架桥；非自由移动黏结剂作用的黏结力；自由移动液体表面张力和毛细压力；粒子间的分子吸引力或静电引力；固体粒子间的充填或嵌合。多数农作物秸秆在较低的压力压缩下，秸秆破裂，由于秸秆断裂程度不同，形成规则和大小不一的大颗粒，在成型块内部产生了架桥现象，粉碎的秸秆或锯末在压力作用下，细小的颗粒相互之间容易发生紧密充填，其成型块的密度和强度显著提高。当农林废弃物进行热压成型时，构成生物质的化学成分可以转化为黏结剂，增强了成型物颗粒间的黏结力。

B 生物质压缩成型的粒子特性

通常生物质压缩成型分为两个阶段：第一阶段，在压缩初期，较低的压力传递至生物质颗粒中，原先松散堆积的固体颗粒排列结构开始改变，生物质内部空隙率减少；第二阶段，当压力逐渐增大时，生物质大颗粒在压力作用下破裂，变成更加细小的粒子，并发生变形或塑性流动，粒子开始充填空隙，粒子间更加紧密地接触而互相啮合，一部分残余应力储存于成型块内部，使粒子间结合更牢固。

C 生物质压缩成型的电势特性

根据传统的动电学理论，一旦固体颗粒与液体接触，在固体颗粒表面会发生电荷的优先吸附现象，这使固相表面电荷在与固体表面接触的周围液体中会形成相反电荷的扩散层，从而构成了双电层。这种介于固体颗粒表面和液体内部的电势差，对生物质颗粒的压缩成型起排斥作用。

D 生物质压缩成型的化学成分变化

通常各种生物质材料的主要组成成分都是由纤维素、半纤维素、木质素（简称木素）构成，此外还含有水和少量的单宁、果胶质、萃取物、色素和灰分等。

木质素是具有芳香族特性的、结构单体为苯丙烷型的立体结构高分子化合物。在常温下木质素不溶于任何有机溶剂。木质素属非晶体，没有熔点，但有软化点，当温度为 70～100℃ 时，黏合力开始增加。木质素在适当温度下（200～300℃）会软化、液化，此时加以一定压力使其与纤维素紧密黏结并与相邻颗粒互相胶接，冷却后即可固化成型。因此木质素通常作为生物质内部固有黏结剂。而纤维素是植物细胞壁的主要成分之一，它是由葡萄糖组成的线形高分子，呈白色，密度为 $(1.50 \sim 1.56) \times 10^3$ kg/m^3，比热为 1.33～1.38kJ/(kg·K)。具有一定含水率的纤维素，在力的作用下可以形成一定形状。纤维素的含量越高，说明植物细胞机械组织越发达，颗粒成型时就需要更大的压力，生物质内纤维素含量决定了其成型的难易程度。

4.2.2 生物质成型燃料制备工艺

生物质成型燃料产品一般为块状、颗粒状和棒状三种形状，按照产品形状分为压块、颗粒和棒状生产工艺。按照生产的连续性，可分为连续生产工艺和单机生产工艺。按自动化程度可分为自动化和非自动化生产工艺。其中，自动化工艺在生产过程中可自动调整设备参数以达到产品最佳生产条件。

发达国家生物质成型工艺多采用连续自动化生产工艺，原料多源于农场、农产品加工厂或木材加工厂，来源集中，原料较单一，生产中一般不考虑物料混配工序。图 4-2 是瑞典的生物质生产工艺流程实例。

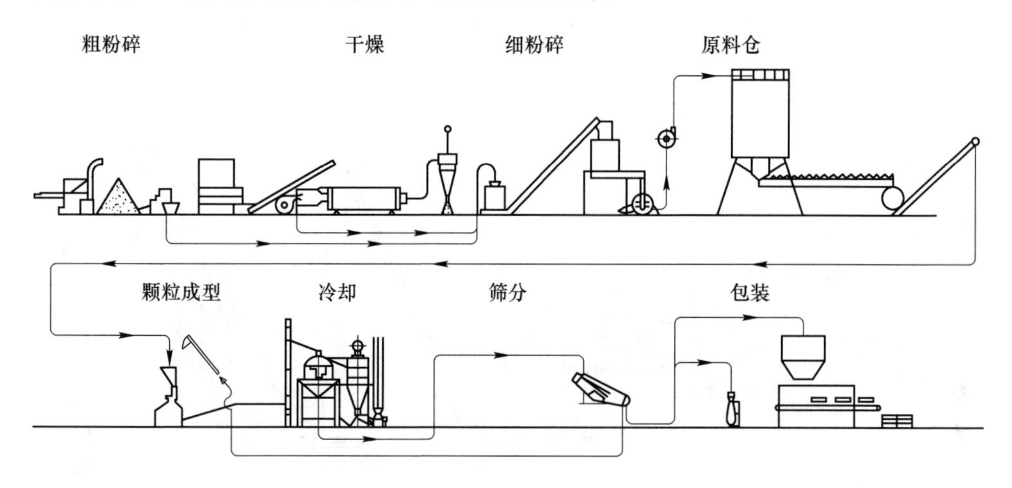

图 4-2 瑞典生物质成型燃料制备工艺流程

我国现阶段多为单机生产工艺，生产过程中只有粉碎和成型两个工序，由人工间歇性上料，依靠生产者的经验判别在生产中上料量和上料湿度等，工艺简单，成本低，但劳动强度大，产品质量不稳定，效率低。单机生产工艺流程如图 4-3 所示。

目前国内的连续自动化生产工艺多用在压块和颗粒成型工艺中。

压块成型工艺通常是原料通过圆柱形或菱柱形的模孔成型，模具直径或横截面的对角线通常大于 25mm。在该成型工艺中，原料含水率要求一般为 10%～20%，原料粒度一般低于 50mm 时都可成型，工艺流程如图 4-4 所示。

而在颗粒成型工艺中，原料通常通过圆柱形模孔，模具直径一般不大于其直径的 4 倍，通常直径尺寸有 6mm、8mm、10mm 三种，原料含水率要求一般为 12%～15%，原料粒度为 1～5mm 时最适合成型，如图 4-5 所示。

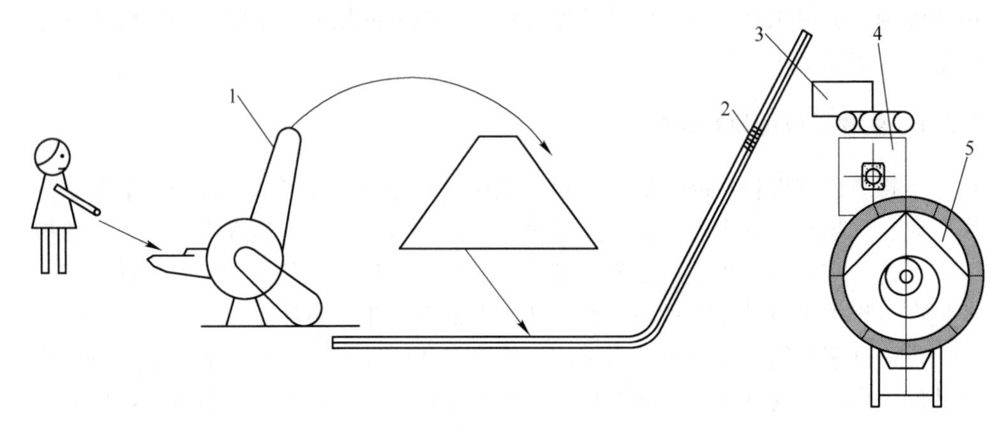

图 4-3 生物质单机成型工艺流程

1—粉碎；2—输送；3—原料仓；4—强制喂料器；5—成型机

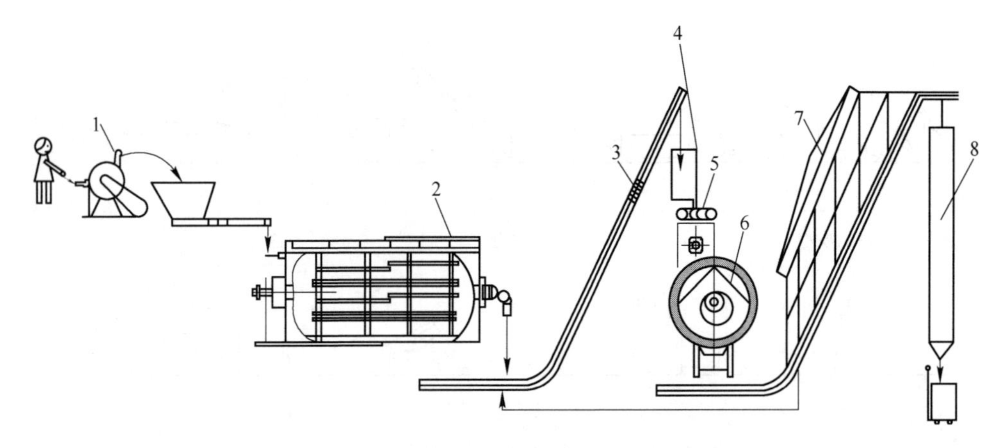

图 4-4 生物质压块成型工艺流程

1—粗粉碎；2—干燥；3—输送；4—原料仓；5—强制喂料器；
6—压块成型机；7—输送筛分；8—产品料仓

4.2.3 生物质成型燃料生产设备

目前我国的主要生物质成型设备有螺旋挤压式、活塞冲击式和辊模挤压式（包括环模式和平模式两种）等三种生产设备。

4.2.3.1 螺旋挤压式成型设备

螺旋挤压式成型机利用螺杆挤压生物质，靠外部加热，维持150~300℃成型温度，使木质素、纤维素等软化，挤压成生物质压块。为避免成型过程中原料水分的快速气化造成成型块的开裂，一般将原料的含水率控制在8%~12%之间。

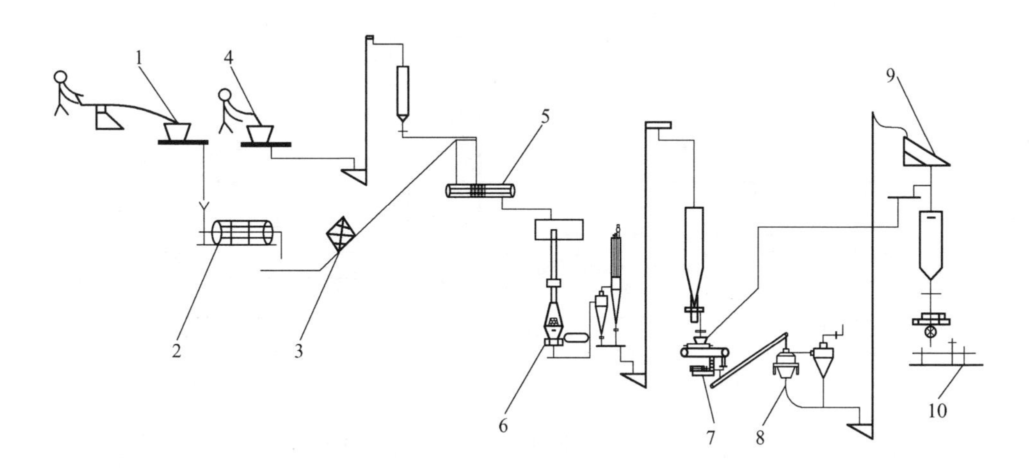

图 4-5 生物质环模颗粒成型工艺流程

1—粗粉碎；2—干燥；3—刮板输送；4—辅料添加；5—物料混合；6—细粉碎；
7—颗粒成型机；8—冷却；9—筛分；10—包装

成型压力的大小随原料和所要求成型块密度不同而异，可以通过调整螺杆的进套尺寸进行调节，成型燃料形状通常为直径 50～60mm 的空心棒。螺旋挤压成型设备结构如图 4-6 所示。

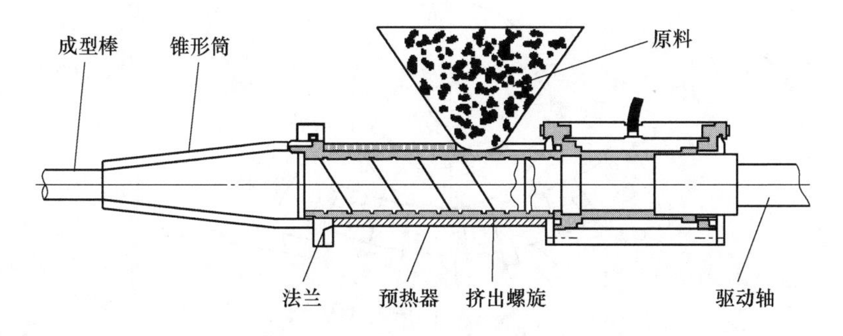

图 4-6 螺旋挤压成型设备结构

4.2.3.2 活塞冲压式成型设备

活塞冲压式成型机靠液压驱动活塞的往复运动实现成型。一般不用电加热。产品为实心燃料棒或燃料块，密度稍低，介于 0.8～1.1g/cm^{3}之间，容易松散。活塞冲压式成型设备结构如图 4-7 所示。

4.2.3.3 辊模挤压式成型设备

辊模挤压设备分为环模压辊式和平模碾压式。环模挤压式颗粒成型机是目前

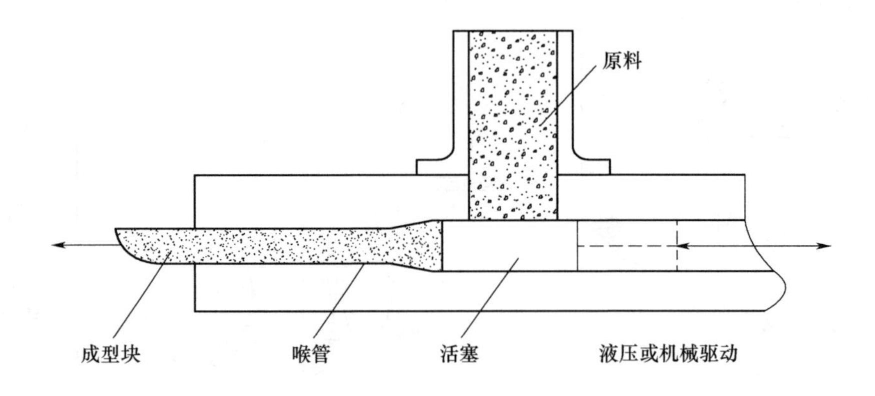

图 4-7 活塞冲压式成型设备结构

使用最为广泛的成型机型，主要有齿轮传动和皮带传动两种方式。环模固定在大齿轮传递的空心轴上旋转，压辊则固定在用制动装置固定的实心轴上，为动模式制粒机。齿轮型传动效率高、结构紧凑，但生产时噪声较大；皮带型传动不需要额外的润滑管理，噪声小，并有较好的缓冲能力，但传动效率低，不能实现低成本的二级变速。环模压辊成型设备结构如图 4-8 所示。

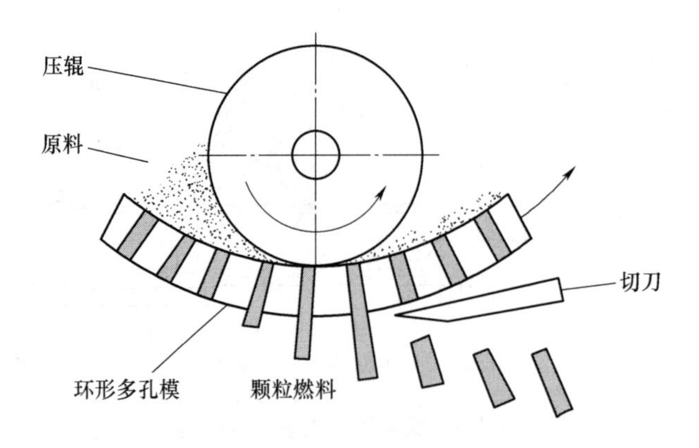

图 4-8 环模压辊式成型设备结构

我国的平模制粒机一般采用拉丝直辊平模制粒方式，广泛使用平行轴齿轮减速。平模碾压成型设备结构如图 4-9 所示。平模碾压设备优点是平模式制粒机压制室空间较大，可采用大直径压辊，因而能将诸如秸秆、干甜菜根、稻壳、木屑等体积粗大、纤维较长的原料强行碾压粉碎后压制成粒，降低了对原料的粉碎度要求。对原料水分的适应性也较强，含水率 15%～25%的物料都能被压缩成型。

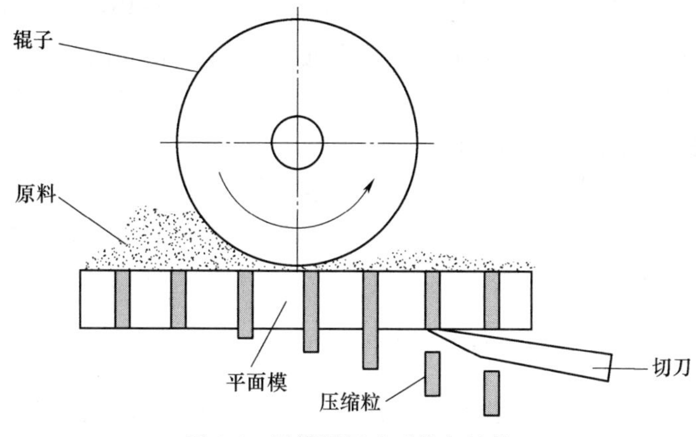

图 4-9 平模碾压成型设备结构

4.2.4 生物质成型燃料存储和运输

4.2.4.1 生物质燃料的存储

A 原料预处理

原料的预处理主要包括：铡切和打捆。铡切即利用铡草机进行铡切揉搓，铡切后的秸秆表皮角质层被破坏，呈片状和丝状，利于风干；同时，铡切提高了原料堆积密度，便于进一步处理。打捆即根据生产需要，利用秸秆打捆机，对秸秆压实打捆；打捆后的原料密实、形体分明，便于储存和管理。

B 原料的存储

为提高单位面积原料存储数量，一般采用机械堆垛。以年产 1 万吨的生物质成型燃料工厂为例，收购秸秆的高峰期日作业量按照 200~300t 计算，可以选用机械进行卸车堆垛，根据每日堆垛量的要求，设备要求满足每小时卸车堆垛量 15~20t，一次抓取量 1.2~1.5t，对于 1~2t 的送料车辆，一次或最多两次可全部卸完上垛。堆垛的垛宽在 8~10m 之间，垛高 9~12m，垛与垛的间距为 9~10m（以便送料车辆的进出和设备实行机械化作业）。储存的原料在满足生产需要时，用设备直接从原料垛上抓取原料进行拆垛，将原料放至地面上再用抓草机抓运喂料；待原料垛被拆到 3~4m 的高度时，直接用抓草机拆垛抓运喂料。在方圆 80m 的范围设置 380V 动力电源，以便作业时采用电力作业。

C 原料干燥

制粒过程对原料含水率要求较为严格，但是收购的原材料含水率差异较大。采用晾晒处理对场地要求较高；加热烘干又需耗费资源，因此可以考虑建造一座阳光大棚。根据实际经验，阳光大棚设计可以采用以下结构：三面围墙，前低后高，前面用铡切机将秸秆铡切成一定的长度，然后用液压缸带动刮板作往复运动，将铡切后的秸秆运送到高墙一边，在这个过程中，从地下有送风装置向上吹风，使其原料在阳光及风机的作用下蒸发水分，达到所需要的含水率，再通过高墙端的输送带、绞龙等装置送入下一工序的机器中。该技术不但能够使秸秆的含水率达到制粒工艺的要求，提高生产率，也能够增加储料数量，同时使生物质成型燃料连续生产成为可能。

4.2.4.2 生物质燃料的运输

目前，较常见的农林生物质运输方式是：个体收购者或农民将收割后留在田间的秸秆集中到田头或屋前屋后空地上，通过农用车送到就近收购站，在收购站打捆或粉碎后贮存，清除燃料中夹杂的砖头土块，对含水量大的燃料进行风干，有利于进厂燃料的质量保证。当工厂需要时，用载重车辆运往工厂燃料堆场。由于生物质比重轻、体积大，运输车辆载重量受到限制，当工厂装机容量在25MW时，每天进入工厂的燃料量为700~800t，每辆车载重按5~10t计算，按日运行12h计算，每小时进厂5~11辆车，几乎是每隔5~10min就有一辆载重车进厂，在厂内测试水分、计量还需停留5min，厂前的燃料进厂道路上车辆将是连续不断的。目前国能集团、大唐、凯迪等所建的生物质电厂，为了减少运输成本，都配有大车厢专用自卸汽车从收购站运往工厂。

由于燃料收集途径很多，每个电厂燃料来源、运输条件、锅炉形式不同，因此采用的运输方式需要根据实际情况调研确定，下面介绍几种可行的其他电厂运输方案：

（1）船运。在河流较发达地区，采用船运是一种较经济的运输方式。江苏兴化生物质气化发电厂，厂址紧邻运河，电厂所需燃料采用船运，到厂后用负压气力管道送至燃料堆放仓库。气力管道运输方案是稻壳运输最经济、环保的一种方式，且有利于将稻壳中土块、石头分离出来，避免锅炉底渣系统因大块卡住。但该系统不适应粉碎后秸秆的运输，由于秸秆之间相互牵连搭桥，很容易产生堵管，输送能力大大降低。秸秆一般采用胶带输送机从船头送进厂内燃料堆场。

（2）车运。有些原料长距离运输，特别是木材加工废弃料及农产品加工废弃物的运输，为了减少环境污染及运输成本，将燃料装袋后用载重车运往电厂，在已投运的河北成安电厂中，厂外燃料经装袋后用农用车或载重车运输进厂，然后通过人工解袋，每班解袋人数都在十几人以上，在安徽宁国生物质电厂燃料运输中也有类似情况。在解袋过程中扬尘较大，工作环境恶劣。

4.3 生物炭燃料及其制备技术

4.3.1 生物炭燃料生产原理

传统的木炭生产即将树木截成段在炭窑中点燃，至一定程度后封闭窑以隔绝空气，余热加热干馏，直至水分、木焦油蒸馏出来，木材碳化，俗称憋碳。这种生产方式对我国森林资源破坏严重。从可持续发展角度考虑，森林资源的保护刻不容缓，因此这种传统的烧炭方式必须限制使用。目前，木炭的主要来源为机制木炭，如图 4-10 所示。机制木炭是利用农林剩余物，如稻壳、锯末、农作物秸秆、树枝、树皮、刨花、竹屑、花生壳等含碳物质为原料，经加工使之变废为宝的新能源。

图 4-10 圆孔机制木炭

目前，市面上机制木炭主要有六角形中心有孔和四方形中心有孔两种形状，它具有价格便宜、燃烧时间长、无污染、热值高、燃烧时不冒烟、不发爆、环保等多种优点。因此，机制木炭广泛应用于工业、食品业、制药业和日常生活中。

木炭机为木炭燃烧生产全套设备，原料如竹木锯末、花生壳、玉米棒等经木屑粉碎机粉碎成 10mm 之内的颗粒状，再经烘干机烘干成型，最后放入炭化炉进行炭化。经木炭机生产的木炭密度大、体积小、可燃性好，可替代薪柴及燃煤。该产品尤其适用于北方地区秋冬烧炕取暖、大棚升温或作为普通生活燃料。其主要设备有：粉碎机、烘干机、制棒机、炭化炉，其中制棒机和烘干机，是制造机制木炭的专用机械。这项技术可保证出棒的质量。因为是以树枝、树叶、锯末等农作物为原料，经过粉碎后加压、增密成型，可代替传统的煤炭，故称“秸秆煤炭”。

4.3.2 生物炭燃料生产设备及制备工艺

木炭机包括：粉碎机（秸秆粉碎机、木屑粉碎机、树枝粉碎机、无筛底粉碎机）、烘干机（219 型气流烘干机、275 型气流烘干机、滚筒烘干机）、制棒机（50 型制棒机、70 型制棒机、80 型制棒机、90 型制棒机）、炭化炉（$4m^3$、$6m^3$、$8m^3$）。

木炭机根据原料可分为秸秆木炭机、锯末木炭机、稻壳木炭机、树枝木炭机、刨花木炭机等。木炭机设备是把原料竹木锯末、花生壳、玉米棒、甘蔗渣、棉花秆、玉米秆、稻谷壳、杂树枝等经木屑粉碎机粉碎成 10mm 之内的颗粒状，经烘干机烘干使其水分含量在 12%以内，入制棒机，经高温、高压使之成型（不加任何添加剂）后放入炭化炉（自建土窑）进行炭化，即制成成品木炭。其工艺流程如图 4-11 所示。

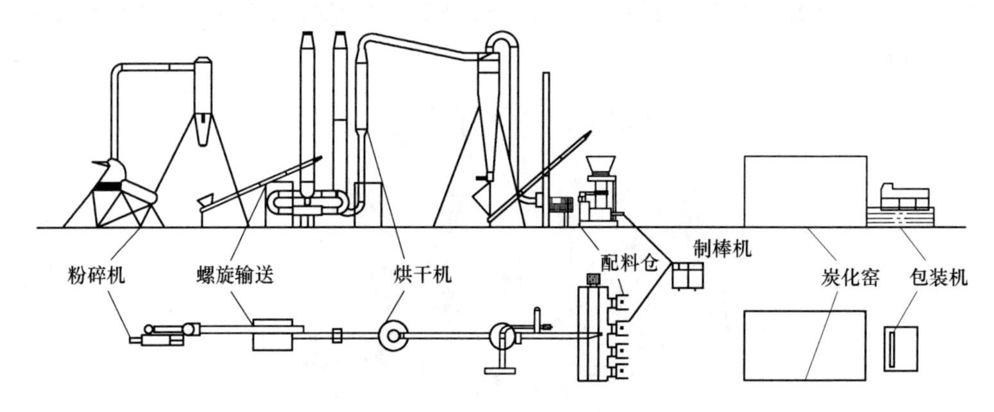

图 4-11 机制木炭工艺流程

按体积和产量可将炭化炉分为 $4m^3$ 的炭化炉、$6m^3$ 的炭化炉、$8m^3$ 的炭化炉。另外还有自燃式炭化炉、连续式炭化炉。

自燃式炭化炉是利用干馏炭化原理，将炉内薪棒缺氧加热分解生成可燃气体、焦油和炭；采用移动式钢板结构，炉顶部的排烟管道依次与焦油分离器及引风机连接，具有结构独特、有效容积大、炭化工艺先进、周期短、产量高、环保性好，使用寿命长等优点。

连续式炭化炉是一种增设了烟气回收装置的新型炭化炉，可将物料炭化过程中产生的一氧化碳、甲烷、氢气等可燃气体回收、净化、循环燃烧。该技术既解决了普通炭化炉炭化过程中产生的环境污染，又解决了木炭机设备所需的热能问题，充分做到了自供自给，提高了设备的连续性、经济性，充分利用农林剩余物，使其变废为宝，减轻了我国林业资源供求紧张的矛盾，为绿化环境多做贡献。另外，连续性炭化炉具有一机两用的功效，物料可直接炭化，也可先制棒后炭化。

炭化炉的炭化过程一般可分为以下三个阶段：

(1) 干燥阶段。从点火开始，至炉温上升到 160℃，这时机制棒所含的水分主要依靠外加热量和本身燃烧所产生的热量进行蒸发。机制棒的化学组成几乎没变。

（2）炭化初始阶段。这个阶段主要靠棒自身的燃烧产生热量，使炉温上升到160~280℃之间。此时，木质材料发生热分解反应，其组成开始发生了变化，其中不稳定组成，如半纤维素发生分解生成CO_2、CO和少量醋酸等物质。

（3）全面炭化阶段。这个阶段的温度为300~650℃。在该阶段，木质材料热分解反应剧烈，同时生成了大量的醋酸、甲醇和木焦油等液体产物。此外还产生了甲烷、乙烯等可燃性气体，这些可燃性气体在炉内燃烧。热分解和气体燃烧反应均为放热反应，在炉内产生大量的热，使得炉温升高，木质材料在高温下干馏成炭。

若要煅烧高温炭，除了上述三个阶段外，还需要继续增加热量，使炉内的温度继续上升到800~1000℃左右，这样就能排出残留在木炭中的挥发性物质，提高木炭中的含碳量，使炭的石墨结构增多，导电性增强。

炭化过程是机制木炭的制作技术中的核心。炭化分低温排温、高温煅烧、降温冷却三个阶段。薪棒在入炭化炉时带有8%左右的水分，机制薪棒最怕受潮，水分的存在会严重影响炭化质量，因此，排潮时间是必不可少的。排潮时间一般为土窑10~15h，机制窑为2~3.5h，升温时间长可防止薪棒受潮开裂，保证炭化质量。当炉温升至300℃时，炉内可产生大量的可燃气体。理论上讲，每500g原料可产生$3m^3$甲烷气体，可供炉内升温。木炭出炉后要先通风后出炭，防止二氧化碳中毒。出炉的木炭应在室外放置8h以上。防止死灰复燃，产生火灾。

4.3.3　生物炭燃料存储和运输

机制木炭是一种经压缩成型的生物燃料，也是唯一可储存和运输的可再生能源，它容易受潮，一般储存在阴凉干燥的地方。木炭属于普货，运输时要注意防潮防火，尤其是在炎热的夏季，注意遮阴，防止火灾的发生。

4.4　生物质焦油燃料

4.4.1　生物质焦油生成原理

生物油的产生方式有两种：一种是生物质热解液化（主要方式）；一种是生物质热解气化。在生物质热解气化中，生物油作为副产物，易堵塞、腐蚀管道，对管道的危害和后续反应的影响较大。

4.4.1.1　生物质热解液化产生物油

生物质热解液化是指生物质在无氧或缺氧的条件下热裂解，生成液体生物油、可燃气体和生物质炭的过程。根据热解工艺操作条件，生物质热解液化可分为慢速热解、快速热解和闪速热解，三种液化技术反应条件比较见表 4-2。

表 4-2 三种热解液化技术反应条件比较

热解工艺	升温速率	热解温度/℃	停留时间	主要产物
慢速热解	缓慢	<400	很长	焦炭
快速热解	10^3~10^4℃/s	400~600	<1s	生物油
闪速热解	很快	600~900	很短	燃气

生物油量产量最高的工艺条件为：快速热解技术、中温、高传热速率和较短气相停留时间。相对于气化和生化液化，热解液化产生的生物质油是一种低硫、低灰分的清洁燃料，通过进一步精炼或改性而获得代用柴油或汽油是最经济和最容易实现的。它不仅可以提供高品位的能源产品，而且还可以生产出具有高利用价值的化学燃料。因此，生物质通过快速热解制取生物油可在将来的能源结构中起着重要的作用。

4.4.1.2 生物质热解气化产生物油

生物质热解气化是一种将固体燃料变成气体燃料的热化学处理技术，它包括干燥、热解、燃烧和还原等一系列的复杂反应。生物质气化的目标是尽可能多地得到可燃性气体，但在气化过程中焦油是不可避免的副产物，生物质气化产生的焦油分为一级焦油、二级焦油、三级焦油等，具有成分复杂、性质可变、危害性大等特征。

焦油生成于气化过程中的热解阶段，当生物质被加热到 200℃以上时，组成生物质的纤维素、木质素和半纤维素等成分的分子键将会断裂，发生明显热分解，产生 CO、CO_2、H_2O 和 CH_4等小的气态分子，而较大的分子即为焦炭、木醋酸和焦油等。此时的焦油称为一级焦油（初级焦油），一级焦油一般都是原始生物质原料结构中的一些片断。其主要成分为左旋葡聚糖，其经验分子式为 $C_5H_8O_2$，被认为是由纤维素在急剧热解过程中失去 CO_2和 H_2O 形成的，反应过程为：

$$\text{干燥生物质固体}+\text{热量}\longrightarrow char+CO+CH_4+CO_2+tar+\text{木醋酸} \tag{4-1}$$

在气化温度条件下，一级焦油并不稳定，会进一步分解反应（包括裂化、重整和聚合等反应）成为二级焦油；如果温度进一步升高，一部分焦油还会向三级焦油转化。在生物质气化技术中，一般把 500℃作为操作的典型温度，在 500℃左右产生的焦油产物最多，高于或低于这一温度时焦油都相应减少。

据有关研究表明，生物质焦油可与 0 号柴油按不同比例混合，用油具有 CO_2减排显著、尾气排放烟度和 CO 含量降低明显等优点，有效减少了单一 0 号柴油燃烧时对环境产生的污染。由此可见，生物油在今后汽车尾气减排中可以起到重要作用。

4.4.2 生物质焦油的提取方法与设备

依据气化气焦油产生过程中采取不同焦油处理方法，分为物理净化方法和化学转化方法。

生物质焦油的物理化学提取主要是将其进行物相转化，对已生成的气化气焦油从气相向冷凝相进行转移、脱离，进而达到与气化气分离、提取焦油的目的，包括旋风分离、湿式提取和干式提取等方法。

4.4.2.1 旋风分离法

旋风分离法采用旋风分离器来脱除气化气中的焦油，其原理是气化气沿切线方向进入旋风分离器而产生旋转运动。气化气中，液体颗粒在离心力作用下被抛向器壁，与器壁碰撞和摩擦而失去动能，在重力作用下沉降下来。旋风分离器的运行条件是分离效果的重要影响因素。旋风分离法一般用于捕集密度和粒径大的颗粒，对于粒径为100μm左右的颗粒分离效率为60%~70%。

4.4.2.2 湿式提取法

湿式提取法又称为水洗法，其净化机理主要是慢碰撞，用水将气化气中部分焦油带走，如图4-12所示。湿法除焦主要用冷却洗涤塔、文丘里洗涤塔、除雾器和湿静电除尘器等设备。冷却洗涤塔能将重质焦油冷凝下来，液滴在500~1000μm时，除焦油效率最高。文丘里洗涤塔通常连接在冷却洗涤塔后面，将气化气中较重焦油物质除去。除雾器是根据离心分离原理从气流中除去烟雾液滴，能有效地去除经文丘里洗涤塔处理后气化气中的焦油和水。湿静电除尘器首先对气化气进行冷却，使气化气中的焦油微粒形成液体颗粒，然后利用高压电场使气化气中液体颗粒带负电，通过一个带有正电的极性板将带负电颗粒从气化气中除去。

4.4.2.3 干式净化法

干式净化法又称过滤法，其除焦油机理是将吸附性强的材料（如活性炭等）装在容器中，当气化气穿过吸附材料，或者穿过装有滤纸或陶瓷芯的过滤器时，依靠惯性碰撞、拦截、扩散以及静电力、重力等作用，使悬浮于流体中的焦油颗粒沉积于多孔体表面或容纳于多孔体中，将气化气中的焦油过滤出来。

生物质气化气焦油的化学转化是在气化过程中，在高温、加入催化剂等工艺条件下，使气化气中焦油再次发生化学反应，达到减少气化气中焦油的目的，包

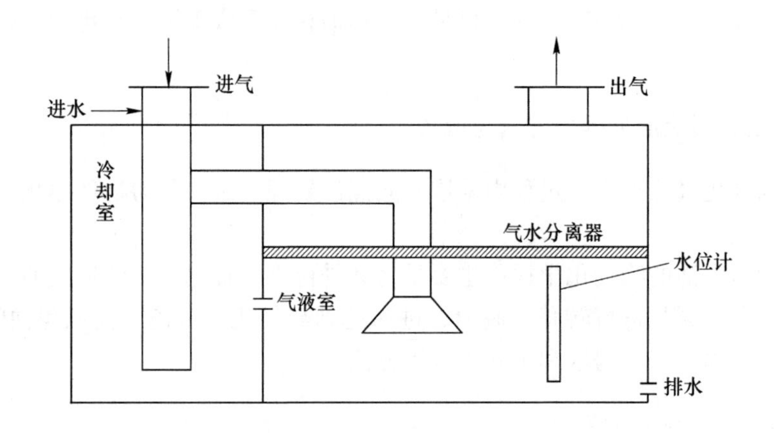

图 4-12 湿式提取原理

括化学高温热解转化和化学催化裂解转化。

焦油处理方法优、缺点及工程应用情况见表 4-3。

表 4-3 焦油处理方法优、缺点及工程应用情况

焦油处理方法		优　点	缺　点	工程应用
物理净化	旋风分离	设备简单，操作方便，成本低廉	气化气流速要求严格，只有对粒径较大的焦油颗粒（100μm）有效	用于中、小型气化设备气化气的初级净化
	湿式净化	结构简单，操作方便，成本低廉	液体回收及循环设备庞大；焦油废水造成二次环境污染；大量焦油不能利用，造成能源损失；焦油粒子直径要求严格，气化效率降低	采用多级湿法联合除焦油，是目前国内气化工程采用较多的方法，多用于气化气的初级净化
	干式净化	无二次污染；分离净化效果高且稳定，对 0.1~1.0 μm 微粒有效捕集	气化气流速不能过高、焦油沉积严重、黏附焦油的滤料难以处理；存在一定的能源损失	采取多级过滤，与其他净化装置联合使用，用于气化气终极处理
化学转化	高温热解	充分利用焦油所含能量，提高气化效率；无二次污染	热解温度高（1000～1200℃），对气化设备材料、制造要求较高	有发展潜力的焦油脱除方法，工程中加入水蒸气进行氧化降解焦油
	催化裂解	降低裂解温度（750～900℃），提高气化效率，充分利用焦油所含能量；无二次污染	催化剂的使用增加气化气成本；催化剂的添加温度控制严格、气化工艺要求高	目前最有效、最先进的方法，在大、中型气化炉中逐渐被采用

4.4.3 生物质焦油市场

焦油组分极其复杂，它有成百上千种不同类型、性质的化合物，其中主要是多核芳香族成分，大部分是苯的衍生物，有苯、萘、甲苯、二甲苯、酚等，目前可分析出的成分有100多种。因此，生物质焦油具有很大的市场。

4.4.3.1 还原NO

苯、甲苯、苯乙烯和苯酚是最具有代表性的焦油组分，在焦油还原NO的过程中具有积极的作用，其影响因素有不同来源的焦油、当量比（O_2和焦油体积分数之比）、温度、NO初始体积分数。NO初始体积分数越大越有利于还原反应的进行。另外，焦油还原NO存在最佳当量比和最佳温度窗口，过高的当量比和温度对还原NO不利。相关文献中的工作表明，焦油还原NO的过程中存在竞争反应，一方面焦油裂解生成的中间产物参与还原NO的反应；同时，这些中间产物还会发生聚合等不利于还原NO的反应，甚至生成炭黑。在适当的条件下还原反应在竞争中占据主导，然而当量比向偏离最佳值的方向变化将会减弱这种优势。不同来源、不同生产工艺产生的焦油还原NO的最佳当量比不同，一般为贫氧状态。

4.4.3.2 替代柴油为燃料

以秸秆热解气化产生的焦油蒸馏后的110~220℃的轻油馏分与0号柴油作对比，其闪点、燃点分别为95℃和102℃，高于轻柴油。另外，其黏度、凝点也略高于轻柴油，这表明其馏分具有燃烧性良好、流动性好等性能。但该焦油馏分的热值为36813.01kJ/kg，而轻柴油热值为41870kJ/kg，略低于轻柴油。这可能是由于焦油馏分含水及不易燃烧的炭黑所致。发动机对液体燃料的质量要求就是具有适当的蒸发性、良好的燃烧性、高度的安定性等条件。因此，焦油馏分可以替代柴油。

4.4.3.3 与柴油混溶为农用柴油机燃油

根据生物质焦油中的可燃馏分与柴油互溶的可燃特性，研究了农用柴油机燃油用不同比例的生物质焦油可燃馏分与柴油混溶油的动力性能，实验结果表明：生物质焦油可燃馏分与柴油混溶油具有良好的动力性和经济性，在农用柴油机功率较低时，各混溶油试样的消耗量均小于柴油；在农用柴油机功率较高时，生物质焦油可燃馏分掺混替代比例为10%时的混溶油消耗量低于柴油，而生物质焦油可燃馏分掺混替代比例为20%时的混溶油消耗量高于柴油，且燃用混溶油时农用柴油机的最大功率均超过农用柴油机的额定功率，可满足农用柴油机的动力要求。

4.5 生物质微米燃料及其制备技术

4.5.1 生物质微米燃料

随着农林经济的发展，农林废弃物大量浪费，不仅损失了可用的能源，且严重污染了周边环境。生物质是农村的主要能源，由于过去技术发展有限，一般是以直接燃烧为主，燃烧效率低于10%，燃烧温度只有600℃。生物质成型燃料的燃烧温度一般不超过1000℃。因此对生物质高效利用进行研究具有重要的理论意义和实用价值。生物质燃料具有含碳量低、含氢量稍多，挥发分明显较多、含氧量多、含硫量低、密度小等特点，因此生物质燃料对环境污染较小，但是燃烧温度较低，这限制了生物质能的工业化应用。因此，如何对生物质燃料进行预处理改变生物质燃料的性质，使燃烧更为充分显得至关重要。相关研究表明，生物质燃料的粒径是影响其热化学转换效率的重要因素之一。

在此背景下，华中科技大学清洁生产实验室，利用自行设计的生物质破碎系统，生产出了一种生物质粉体燃料，该粉体颗粒粒径小于250μm，其中粒径在150μm以下的粉体颗粒占到80%以上。这种生物质粉体颗粒称微米燃料（biomass fuel，简称BMF）。由于生物质的挥发分较高，微米燃料的粒径很小，其燃烧时着火点较低（200℃），燃烧迅猛，采用适宜的工艺条件，燃烧温度可高达1300℃。另外，根据有关研究表明，微米燃料的水蒸气气化效果较好，气化产物中氢气含量可达50%以上。

生物质微米燃料的生产工艺如图4-13所示。

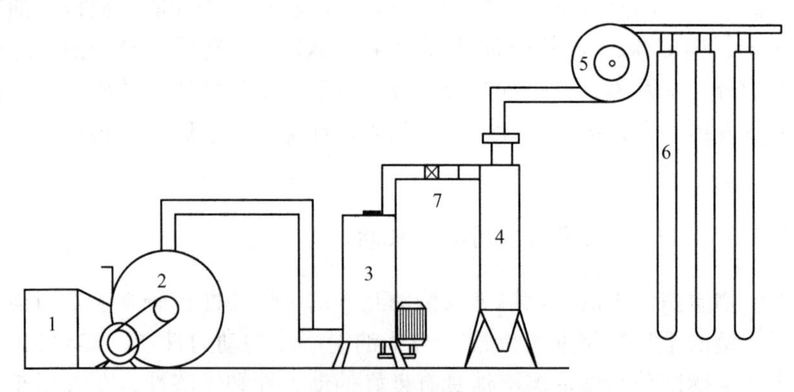

图4-13 生物质微米燃料的生产工艺

1—操作平台；2—粗破碎机；3—精破碎机；4—旋风收集器；5—风机；6—收集袋；7—调节阀

4.5.2 生物质微米燃料物理特性

生物质微米燃料实际上是以玉米秸秆、棉花秸秆和松木木屑为原料，经破碎后制成的。经过筛分试验，分析了微米燃料的粒径分布，见表 4-4，可见约 80%（质量比）的微米燃料粒径介于 80～140 目之间。相关的研究表明，粒径越小的生物质，其热转化效果越好。通过对玉米秸秆制成的微米燃料的堆积密度测试分析，如图 4-14 所示，其自然堆积密度为 0.21t/m^3，当施加不同的压力时，其密度最大可达 0.55t/m^3，与煤相比（褐煤的密度为 0.561～0.6t/m^3），适度加压的微米燃料适合中长距离运输。微米燃料外观呈粉面状，不同原料制成的微米燃料颜色稍有差异，其微观结构为不规则的多孔块状或片状，如图 4-15 和图 4-16 所示，这类结构有利于提高微米燃料的热化学反应速度。由于生物质的主要成分是纤维素和木质素，对于不同种类的生物质，其纤维素和木质素含量不同，所以不同种类生物质制成的微米燃料的微观结构有较大差异。以松木木屑为原料制成的微米燃料，其微观结构呈不规则的块状，如图 4-15 所示；而以玉米秸秆为原料的微米燃料，其微观结构呈纤维状，如图 4-16 所示。

表 4-4 三种原料织成的微米燃料粒径分布

微粒尺寸/目	>180	180～140	140～100	100～80	80～60
玉米秸秆/%	5.2	12.2	54.3	23.3	4.0
棉花秸秆/%	6.5	11.2	51.0	26	4.3
松木木屑/%	4.0	10.0	47.0	35.0	3.0

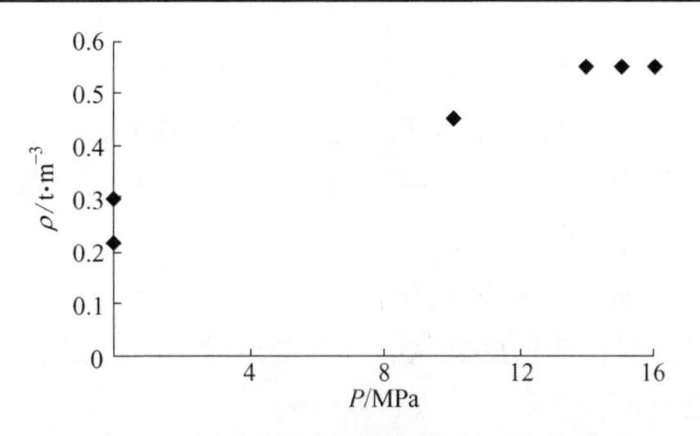

图 4-14 生物质微米燃料密度与压力的关系

图 4-15 松木木屑制成的微米燃料的 SEM 分析

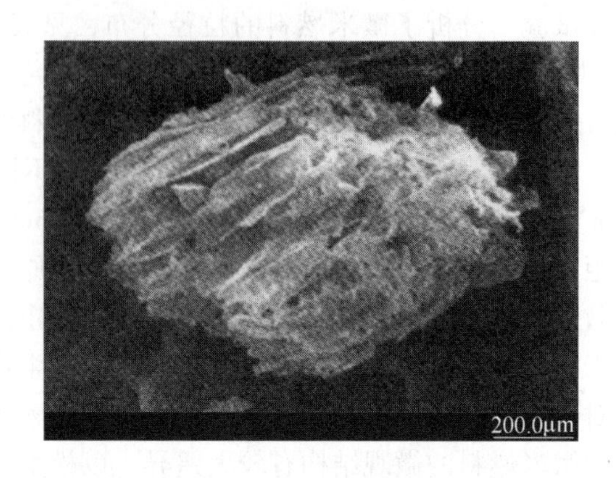

图 4-16 玉米秸秆制成的微米燃料的 SEM 分析

4.5.3 生物质微米燃料技术

生物质微米燃料利用方向大致有三种：燃烧、气化、热解。

4.5.3.1 生物质微米燃料燃烧

生物质微米燃料的燃烧，是利用空气或者氧气作为载气将燃料载到燃烧炉内反应。生物质微米燃料的燃烧可以分为以下 4 个阶段：

（1）脱水。燃料中的水分受热蒸发气化，从燃料中逸出。

（2）挥发分的析出与燃烧。燃料受热后，低分子质量的物质首先分解气化，到达着火温度后生成气相燃烧火焰。

（3）过渡阶段。固定碳通过氧化作用开始表面着火，以较慢的燃烧速度燃烧，此时出现气相、固相两种燃烧状态并存的现象，直到燃料中的挥发分物质燃烧完毕，气相火焰熄灭。

（4）固定碳的表面燃烧。此时，燃料中的固定碳已全部炭化，表面生成明亮炙热的火焰，燃烧反应速度加快，达到峰值之后，燃烧速度变慢，表面炙热火焰由红变暗，逐渐消失，微米燃料进入燃尽阶段。

生物质微米燃料的燃烧，具有易燃、着火点低、燃烧迅速、有利于燃料的充分燃烧、灰渣综合利用率高、烟气污染小的特点。与生物质成型燃料相比，微米燃料挥发分的析出极快，故其燃烧速率较高，短时间内放热量大，升温速率也较快。目前，生物质微米燃料燃烧最为广泛的是富氧燃烧和旋风燃烧，这两种燃烧最高温度可分别达到 1300℃和 1200℃，具有较高的工业应用价值。

A 生物质微米燃料富氧燃烧

富氧燃烧（oxygen enriched combustion，OEC）即用比通常空气（含氧 21%）

含氧浓度高的富氧空气进行燃烧。燃烧是由于燃料中可燃分子与氧分子高能碰撞引起，所以氧供给情况决定了燃烧过程是否充分。富氧助燃是近代燃烧的节能技术之一。该技术可以降低燃料燃点、加快燃烧速度、促进燃烧完全、提高火焰温度、减少燃烧后的烟气量、提高热量利用率和降低过量空气系数，被发达国家称为“资源创造性技术”。

表4-5为生物质（松木）微米燃料在不同氧体积分数下的热重曲线（TG）和微商热重曲线（DTG）特征参数。从表4-5中可以看出，随着试样体积分数的增加，挥发分析出温度、着火温度和燃尽温度呈下降的趋势，说明富氧可使生物质微米燃料的燃烧在较低的温度区完成；另外最大质量损失和平均质量损失呈上升的趋势，说明生物质微米燃料的燃烧随试样体积分数的增加，其所用时间缩短，生物质微米燃料燃烧的活性增强；燃烧综合特性指数随氧体积分数的增加而增大，但试样体积分数大于60%后，变化不大。在实际的运用过程中，考虑到富氧的成本，可将试样体积分数控制在30%~40%之间。但是，由于富氧燃烧使得火焰高温化，由此导致的NO_x排放量增加，这也是限制富氧燃烧技术推广的关键问题之一。

表4-5 生物质（松木）微米燃料在不同氧体积分数下的TG、DTG特征参数

φ_O/%	挥发分析出温度 T_s/℃	着火温度 T_i/℃	最大质量损失速率 /%·min^{-1}	平均质量损失率 /%·min^{-1}	燃尽温度 T_h/℃	燃烧特性指数/10^{-7}
20	204	272	14.2	8.7	568	18.1
30	197	255	14.6	9.2	541	19.7
40	189	247	16	10.4	529	20.3
60	187	230	18.3	11.7	517	21.6
80	180	211	20.1	12.8	506	22
100	177	198	23.9	15.5	410	22.2

B 生物质微米燃料旋风燃烧

生物质微米燃料旋风燃烧系统如图4-17所示，进料口与炉膛切线方向设置，是燃料空气混合物在炉膛中进行旋风燃烧。旋风燃烧能使空气和燃料进行充分的混合，能够保证燃料的充分燃烧，提高燃烧效率。

据华中科技大学清洁生产实验室有关研究表明：当生物质微米燃料处于旋风燃烧状态，当空气过剩系数等于1.2时，炉内工况达到最佳，炉膛温度最高可达1200℃，燃烧效率为98%，高于成型燃料的燃烧效率。

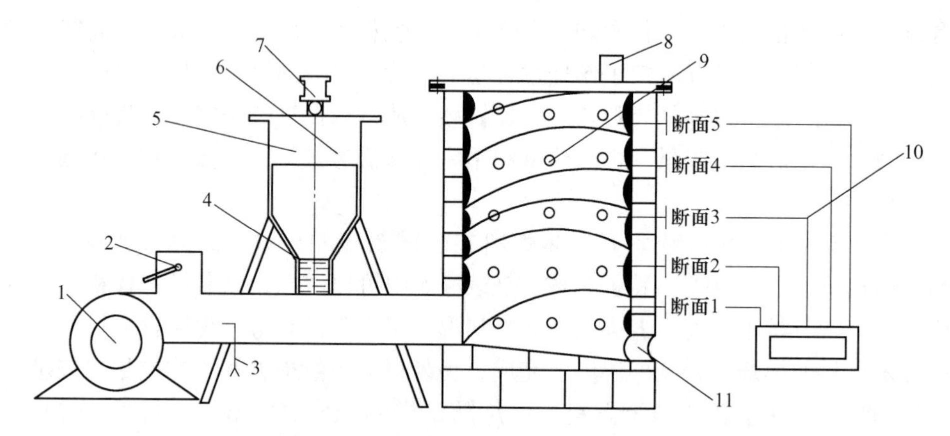

图 4-17 生物质微米燃料旋风燃烧系统

1—风机；2—风量调节阀；3—皮托管；4—螺旋进料装置；5—料斗；6—刮板；7—无级调速电机；8—烟囱；9—测温孔；10—测温数显系统；11—出灰口

4.5.3.2 生物质微米燃料气化

生物质微米燃料气化是指生物质微米燃料通过气化炉在较高的温度（700~900℃）下，与气化剂（空气、氧气或水蒸气）反应得到清洁可燃的小分子气体的过程。其基本原理是将生物质原料送入气化炉被干燥，伴随着温度的升高，析出挥发物，并在高温下裂解，裂解后的气体和炭在气化炉的氧化区与供入的气化介质（空气、氧气、水蒸气等）发生氧化反应并燃烧，燃烧放出的热量用于维持干燥、热解和还原反应，最终生成含有一定量 CO、CO_2、H_2、CH_4、C_mH_n 的混合气体，去除焦油、杂质后即得可燃用气。生物质微米燃料粒径是影响其气化的一个重要因素。随着 BMF 粒径的减小，可燃气含量、H_2 含量、碳转化率、气化效率和燃气热值都显著提高，按所用气化剂不同，生物质气化可分为空气气化、水蒸气气化和富氧气化，另外还有催化气化；按所用反应器的不同，可分为下吸式固定床气化炉气化、上吸式固定床气化炉气化和流化床气化等，如图 4-18 所示。

A 生物质微米燃料空气气化

空气气化技术直接以空气作为气化剂，气化效率较高，应用最广，同时也是所有气化技术中最简单、最经济的一种。但是由于大量氮气的存在，稀释了燃气中可燃气体的含量，在燃气中氮气占到总体积的 50%~55%，燃气热值较低，通常为 5~6MJ/m^3，可直接用于供气、工业锅炉等。

B 生物质微米燃料水蒸气气化

水蒸气气化是指在高温下水蒸气同生物质发生反应，涉及水蒸气和碳的还原反应，CO 与水蒸气的变换反应等甲烷化反应以及生物质在气化炉内的热分解反

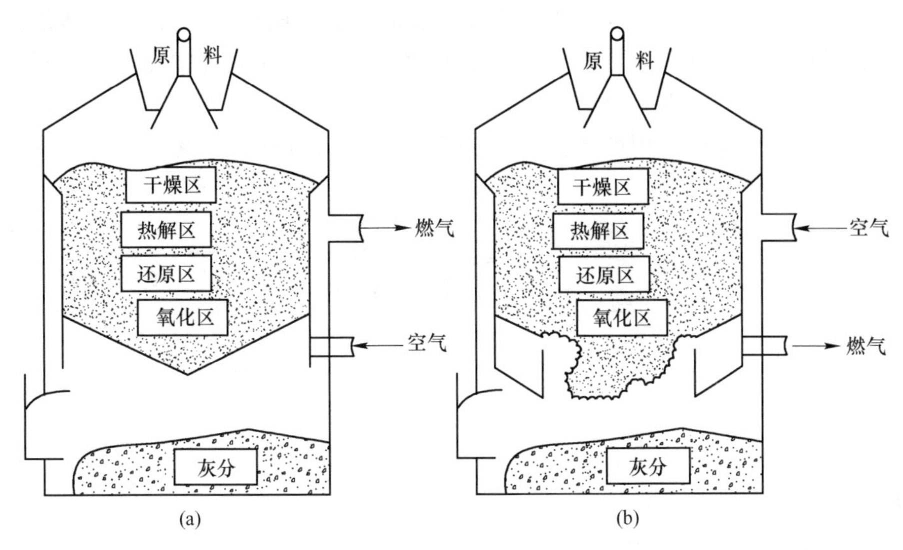

图 4-18 固定床气化炉结构及原理图
（a）下吸式；（b）上吸式

应。燃气质量好，H_2含量高（30%~60%），热值为 10~16MJ/m^3，缺点是反应系统需要蒸汽发生器和过热设备，一般需要外供热源，系统独立性差，技术较复杂。我国现阶段的研究主要在流化床反应器内进行。Gil 等在常压泡状流化床反应器内研究了空气、水蒸气和水蒸气-氧气三种不同的气化剂对气化产物的影响，发现以水蒸气为气化介质时，氢气的百分含量最高。

C 生物质微米燃料富氧气化

富氧气化使用富氧气体作为气化剂，在与空气气化相同的当量比下，反应温度提高，反应速率加快，可得到焦油含量低的中热值燃气，热值一般在 10~18MJ/m^3，与城市煤气相当，但相应会增加制氧设备，电耗和成本都很高，在一定场合下，具有显著的效益，使生产的总成本降低。吴创之等使用循环流化床富氧气化木粉得到最佳气化条件：氧气浓度 90%+5%，气化当量比约 0.15。富氧气化可用于大型整体气化联合循环（IGCC）系统、固体垃圾发电等。

D 生物质微米燃料催化气化

生物质微米燃料催化气化主要分为两个方面：一是生物质焦油催化裂解；二是生物质催化气化制氢。目前，我国在这两方面的研究已取得了很大进步。国内外研究生物质微米燃料催化气化所用的催化剂基本相同，主要有天然矿石类催化剂（白云石和石灰石等）、碱金属类和镍基催化剂。

在生物质焦油催化裂解方面，实验研究中所用的气化炉主要是流化床，如图 4-19 所示。进入流化床的生物质在气化气的参与下发生热解、气化，产生含较多生物油的初生燃料气，进入焦油防护床，除掉大部分焦油，再进入固定床催化反应器，进行进一步的燃气重整与焦油裂解。气化炉中一般使用的是天然矿石类催化剂，如白云石，可以有效降低焦油产量，并在运行过程中不会因飞灰增加而堵塞管道；在固定床中使用镍基催化剂，能够大幅降低 CO 的含量，提高 H_2含量。

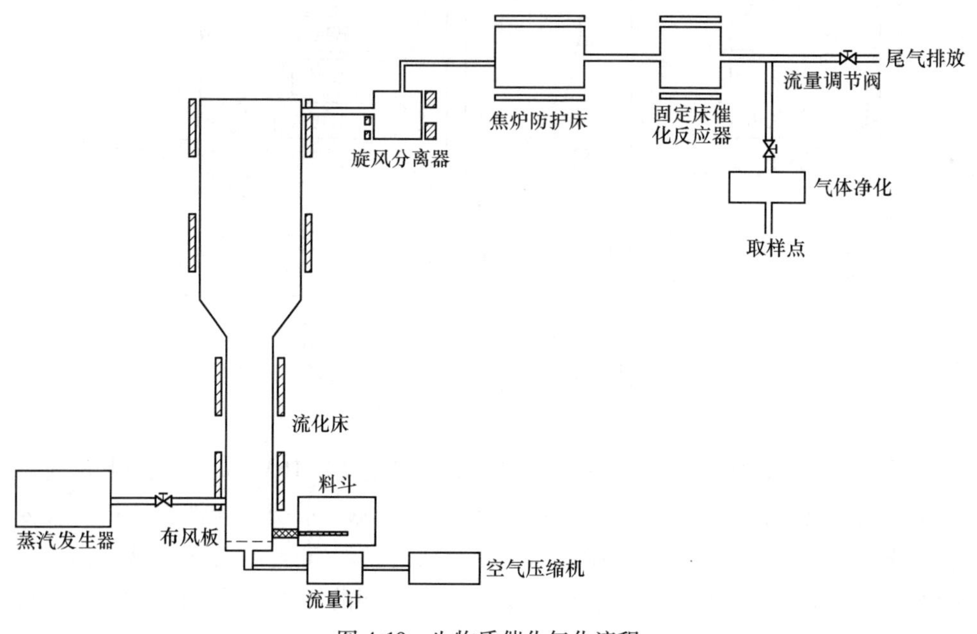

图 4-19　生物质催化气化流程

目前，生物质微米燃烧研究的两个要点为水蒸气气化和催化气化。

未来生物质能源将在可再生能源中占有重要地位，生物质能源的开发和利用将得到深入研究，因此生物质气化具有广阔的发展前景，生物质气化将逐步由制取低热值气体向中高热值气体迈进。生物质本身能量密度较低，以水为介质制取氢气不会显著降低燃气的热值，具有较高的能量转化效率，同时这类制氢技术具有较强的有机物无害化处理能力、反应条件温和、产品的能量品位高等优点，与生物质的可再生性和水的循环利用相结合可实现能源转化、利用与大自然的良性循环，因此气化制氢中的蒸汽气化和超临界水催化气化值得我们关注。在生物质气化制取液体燃料方面，随着气体净化技术的创新发展和新技术开发力度的加大，成本将有望大大降低，经济性提高。在相关政策的支持下，其会逐步替代部分石油等不可再生资源，达到规模化、工业化的利用途径。

5 生物质燃料燃烧技术

燃料是指可以通过燃烧将化学能转化为热能的物质，生物质的燃料是最普通的生物质能转换技术，由燃料获取热能在技术和经济上都是合理的。生物质的燃烧大体上可以分为炉灶燃烧、炕连灶燃烧、锅炉燃烧、炉窑燃烧等，其主要目的就是取得热量。而燃料燃烧过程中产生的热量，不仅与生物质本身的热值有关，还与燃料燃烧的操作条件和燃烧设备的性能密切相关。因此，本章不仅涉及燃料燃烧的基础计算，还会简单介绍几种生物质的燃烧设备。

5.1 生物质燃料燃烧的能源意义

5.1.1 生物质燃烧的发展

5.1.1.1 生物质燃烧的含义

生物质燃烧是最早使用的生物质能的利用方法，是将生物质作为燃料，通过燃烧将生物质能转化为能量的过程。未经处理的生物质原料存在结构疏松、分布分散、运输及储存不便、能量密度低等缺点，因此大规模利用经济效益较差，可行性低。如何将生物质直接燃烧技术规模化、扩大化的关键就在于改进生物质前期的预处理技术，在生物质预处理技术中，压缩成型技术是最重要的技术之一。为了改善生物质的燃烧特性，国际上从20世纪40年代开始生物质成型燃料技术的研究开发。生物质成型燃料体积小、密度大、储运方便，并且燃料致密、无碎屑飞扬、卫生，燃烧持续稳定、燃烧效率比常规灶具燃烧方式有所提高。然而目前我国生物质成型燃料的规模不大，成型燃料的压制设备仍然不成熟，成本较高。国外大部分都是采用林业残余物（如木材等）压制成型燃料，这与我国生物质资源主要以农作物秸秆为主的情况并不相符，直接引进国外先进技术并不适合我国国情。此外，生物质成型燃料和煤块燃烧一样，温度和氧气难以深入到生物质成型燃料内部，因而燃烧反应缓慢，难以形成像燃油和燃气一样的高温燃烧。

5.1.1.2 生物质燃烧的形式

生物质燃烧大致可分为炉灶燃烧、锅炉燃烧、垃圾焚烧和固型燃料燃烧。

炉灶燃烧是生物质能最原始的利用方法，也是我国目前生物质能主要的利用方法，多用于农村或山区分散独立的家庭用灶，投资最省，但效率最低，仅为10%~15%。

锅炉燃烧采用现代化锅炉技术，适用于大规模利用生物质，效率高且可实现工业化生产。但锅炉燃烧技术投资高，不适于分散的小规模利用。

垃圾焚烧就是采用锅炉技术处理垃圾，由于垃圾的品位低，腐蚀性强，因此要求技术更高，投资更大，所以必须规模较大才合理。早在1979年，美国就开始采用垃圾直接燃烧发电，发电的总装机容量超过10000MW，单机容量达10~25MW。

固型燃料燃烧是把生物质固化成型后再采用传统的燃煤设备燃用。该法可以将生物质原料体积缩小，大大增加燃料的能量密度，以提高利用效率，但运行成本较高。近年来，我国生物质的成型技术得到一定发展，浙江大学、辽宁省能源研究所、西北农业大学、中国林科院林产化工研究所、陕西武功轻工机械厂、江苏东海县粮食机械厂等10余家单位均研究和开发出生物质成型燃料技术和设备。

5.1.2 生物质燃烧的应用及意义

5.1.2.1 生物质燃烧的应用

A 生物质用于农村炊事燃料

据国家农村能源办公室统计显示，2007年我国农村居民生活用能消费结构中，秸秆占48.33%，薪柴占28.10%，煤占14.08%，电力占5.47%，沼气占2.21%，液化石油气占1.71%，如图5-1所示。

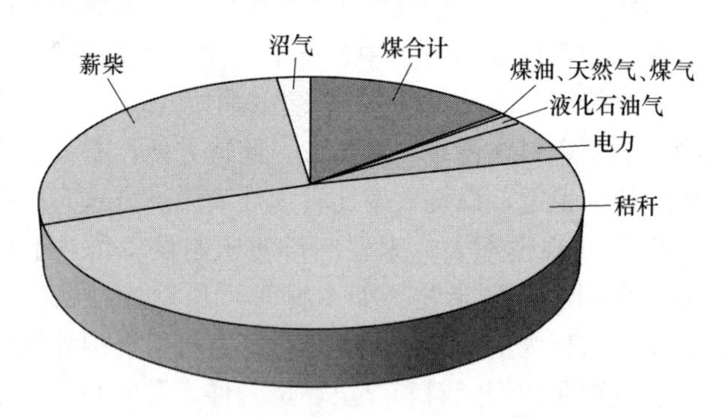

图5-1 2007年中国农村居民生活用能消费结构

目前，我国农村居民生活用能燃料仍以秸秆、薪柴为主，大部分用于炊事和取暖之用，优质能源比例低，能源消费结构极不合理。这种情况主要是由于在农村地区秸秆和薪柴容易获得，几乎不需任何成本，故从发展趋势来看，在未来相当长的时期内，秸秆、薪柴等传统生物质能仍是我国农村居民的主要生活用能。

柴灶在中国农民的生活中已沿用了几千年，受一些传统习惯的影响，目前仍有相当比例的农户还在使用旧式柴灶。旧式柴灶不但热效率低、浪费燃料，而且对环境污染严重，损害居民健康；省柴灶比旧式柴灶节省燃料，同时也大大减少了排烟中有害气体的含量。多年来，经中国农村能源科技工作者的努力，我国在广大农村推广省柴灶的工作已经收到积极的、普遍的成效，如图 5-2 所示。而且在国家发展规划中，规定将继续巩固、提高和发展推广省柴灶这一重要成果，从而对于封山育林，减少水土流失，保护生态环境，提高广大农村的文明生活水平，促进农村地区的可持续健康发展起到积极作用。

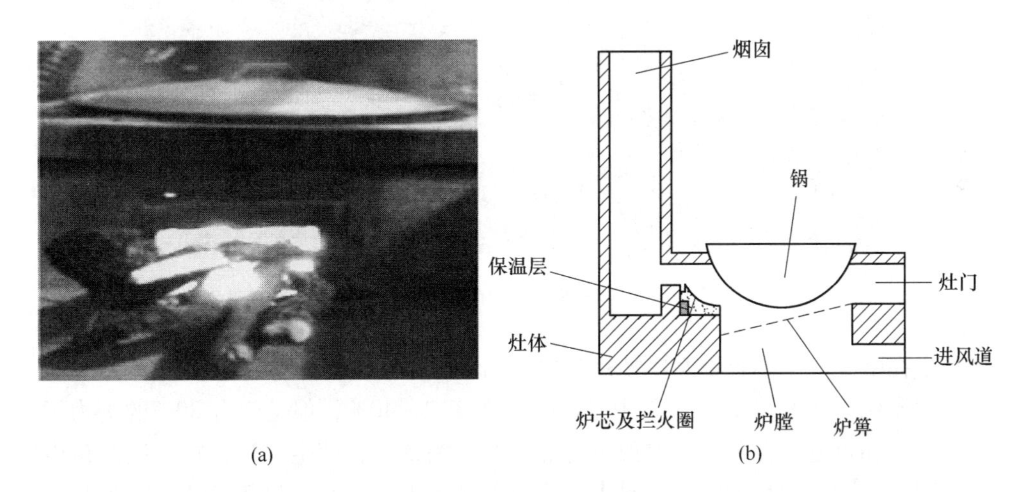

图 5-2 旧式炉灶及省柴灶
(a) 旧式炉灶；(b) 省柴灶

B 生物质燃烧发电

发电技术由于其成本低，利用量大，一直被各国所重视。在我国，直燃生物质发电技术主要在有稳定生物质原料来源的制糖厂和林木加工企业使用较多。

英国 Fibrowatt 电站的 3 台额定负荷为 12.7MW、13.5MW 和 38.5MW 的锅炉，每年直接使用 750000t 的家禽粪，发电量够 100000 个家庭使用；并且禽粪经燃烧后重量减轻 90%，便于运输，作为一种肥料在全英、中东及远东地区销售。

由于生物质中含有大量水分（有时高达 60%~70%），在燃烧过程中大量热量以汽化潜热形式被烟气带走排入大气，使得燃烧效率降低，造成了能量的浪费。为了克服单燃生物质发电的缺点，当今使用较多的是利用大型电厂的设备，将生物质与煤混燃发电，如图 5-3 所示。大型电厂混燃发电能够克服生物质原料供应波动的影响，在原料供应充足时进行混燃，在原料供应不足时单燃煤。利用大型电厂混燃发电，无需或只需对设备进行很小的改造，就能够利用大型电厂的规模经济，有较高热效率。

图 5-3 生物质电厂

现在欧美一些国家都基本使用热电联合生产技术（CHP），锅炉设计基本全部采用流化床技术。CHP 工艺中发电效率在 30%~40%，但是它有 80%的潜力可控。瑞典和丹麦实行利用生物质进行热电联产的计划，使生物质在提供高品位电能的同时，满足供热的需求。丹麦政府已明令电力行业必须每年焚烧 140 万吨生物质，一般是在流化床炉上混烧或在炉排炉上全烧稻秆。

美国的生物质燃烧发电工作比较先进，相关的生物质发电站有 350 多座，发电装机总容量达 700MW，提供了大约 6.6 万个工作岗位，据有关科学家估计，到 2010 年生物质发电将达到 13000MW 装机容量，可安排 17 万多就业人员。2002 年日本提出，计划 2015 年生物质能发电达 330MW。我国"十五"国家科技攻关计划提出要推广建成兆瓦级电站 10 座以上，发电成本在 0.25 元/(kW·h)左右。

C 生物质微米燃料

a 生物质微米燃料燃烧原理

生物质微米燃料燃烧技术是将生物质微米燃料送入燃烧设备燃烧，利用燃烧过程中放出的热量加热锅炉水以产生蒸汽用于供热或发电。

生物质粉体燃料受热时，表面上或在孔隙里的水分首先蒸发，使固体燃料干燥，接着挥发分逐渐析出，当温度达到一定程度又有足够的氧时，析出的挥发分（气态烃）即可燃烧起来，最后是固定碳的燃烧。因此，可以认为生物质粉体的燃烧过程是从挥发分的着火燃烧开始的，挥发分的析出过程制约着生物质的燃烧过程。

干燥和热解（或气化）是固体燃料燃烧过程的初级阶段。各个阶段的重要性并不同，取决于燃烧技术、燃料特性和燃烧过程等条件。在生物质的批量燃烧系统中，挥发分和固定碳的燃烧阶段有着明显的区别，时间上也有差异。生物质微粒的燃烧过程，如图 5-4 所示。

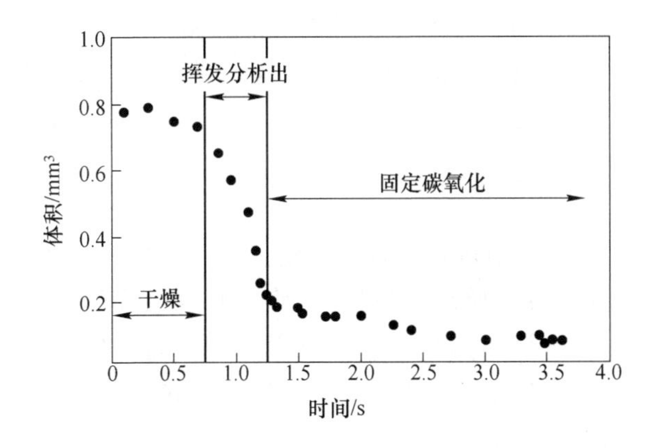

图 5-4 生物质微粒的燃烧过程

b 生物质微米燃料的相关研究

生物质微米燃料的生物化学特性

生物质微米燃料的工业分析、元素分析和发热值结果见表 5-1。

表 5-1 生物质的工业分析、元素分析和发热值结果

工业分析/%				元素分析/%					高位发热值/kJ · kg^{-1}
M	A	V	FC	C	H	O	N	S	QWG
10.00	9.5	62.44	17.61	42.540	4.884	31.352	1.072	0.202	19549

生物质微米燃料的燃烧特性

综合分析比较大量对生物质微米燃料燃烧特性的研究，可将生物质微米燃料的燃烧分为以下四个阶段：

（1）脱水。燃料中的水分受热蒸发汽化，从燃料中逸出。

（2）挥发分的析出与燃烧。燃料受热后，低分子量的物质首先分解气化，到达着火温度后生成气相燃烧火焰。在这种火焰温度的影响下，加快了燃料中纤维素的热分解过程，并产生大量的挥发性物质，出现第一个反应速度峰值，之后热分解速度急速下降。生物质燃料中的挥发分物质，其热分解与燃烧速度大于碳化物质的固相燃烧速度。

（3）过渡阶段。此时纤维素的热分解速度下降，而挥发分物质仍能保持燃烧火焰。木质素由于高温碳化，并通过氧化作用开始表面着火，以较慢的燃烧速度燃烧，此时出现气相、固相两种燃烧状态并存的现象，直到燃料中的挥发分物质分解完毕，气相火焰熄灭。

（4）焦炭的表面燃烧。燃料中的木质素已全部碳化，表面生成光辉炙热的火焰，燃烧反应速度加快，并出现第二个反应速度峰值，之后燃烧速度变慢，表面炙热火焰由红变暗，逐渐消失。

生物质微米燃料富氧燃烧

生物质粉体燃烧系统由进料装置、富氧装置、燃烧炉和测温数显系统四部分组成，如图 5-5 所示。其中给料装置由螺旋进料器、无级调速电机、料斗、刮板、下粉管组成。富氧装置由风机、氧气瓶、配风管、风量调节阀和转子流量计、皮托管组成。测温数显系统用来观测燃烧炉内的燃烧状况和温度高低，并以此反馈调节风粉浓度和流量。

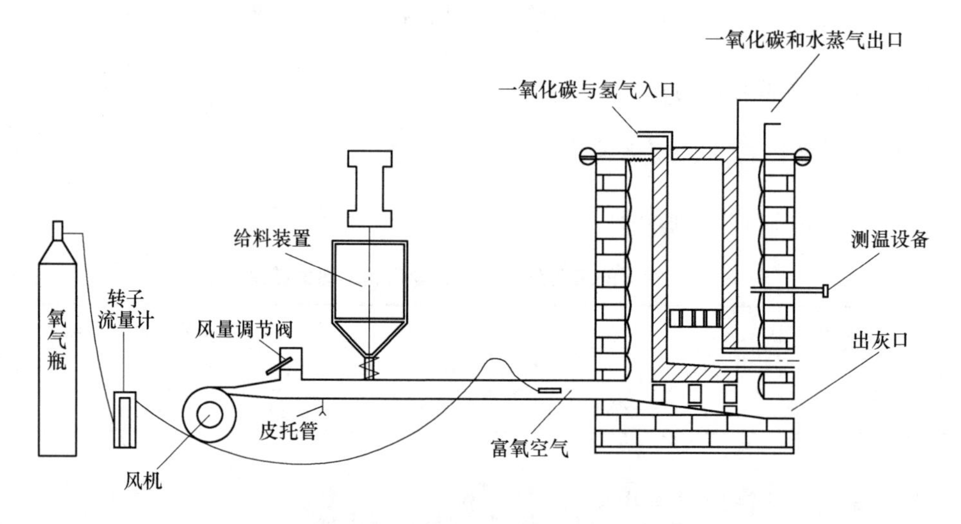

图 5-5 生物质微米燃料富氧燃烧系统

通过对生物质微米燃料的富氧燃烧研究表明：氧气对生物质微米燃料燃烧特性的影响较大，随着氧气体积分数的增加，其燃烧特性增大或降低。最大燃烧速率增大且出现得较早。生物质微米燃料的挥发分析出温度、着火温度和燃尽温度均降低，可燃性增强，且富氧对燃尽温度的影响更大一些。富氧提高了生物质微米燃料的燃烧速率，燃烧的最大质量损失速率和平均质量损失速率呈增加趋势。表征生物质微米燃料的综合燃烧特性指数增大，表明燃烧特性得到极大的提高，为生物质微米燃料的富氧燃烧提供了理论依据。具体说有如下几点结论：

（1）随着氧浓度的增加，生物质粉体的着火温度和燃尽温度均降低，生物质粉体越易着火燃烧，氧浓度对燃尽温度的影响更大一些。结果显示，随氧浓度的增加，着火提前且燃烧时间缩短，当氧浓度超过40%时，这种趋势变缓。

（2）随着氧浓度的增加，生物质粉体中易燃物质整体燃烧速率升高，生物质粉体试样燃烧的最大和平均失重速率都随氧浓度的增加而增大，随着氧浓度的增加，生物质粉体燃烧热重曲线向低温区移动，最大燃烧速率增大且出现得较早。

（3）生物质粉体比表面积大，加速了挥发分的析出速度，减小了固定碳的粒径。粉体悬浮在燃烧炉中形成体积燃烧，以气相燃烧为主。在燃烧初期粉体经过热分解析出的挥发分首先参与燃烧。粉体燃烧这种方式不仅燃烧效率高，而且结渣现象能得到明显改善。

（4）粉体的粒径特性是其燃烧的重要参数，粒径越小，燃烧效果越好，但破碎成本越高；粒径太大，不仅点火困难，而且在燃烧中不能形成体积式悬浮燃烧，燃烧效率低。选取粉体粒径时应综合考虑破碎成本和燃烧效果，使生物质粉体燃烧最为经济合理。

（5）粉体的浓度是悬浮态的粉体燃烧又一重要参数。粉体浓度太小不易保持稳定的燃烧状态，且温度偏低；浓度太大点火时易出现爆燃现象，且燃烧不充分，燃烧效率低。每个新的富氧燃烧系统在正式运行前，需综合点火、温度和烟气三方面因素，通过调试确定最合适的粉体浓度。

（6）通过燃烧炉火焰充满程度以及温度上升速度的测定，可以初步推断适用于实验装置的粉体进料量。需通过分析比较不同进料速度，确定了相对最佳的进料量，使燃烧效果最好，升温速度最快。

（7）氧气浓度提高后，会对氮氧化物以及二氧化硫的生成量产生影响。温度提高后，烟气中NO_x和SO_2的含量增加。

D　生物质微米燃料高温燃烧技术的应用

a　生物质炼铁

当今世界钢铁生产采用的工艺都是将煤通过焦化炼成焦炭，焦炭的不完全燃烧为铁矿石提供温度、CO和H_2，CO和H_2将铁矿石还原成铁。造成焦化污染难以治理，大量的低热高炉煤气不便利用，铁水与焦炭接触会增加C元素的百分含量（添加焦炭可以降低铁的熔点，使铁能在较低的温度下熔融），一般能达到4%左右；但是炼钢工艺又是向铁水中通入纯氧，氧化去除焦炭炼铁过程熔入的C元素（提高钢的韧性），这种不太合理的钢铁工艺不仅消耗了大量的煤资源，还对环境造成严重的污染，特别是CO_2温室气体的排放。当前有关将生物质运用到炼铁工艺的研究较少。华中科技大学突破传统的生物质利用方式，结合非高炉炼铁新工艺，运用一种新的思维、新的角度去思考生物质利用和炼铁工艺之间的关系，提出了以生物质微米燃料 BMF 代替煤来实现钢铁冶炼。该技术是将铁矿石的加热源和还原气体进行气源分离，铁矿石在还原室通过 BMF 被间接加热到还原温度，在生物质粉体燃料燃烧产生的高温环境中，利用 H_2 使被加热的铁矿石还原。这种方法有单独的 BMF 裂解气化设备制备的 CO 和 H_2，不需要煤和焦炭进行钢铁冶炼试验，不受外界物质干扰，对于能源的可持续利用和炼铁工业的清洁生产具有重要意义。

b 生物质微米燃料煅烧水泥

将普通的生物质破碎成粉体，利用空气形成粉尘云并鼓入自制的旋风燃烧炉中燃烧，当温度到达 1400℃ 以上时开始煅烧水泥。当温度恒定时，加入水泥生料（在加入生料的过程中需将炉内温度控制在 900℃ 以上），最后分析水泥熟料成分及其特性。

5.1.2.2 生物质燃烧的意义

生物质能是指直接或间接地通过绿色植物的光合作用，把太阳能转化为化学能后固定和贮藏在生物体内的能量。生物质包括林木废弃物（木块、木片、木屑、树枝等）、农业废弃物、水生植物、油料植物、有机物加工废料、人畜粪便及城市生活垃圾等。生物质资源量巨大，年产量约 1460 亿吨。我国每年仅农作物秸秆（稻秆、麦秆、玉米秆等）产量可达 7.5 亿吨，人畜粪便 3.8 亿吨，薪柴年产量（包括木材砍伐的废弃物）约为 1.7 亿吨，农业加工残余物（稻壳、蔗渣等）约为 0.84 亿吨，城市生活垃圾污水中的有机物约为 0.56 亿吨，还有工业排放的大量有机废料、废渣，每年生物质资源总量折合成标准煤为 2～4 亿吨。如果包括生活垃圾，则资源量更大。

以化学形式储存太阳能的生物质（biomass），是地球上最珍贵的也是最通用的能源。它不仅是人类的食物之源，还被人们用于能量、建筑材料、纤维、纸张和医药等方方面面。自从人类发现火之日起，生物质就被用于能量目的。而今，生物质燃料的消耗已占世界总能源消耗的 14%，在发展中国家这一比例达到 38%。随着人口的增长和人均耗能的增加，以及传统石化能源的减少，生物质燃料的需求将大大增加。此外，生物质燃料被利用到更广阔的范围，从家庭取暖到汽车驱动，从计算机及通讯设备的运行到医疗设备（如心脏起搏器）的维持，生物质燃料都担负了重要的作用，生物质燃料已经成为满足新能源要求的、最具挑战性的能源形式。

开发利用生物质燃料不仅能缓解能源危机、减轻环境污染、节约能源，而且对发展生物质燃料新型产业，建设节约型社会和环境友好型社会，推进社会主义新农村建设，实现人与自然和谐发展具有重大战略意义。秸秆、木屑等生物质燃料直接燃烧技术具有成本低、直燃效率高、有些技术无需热能转换等特点，是国内外重点推广技术之一。我国每年约有6亿吨以上的农业废弃物（秸秆、稻壳等）及大量的林业废弃物（木屑），如何利用这些废弃生物质资源开发燃烧效率高、洁净、方便的优质燃料来替代传统燃料，对改善我国能源结构、促进工业可持续发展具有重要意义。

5.2 生物质燃料燃烧的原理

5.2.1 生物质燃烧热力学和化学平衡

燃烧即燃料中的可燃成分与氧化剂（一般为空气中的氧气）进行化合反应的过程，在反应过程中放出大量热量，并使燃烧产物温度升高，尽管可燃成分是以复杂化合物形式存在，与氧发生了一系列的化合分解反应，但是在反应过程中严格遵循物质守恒和能量守恒，因此可以通过可燃物元素及其化合物的热化学方程式计量，这些热化学方程式仅表示反应物与生成物之间的数量变化关系，与实际的反应历程无关。

5.2.1.1 生物质燃烧热力学

生物质主要由碳、氢、氧三种主要元素和其他少量元素如硫、氮、磷、钾等组成。在生物质中，磷、钾两种元素含量少且通常以氧化物的形式存在于灰分中，一般计算时不考虑。由于氧不属于可燃成分，所以生物质的燃烧计算实际上是生物质中碳、氢、硫、氮及其化合物的反应与燃烧的计算。生物质燃烧中，由于温度较低，一般认为大部分氮元素以 N_2 的形式析出。而硫的含量极低，有的生物质甚至不含硫，所以生物质燃烧实际上就是碳、氢元素的化学反应和燃烧反应。生物质燃烧时，生物质中碳、氢元素可能发生的化学反应及其反应热，见表5-2。

表 5-2 生物质燃烧时的化学反应

C（固体）	ΔH/kJ·mol^{-1}	H_2（气体）	ΔH/kJ·mol^{-1}
与 O_2 反应		⑧$C+2H_2=CH_4$	−752.400
①$C+O_2=CO_2$	−408.177	⑨$2H_2+O_2=2H_2O$（g）	−482.296
②$2C+O_2=2CO$	−246.034	⑩$CO+3H_2=CH_4+H_2O$（g）	−2035.660
③$2CO+O_2=2CO_2$	−570.320	⑪$CH_4+2O_2=CO_2+2H_2O$（g）	−801.533
与 CO_2 反应			
④$CO_2+C=2CO$	+162.142		
与 H_2O 反应			
⑤$C+H_2O$（g）$=CO+H_2$	+218.168		
⑥$CO+H_2O$（g）$=CO_2+H_2$	−43.514		
⑦$C+2H_2O$（g）$=CO_2+2H_2$	+75.114		
与 H_2 反应			
⑧$C+2H_2=CH_4$	−752.400		

5.2.1.2 生物质燃烧中的化学平衡

生物质主要元素为C、H、O，N、S元素虽然数量较少，但是后者氧化产物是NO_x、SO_x等氧化物，而这些产物对环境污染严重，因此在热力学研讨NO-空气、NO-NO_2、SO_2-SO_3的平衡也是同等重要，但由于它们的真实含量是非常低的，所以在生物质的燃烧中通常不对这些组分的平衡关系加以讨论。从热力学上看，生物质燃烧实际上就是C、H元素的化学反应与反应平衡，尤为重要的是CO-CO_2的平衡关系，它表明燃烧是否完全，涉及燃烧效率。假定生物质燃烧时，发生化学反应：

$$aA + bB + cC + \cdots \rightleftharpoons xX + yY + zZ + \cdots \tag{5-1}$$

式中 A，B，C——参与反应物的组分；

X，Y，Z——反应产物的组分。

按质量作用定律，化学反应速度与反应物的浓度乘方的乘积成正比。此时的正、逆反应速度分别为：

$$v_1 = k_1[A]^a[B]^b[C]^c \tag{5-2}$$

$$v_2 = k_2[X]^x[Y]^y[Z]^z \tag{5-3}$$

式中 k_1，k_2——分别为正、逆反应速率常数；

v_1，v_2——分别为正、逆反应速度。

温度对化学反应速度的影响极大，主要表现在反应速度常数k上。不同物质在不同温度下，k不同。温度越高，速度常数k越大。由阿伦尼乌斯定律知活化能越大，反应速度常数k越小，化学反应速度越低；活化能越小，化学反应速度v越高。

当反应系统达到化学平衡时$v_1 = v_2$，化学平衡时诸成分浓度之间的关系式为：

$$\frac{[X]^x[Y]^y[Z]^z\cdots}{[A]^a[B]^b[C]^c\cdots} = \frac{k_1}{k_2} = K_r \tag{5-4}$$

式中 K_r——化学平衡常数；

k_1——正反应速率常数；

k_2——逆反应速率常数；

A，B，C——参与反应物的组分；

X，Y，Z——反应产物的组分。

化学平衡常数是指不随浓度变化而只取决于温度的常数。对于理想气体，化学平衡常数只是温度的函数，和压力无关。根据化学反应平衡常数，可以在该平衡条件下确定生成产物的理论极限产率。而研究化学反应的化学平衡，则是为了了解最佳反应状态和主动改变某些平衡条件以调节生成物中某些组分气体。

据此，对应于表 5-2 中所列出的 C、H_2及与之有关的化学反应，不同温度下的平衡常数的对数见表 5-3。

表 5-3 不同温度下的平衡常数的对数

温度/K	反应										
	①	②	③	④	⑤	⑥	⑦	⑧	⑨	⑩	⑪
300	68.48	47.54	89.42	-20.94	-16.64	4.9	-11.15	8.75	76.63	24.8	139.36
400	51.29	38.12	64.47	-13.18	-10.23	2.94	-7.29	5.4	58.58	15.64	104.47
500	40.97	32.51	49.44	-8.46	-6.71	1.75	-4.96	3.34	45.93	10.05	83.57
600	34.09	28.8	39.37	-5.29	-4.34	0.94	-3.4	1.94	37.49	6.28	69.64
700	29.17	26.18	32.16	-2.99	-2.63	0.35	-2.28	0.93	31.44	3.55	59.68
800	25.47	24.12	26.72	-1.25	-1.34	-0.09	-1.43	0.17	26.9	1.51	52.21
900	22.6	22.72	22.48	0.12	-0.32	-0.44	-0.77	-0.41	23.37	-0.09	46.38
1000	20.3	21.53	19.07	1.23	0.5	-0.73	-0.23	-0.87	20.53	-1.37	41.7
1100	18.42	20.56	16.27	2.14	1.17	-0.97	0.21	-1.24	18.21	-2.41	37.86
1200	16.84	19.76	13.93	2.91	1.74	-1.17	0.57	-1.53	16.27	-3.27	34.65
1300	15.51	19.09	11.94	3.57	2.23	-1.34	0.89	-1.77	14.63	-4	31.91
1400	14.37	18.52	10.23	4.14	2.65	-1.39	1.16	-1.96	13.22	-4.61	29.55
1500	13.38	18.03	8.74	4.64	3.02	-1.63	1.19	-2.11	11.99	-5.13	27.49
3000	6.43	14.8	-1.94	8.37	5.73	-2.64	3.1	-2.23	8.34	-7.96	12
4000	4.68	14.1	-4.74	9.42	6.69	-2.93	3.55	-1.39	1.13	-7.88	7.2

注：表中各反应编号对应的反应见表 5-2。

尽管人们已经在这方面进行了大量的研究，在理论上取得了大量的成就，但是在实际的燃烧工程中，由于平衡很难达到，因此上述方程的应用是受到限制的，加上燃料与空气不可能达到理想混合，温度也不稳定。因此燃烧生成的 CO 组分是要实测的，而不是单纯靠热力学方程来计算。

美国的 Fields 等引入了热平衡的概念，在分析实际燃烧过程中，热平衡比热力学平衡更有实际意义。对生物质颗粒来说，在瞬间是不可能达到热力学平衡的，但是，确实存在一种热平衡，即由输入的燃料和空气所产生的热量等于排出热量的一种平衡状态，排出热量为燃烧产物的热焓与燃烧装置周围热损失之和。而要了解生物质燃烧产生热量的速率，就必须考虑动力学方面的问题以及不同温度下的平衡常数的对数。

5.2.2 生物质燃烧动力学

生物质燃烧反应就是生物质与氧化剂（空气中的氧）之间进行的气、固多相反应。因此，有必要了解一下异相化学反应动力学的一般知识。

5.2.2.1 异相化学反应速度

固态燃料在空气中的燃烧属异相扩散燃烧（非均相燃烧）。在这种燃烧中，首先要使氧气到达固体表面，在固体和氧气之间界面上发生异相化学反应，化合形成的反应产物再离开固体表面扩散逸向远处。

氧从远处扩散到固体表面的流量为：

$$m''_{W} = \alpha_{D}(C_{O\infty} - C_{OW}) \tag{5-5}$$

式中 α_D ——质量交换系数；

$C_{O\infty}$——远处的氧浓度；

C_{OW}——固体表面的氧浓度。

氧扩散到固体燃料表面，就与其发生化学反应。这个化学反应速度与表面上的氧浓度 C_{OW} 有关系。化学反应速度可以用消耗掉的氧量来表示：

$$m''_{W} = kC_{OW} = k_{O}e^{-\frac{E}{RT}} \tag{5-6}$$

由式（5-5）和式（5-6）可以得到：

$$m''_{W} = \frac{C_{O\infty} - C_{OW}}{\frac{1}{\alpha_{D}}} = \frac{C_{OW}}{\frac{1}{k}} = \frac{C_{O\infty}}{\frac{1}{\alpha_{D}} + \frac{1}{k}} \tag{5-7}$$

其中化学反应常数 k 服从于阿伦尼乌斯定律，当温度上升时，k 急剧增大。另一方面，α_D 与温度 T 的关系十分微弱，可近似认为与温度无关。因此如果把式（5-7）表示在 m''_{W}-T 坐标上，可得到如图 5-6 所示的曲线。由图 5-6 可见整个反应速度曲线可分成三个区域：

（1）化学动力学控制区。当温度 T 较低时，k 很小，$\frac{1}{k} \gg \frac{1}{\alpha_{D}}$，式（5-7）中可忽略掉 $\frac{1}{\alpha_{D}}$，因而：

$$m''_{W} = kC_{O\infty} \tag{5-8}$$

此时燃烧速度取决于化学反应，固体表面上的化学反应很慢，氧从远处扩散来固体表面后消耗不多，所以固体表面上的氧浓度 C_{OW} 几乎等于远处的氧浓度 $C_{O\infty}$。

（2）扩散控制区。当温度 T 很高时，k 很大，$\frac{1}{k} \ll \frac{1}{\alpha_{D}}$，式（5-7）中可忽略

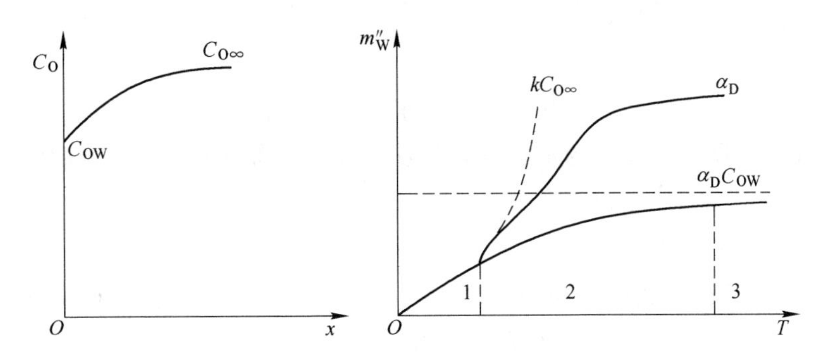

图 5-6 扩散动力燃烧的分区

1—动力区（化学动力学控制）；2—过渡区；3—扩散区（扩散控制）

掉$\frac{1}{k}$，因而：

$$m''_W = \alpha_D C_{O\infty} \tag{5-9}$$

此时燃烧速度取决于扩散，固体表面上的化学反应很快，氧从远处扩散来到固体表面后一下子就几乎全部消耗掉，所以固体表面上氧浓度 C_{OW} 十分低，几乎为零。

（3）过渡区。α_D 与 k 大小差不多，不偏从于哪一个，因而不能忽略任何系数，只好用下式计算：

$$m''_W = \frac{C_{O\infty}}{\frac{1}{\alpha_D} + \frac{1}{k}} \tag{5-10}$$

当温度比较低时，温度提高可以加快燃烧速度；当温度很高时，燃烧速度的关键在于提高固体表面的质量交换系数 α_D。

以上所讲的既反映了异相化学反应中化学反应与扩散的综合反应机理，也反映了固体燃烧过程的基本规律。但是实际燃烧过程还包括许多更为复杂的环节与因素，牵涉多种化学反应。可以说固体燃料的燃烧还是一个新的研究领域，很多变化参数的影响实际上还未经探索。

5.2.2.2 生物质的燃烧过程

由生物质的组成可知，生物质中含碳量少，水分含量大，使得其发热量低，如秸秆类的收到基发热量为 12000~15500kJ/kg；含氢较多，一般为 4%~5%，生物质中的碳多数为与氢结合成较低分子量的碳氢化合物形式，易挥发，燃点低，故生物质燃料易引燃；燃烧初期，挥发分的析出量大，要求有大量的空气才能完全燃烧，否则会冒黑烟。由于生物质燃料的这些特点，使得生物质的燃烧与煤的燃烧一样也经历预热干燥阶段、热分解阶段（挥发分析出）、挥发分燃烧阶段、固定碳燃烧和燃尽阶段，但其燃烧过程有一些特点。

A 预热干燥阶段

在该阶段，生物质被加热，温度逐渐升高，当温度达到100℃左右时，生物质表面和生物质颗粒缝隙的水被逐渐蒸发出来，生物质被干燥。生物质的水分越多，干燥所消耗的热量也越多。

B 热分解阶段

生物质继续被加热，温度继续升高，到达一定温度时便开始析出挥发分，这个过程实际上是一个热分解反应。生物质热分解动力学表达式为：

$$\frac{\mathrm{d}\alpha}{\mathrm{d}t} = k_0 \mathrm{e}^{-\frac{E_P}{RT}}(1 - \alpha)^n \tag{5-11}$$

式中 $\frac{\mathrm{d}\alpha}{\mathrm{d}t}$——热分解速率；

α——燃烧质量变化率；

n——反应级数。

反应级数 n 与生物质本身的组成、热分解时的升温速率、温度、颗粒的粒度等有着密切的关系。一般认为，生物质燃烧时的热分解是一个一级反应，即 $n=1$，析出挥发分的速度随着时间的增加按指数函数规律递减。起初析出速度很快，较迅速地析出挥发分的70%~90%，但最后的10%~30%要过较长的时间才能完全析出。

C 挥发分燃烧阶段

随着温度继续提高，挥发分与氧的化学反应速度加快。当温度升高到一定程度时，挥发分就燃烧起来，该温度称生物质的着火温度。由于挥发分的成分较复杂，其燃烧反应也很复杂，几种主要可燃气体与空气混合物在大气压力下的着火温度见表5-4。

表5-4 常见可燃气体与空气混合物在大气压力下的着火温度

可燃气体	分子式	着火温度/℃	可燃气体	分子式	着火温度/℃
氢气	H_2	530~590	乙烯	C_2H_4	540~550
一氧化碳	CO	618~658	丙烯	C_3H_6	455
甲烷	CH_4	545~790	丁烯	C_4H_8	445~550
乙烷	C_2H_6	530~594	乙炔	C_2H_2	335~500
丙烷	C_3H_8	510~588	硫化氢	H_2S	290~487
丁烷	C_4H_{10}	441~569	苯	C_6H_6	580~740

当挥发分中的可燃气体着火燃烧后，释放出大量的热能，使得气体不断向上流动，边流动边反应形成扩散式火焰。在扩散火焰中，由于空气与可燃气体混合

比例的不同，因而形成各层温度不同的火焰。比例恰当的燃烧反应较好，温度相对较高；比例不恰当的燃烧反应不好，温度较低。因此过大或者过小的比例（进入燃烧室的空气多少）都会对火焰造成影响，严重时会引起火焰熄灭。

挥发分中的可燃气体的燃烧反应速度取决于反应物的浓度和温度。如前所述，高温时，速度常数 k 大，挥发分析出的速度快，氧和可燃气体的浓度高，燃烧反应速度高；反之，燃烧反应速度较低。相对于整个生物质的燃烧而言，挥发分的燃烧速度很快，从挥发分析出到挥发分基本燃烧完所用的时间占生物质全部燃烧时间的 1/10~1/5。

当生物质表面燃烧所放出的热能逐渐积聚，通过传导和辐射向生物质内层扩散，从而使内层生物质也被加热，挥发分析出，继续与氧混合燃烧，并放出大量的热，使得挥发分与生物质中剩下的焦炭的温度进一步升高，直到燃烧产生的热量与火焰向周围传递的热量形成平衡。

D 固定碳燃烧阶段

生物质中剩下的固定碳在挥发分燃烧初期被包围着，氧气不能接触碳的表面，经过一段时间以后，挥发分的燃烧快要终了时，一旦氧气接触到炽热的木炭，就可发生燃烧反应。

a 碳与氧的反应（氧化反应）

碳的燃烧，理论上可按下列两种反应进行：

$$C+O_2 = CO_2,\ \Delta H = -408.177\text{kJ/mol} \tag{5-12}$$

$$2C+O_2 = 2CO,\ \Delta H = -246.034\text{kJ/mol} \tag{5-13}$$

实际上碳和氧不是按照式（5-12）和式（5-13）的机理进行化学反应的，式（5-12）和式（5-13）仅表示整个化学反应的物料平衡和热平衡而已。实际上在高温下，当氧与炽热碳表面接触时，一氧化碳与二氧化碳同时产生，基本上按下列两式反应：

$$4C+3O_2 = 2CO_2+2CO \tag{5-14}$$

$$3C+2O_2 = CO_2+2CO \tag{5-15}$$

这两个反应是碳与氧燃烧过程的初次反应，是碳与氧首先生成中间碳氧配合物 C_3O_4，中间配合物再变化生成 CO_2、CO，即：

配合：
$$3C+2O_2 = C_3O_4 \tag{5-16}$$

离解：
$$C_3O_4+C+O_2 = 2CO_2+2CO \tag{5-17}$$

燃烧反应是由氧被吸附到固体碳表面、配合、在氧分子的撞击下离解等诸环节串联而成。温度略低于 130℃ 时，吸附环节的速度常数很大，不是控制反应速度步骤可忽略不计。于是表面上的氧消耗速度（即燃烧速度）被配合和离解速度所控制，当表面上的氧浓度 C_b很小时（如空气中燃烧），为一级反应，反应速度取决于频率不很高的氧分子撞击而引起的离解的速度；当表面上的氧浓度 C_b很大时（如纯氧中燃烧），为零级反应，反应速度取决于较慢的配合速度。

温度高于 1600℃时，碳氧配合物 C_3O_4不待氧分子撞击而自行热分解，这种热分解是零级反应，即：

$$C_3O_4 = 2CO + CO_2 \tag{5-18}$$

此时的吸附最困难，且该反应是一个与表面氧浓度成正比的一级反应，即碳与氧的反应机理是由化学吸附所引起的。随着温度 T 升高，吸附速度增快。所以碳的燃烧所产生的 CO_2、CO 量的多少由温度的高低和空气供给量的多少而定，当温度处于 900～1200℃时主要按式（5-15）进行反应，当温度达到 1450℃以上时，则主要按式（5-16）反应。

b 碳和二氧化碳的反应

碳与氧燃烧过程的初次反应所产生的 CO_2、CO 又可能与碳和氧进一步发生二次化学反应。它们是碳的异相气化反应：

$$C + CO_2 = 2CO,\ \Delta H = +162.142\text{kJ/mol} \tag{5-19}$$

以及在气相中进行的燃烧反应：

$$2CO + O_2 = 2CO_2,\ \Delta H = -570.32\text{kJ/mol} \tag{5-20}$$

式（5-12）、式（5-13）、式（5-19）和式（5-20）中的四个反应在燃烧过程中同时交叉和平行进行着。其中碳和二氧化碳的反应，又称气化反应或二氧化碳的还原反应，是一个吸热反应，在这个反应的进程中，二氧化碳也是首先要吸附到碳的晶体上，形成配合物，然后配合物分解，最后再让一氧化碳解析逸走。配合物的分解可能是自动进行的，也可能是在二氧化碳分子的撞击下进行的。当温度略大于 700℃，最薄弱的环节是碳氧配合物的自行分解，该反应是零级反应；当温度大于 950℃，最薄弱的环节是碳氧配合物受二氧化碳高能分子的撞击下的分解，所以这个反应就转化为一级反应；温度更高时，最薄弱的环节又变成化学吸附，反应仍为一级。例如生物质气化中，碳和二氧化碳的反应为主要反应，在低温下（800℃以下）反应速度几乎等于零，活化能很大，而且仅当温度超过 800℃以后反应速度才很显著，而且要到温度很高时，它的反应速度常数才超过碳的氧化反应的速度常数。

c 碳和水蒸气的反应

如果在燃烧过程中有水蒸气存在，这在燃烧技术上经常存在（例如生物质中的水分、分解产生的水分以及水蒸气气化剂），它也会向焦炭表面扩散，产生碳的气化，生成氢或甲烷气体，反应式如下：

$$C + 2H_2O(g) = CO_2 + 2H_2,\quad \Delta H = -75.114\text{kJ/mol} \tag{5-21}$$

$$C + H_2O(g) = CO + H_2,\quad \Delta H = +118.628\text{kJ/mol} \tag{5-22}$$

$$C + 2H_2 = CH_4,\quad \Delta H = -752.400\text{kJ/mol} \tag{5-23}$$

碳与水蒸气的反应性质与上述的碳与二氧化碳的反应式（5-19）十分类似，但其活化能要大很多，所以要到温度很高时才会以显著的速度进行。由于水蒸气的分子量小于二氧化碳，其扩散速度比二氧化碳快很多，即水蒸气对碳的气化比二氧化碳快，所以在燃烧室中有适量的水蒸气，可促进固定碳的燃烧。

E 燃尽阶段

固定碳含量高的生物质的碳燃烧时间较长，且后期燃烧速度更慢。因此可将焦炭燃烧后端称为燃尽阶段。随着焦炭的燃烧，不断产生灰分，把剩余的焦炭包裹，妨碍气体扩散，从而妨碍碳的继续燃烧，而且灰分还要消耗热量。这时适当人为地加以搅动或加强通风，都可加强剩余焦炭的燃烧。灰渣中残留的余炭也就产生在这个阶段。

必须指出，上述各阶段并不是机械地串联进行的，实际上很多阶段是互有交叉的，而且不同燃烧在不同条件下，各阶段的进行情况也有差异。

5.2.2.3 完全燃烧的条件

由以上生物质燃烧的分析可知，生物质的完全燃烧时，需要注意如下条件：

（1）足够高的温度。足够高的温度以保证供应着火需要的热量，同时保证有效的燃烧速度。生物质的燃点约为250℃，其温度的提高由点火热供给。点火过程中热量逐渐积累，使更多的物料参与反应，温度也随之升高，当温度达到1000℃时，生物质便能很好地燃烧了。

（2）合适的空气量。若空气量太少，可燃成分不能充分燃烧，造成未完全燃烧损失；但若空气量过多，会降低燃烧室温度，影响完全燃烧的程度，此外会造成烟气量多，降低装置的热效率。具体供应空气量的多少要根据具体的燃料和燃烧装置进行计算，将在下一节介绍。

（3）充裕的时间。燃料的燃烧具有一定的速度，因此要燃烧完全总是需要一定的时间，因此足够的反应时间是燃料完成燃烧的重要条件之一。

5.2.3 生物质燃烧的物质平衡与能量平衡

同其他燃料一样，生物质燃烧的物质平衡和能量平衡计算是生物质热转化装置和设备设计计算的一个重要组成部分。下面分别作简单介绍。

5.2.3.1 生物质燃烧的物质平衡

燃料燃烧时，都需要一定的空气量，同时产生燃烧产物（烟气和未燃尽的固体颗粒、灰分）等。由于未燃尽的固体颗粒所占的体积分数很小，因此一般计算可忽略不计，灰分则通常直接由分析生物质燃料工业分析数据获得，所以燃烧过程的物质平衡计算实际上是燃烧空气量的计算和烟气量的计算。在进行空气量和烟气量计算时，假定：

（1）空气和烟气的所有成分（包括水蒸气）都可当做理想气体进行计算。

（2）所有空气和气体换算成标准状态下的体积，单位为 m^3/kg（对气体而言为 m^3/m^3）。标准状态下气体的体积是 22.4L/mol。

A 理论燃烧空气量的计算

恰好能够满足 1kg（$1m^3$，标准状态）的燃料完全燃烧所需要的干空气量，称为理论空气量，用符号 L 表示。1kg 燃料完全燃烧时所需些的空气量（标态）计算如下。

碳燃烧时：

$$C + O_2 = CO_2$$

$$12.01kg\ C + 22.4m^3\ O_2 = 22.4m^3\ CO_2 \tag{5-24}$$

$$1kg\ C + 1.866m^3\ O_2 = 1.866m^3\ CO_2$$

1kg 收到基燃料中包含有（$C_{ar}/100$）kg 碳，因而 1kg 燃料中碳完全燃烧时需要（$1.866C_{ar}/100$）m^3 O_2，并产生（$1.866C_{ar}/100$）m^3 CO_2。

氢燃烧时：

$$2H_2 + O_2 = 2H_2O$$

$$4.032kg\ H_2 + 22.41m^3\ O_2 = 44.82m^3\ H_2O \tag{5-25}$$

$$1kg\ H_2 + 5.55m^3\ O_2 = 11.1m^3\ H_2O$$

1kg 收到基燃料中包含有（$H_{ar}/100$）kg 氢，燃料中氢完全燃烧时需要 5.55（$H_{ar}/100$）m^3 O_2，并产生（$11.1H_{ar}/100$）m^3 H_2O。

硫燃烧时：

$$S + O_2 = SO_2$$

$$32.06kg\ S + 22.41m^3\ O_2 = 22.41m^3\ SO_2 \tag{5-26}$$

$$1kg\ S + 0.7m^3\ O_2 = 0.7m^3\ SO_2$$

1kg 收到基燃料中包含有（$S_{ar}/100$）kg 硫。燃料中硫完全燃烧时需要（$0.7S_{ar}/100$）m^3O_2，并产生（$0.7S_{ar}/100$）m^3 SO_2。

按照空气中氧的体积分额为 21%计算，1kg 燃料燃烧需要的理论空气量（标态）为：

$$L = (1/0.21) \times (1.866C_{ar}/100 + 5.56H_{ar}/100 + 0.7S_{ar}/100 - 0.7O_{ar}/100)$$
$$= 0.0889C_{ar} + 0.265H_{ar} + 0.0333S_{ar} - 0.333O_{ar} \quad (kg/m^3) \tag{5-27}$$

或 $$L = 0.0889(C_{ar} + 0.375S_{ar}) + 0.265H_{ar} - 0.333O_{ar} \quad (kg/m^3) \tag{5-28}$$

B 理论烟气量的计算

1kg 收到基燃料在供给理论空气量的条件下充分燃烧产生的烟气量（折算到标准状态的体积），称为理论烟气量，用符号 V 表示。由上面讨论的理论空气量及燃料中的可燃元素与氧化合可知，理论烟气量必然由二氧化碳、二氧化硫、水蒸气及氮气组成。理论烟气量的计算公式如下：

$$V = 0.01(1.867[C] + 0.7[S] + 0.8[N]) + 0.79L \tag{5-29}$$

式中 V——理论干烟气量，m^3/kg；

[C]，[S]，[N] ——燃料中碳、硫、氮的含量；

L——理论空气量。

理论湿烟气量计算再加上燃料中的氢及水分含量，系数分别为 11.2、1.24。

C 过量空气系数与实际烟气体积

在燃烧装置中，实际供给的空气量 V_0 与理论空气需要量 V 之比，称为过量空气系数，用符号 α 表示，即 $\alpha = V_0/V$，则实际烟气量 V_0 计算公式为：

$$V_0 = (\alpha - 1)L \tag{5-30}$$

式中 V_0——烟气实际排放量，m^3/kg；

α——空气过剩系数（可查阅有关文献资料选择）。

5.2.3.2 生物质燃烧的热量平衡

燃料燃烧装置的热平衡是该装置其他热力计算的基础，通过热平衡计算可以分析出燃料中有多少能量被利用，有多少未被利用而成为热损失；分析热损失形成的原因，为提高燃料的有效利用率提出合理的措施。用于某装置的热量利用率称为该装置的热效率。为了便于分析和计算，通常对装置的热平衡计算列表，见表 5-5。

表 5-5 热平衡计算

热 量 输 入	热 量 支 出
燃料的低热值	装置有效吸热量
燃料的显热	烟气的显热热值
进入转化装置的干空气显热	气体未完全燃烧带走的热量
空气中水分的显热	固体未完全燃烧带走的热量
	灰渣的显热损失
	装置的散热损失

5.3 生物质微米燃料高温燃烧技术及其意义

5.3.1 粉尘爆炸与生物质微米燃料高温燃烧技术

5.3.1.1 粉尘爆炸原理

粉尘爆炸即粉尘在爆炸极限范围内，因遇到热源（明火或者温度）使得火焰瞬间传播至整个混合粉尘空间，因化学反应速度极快，热量大量释放，使得温度和压力变大，系统的能量转化为机械功以及光和热的辐射，具有很强的破坏力。图 5-7 为一仓库粉尘爆炸实例。

图 5-7 粉尘爆炸实例

国内外的研究成果表明，粉尘爆炸条件一般有三种：

(1) 可燃性粉尘以适当的浓度在空气中悬浮，形成人们常说的粉尘云；

(2) 有充足的空气和氧化剂；

(3) 有火源或者强烈振动与摩擦。

通常认为，易爆粉尘只要满足条件（1）和条件（2），就可能会发生爆炸。粉尘的爆炸可视为由以下三步发展形成的：第一步是悬浮的粉尘在热源作用下迅速地干馏或气化而产生出可燃气体；第二步是可燃气体与空气混合而燃烧；第三步是粉尘燃烧放出的热量，以热传导和火焰辐射的方式传给附近悬浮的或被吹扬起来的粉尘，这些粉尘受热气化后使燃烧循环地进行下去。随着每个循环的逐次进行，其反应速度逐渐加快，通过剧烈的燃烧，最后形成爆炸。这种爆炸反应以及爆炸火焰速度、爆炸波速度、爆炸压力等将持续加快和升高，并呈跳跃式的发展。

影响粉尘爆炸的因素主要是其所含挥发物含量及颗粒大小。如在煤粉中当挥发物低于 10%时，就不会发生爆炸，因而焦炭粉尘没有爆炸危险性。粉尘表面会吸附空气中的氧，颗粒越细，越易吸收，越易发生爆炸，且着火点越低，爆炸下限也越低。随着粉尘颗粒的直径的减小，不仅化学活性增加，而且还容易带上静电。

若将粉尘爆炸的原理运用在生物质燃烧上，将生物质颗粒视为粉尘，即粒径越小，越易悬浮在空气中形成粉尘云，而且其粒径越小，着火点应越低，越易剧烈起燃，并将其放出的热量以热传导和火焰辐射的方式传给附近悬浮的生物质颗粒，从而加快反应速度。这就是生物质微米燃料提出的最初思想来源，即将粉尘爆炸的工业危害转化成为工业燃料和清洁能源。

5.3.1.2　生物质微米燃料

根据燃烧反应动力学理论，温度对燃烧反应速度的影响极大，反应速度一般随温度的升高而增大。试验证明，常温下温度每升高 10℃，反应速度将增加到原来的 2~4 倍，也就是说，化学反应速度近似地按等比数列增加，因此假设温度升高 100℃，化学反应就大约增加了 310~59000 倍。由此可知炉膛温度是影响燃料燃烧的重要条件之一。它直接影响炉膛均匀燃烧程度和经济燃烧性，也是锅炉合理布置受热面的一个重要依据。

传统的生物质炉灶燃烧温度只有 600~700℃，这种燃烧方式已逐渐被淘汰。生物质的成型燃料的燃烧温度也一般不超过 1000℃，目前主要在常压锅炉和低压锅炉中应用。而铜的熔点为 1083℃，铁的熔点为 1300℃，再生铝的熔炼需在 1100℃左右，而且在冶炼和加工这些金属时所需的燃料燃烧温度要高出其熔点 200~300℃；耐火砖的烧制温度需在 1150℃以上；大型工业发电和石油化工工业都要求能源的燃烧温度在 1000℃以上。由此可见，目前生物质的燃烧温度都达不到工业对燃料燃烧温度的要求，而燃气、天然气、重油、柴油、煤、焦炭等能达到某些工业燃烧温度的要求，因此尽管化石能源不可再生、价格高，甚至有些对环境有污染，仍旧被工业广泛采用。生物质液化和气化后燃烧温度高，能够达到一些工业燃料的要求，但由于生物质燃气运输不便，生物质直接液化技术尚未完全成熟，同时成本也较高，所以应用受到限制。

为了提高生物质直接燃烧温度，华中科技大学在总结了国内外生物质能研究的基础上，致力于开发生物质高效能源转化技术，打破常规燃烧方式，提出了生物质粉体高效燃烧的思路。超细化煤粉已广泛用于煤的再燃烧和提高燃煤效率等领域，而对生物质粉体的燃烧研究，国内外尚无先例。微米燃料是华中科技大学运用粉尘爆炸高效燃烧的原理，经过多年努力研究成功的新一类能源材料。它是将各种植物纤维原料（如秸秆、芦苇、园林固废、野草、藤蔓等所有非粮食植物）制备成粒径在 250μm 以下的生物质粉体燃料，简称为微米燃料。该发明增大了生物质粉体燃料的比表面积，加快了挥发分的析出速度。生物质微米燃料的高温燃烧有如下优点：

（1）生物质经过精细破碎之后，喷入专用的粉体燃烧炉中燃烧，有利于实现生物质固体燃料流态化，使生物质燃料如同燃油和燃气一样输送和控制，并且可以使粉体的热解、气化和燃烧在燃烧炉内即时完成。

（2）其与煤粉的区别在于生物质粉体燃料具有孔网纤维结构，可大大提高氧扩散速率，有利于提高热分解速率和挥发分的析出，进而提高燃烧速度和强度。

（3）破碎前生物质以固相燃烧为主，而粉体燃烧这种方式以气相燃烧为主，能极大地改善破碎前生物质的燃烧状态和燃烧效率，减轻结渣腐蚀现象，提升燃料的品位。

5.3.2 生物质微米燃料高温燃烧的原理

生物质燃料由有机挥发分和固定碳组成，在燃烧温度的热作用下，有机挥发分受热挥发并分解成为 CO、H_2、CH_4 等燃气以及焦油气，并与空气接触燃烧。CO、H_2、CH_4很容易在空气中燃烧，但焦油分子量大不容易在空气中燃烧，需要进一步的高温分解才能在氧气中燃烧；固定碳颗粒大，比表面积比焦油更小，需要的燃尽时间更长。

固体燃料燃烧的试验研究与理论分析表明：随着颗粒粒径的减小，燃料颗粒的孔隙中小孔的数目增多，平均孔径减小，吸附氧气量与吸附表面积增大，对于单个生物质颗粒来说，粒径减少时比表面积增大，散热增强，着火温度会升高。对于燃料云团，颗粒散失的热量有很大一部分被其他颗粒吸收。小颗粒因热容小，能迅速加热到着火温度，所以着火温度降低；此外，燃料颗粒直径减小，比表面积增大，燃烧速率会增加。就煤粉而言，其燃尽时间大约与其粒径的 1~2 次方成正比。总之，细颗粒容易着火和燃尽，因而固体未完全燃烧热损失也小。大颗粒的各个阶段燃烧之间存在一定程度的重叠，而批量燃烧时（如木块在柴炉或壁炉中燃烧），会出现更大的重叠现象，而细颗粒的燃料燃烧则避免了这种现象。

因此，合理的燃烧条件不仅可以降低生物质的挥发分初析温度，加快其燃烧速度，还可以提高生物质的燃烧放热量和燃尽水平，对提高生物质的燃烧温度也必然会产生一定的影响。

生物质粒径对燃烧特性有一定的影响。生物质微米燃料燃烧的原理是，利用微米燃料流态化的特点和粉尘爆炸的原理，将微米燃料通过载流气体输送，实现燃料和成比例的空气炉外均匀混合，与空气按一定比例混合形成粉尘云，既实现了生物质的流态化喂料，又提高了燃烧速率和燃尽程度，从而达到高温高效燃烧的效果。由于微米燃料颗粒尺寸小，比表面积大，在炉膛的高温作用下瞬间完成固-气转变，有机挥发分能够充分分解产生 CO、H_2、CH_4等可燃气体，在氧气中迅猛燃烧。同时燃料和空气的均匀混合保证了燃烧过程中氧分子和燃料分子的一一对应，提高了传质速率，使得微米燃料输送至炉膛，受热后迅速升温，燃烧速度快，燃烧温度高，能量爆发式释放，其燃烧类似燃油和可燃气的燃烧。高的燃烧温度增强了有机挥发分和焦油的分解速度和分解程度，不仅燃料中有机挥发分能够充分分解为 CO、H_2、CH_4而完全燃烧，并且产生的焦油气和细粉状的残留碳也能够在微米燃料燃烧条件下充分燃烧。因此，燃料燃烧非常充分，其燃烧温度可达到 1300℃以上，燃料效率在 96%以上，比传统的方法提高 1 倍左右。这样就打破了千百年来生物质燃烧温度低，不能广泛作为工业燃料的瓶颈。生物质微米燃料粉尘云高温燃烧机理如图 5-8 所示。

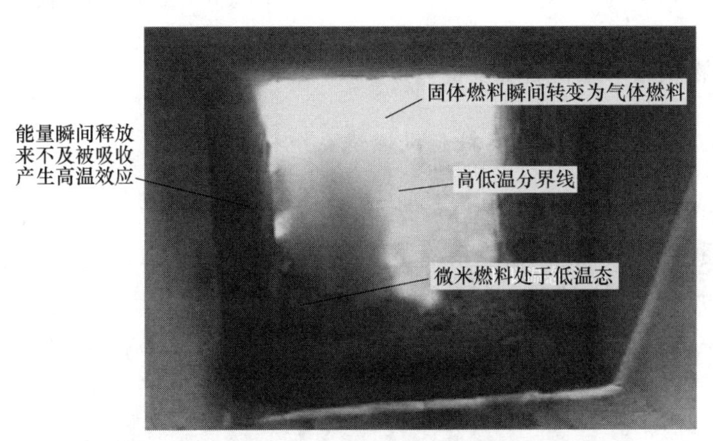

图 5-8 生物质微米燃料粉尘云高温燃烧机理

传统燃烧方式的燃料尺寸大，有机挥发分受热挥发且分解慢。只有表面的挥发分受热燃烧，内部温度不够。因为空气有黏度、惯性，传质比较困难，因此燃烧分解产生的 CO、H_2、CH_4、焦油在空气流中需要较长时间才能与氧气混合均匀，此外，在波动和流动的炉膛环境中，一部分 CO、H_2、CH_4还没有来得及接触到氧气，就随气流流入排烟道。一部分焦油进入温度较低的区域，不能被高温分解成为 CO、H_2、CH_4，也随气流流入排烟道，这部分的焦油可能对后续系统运作造成一定的影响。同时还有一部分颗粒较大的固定碳在炉灰中，无法与空气完全接触燃烧，而从炉灰池排出。由此可见，传统的燃烧方式燃料燃烧不充分、燃烧效率较低，导致燃烧温度低，一般只有 600~800℃。

常规生物质燃烧与生物质微米燃料燃烧的对比如图 5-9 和图 5-10 所示。

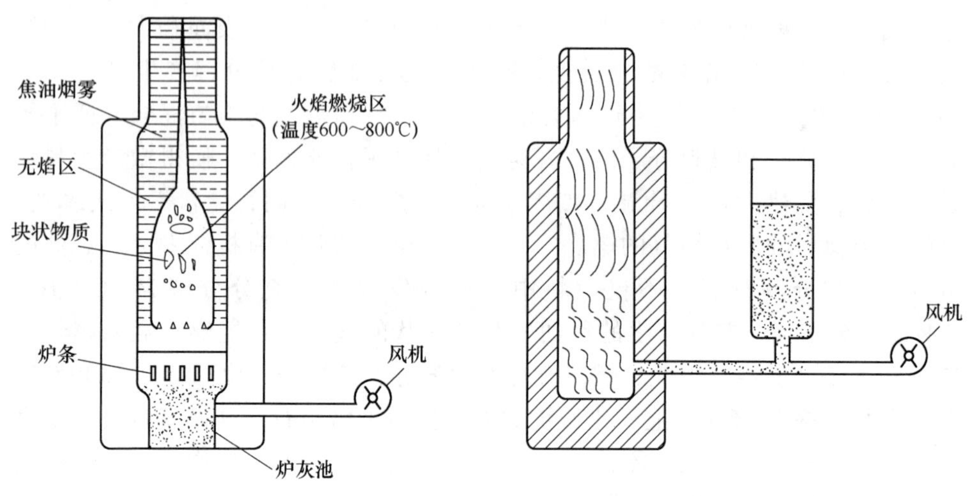

图 5-9 常规生物质燃烧原理

图 5-10 生物质微米燃料燃烧原理

5.3.3 生物质微米燃料燃烧设备

5.3.3.1 生物质微米燃料旋风燃烧系统模型

A 生物质微米燃料旋风燃烧模型

生物质微米燃料旋风燃烧系统主要有进料系统、进风系统和炉体（燃烧系统）三部分组成，如图 5-11 所示。

图 5-11 生物质微米燃料旋风燃烧模型

B 旋风燃烧小试系统

该燃烧炉用于生物质粉体燃烧的实验室小试，结构比较简单。它的主体是一个 ϕ600mm×1000mm 左右的圆台筒，由里向外由三层构成，内层用耐火材料（由耐火泥与石英砂按体积比 1∶7 混合而成）作为炉衬，中层用耐火砖，起到使燃

图 5-12 生物质粉体燃烧小试系统实物

烧炉结构稳定的作用，最外层用石棉裹紧，以便保温。在燃烧炉的一侧从上至下均布 5 个热电偶孔，用于测试燃烧时炉膛中不同位置的温度；燃烧炉的中下部分别开有进料口和出灰口；进料口于炉体切线方向设置，以便使风粉混合物能够在炉膛内旋转燃烧，延长停留时间，提高传热效果，使炉膛温度分布均匀，如图 4-17 和图 5-12 所示。

该燃烧炉不仅结构简单，制作容易，而且保温效果好，粉体燃烧效果好，适合实验室研究粉体燃烧的小试。

C 旋风燃烧中试系统

为了使生物质的燃烧更接近工业化规模，研制了生物质燃烧炉中试系统，该系统由进料装置、进风装置、燃烧炉、测温数显系统和烟气测量系统组成，如图 5-13 和图 5-14 所示。整个锅炉高 3m，炉膛直径为 0.3m，内膛用耐火泥及耐火棉作为炉衬，炉底内壁用耐火砖作为炉衬，炉体有 6 个层面、每层各 3 个总计 18 个测温口及取样口。生物质粉体通过螺旋进料装置切向吹入落到炉体中，并在里面充分燃烧，底部灰渣直接从炉膛底部中取样，飞灰的取样分别在燃烧室、烟气冷凝器进行，通过温控仪来监控炉膛温度，用烟气分析仪在线监测气体排放量。

D 生物质微米燃料旋风燃烧研究结果

对生物质微米燃料旋风燃烧小试系统的研究表明利用微米燃料进行生物质旋风燃烧在技术上是可行的。随着空气过剩系数的逐渐增大，炉膛内各断面的温度变化呈先增大后减小的趋势。当空气过剩系数等于 1.2 时，各断面的温度同时达到最高，且炉膛内的最高温度可达 1200℃；燃料粒径是影响其燃烧效果和温度分布的重要参数，粒径越小，燃烧效果越好；在实验工况下，炉膛温度分布符合旋风燃烧的基本规律，且各断面之间的温度呈梯度变化；生物质经过加工制成微米燃料后燃烧充分，烟气中 SO_2、CO、CO_2 的浓度很低，燃烧造成的环境污染轻微；采用碱酸比对微米燃料的结渣性能进行评价，由松木制成的生物质微米燃料具有中等结渣性。

对二次风的影响研究表明：在实验工况下，当一次进风量为 $25m^3/h$、二次进风量为 $0.08m^3/h$ 左右时，最有利于粉体燃烧。但二次进风影响较小，

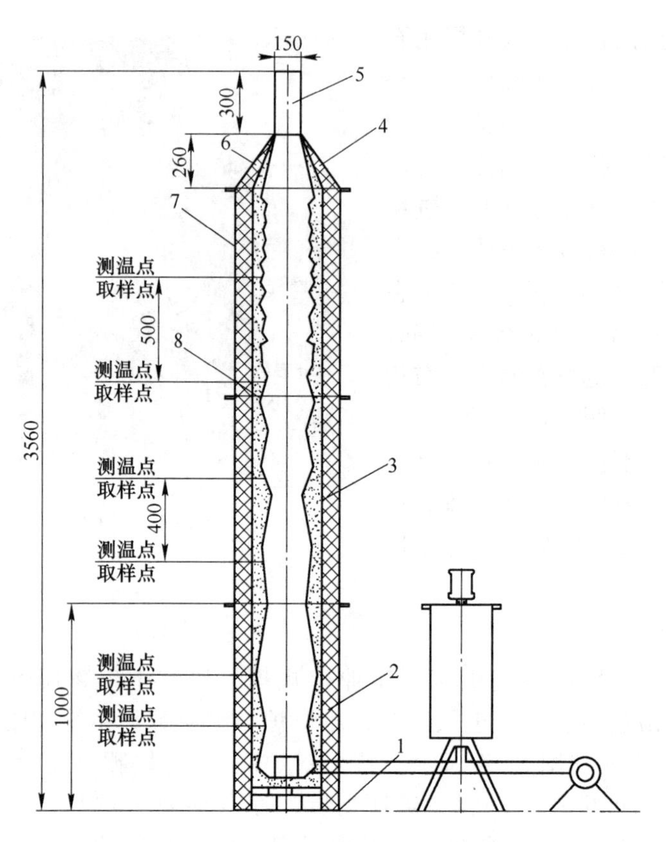

图 5-13 生物质微米燃料旋风燃烧中试系统

1—出灰口；2—燃烧炉；3—炉膛；4—燃烧炉内衬；5—烟囱；
6—烟气冷凝室；7—炉膛外壁；8—测温取样点

图 5-14 生物质微米燃料旋风燃烧中试系统实物

该燃烧炉能够稳定燃烧，当风中燃料含量为250g/m^{3}时，主燃室温度稳定在1150℃左右，最高可达1249℃，烟气很清，呈浅白色，燃烧效果最佳；在最佳燃烧工况下，炉膛的温度分布适宜，能够满足其工业化应用需要。对粉体燃烧所产生的灰分进行分析，表明灰分可作为良好的农用肥料。粉体主要以悬浮燃烧的方式进行，在燃烧约12min后，炉膛温度可达1200℃以上，燃烧状况如图5-8所示。对旋风燃烧中试系统的研究表明：生物质在空气中燃烧时，其最高燃烧温度可达到1300℃，最高温度可稳定在1250℃左右，燃烧效率高达99%。但是燃烧过程中烟气带走了大量热量，要想进一步提高燃烧效率和燃烧温度，可以对炉体做进一步的改造，则可以进一步提高生物质的燃烧效率和燃烧温度。研究表明微米燃料粒径对着火点、燃烧温度都有影响，其粒径越小，点火性能也越好。Suanne Paulrud等对木粉燃烧的研究表明，在相同条件下，粉体越细，烟气中CO含量越低，燃烧越充分，但粒径对NO_x影响不显著。燃料粒径是影响其燃烧效果和温度分布的重要参数，粒径越小，燃烧效果越好，这一结论从反面证明了生物质微米燃料具有实际意义。

5.3.3.2 生物质炼铁系统设计

A 富氧燃烧小试系统

生物质炼铁试验装置主要由进料装置、燃烧装置、测温装置、富氧装置、还原装置、通H_2装置组成。其中进料装置、燃烧装置、测温装置与生物质粉体燃烧试验大体相同；富氧装置由风机、氧气瓶、配风管、风量调节阀、转子流量计、皮托管组成；测温数显系统用来观测燃烧炉内的燃烧状况和温度高低，并以此反馈调节风粉浓度和流量；还原装置由石墨坩埚、刚玉管和密封盖组成；通H_2装置由通气管、流量计和H_2瓶组成，如图5-5所示。

生物质粉体燃料在空气中的燃烧能达到1300℃，随着空气富氧率的增加，升温速率不断变大，燃烧所能达到的最高温度也不断升高，当富氧率为40%时，温度可达1600℃。当助燃空气富氧率超过40%，随着助燃空气中富氧率的增加，升温趋势减缓，升温效果越来越不明显。氧气浓度提高后，会对氮氧化物以及二氧化硫的生成量产生影响，温度提高后，烟气中NO_x和SO_2的含量增加。富氧燃烧系统炉膛所能达到的最高温度如图5-15所示。

随着助燃空气中氧浓度的增加，升温趋势减缓，当助燃空气中的氧浓度为50%时，炉膛的最高温度只比空气中的氧浓度为40%时的最高温度提高了11℃，说明当富氧率超过40%以后，再增加助燃空气中氧气的浓度，对炉膛温度基本不会产生什么影响。

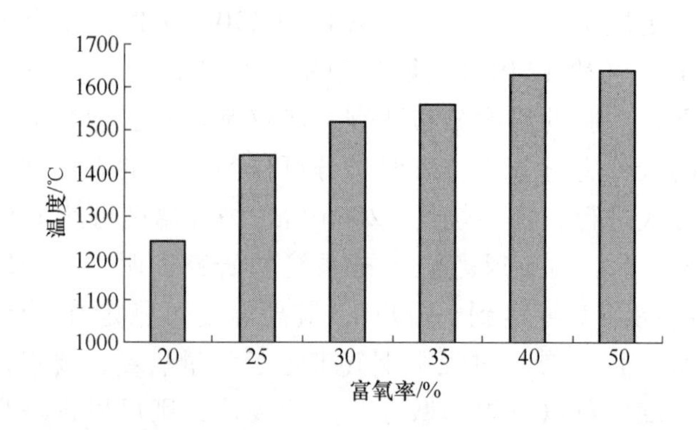

图 5-15　富氧燃烧系统炉膛所能达到的最高温度

B　生物质炼铁工艺

当前有关将生物质运用到炼铁工艺的研究较少。华中科技大学突破传统的生物质利用方式，结合非高炉炼铁新工艺，运用一种新的思维、新的角度去思考生物质利用和炼铁工艺之间的关系，提出了以生物质微米燃料 BMF 代替煤来实现钢铁冶炼。该技术是将铁矿石的加热源和还原气体进行气源分离，铁矿石在还原室通过 BMF 被间接加热到还原温度，在生物质粉体燃料燃烧产生的高温环境中，利用 H_2使被加热的铁矿石还原。这种方法有单独的 BMF 裂解气化设备制备的 CO 和 H_2，不需要煤和焦炭进行钢铁冶炼试验，不受外界物质干扰，对于能源的可持续利用和炼铁工业的清洁生产具有重要意义。具体生物质炼铁工艺如图 5-16 所示。

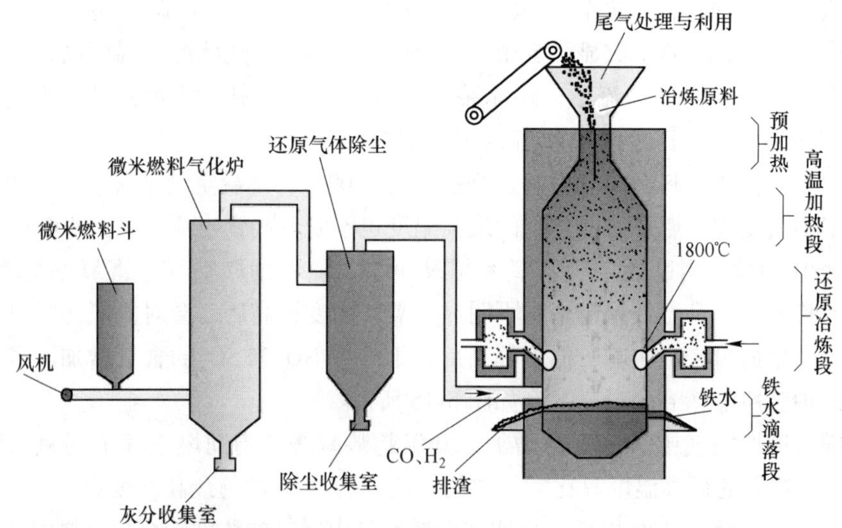

图 5-16　生物质炼铁工艺

华中科技大学尝试使用生物质微米燃料烧结铁矿石球团矿，在此基础上成功在实验室规模上实现了生物质炼铁工艺流程。采用这种新开发的植物粉体燃料冶炼生铁的清洁生产新技术，开创了炼铁生产新方法，将从根本上解决炼铁工业清洁生产的技术问题，将炼铁生产 SO_2 的总排放量减少 50%，粉尘排放量减少 60%，炉渣排放量减少 10%，减少铁水含碳量 40%，降低了生产成本，提高了炼铁质量，可使我国炼铁生产技术走在世界前列。

C 生物质炼铁过程

用生物质炼铁的具体方法如下：采用生物质粉体在富氧的条件下燃烧，能使燃烧炉内的温度达到 1300~1500℃，满足炼铁工艺的温度要求。在保持外部高温的环境不变的情况下通入还原气体 H_2，使铁矿石与 H_2 充分反应得到直接还原的铁产品（DRI）。改变反应的试验条件（反应时间和反应温度），探索炼铁试验适合的条件；同时，改变试验样品的组分，研究不同组分的试验样品对试验结果的影响。由于生物质来源广泛，成本低廉，其硫、磷等有害杂质含量少，用其来炼铁可以大大改善以往炼铁工艺对煤炭的依赖，炼铁过程和烧结出的球团矿分别如图 5-17 和图 5-18 所示。

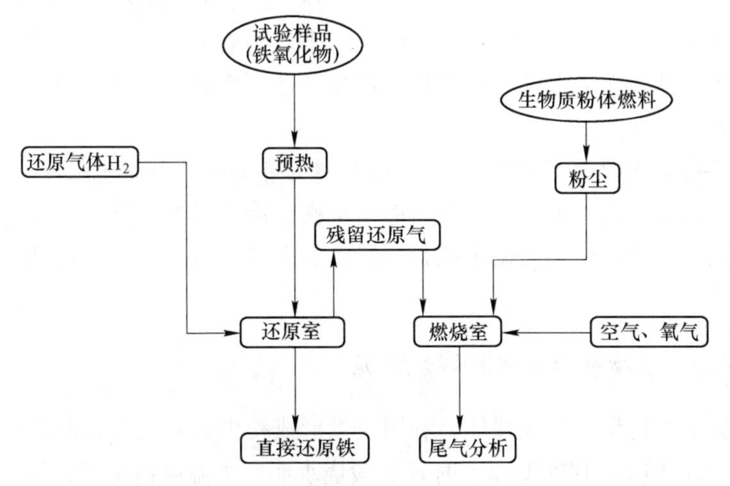

图 5-17 生物质还原铁矿石试验流程

D 炼铁的可行性分析

通过生物质进行钢铁冶炼，将铁矿石的加热源和还原气体进行气源分离，铁矿石在还原室通过 BMF（生物质微米燃料）间接加热到还原温度，不受外界物质的干扰，铁产品杂质少，然后往还原室中通入纯 H_2，让 H_2 与铁矿石发生还原反应。

后续研究中，采用单独的 BMF 裂解气化设备，制备的 CO 和 H_2 通入还原室，将被加热的铁矿石还原，这样生物质完全替代了炼铁工艺中的煤。同时，生物质

图 5-18 生物质烧结的球团矿

也能与铁矿石粉混合制作球团矿。从理论上讲这是完全可行的，生物质可燃物主要是由纤维素、半纤维素和木质素组成，这与煤是相似的，且生物质中的主要元素也是 C。

生物质燃烧产生的高温环境能够满足铁矿石还原的温度要求，一般情况下，铁氧化物与 H_2反应在 700℃左右进行，生物质燃烧却可以达到 1800℃（要求还原室导热性能好）；生物质中含有 C 元素，且 C 元素没有煤中的含量高，因而可以取代煤进行球团矿的制作，且添加生物质的还原产品中 C 的百分含量较添加煤的低很多。

华中科技大学研究了以生物质微米燃料为能源的铁矿石烧结、矿石炼铁原理、方法、传热传质、冶炼新装备、能量平衡、冶炼质量、环境因素等科学与技术问题，同时研究以生物质微米燃料为能源的金属材料热处理、铸造、锻压的加热设备。

5.3.3.3 生物质微米燃料煅烧水泥

将普通的生物质破碎成粉体，利用空气形成粉尘云并鼓入自制的旋风燃烧炉中燃烧，当温度达到 1400℃以上时开始煅烧水泥。当温度恒定时，加入水泥生料（在加入生料的过程中需将炉内温度控制在 900℃以上），最后分析水泥熟料成分及其特性。

生物质微米燃料煅烧水泥系统由旋风燃烧炉、BMF 给料机、水泥生料给料机、电加热器、进风系统和测温数显系统等组成，如图 5-19 所示。其中给料装置由螺旋进料器、无级调速电机、料斗、刮板、下粉管组成。测温数显系统用来观测燃烧炉内的燃烧状况和温度高低，并以此反馈调节风粉浓度和流量。铂铑-铂铑热电偶设置在炉膛中部，温度由 SWJ-ⅢK 精密数字温度计显示。

燃烧炉为实验室自行研制的生物质燃烧炉，整个锅炉高 1.31m，炉膛直径为

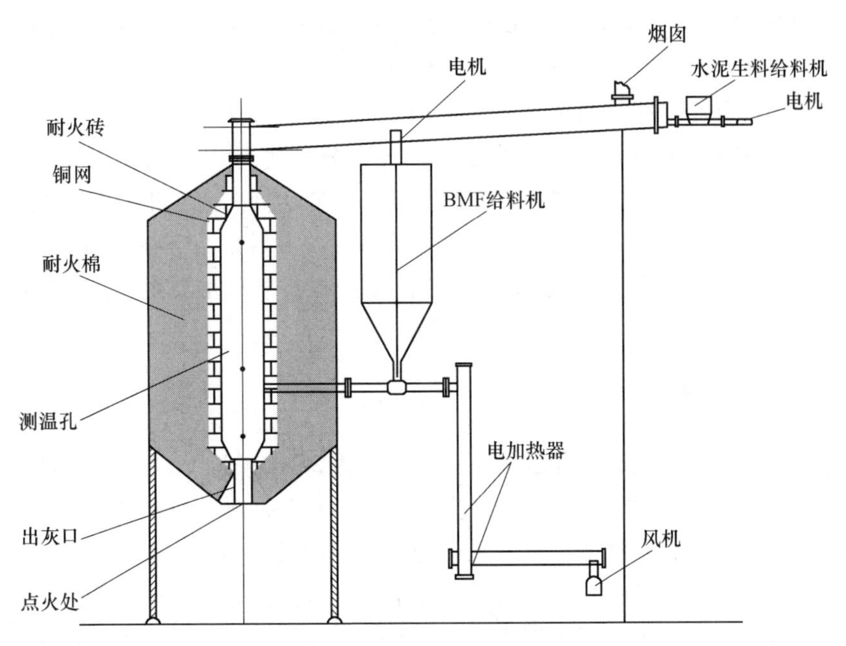

图 5-19 生物质煅烧水泥系统

0.4m，从里向外由三层构成，内层用耐火材料（由耐火泥与石英砂按体积比1∶7混合而成）作为炉衬，中层使用耐火砖，起到使燃烧炉结构稳定的作用，可以再在耐火砖外侧使用一层钢网将耐火砖更好地固定起来，最外层用耐火棉裹紧，以便保温。在燃烧炉的一侧从上至下均布3个热电偶孔，用于测试燃烧时炉膛中不同位置的温度；燃烧炉的中下部分别开有进料口和出灰口；进料口于炉体切线方向设置，以便使风粉混合物能够在炉膛内旋转燃烧，延长停留时间，提高传热效果，使炉膛温度分布均匀。其温度场如图5-20所示。

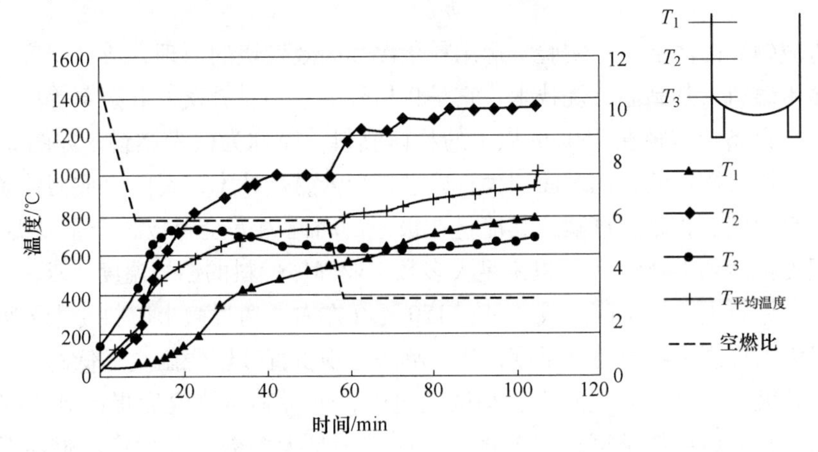

图 5-20 BMF 在旋风燃烧炉中燃烧的温度趋势

由图 5-20 所示，在刚开始 20min 时，炉膛温度 T_3 上升趋势明显比 T_1 和 T_2 高，这是因为刚开始是从炉子底部用天然气点火，待炉底温度升到将近 200℃时开始打开风机和给料机进行进料。20min 以后，T_2 超过 T_1 和 T_3 并且持续增高到最高温度 1361℃，而 T_1 和 T_3 的最高温度却只分别达到 817℃和 687℃。说明粉体主要是以悬浮燃烧的方式进行燃烧。当最高温度达到 1361℃时候停止进料，主要原因是燃烧炉只是按照实验规模设计，炉体用的材料是熔点在 1400~1450℃的 304 型号不锈钢，为了不致炉体烧熔，故停止进料。但是水泥生料煅烧需要的温度在 900~1400℃之间，从以上得知炉膛温度完全足够。

5.3.4 生物质微米燃料高温燃烧技术的前景

每年，地球上植物通过光合作用固定的碳达 21×10^{21}J，相当于全世界每年耗能量的 10 倍。地球上的植物储存的总能量（即生物质能）大约相当于 8×10^{12}t 标准煤，比目前地壳内已知可供开采的煤炭总储量还多 11 倍。谷壳、锯末、刨花、废木料等、野生藤蔓、水生藻类等都是可以得到很好利用的生物质，但是现如今这些绿色碳氢资源利用率较低，处理方式大多是送往城市垃圾填埋场、在田头燃弃或在原野腐变。如何将这些废弃生物质合理利用、变废为宝，成为当今能源战略研究的主要方向。

从环境方面讲，那些送往城市垃圾填埋场、在田头燃弃或在原野腐变的生物质本身就是一种生态环境污染物。但生物质作为一种能源，可以替代煤进行燃烧，与煤相比，生物质算得上是一种清洁的能源，其中灰分、S、P、N 等有害的杂质含量小，减少了灰渣和 SO_2、NO_x 对环境的巨大污染。此外，生物质的燃烧不改变地球 CO_2 循环的总量，能有效地抑制温室气体的排放，减缓全球气候变暖趋势。

肖波领导的清洁生产实验室运用粉尘爆炸高效燃烧的原理，成功研究了一种秸秆微米燃料及其高温燃烧技术。它是将秸秆（包括枯枝落叶和杂草等所有非粮食植物）制备成粒径在 250μm 以下的粉体燃料，简称为微米燃料，如图 5-21 所示。秸秆燃料燃点低，比表面积大，通过粉尘云燃烧技术，瞬间完成固体燃料到气体燃料的转变，燃烧迅猛，其能量在极短的时间内完全释放，产生高温效应，燃烧温度可达到 1400℃，可以满足大多数工业固体燃料的燃烧温度要求。

微米燃料生产加工的总成本只有 150 元/t 左右。通过微米燃料粉尘云燃烧技术，可大大提高生物质燃烧温度，从而解决生物质直接燃烧温度过低的问题。在华中科技大学实验室研究和中、小试试验中，可将其燃烧温度提高到 1300℃以上，通过富氧燃烧甚至可达到 1800℃，能够满足大多数工业生产的燃料品质要求，大幅度提高了生物质能的应用能级并扩大了应用范围，变成了一种接近燃油

图5-21 生物质微米燃料将变废为宝

和燃气的高品位流体燃料，使用方便。它可用作固体燃料替代煤，可广泛应用于火力发电、金属熔炼、工业锅炉、工业窑炉、海水淡化、石灰烧制、空调热制、工业加热、城镇取暖、陶瓷生产领域，也可以替代燃气作为燃气轮机发电的燃料，成为千万家工业企业潜在的主导能源。

华中科技大学发明这种高能生物质粉体燃料的优点在于：燃烧温度高，为国民经济生产提供了一种低成本的高温能源，能够满足大多数工业加热和窑炉燃料的温度要求。其燃料与空气混合后形成粉尘云，可以流态化输送，便于工业化控制，使得传统生物质燃料非连续进料的低温燃烧变成流态化的高温燃烧，从而使生物质这种低端非商品燃料变成燃烧温度在1100~2000℃的工业商品燃料，广泛应用于工业能源领域。

这项技术和生产方法，是当今世界上开发、应用生物质燃料的最新科技成果。它的先进性突出表现在：用低热值的生物质作为原材料，通过加工处理生产出高热值低成本的生物质燃料。如果以煤炭、石油、天然气作为燃料加热生产生物质燃气，则生产成本高，无经济效益。长期以来，国内外常规生物质气化技术正是由于无法突破低成本高温加热技术而徘徊不前，难以有实质性进展，进而无法推广应用，而华中科技大学解决了这个国际难题，所以华中科技大学发明的这项技术将处于世界领先水平。生物质微米燃料高温燃烧的意义如图5-22所示。

粉尘爆炸的工业危害转变为工业能源所有

微米燃料的能源意义，生物质未来固体燃料霸主

完璧归赵

农业、农民、生态受益

0℃ 低端非商品燃料

1100℃

工业商品燃料 2000℃

燃料品质分水岭

传统生物质燃烧：温度低、非连续进料

流态微米燃料陶瓷炉中自动控制燃烧

图 5-22 生物质微米燃料高温燃烧的意义

6　生物质热解液化技术

6.1　生物质热解液化的能源与材料意义

6.1.1　生物质热解液化的概念

生物质热裂解是指生物质在完全缺氧或有限氧供应条件下的热降解，最终生成炭、可冷凝气体（生物燃油）和可燃气体（不可冷凝）的过程。农业废弃物及农林产品加工业废弃物、薪柴和城市固体废弃物等均可用于生物质热裂解。

生物原油（也称生物油）便是通过生物质热裂解或催化裂解从而转化成低分子有机蒸气，再将蒸气快速冷却而获得的初级液体燃料。生物油通常是深棕色或深黑色的液体，呈黏稠状并有刺激性的焦味。典型生物油是咖啡色易流动的液体。

生物原油是由复杂有机化合物的混合物所组成，这些混合物包括酸、醇、醛、酯、酮、苯酚、邻甲氧基苯酚、6-二甲氧基苯酚、糖、呋喃、烯烃、芳香烃、氮化合物以及其他含氧化合物。由于生物原油是将生物质在缺氧条件下快速升温然后急速冷却成液态而得到的，因而体系本身未达到热力学平衡，而且存在大量的酚类化合物，而多酚的慢速聚合和缩合反应具有“老化”倾向，长时间贮存会发生相分离、沉淀等现象，因此生物原油具有高度的氧化性、不稳定性；随着外界环境温度的升高，生物原油在氧气和紫外光线环境下，其黏度会增大，所以生物原油加热不宜超过 80℃，贮存时应避光并避免与空气接触。

6.1.2　石油资源与生物质原油特性异同点

生物质原油与石油资源均可作为燃料提供能量，但相比于石油资源，生物质原油具有其自身的特点：

（1）含氧量高。生物质原料含有纤维素、半纤维素和木质素，其降解产生的酚类和各种含氧物质促使生物原油含氧量较高，比如以木屑为原料制取的生物油含氧量可达 35%，但含氧量高使得生物油稳定性差、热值低。

（2）水分含量高。油品中的水分主要来自于物料所携带的表面水和热裂解过程中的脱水反应，最大可以达到 30% ~45% ，水分有利于降低生物原油的黏度，提高其稳定性，但降低了热值。

（3）pH值低。生物油含有较多的有机酸，主要是乙酸和甲酸，其pH值在2.0~4.0之间。较高的酸性使生物油具有腐蚀性，因而生物油的收集储存装置最好是抗酸腐蚀的材料，如不锈钢或聚烯烃类化合物。

（4）密度高。液体燃料的密度通常表示为相对值，通常以液体燃料在20℃下的密度与纯水在4℃时的密度之比表示。生物原油的相对密度大约为1.20。

（5）含碳量和含氢量低。由于碳、氢含量低，造成生物油热值低，约为化石燃油热值的50%，另外含有少量的氮，但不含硫，因此不存在脱硫问题。

（6）灰分高。这是生物质本身所固有的，是生物质的组成之一。

（7）黏度变化大。生物原油黏度室温下最低为10mPa·s，若在恶劣条件长期存放则可以高达10000mPa·s，而水分、热解反应操作条件、物料情况和油品储存的环境及时间条件均对黏度有影响。

综上可知，生物原油成分复杂，稳定性差，热值低，因而不能直接用来取代传统的石油燃料，因此需要对其进行精制和改性，提高品质，达到燃料油使用的要求。

6.1.3 生物质热解液化的能源意义

目前，原油和石油产品在我国一次能源生产和终端能源消费中都占到20%以上，而且近年来一直呈上升趋势。生物质热解液化所制得的生物油不仅是一种可再生的清洁能源，而且通过改性处理后还可以代替石油作为动力燃料。它对可持续发展战略和生态文明建设都具有重要意义，并且近年来随着燃油市场价格的上升，它的经济效益越来越凸显，因而近年来世界上，特别是美国和欧盟国家都大力发展生物质热解制取生物油这一新兴高技术产业。

生物原油成分十分复杂，燃料品质差，稳定性差，具有高度的氧化性、黏稠性、腐蚀性、强吸湿性等特点，无法直接取代传统的石油燃料，一般只能作为工业燃料使用，但若对生物原油进行加氢改质处理后，可加工为符合车用燃料标准的汽柴油调和燃料或化学品，显著提高产品附加值和使用性能。由于生物原油的原料来源广泛，可使用所有的木质纤维素作为原料，而且其生产工艺如热裂解、催化裂解工艺与现代炼油技术相似，有望与传统炼油厂相结合，采用生物质这一可再生原料生产高附加值汽柴油燃料，因此生物原油被认为是未来最具有发展前途的替代燃料之一。由于其良好的发展前景，国内外针对生物油的提质做出了许多研究：

（1）催化加氧。催化加氧通常是在有氧气或供氢溶剂及催化剂的条件下，在高压（10~20MPa）下以H_2O和CO_2的形式去除生物油中的氧，降低生物油的含氧量，在反应中，催化剂可采用硫化的CoMo或NiMo/Al_2O_3。但此种方法耗氢量较大，且反应在高压下进行，对设备要求高，操作复杂。

（2）催化裂解。催化裂解是借鉴了传统石油的炼制技术，使用催化剂在中温和常压下对生物油进一步裂解，将生物油中的大分子化合物裂解为小分子，多余的氧元素以 H_2O、CO_2或 CO 的形式除去。与催化加氧相比，催化裂解可在常压下进行并降低生物油的含氧量，且不需用大量的氢气等还原性气体，经济性和操作性较好。目前催化裂解的研究重点是催化剂的使用，这项技术还应探索如何减少催化剂的失活、延长催化剂寿命的问题。

（3）乳化。目前生物油不能直接作为燃料使用，但在表面活性剂的乳化作用下，可使生物油与其他液体燃料混溶并可在一些柴油机上进行使用，且乳化相对其他方法来说，操作过程简单，易于推广。乳化后热值比原先有了很大提高，符合柴油机燃料的要求，且稳定性好。但是，由于乳化时要加入较多的表面活性剂和燃油，导致其成本较高，而且乳化后的生物油仍具有较大酸性，易腐蚀发动机。

（4）水蒸气重整。生物油的水蒸气重整是在催化剂的催化反应下，将生物油与水蒸气转化为氢气的一种方法。生物油是一种低品质的燃料，而氢气的热值是目前所有燃料中最高的，且氢气在燃烧过程只产生水，不污染环境，是一种清洁能源。将生物油转化为氢气是生物油利用和品质提升的一种途径，近十几年来国内外对此已有一些研究，这些研究大多集中于生物油模型化合物的水蒸气重整制氢研究、重整过程中使用催化剂的研究和反应机理研究。

6.1.4 生物质热解液化的材料意义

通过对生物油减压精馏后的色谱质谱分析，生物油中较轻的化学组分可作为燃料和其他有价值的化学品，还可以从生物油中分离提取出具有特殊用途或高附加值的化学品。到目前为止，人们已经在生物油中发现了几百种化学物质，人们对回收或利用这些化学物质的研究兴趣日益增加。已见报道的生物油分离组分包括与甲醛反应生产树脂的聚酚，用于可生物降解的防冰剂醋酸钙或醋酸锰，左旋葡聚糖羟基乙醛、食品工业用的调味品及香精。生物油已经用于生产化学合成纤维、香料、有机肥料、燃料添加剂和去污剂。目前最可行的市场应用即生产食用调味品。一项新的结果表明，生物油与含氮原料包括氨、尿素、蛋白质材料反应生成具有缓释功能的肥料，这种肥料对土壤中的碳具有络合作用，可显著减少大气中温室气体 CO_2的排放量，还可以减少因使用动物性肥料带来的氮流失问题。

6.2 生物质热解液化原理

6.2.1 生物质热解液化反应机理

在过去的 80 年里，人们对于热裂解反应定量上的认识有了很大的进步。对于每一次生物质热裂解的试验过程以及产物的组分分析过程，人们不禁要问，这些产物是怎么形成的？生成的这些产物和原始的物样有什么样的联系？这些产物的分布能不能够人为进行有效控制和优化？为了回答这些问题，对于热裂解机理的全面而又深入的了解是必要的。

木材、林业废弃物和农业废弃物等生物质主要由纤维素、半纤维素和木质素三种主要组成物以及一些可溶于极性或弱极性溶剂的提取物组成。生物质热裂解是复杂的热化学反应过程，包含分子键断裂、异构化和小分子聚合等反应。生物质的三种主要组成物常常被假设为独立地进行热分解，其中半纤维素最不稳定，在225~350℃分解；纤维素主要在325~375℃分解；木质素在250~500℃分解。半纤维素和纤维素主要产生挥发性物质，而木质素主要分解成炭。

因为纤维素是多数生物质最主要的组成物（平均占木材干物质质量分数的43%），同时它的结构又相对简单，所以，常被用作生物质热解基础研究的实验原料。Kilzer（1965）提出了一个被很多研究人员所采用的概念性框架，其反应模式如图6-1所示。由图6-1不难发现：低的加热速率倾向于延长纤维素在200~280℃范围热解所用的时间，结果使焦油产率减少，炭产率增加，如烧制木炭实质上采用的就是这种工艺。Antal等对图6-1进行了评述：首先，纤维素经脱水作用生成脱水纤维素，然后脱水纤维素解聚反应产生左旋葡聚糖焦油，左旋葡聚糖焦油经过二次反应生成炭、焦油和气，或主要生成焦油和气。例如，纤维素的闪速热裂解把高升温速率、高温和短滞留时间结合在一起，实际上就是排除炭的生成途径，使纤维素完全转化为焦油和气；慢速热裂解使一次产物在基质内的滞留时间加长，从而导致左旋葡聚糖焦油主要转化为炭。纤维素热裂解产生的化学产物包括CO、CO_2、H_2、炭、左旋葡聚糖以及一些醛类、酮类和有机酸等，醛类化合物及其衍生物种类较多，是纤维素热裂解的一些主要产物。

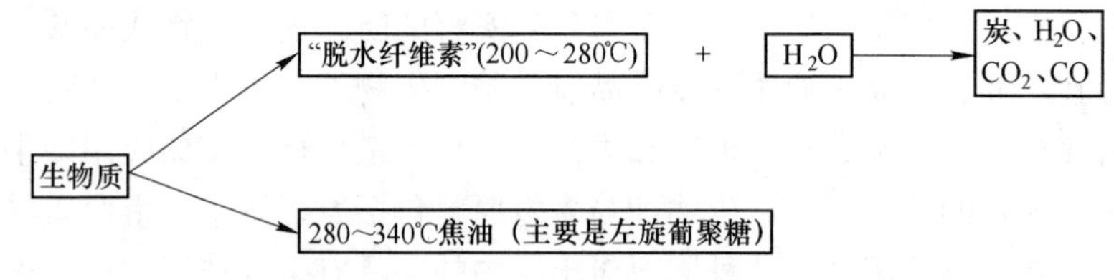

图6-1 Kilzer的纤维素热分解反应途径

半纤维素结构上带有支链，是木材中最不稳定的成分，比纤维素更容易分解，其热解机理与纤维素相似。其反应方程式可概括为：

$$\text{生物质（热解）} \longrightarrow \text{生物油+炭+气（}CO_2+CH_4+C_xH_yO_n\text{）} \quad (6\text{-}1)$$

在生物质热裂解过程中，热量首先传递到颗粒表面，再由表面传到颗粒内部。热解过程由外至内逐层进行，生物质颗粒被加热时成分迅速裂解成木炭和挥发分。其中，挥发分由可冷凝气体和不可冷凝气体组成，可冷凝气体经过快速冷凝可以得到生物油。

一次裂解反应生成生物质炭、一次生物油和不可冷凝气体，然后在多孔隙生物质颗粒内部的挥发分将进一步裂解，形成不可冷凝气体和热稳定的二次生物油；同时，当挥发分气体离开生物颗粒时，还将穿越周围的气相组分，在这里进一步裂化分解，称为二次裂解反应；生物质热解过程最终形成生物油、不可冷凝气体和生物质，如图 6-2 所示。

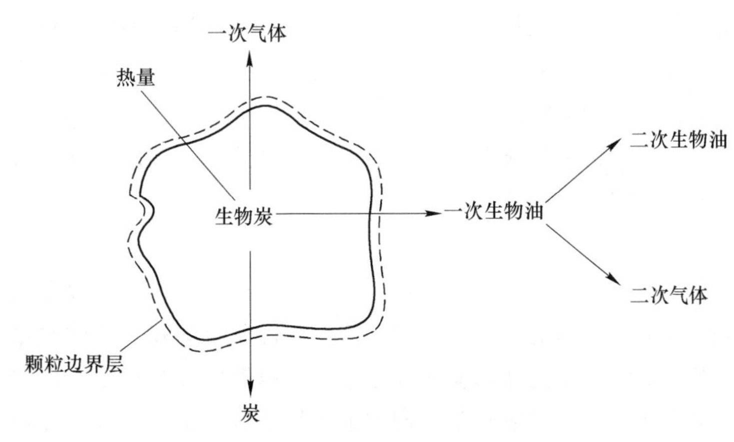

图 6-2 生物质热裂解过程

由此可见，生物质颗粒直径越大，反应器内温度越高，气态产物滞留时间越长，生物质热裂解产物中的不可冷凝气体所占的比例就越大，因而越不利于提高生物油的产率；反之，不可冷凝气体所占的比例就越小，因而越利于提高生物油的产率。所以，为了得到高产率的生物油，需让传热过程在极短的时间内完成，依靠强烈的热效应使得生物质原料迅速降解，且挥发分要快速离开热解反应区，以抑制二次裂解反应的发生。

6.2.2 影响生物质热裂解的主要因素

生物质热裂解过程及产物组成的影响因素有很多，基本可以分为两大类：一类是与反应条件有关，如热解温度、升温速率和滞留时间等；另一类与原料特性有关，如原料种类、化学组成和粒径大小等。

6.2.2.1 反应条件的影响

A 热解温度的影响

热解温度对热解产物的产率有显著的影响。不同生物质快速热解产油率最高时的温度不同，一般在 500~600℃之间。热解温度影响生物油产率的主要原因是：热解温度过高时，快速热解产物中气相的生物油部分在高温下继续裂解成小分子并生成不可冷凝燃气、焦炭，而使生物油产率降低；相反，热解温度太低时，快速热解过程中气相产物的产量降低，焦炭产量增加，也使生物油产率降低。

由于反应器温度会影响液体产物的化学组成，所以液体中的H/C比例和氧含量都会受到影响。氧含量是评价任何液体燃料品位高低的标准之一，氧含量越低，燃料的热值就越高。由于一次热解产物的氧含量很高，所以这种液体燃料就是一种低品位的燃料，必须经过精制才可用作柴油和汽油的替代燃料。

值得注意的是，颗粒温度与反应器温度是不同的，这主要是由传递到颗粒表面的传热速率、传递到颗粒内部的传热速率、挥发分释放带走的热量及反应热的不同所引起的。对于特定的颗粒，颗粒的温度、加热速率和反应速率都会受到热量传递或化学动力学的影响。

B 升温速率的影响

升温速率对热解产物的分布有一定的影响。升温速率低，生物质颗粒内部温度不能很快达到预定的热解温度，使其在低温段停留时间长，使焦炭增多，提高升温速率使得生物质颗粒内部迅速达到预定的热解温度，缩短了在低温阶段的停留时间，从而降低了焦炭生成几率，增加了生物油的产率，这也是在快速热解制取生物油技术中要快速升温的原因。要使生物油产率高，升温速率一般为10^3～10^5K/s，但是升温速率不如热解温度对热解产物产率的影响大。任强强、赵长遂（2008）利用稻壳等作为实验材料，利用TG-FTIR联用分析，对升温速率对生物质热解的影响做了探究，结果表明：生物质热解时，随着升温速率提高，样品热解的TG曲线向低温区偏移，DTG曲线峰值位置也相应地移向低温区。CO_2、CO、H_2O、CH_4及有机物是生物质热解的主要气体产物，而随着升温速率提高，这些气体产物析出量增加，释放的速率加快。

C 载气流量的影响

载气流量能在一定程度上影响生物质快速热解产物产率，因为其对产物的气相滞留时间产生了影响。赵建辉、龙恩深等人（2006）探究了不同载气流量下生物质热解的产油率，结果表明：载气流量越大，载气流速越高，颗粒在反应器内滞留时间越短，相应的生物油产率越高；在热解温度与滞留时间能够保证完全热解的条件下，较高的载气流量能缩短颗粒在反应器内的滞留时间，降低了颗粒发生二次热解的程度，有利于提高生物油产率。

D 压力的影响

压力通过气相滞留时间影响生物油的产率以影响二次热解，最终将影响热解产物产量分布。在较高的压力下，气相滞留时间长，同时压力的升高降低了气相产物从颗粒内逃逸的速率，增加了气相产物分子进一步断裂的可能性，使气相中碳的氧化物和氧的碳氢化合物（如 CO、CO_2、CH_4和 C_2H_2等）产量大大增加。而在低压下挥发物可以迅速地从颗粒表面和内部离开，从而限制了气相产物分子进一步断裂，增加了生物油的产率。

E 气相滞留时间的影响

气相滞留时间是指生物质热解产物中气相产物在热解反应器中的停留时间。在颗粒内部热解成的气相产物从颗粒内部移动到外部，会受到颗粒空隙率和气相产物动力黏度的影响。当气相产物离开颗粒后，其中的生物油和其他不可凝成分还将发生进一步断裂，所以为了获得最大生物油产率，在快速热解过程中产生的气相产物应迅速离开反应器，以减少生物油分子进一步断裂的时间。气相滞留时间是获得最大生物油产率的一个关键参数。在获得最大生物油产率的热解温度下，反应装置不同，生物质种类不同，最高生物油产率的气相滞留时间也不同，一般在 0.5~2s。

F 催化剂的影响

催化剂能够降低生物质快速热解温度，选择合理的催化剂有利于提高生物油的产率。这主要是由于催化剂能够通过与生物质分子配合降低生物质的热解活化能，从而降低生物质的快速热解温度，这样就增加了生物质分子快速热解过程中的断裂部位，减少了焦炭形成的几率，提高了气相产物的产量，从而提高了生物油的产率。催化剂种类繁多，如碱金属盐、镍基盐、白云石、石灰石等，目前还开发出不少新型的催化剂，如 HZSM-5 分子筛、REY 型分子筛、HUSY 催化剂等。

G 冷凝条件的影响

冷凝条件对生物油产率有一定影响。龙恩深、周杰、陈金华（2009）以锯末、谷壳等几种生物质为原料，研究了不同冷凝条件对热解液化率的影响。实验时冷凝器有两种运行条件：在基准实验中，充分开启冷却水，得到热解液化率为 46.7%；而在对比实验中完全关闭冷却水阀，得到热解液化率为 38.9%。从对比实验可以看出，冷凝器的运行状态对生物质的最终热解液化率有较为重要的影响。

6.2.2.2 物料特性的影响

A 物料种类的影响

生物质主要成分有纤维素、半纤维和木质素，生物质种类不同，这三种成分含量不同，热解产物的分布也不同。纤维素在三种主要成分中含量最高，所以生物质快速热解产物产量及分布在一定程度上取决于原料中纤维素快速热解的产物产量及分布。半纤维素和纤维素主要产生挥发性物质，而木质素主要分解为炭，同时木质素较纤维素和半纤维素更难分解，因而通常木质素含量多的焦炭产量较大。

B 粒径大小的影响

生物质粒径的大小是影响升温速率的决定性因素，因而也是影响生物质快速热解产物产率的因素之一。研究人员认为，粒径1mm以下时，快速热解过程仅受本身动力学速率控制；而当粒径大于1mm时，快速热解过程还同时受传热和传质过程控制，且此时粒径成为热传递的限制因素。另外，粒径还对热解油的含水率产生一定的影响。Jun Shen和Manuel Garcia-Perez等（2009）研究了在500℃的流化床上，以澳大利亚mallee木质生物质为原料（粒径范围为0.18～5.16mm），生物质粒径对生物油的产率和组成的影响。结果表明，在0.3～1.5mm粒径范围内，生物油的产率随着粒径的增加而减少；但是当粒径大于1.5mm时，生物油的产率没有变化。

C 含水率的影响

含水率作为外部因素，影响热量在材料中的传递。浙江大学能源利用与环境工程教育部重点实验室的研究人员（2005）利用不同含水率的桦木（5%、15%、30%、45%）为原料，对在热解过程中水分对木材的影响过程做了数学模拟实验。结果表明，大约在600K时，木材开始热解，不同含水率对木材热解速率产生不同程度的影响。含水率低的木材表面升温速率基本不变，含水率较高的木材热解速率较低。高含水率的生物质颗粒在流化床流化过程中易出现沟流、节涌现象，导致床层热解不均匀而降低生物油产率。原料的水分含量还影响生物油中的水分含量。

6.2.3 生物质热裂解反应动力学

化学反应动力学主要研究化学反应的速率和化学反应的机理。在热解液化的实际应用中，为了促进工艺优化，有必要对热解液化过程的反应动力学进行研究，以掌握控制反应条件、提高反应速度的方法。

目前，大部分研究工作都是基于多组分反应模型，这种模型认为在木质纤维素类生物质的热解反应中，木质素、纤维素、半纤维素各自的反应是独立进行的，因此，该模型认为，整个热解反应是三种组分反应的叠加。这种反应模型可以预测不同温度下生物质热解产物中气、液、固的产量，并且充分考虑了生物质主要化学成分对热解过程的影响。国内外研究人员对三种组分的动力学研究已经取得了一定的成就，尤其是纤维素动力学的研究已经取得了比较完善的结论。

6.2.3.1 纤维素热裂解动力学

在热裂解反应动力学的研究中，大部分研究都是在热天平上开展的。早在20世纪70年代末，Broido等在研究纤维素的燃烧特性时就建立了纤维素热裂解动力学的基本途径并被广泛接受。Broido等描述了纤维素在230～275℃预热处理后焦炭产量由无预热时的13%增加到了27%，因而他们提出了如图6-3所示的竞争反应动力学模型。之后，Shafizadeh在低压、259~407℃环境下对纤维素进行批量等温实验，发现在失重初始阶段有一加速过程，提出纤维素在热裂解反应初期，有一具有高活化能的从“非活化态”向“活化态”转变的反应过程，由此将Broido&Nelson模型改进成广为人知的“Broido-Shafizadeh”模型，模型的反应方案如图6-4（a）所示，该模型的差分方程结果与实验一致，得到k_1的活化能高达242.8kJ/mol。然后在BS模型的基础上不同研究者依据自己的结果提出了更多的纤维素动力学途径，如图6-4（b）和图6-5所示。

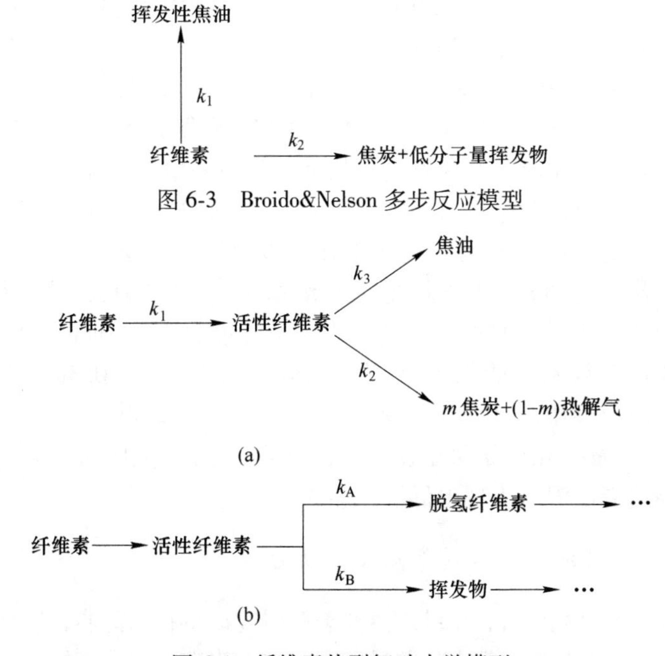

图6-3 Broido&Nelson多步反应模型

图6-4 纤维素热裂解动力学模型

（a）Broido-Shafizadeh纤维素热裂解模型；（b）适合于不同温度下的纤维素热裂解动力学模型

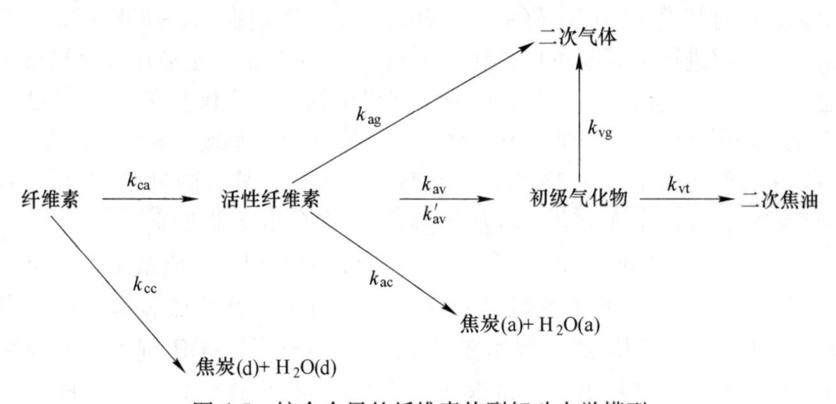

图6-5 综合全局的纤维素热裂解动力学模型

通过热重试验研究来获取动力学参数是普遍的研究方法，特别是针对纤维素的热重试验开展的研究相当普遍，各种研究通常在0.5～100℃/min条件下进行，得到了不同的最终产物量和表观动力学参数。Antal等研究认为，虽然纤维素热裂解会释放出很多种化合物以反映其热裂解化学途径的复杂，但是纯纤维素热裂解可以通过一个简单具有高活化能（238kJ/mol）的一级反应模型来准确模拟。同年Milosavljevic也对纯纤维素的表观热裂解失重动力学进行了专题回顾，并提出了与Antal不一样的结论，认为纤维素热裂解动力学可以归结为低温时（327℃）的高活化能（218kJ/mol）与高温时的低活化能（140～155kJ/mol）之间的竞争关系。之后Antal等详细研究了Milosavljevic等的试验结果后分析认为，他们对于纤维素热裂解高温时的低活化能的提法表示怀疑，首先是Varhegyi等在80K/min进行纤维素热重试验得到活化能为205kJ/mol，并且进一步采用和Milosavljevic等试验中相同的纤维素物样以及其他种类的纤维素，在自己的试验装置上进行了热裂解试验，结果发现在热重试验中采用的试验样品的颗粒粒径以及试验样品的重量对试验结果有一定的影响，具体体现在大颗粒工况下，由于热传递和质量传递阻力的增加而导致纤维素热裂解起始温度相比于小颗粒增加了40℃，而且大颗粒内部温度的不均衡性导致试验结果的DTG曲线显得更加宽阔，从而进一步导致一级反应假设下得到的表观活化能降低。Antal等采用9.2mg纤维素进行热重试验得到的活化能为174kJ/mol；相比之下，0.3mg纤维素样品在65℃/min工况下得到的活化能为209kJ/mol，这明显和Milosavljevic等的结果不符。而Milosavljevic等试验结果是在30mg纤维素试样下完成的，那么有可能试验样品量过大而造成高温时表现出低活化能。

6.2.3.2 半纤维素和木质素热裂解动力学

相对纤维素的研究而言，半纤维素热裂解研究显得相当薄弱，这是因为半纤维素在不同物种中的组分存在很大的差异，同时在不改变半纤维素的化学结构和物理特性前提下从生物质中提取半纤维素是非常困难的。因此目前有关半纤维素的报道基本上都是针对其模化物如木聚糖等来开展。研究者们在1.5～80K/min条件下对半纤维素热裂解进行了等温和非等温动力学研究，使用的模型有单步全局反应模型及多组分分阶段反应模型。由全局反应模型得出的反应活化能在60～130kJ/mol范围内变化。采用类似的半纤维素模化物进行热重试验时发现，半纤维素在200℃左右开始发生分解而失重，在270℃左右出现了最大失重峰，同时在230℃左右还存在一个肩状峰，说明半纤维素的热裂解过程中存在多步反应机理。

Nguyel等和Kuofopanos对木质素进行热重试验发现，木质素是生物质三组分中“热阻力”最大的，然而在较低温度时，木质素就开始热裂解，这可能是木质素聚合体的侧链断裂所致，例如在低温时，脂肪族的—OH键以及苯丙烷上的苯基C—C键的断裂就析出了大量含氧化合物（水、CO、CO_2），而且它的热失重曲线取决于木质素的来源以及分离方法。对于球磨木质素而言，失重率最大值出现在360~407℃之间。

关于木质素详细的动力学研究开展的比较广泛，Domberg等通过假定木质素热裂解为单步反应而得到了相应的表观活化能和其他动力学参数；Ramiah等用一级反应模型来分析了木质素的热重试验；Chan等采用微波热裂解研究了木质素热裂解并估计动力学参数，在600~400K温度范围内得到的活化能为25.08kJ/mol，指前因子为$3.39×10^5$；Nunn等研究了球磨木质素的热裂解动力学参数，通过一级单步反应模型来修正了热裂解产物的分布，他们报道的表观活化能为81.2kJ/mol，指前因子为$3.39×10^5$；Caballero等对木质素在423~1173 K温度范围内的热裂解提出了较为复杂的动力学模型。虽然木质素结构上的复杂性导致很难简单地描述其热裂解的动力学途径，但是Antal认为在木质素的热裂解过程中至少存在两种竞争反应途径，如图6-6所示，一个是在低活化能条件下得到焦炭以及小分子气体组分；另一个则是在高活化能条件下生成各种高分子量的芳香族产物。

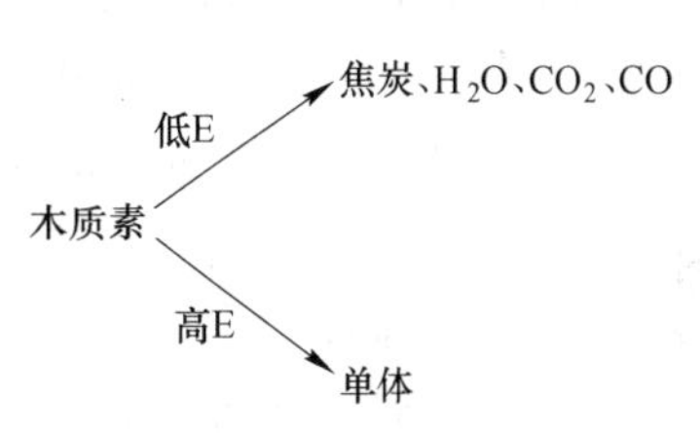

图6-6 Antal提出木质素可能分解途径

6.3 生物质热解液化原料选择

6.3.1 陆生生物质热解液化原料与含量特征

陆生生物质资源来源丰富，分布广泛，数量巨大。全世界约有250000种生物，每年通过光合作用产生的生物质为1460亿吨，其热当量约为$3×10^{21}$J。每年通过光合作用贮存在植物的枝、茎、叶中的太阳能，相当于全世界能源总消耗量的10倍。陆生生物质主要包括农业生物质、林业生物质、禽畜粪便及能源植物。

农业生物质资源是指农业生产过程中的废弃物，如农作物收获时残留在农田内的农作物秸秆、农业生产加工的废弃物等。目前，农作物秸秆大多直接在柴灶上燃烧，其热值利用率仅为10%~20%；农业生产加工的废弃物如稻壳、甘蔗渣、玉米芯等热值较低，分别为13.65MJ/kg、8.04MJ/kg、14.40MJ/kg。

林业生物质资源是指森林生长和林业生产过程提供的生物质资源，包括薪炭林、森林抚育和间伐作业中的零散木材、残留的树枝、树叶和木屑等；木材采运和加工过程中的枝丫、锯末、木屑、截头等；林业副产品废弃物，如果壳和果核等。目前一些发达国家正在试验短轮伐期的人工森林，它的生长期短，可以在较短的时间内提供更多的林业生物质资源。

能源植物是指生长周期短的速生林、灌木、草本植物，以及能够产油的小桐子、糖分含量高的木薯、甜高粱等植物。能源植物资源丰富，具有可再生性和二氧化碳零排放等优势。目前用于规模化生产生物柴油的原料有大豆（美国）、油菜籽（欧盟、加拿大）、棕榈油（东南亚）。巴西利用蔗糖发酵制取燃料乙醇，日本、爱尔兰等国用植物油下脚料及食用回收油作为原料生产生物柴油。能源植物可作为制备生物油的主要来源。

杨素文等以7种生物质为原料，进行了真空热解液化制取生物油的实验研究，考察了生物质种类对真空热解产物产率、生物油理化性质的影响。7种生物质的真空热解产物均以生物油为主，生物油产率均在55%以上。其中林业生物质的生物油产率比农业生物质高，杉木屑的生物油产率最高，为67.25%；而玉米秸秆的生物油产率最低，为55.46%。7种生物油的pH值为1.82~3.24，林业生物油pH值小于农业生物油pH值；密度为1.0163~1.1670，$\rho_{林业生物油}>\rho_{农业生物油}$；黏度较小，为2.29~7.36mm^2/s，$\eta_{林业生物油}>\eta_{农业生物油}$。7种生物油所含化合物类型相似，但具体化学组分及其相对含量有一定的差别，如稻壳生物油中呋喃衍生物相对含量最高，为22.8%，而杉木屑生物油中呋喃衍生物含量最少，仅为0.99%；杉木屑生物油中苯酚及其衍生物的相对含量最高达72.81%，而豆秆生物油中这类化合物的相对含量最少，为23.97%；而且仅杉木屑生物油中检测出具有抗菌、健胃、麻醉、降血压等药理作用的丁香酚。

6.3.2 水生生物质热解液化原料与含量特征

水生生物质能是水生植物利用光合作用将太阳能以化学能的形式贮存的能量形式，主要包括海洋中的藻类、水草，淡水中的芦苇、浮萍、具有生态破坏性的水葫芦等。藻类作为一种数量巨大的可再生资源，是生产生物质能源的重要潜在原料资源。地球上生物每年通过光合作用可固定800亿吨碳，生产1460亿吨生物质，其中40%应归功于藻类光合作用。每年仅海洋中的水生植物（主要是海藻），通过光合作用产生的生物质总量就有约550亿吨。

微藻种植资源丰富，世界各地报道的海洋微藻超过4000种，具有光合作用效率高、生物产量高、生长繁殖快、生长周期短和自身合成油脂等特点。在工程上培养海洋产能微藻，可用海水作为天然培养基，以简单矿物质营养盐、空气为基质，太阳光为能源进行大量繁殖和不断的产能，生产的能源不含硫，燃烧时不排放有毒害气体，不污染环境。微藻培养能大量固定CO_2，从而与CO_2的处理和减排相结合，能起到保护环境的作用。据测算，占地1km^{2}的藻类养殖场每年可处理5万吨CO_2。微藻作为能源植物优点很多：

（1）微藻不会因为被收获而破坏生态系统，自身含有较高的脂类（可占干重的20%~70%）、可溶性多糖等，可用于生产生物柴油或乙醇。

（2）某些微藻还能光合作用释放出氢气，可望成为生产氢气的一条新途径。

（3）光合作用效率高（倍增时间为3~5天），没有根茎叶的分化，不产生无用生物量，易被粉碎和干燥，预处理成本较低。

（4）微藻热解所得生物质燃油热值高，是木材或农作物秸秆的1.6倍，且不含硫，燃烧时不排放有毒害气体。

不同的微藻能在不同自然条件下长期生长，因此可利用不同类型水资源、开拓荒山丘陵和盐碱滩涂等非耕作水土资源，具有不与传统农业争地的优势。随着研究工作不断深入，通过细胞工程培养的产能微藻，有望成为新的可再生能源生产途径。

6.3.3 塑料垃圾热解液化原料

我国生活垃圾中废旧塑料占8%~9%，郑州市日产白色垃圾近百吨，重庆主城区日产达250t，北京市每天仅废弃塑料袋就有300多吨。国外的生活垃圾中塑料废弃物占10%左右。目前处理废旧塑料垃圾的方法为焚烧、填埋等，对环境造成很大的影响。利用塑料垃圾热解制得的生物油有以下特点：

（1）产品质量难以控制。由石油炼制厂进入市场的商品汽油、柴油大都经过调和，有的还需加入各类助剂，使其十几项技术指标均达到相应商品牌号的国家标准。塑料垃圾的组分繁杂，直接炼制的燃油产品无法全面达到质量要求，需根据采样化验结果，确定方案进行调制。这是相当一部分企业的财力、物力和人员技术无法做到的。

（2）废旧塑料炼制的燃油中烯烃等不安定组分含量较高，在储存和使用过程中易发生氧化、缩合反应生成胶质，储存后的油品颜色加深，使用时在机件表面生成黏稠的胶状沉积物，高温下可进而转化为积炭。为了改善油品的安定性，需加入抗氧剂和金属钝化剂，操作过程复杂，技术要求高。

（3）许多厂家将生产过程中产生的富含轻烃组分的干气放空，造成新的污染，威胁生产场所的安全，同时也是一种浪费，使总收益率降低，企业效益受到影响。

（4）废旧塑料所炼制的燃油，一般颜色较深且有异味。

6.3.4 其他生物质热解液化原料

除以上三类生物质以外，其他可用于热解液化原料的生物质包括城市生活垃圾、工业有机废弃物、禽类粪便等。城市有机垃圾指的是人类家庭生活产生的垃圾，餐饮业的废水、废油、剩饭以及一些生活污水等。工业有机废弃物包括工业生产过程中排出的有机废水、废渣等。禽畜粪便主要是指畜牧行业产生的牲畜、家禽的粪便，也包括人类的粪便等。另外，最近也有研究者对污泥沉淀物进行微波裂解得到生物油。

6.4 生物质热解液化工艺与设备

6.4.1 生物质热解液化技术的工艺类型

生物质的热解根据处理条件的不同分为快速热解、慢速热解、瞬间热解和催化热解。快速热解是生物质原料在300℃/min的升温速度流化床中进行热解，得到的主要为液态产物（生物质油）；慢速热解是以5~7℃/min的速度对生物质进行热处理，获得大量生物质炭和少量液相、气相产物的热解过程；瞬间热解的处理过程在几秒钟内进行，对原料的粒度要求非常高，通常在60~140目，瞬间热解的主要产物是生物质燃气；催化热解是利用沸石、Al_2O_3、Fe和Cr等催化剂对生物质的催化作用使其降解，生成液相产物，催化热解的液相产物的氧含量和含水率较低，可以直接作为运输燃油。热解气体主要由CO、CO_2和CH_4，还有一些H_2、乙烷、丙烷、丙烯、丁烷和丁烯等小分子组成，热解的气体需要进行处理后才能利用。采用一定量的催化剂，可以将燃气中的CO和H_2转变成CH_4，如甲烷化技术中采用氧化镍催化剂并以活性氧化铝为载体将生物质气化，这是改善燃气质量、提高燃气热值的有效方法。热解的液体（生物质燃料油）有很高的碳含量和氧含量，需要利用催化加氢、热加氢或者催化裂解等作用降低氧含量，去除碱金属，才能更好地利用。其中，催化裂解反应可在没有还原性气体的常压下进行，是较为经济的方法。热解固体（生物质炭）是生物质燃料中的水分、挥发分和热解油在高温下排出后所剩的不能再进行反应的固体物质。为了得到不同的气、固、液相产物要靠升温速度和停留时间等指标来加以衡量。

6.4.2 生物质快速热解液化技术

生物质快速热解技术将低品位的生物质（热值为12~15MJ/kg）转化成易储存、易运输、能量密度高的燃料油（热值高达20~22MJ/kg）。该技术具有以下明显的优点：

（1）热解产物为燃气、生物油和焦炭，并可根据不同需要改变产物收得率加以利用。

（2）环境污染小，生物质在无氧或缺氧的条件下热解时，NO_x、SO_x等污染物排放少，且热解烟气中灰量小。

（3）生物质中的重金属等有害成分大部分被固定在焦炭中，可以从中回收金属，进一步减少环境污染。

（4）热解可以处理不适于焚烧的生物质，如医疗垃圾等。

生物质的热解行为可以归结为纤维素、半纤维素、木质素三种主要组分的热解。生物质热解过程最终形成热解油（分为焦油和生物油）、不可冷凝气体和生物质炭。控制热裂解的条件（反应温度、升温速率等）可以得到不同的热裂解产品。在生物质快速热解液化的各种工艺技术中，反应器都是主要设备，因为反应器的类型及其加热方式的选择在很大程度上决定了产物的最终分布，所以反应器类型的选择和加热方式的选择是各种技术路线的关键环节。目前国内外达到工业示范规模的生物质快速热解液化反应器主要有鼓泡流化床、循环流化床、旋转锥反应器和下降管反应器等几种典型主反应器。

6.4.2.1 鼓泡流化床

鼓泡流化床的工艺原理如图 6-7 所示。生物质经过风干、筛分等处理过程成为反应原料；流化介质是热裂解生成的气体；热载体可采用砂类材料，比如石英砂；裂解所需热量由预热惰性气体提供，另外，在反应器壁面缠绕电热丝加热，维持恒定温度。鼓泡流化床通过调节热载气流量来控制气相滞留时间，非常适合进行小颗粒生物质的热裂解过程。鼓泡流化床的设备制造容易、操作简单、反应温度控制方便，非常有利于快速热裂解进行。加拿大 Waterloo 大学最先研制开发了流化床热裂解设备；加拿大达茂公司采用这项技术可日处理 200t 锯木厂废弃物；英国 Aston 大学开发的 Wellman Integrated Fast Pyrolysis Pilot Plant 加工能力为 250kg/h。

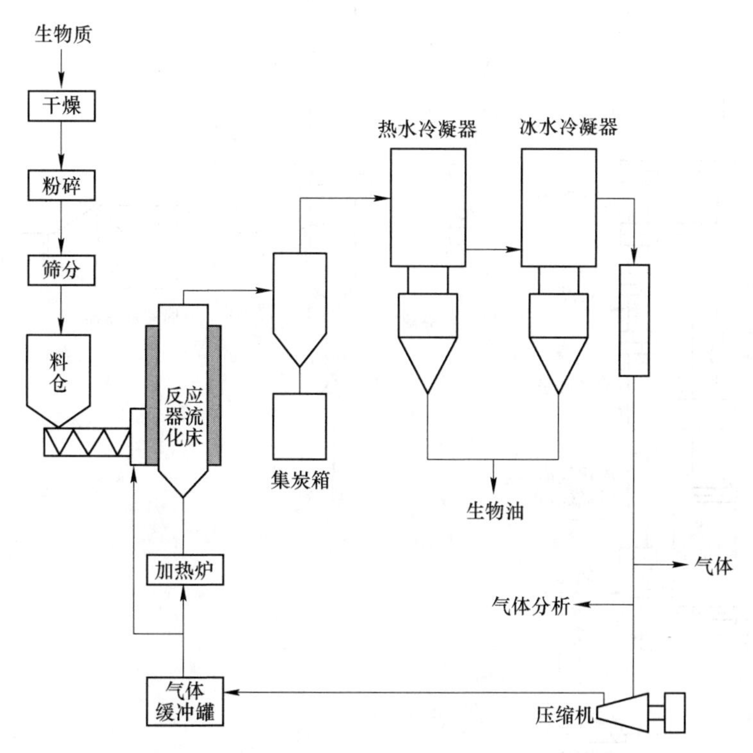

图 6-7 鼓泡流化床生物质热裂解液化工艺流程

6.4.2.2 循环流化床

在这种工艺中，焦炭产物和气体流带出的砂子通过旋风分离器回到燃烧室内循环利用，从而降低了热量的损失。由于提供热量的燃烧室和进行反应的流化床合二为一，因此降低了反应器的制造成本，而且加热速度控制方便，反应温度均匀，焦炭停留时间和气体产物停留时间基本相同，适合小原料颗粒（小于 2mm）的热裂解，生物油产率可达 60%。在目前各种快速热裂解生产装置中，循环流化床的处理量最大，可达 200kg/h。但循环流化床内的流体运动情况十分复杂，仍需进行反应器的运转稳定性和系统的反应动力学研究。另外，由于固体传热介质需要循环使用，增加了系统的操作复杂性。循环流化床生物质热裂解液化工艺流程如图 6-8 所示。

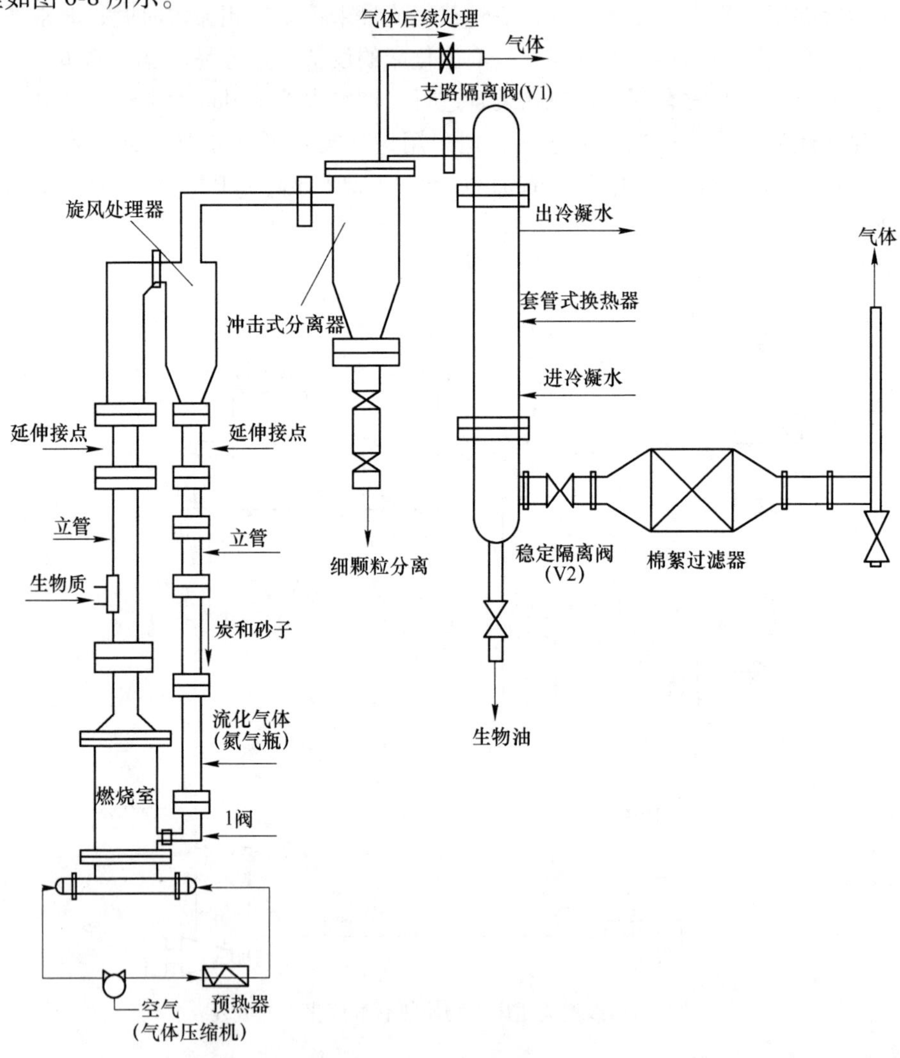

图 6-8 循环流化床生物质热裂解液化工艺流程

6.4.2.3 旋转锥式反应器

旋转锥式反应器由荷兰 Twente 大学工程组及生物质技术集团（BTG）从

1989年开始研发。沈阳农业大学于20世纪90年代引进该技术，并得到推广，其工作原理如图6-9所示。经过干燥的生物质颗粒与经过预热的载体砂子混合后送入旋转锥底部，在旋转锥带动下螺旋上升，在上升过程中被迅速加热并裂解。裂解产生的挥发物经过导出管进入旋风分离器分离出焦炭，然后通过冷凝器凝结成生物油。在此过程中，传热速率可达1000℃/s，裂解温度500℃左右，原料颗粒停留时间约0.5s，热裂解蒸气停留时间约0.3s，生物油产率为60%~70%。旋转锥式反应器运行中所需载气量比流化床少得多，这样就可以减少装置的容积，从而降低装置的制造成本。

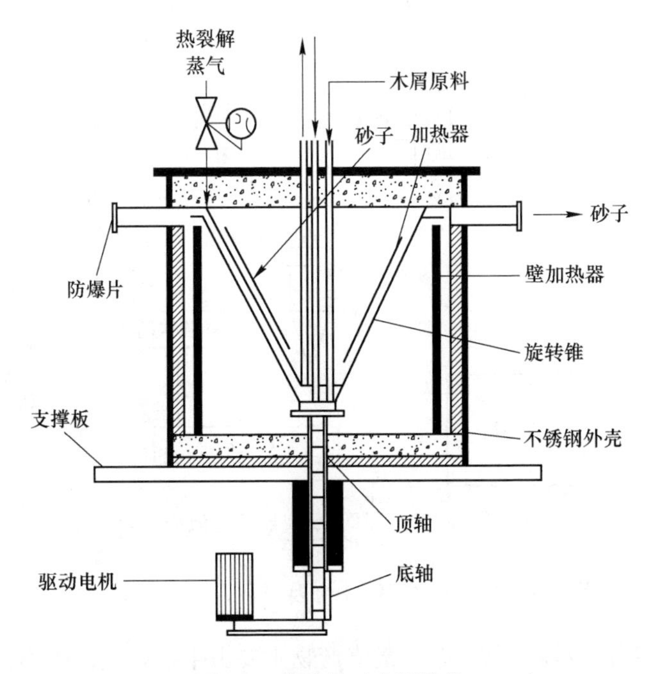

图6-9 旋转锥反应器结构

6.4.2.4 下降管反应器

下降管反应器是山东理工大学自主研制开发的一套具有自主知识产权的固体热载体热裂解液化装置，如图6-10所示。反应管是由三段直管组成的“Z”字形管，利用直径2~3mm陶瓷球为热载体，利用分离装置对热载体进行循环利用。生物质粉与高温陶瓷球迅速混合、受热，发生热裂解反应。加热速率可达2000℃/s，气相停留时间小于3s。

由于热裂解液化过程中没有混入其他气体，热裂解产物中的不可凝气体热值较高。并且，在进行冷凝时只需将热裂解产物冷却，冷凝装置的负载较小。这套装置可实现热载体的循环利用，总体能耗小，结构简单，方便扩大规模。

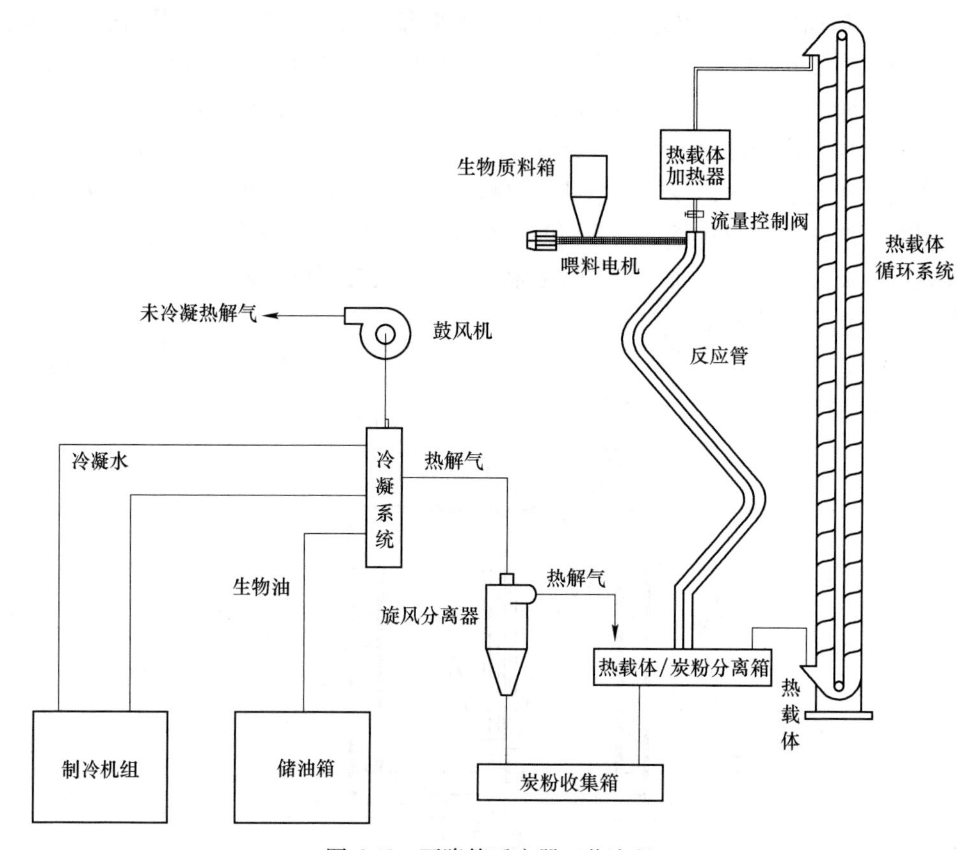

图 6-10 下降管反应器工艺流程

6.4.2.5 生物质热裂解反应的影响因素

生物质热裂解反应极其复杂，最终产物主要由生物质炭、生物油和不可冷凝气体组成。反应过程中，温度、升温速率、物料特性、气相滞留时间、压力和催化剂等因素有重要影响，对三种产物的分布和特性影响至关重要。

A 温度的影响

反应温度的变化对热裂解最终产物的组成和不可冷凝气体的组成有显著的影响。热裂解过程中，温度如果过低，生物质热解不充分导致固体炭的产率高，质量产率在30%左右，而此时的产油率极低；温度如果过高，液态长链分子键进一步断裂，形成小分子气体，二次裂解率增高，产气率显著增高，但不利于产油率的提高。

D. S. Cott 采用流化床反应器进行生物质闪速热裂解试验，得到了产物分布和温度之间的关系。随着温度的升高，固体炭的产率减少，气体产率增加，并认为温度范围在400~600℃之间时，其生物油产率较高。

国内易维明等人利用流化床考察了温度等因素对生物质热裂解产物分布的影响。试验中，当裂解温度在500℃时生物油收集率最高，其中重质生物油所占比例的变化趋势与生物油收集率的变化趋势几乎一致，反应温度在500℃时，重质生物油所占比例也最大。

B　物料特性的影响

生物质种类、物料形状、粒径及其分布等特性对生物质热裂解反应也有着重要的影响。

生物质中各种结构特征及其含量对热裂解产物比例影响较大，通常含木质素较多的生物质，焦炭产量较大；而半纤维素含量多者，焦炭产量则较小。另外，研究表明，生物质自身中的盐和氧化物中包含有大量金属元素，他们存在于生物质机体内部或灰分里面，在生物质热裂解过程中，会强烈地参与到化学反应中去，影响最终产物分布。

方昭贤等人在510~520℃对花梨木、樟子松、竹粉、稻壳等7种不同的生物质种类进行了热裂解的试验研究，他们之间的生物油产率差距较大，最高的花梨木产率为52.20%，最低的象草产油率仅为17.65%。

刘宇等人利用自制的小型流化床分别对榆木木屑、红松木屑和稻秆进行了热裂解的试验研究，并分别对生物油进行了分析，结果表明其成分主要差别是含水率。红松木屑热裂解产生的生物油含水率为25%~36%，而对应稻秆生物油含水率则达到了50%。

物料的粒径也是影响生物质热裂解过程的主要参数之一。若粒径较大，会导致颗粒内部挥发分较难扩散，增加了二次裂解的几率。Blasi指出，粒径小于1mm的挥发分在内部二次裂解的概率变小。另据研究表明，粒径在1mm以下时，热裂解过程受反应动力学速率控制，当粒径大于1mm时，热裂解过程则会受传热、传质现象控制，而且，颗粒成为热传递的限制因素。李天舒等人将粒径小于1mm的生物质分为小于0.2mm、0.2~0.45mm、0.45~0.6mm和0.6~0.9mm四组，并在相同工况下分别对这四组生物质进行了热裂解试验，其生物油产率平均值分别为55.49%、56.76%、58.23%和59.44%。因此，认为当粒径小于1mm时，粒径对生物油产率无显著影响。

C　催化剂的影响

不同的催化剂参与到生物质热裂解过程中，起到不同的效果。例如，碱金属碳酸盐能够促进原料中氧的释放，不仅增加了产气率，而且提高了气体热值；金属元素可以降低热裂解过程中的反应速率，并影响其产物分布；加氢裂化能增加生物油的产量，降低生物油的分子量等。

Caglar等采用质量分数为20%的K_2CO_3和Na_2CO_3为催化剂对棉花壳进行了催化热解试验，K_2CO_3催化热解试验中液体和气体总收得率由63.8%升高到

73%；Na_2CO_3催化热解试验中，液体和气体总收得率由 65.5%升高到 73.7%；但两者的液体收得率都有明显下降，因此两种催化剂适合于以热解气为目的产物的热解过程。牛艳青等人在管式炉中研究了 Al/Ca/Fe/K/Na/Zn 金属元素添加剂对木屑快速热解反应的影响。采用傅里叶红外光谱（FT-IR）分析了金属元素添加前后热解反应速率以及 CO、CH_4析出量的变化。FTIR 分析表明添加剂对 CO、CH_4等气体的产生有抑制效果，并降低了快速热解速率。陆强等人以三种纳米金属氧化物为载体，负载 Pd 和 Ru 化学改性进行热解试验，Pd/CeTi 具有较好的催化性能，并以三种金属氧化物为催化剂进行了热解试验，其中 CuO-ZnO 和 NiO-Al_2O_3没有显示出特别理想的催化效果，而白云石（CaO-MgO）的催化效果较好；在后面的研究中发现，白云石催化热裂解反应中，其催化性能优于 CaO，且失活较慢。Ersanp 以 MgO 为催化剂进行了热裂解试验，考察了 MgO 用量对生物油产率的影响，虽然生物油产量有所下降，但是品质得到了很大提升。柳善建等人利用自制流化床分别以石英砂、高铝矾土和白云石为床料进行了热裂解试验，认为白云石可提高生物质在热裂解中的挥发程度，并提高了收集到的生物油中轻质油的比例。

另外，反应过程中的气相滞留时间、压力、升温速率、喂料速率等因素对热裂解产物的分布和特性也有重要的影响，是主要参数之一。其中，气相滞留时间会影响热裂解过程中可冷凝气体发生二次裂解的程度；压力主要通过改变气相滞留时间来作为一个影响因素；升温速率对生物质热裂解过程的影响不如热裂解温度的影响程度大。

虽然当今生物质快速热解液化技术已经取得了较大的进展，但是仍然存在一定的不足，主要有以下两个方面：一方面，生物质在直接热解液化时转化不完全，需要很高的处理温度，生物质利用率不高；另一方面，有些生物质原料热解获得的“生物油”组成复杂，主要为含氧量很高的有机化合物的混合物，热值较低，不能直接用作燃料，而且分离困难，也不能直接作为化学品使用。因此，针对“热解反应器的改造”和“生物油的精制应用”两个方面的研究越来越受到各国科学家的重视。同时，虽然欧美等发达国家在生物质快速热解液化的工业化方面研究较多，但是理论研究却始终严重滞后，这在很大程度上制约了该技术水平的提高与发展。目前，国内外对于生物质的快速热解机理方面的研究主要是针对纤维素的热解提出许多热解过程的机理模型。但是对其他主要组分半纤维素和木质素热解模型的研究还十分欠缺，对其热解过程机理还缺乏深入的认识。而且，现有的各种简化热解动力学模型还远未能全面描述热解过程中各种产物的生成，离指导工程实际应用还有相当的距离。这是由于生物质本身的组成、结构和性质非常复杂，而且生物质的快速热解更是一个异常复杂的反应过程，涉及许多的物理与化学过程。因此，建立一个比较完善和合理的物理、数学模型来定性、定量地描述生物质的快速热解过程，将是未来生物质热解液化研究的另一个重要目标。

6.4.3 生物质热解液化技术的流程

6.4.3.1 生物质热解液化动力学研究

生物质热解液化动力学主要研究热解反应过程中温度、升温速率、反应时间等参数与物料转化率之间的关系，通过动力学分析可深入了解反应机理，预测反应速率，以及反应进行的难易程度。温度是一个重要的影响因素，它对产物组分含量、产率等都有很大的影响。升温速率一般对热解有正反两方面的影响，升温速率增加，物料颗粒达到热解所需温度的响应时间变短，有利于热解；但同时颗粒内外的温差变大，由于传热滞后效应会影响内部热解的进行。除以上几个主要影响因素外，在热解过程中，反应压力、生物质种类、粒径、含水量及形状等因素也对热解反应过程和产品的产量有一定的影响。

早期生物质快速热解动力学计算时，一般都采用一步反应模型来描述热解过程，认为生物质热裂解主要生成炭和挥发分两种产物，并且生物质的挥发分分析规律满足阿伦尼乌斯反应方程。随着研究的深入，为了更准确地描述生物质的热解挥发特性以满足研究的需要，在一步反应模型的基础上提出其他反应模型。Tsamba 等利用热重法进行椰壳和腰果壳的热解动力学研究，发现在失重曲线出现半纤维素和纤维素两个峰值；且活化能在升温速率为 10℃/min 和 20℃/min 时，分别为 130~174kJ/mol 和 180~216kJ/mol。Velden 等运用 TGA 和 DSA 研究方法确定热解反应动力学参数，对于大多数生物质而言，一级反应速率常数大于 $0.5s^{-1}$，反应热在 207~434kJ/mol。与国外研究相比，国内在闪速热解机理方面研究较少，李志合等以等离子体为热源，对稻壳等进行了闪速热解挥发试验，根据不同加热温度和挥发时间下的热解挥发数据计算出了阿伦尼乌斯一级反应动力学模型的表观频率因子和表观活化能参数的值，表明同一种生物质的热解动力学参数不随工况发生变化，不同生物质的表观频率因子和表观活化能不同，试验数据与模型具有很好的吻合性。杜海清采用热失重分析法对 4 种木质类生物质（松树、杨树、椴树和白桦）研究表明，热解反应为一级反应，4 种样品的峰值温度均随升温速率的增大而升高，活化能 E 和指前因子 A 随着升温速率的增大而增大；升温速率加倍时，最大失重速率随之加倍。催化剂的加入影响了热解反应历程，催化剂含量增加，活化能呈现出递减的趋势，活化能降低的幅度为 3.8~7kJ/mol。Lu 等运用 C-R 方法分析热解动力学参数，证明热解并非简单的一级反应，生物质非线性衰减的反应机理可以用三个连续方程表示，即一维扩散反应（Friedman 自由扩散模型）、一级表面反应和二维扩散反应，利用该反应机理，可以确定动力学参数和反应方程。虽然研究者们根据自己的实验结果和推算，建立了各种热解反应动力学模型，但这些模型在来源和形式上差别很大，而且大部分模型都是在热重仪慢速热解的实验基础上提出的，是否对生物质在快速加热条件下的热裂解有效仍需进一步验证，生物质热解动力学仍没有公认的理论。因此，对模型建立、理论分析和实验验证手段的研究等仍需进行大量的研究。

6.4.3.2 生物质热解液化技术的流程

生物质热裂解的工艺流程包括破碎、干燥、粉碎、热解、净化、冷凝、收集7个步骤，如图6-11所示。流程如下：

（1）破碎（splinter）。将农林废弃物折断，便于干燥和运输。加工前将待加工生物质的较大部分用大型粗碎机破碎至一定的尺寸。

（2）干燥（drying）。生物质含水率不同，有干燥的，有潮湿的，应该平铺于广场之上进行自然干燥。一般控制含水量在15%以下。

（3）粉碎（comminution）。生物质原料需要经过加工，达到一定尺寸后才能放入生物质热裂解反应器中进行反应，因此要将破碎后的生物质原料进一步粉碎。为了能够提高升温速率，提高出油率，必须采用细粉碎机把生物质原料粉碎至反应器所需要的尺寸。

（4）热解（pyrolysis）。把粉碎后的生物质颗粒原料送入反应器，在反应器内生物质颗粒受热进行热裂解，转变成为热解蒸气和炭。

（5）净化（char separation）。热解蒸气内含有一定含量的炭和灰分，需要经过旋风分离器彻底净化；炭在热解蒸气的二次热裂解中起催化作用，是生物燃油中的不稳定因素，灰分留在生物油中容易堵塞管道。

（6）冷凝（condensation）。由于在高温下，热解蒸气会进行二次热裂解，因此热解蒸气由产生到冷凝阶段的时间对液体产物的质量和成分影响很大。这段时间越长，二次热解生成不可冷凝气体的可能性越大。因此必须对热解蒸气进行快速冷凝，防止二次热裂解，提高出油率。

（7）收集（collection）。生物油收集装置的设计除需要对温度进行严格控制之外，由于生物燃油的多组分冷凝情况各不相同，收集时的重组成分会变为黏稠状态，导致冷凝器堵塞。因此设计时要避免这种情况发生。

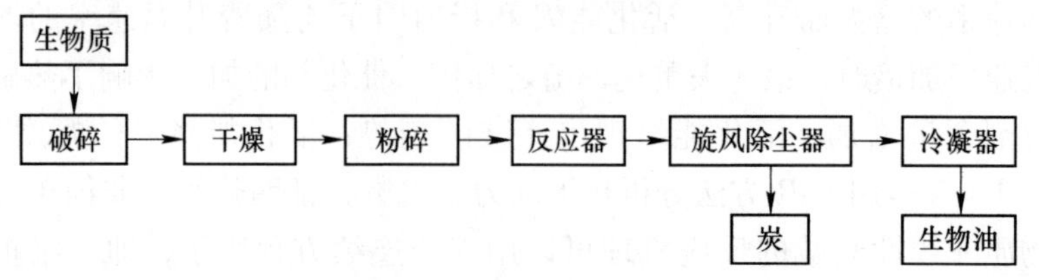

图6-11 生物质热裂解流程

为了减少裂解原料中水分被带到生物油中，需要对原料进行干燥，一般要求物料的含水量在10%以下。为了达到很高的升温速率，要求进料颗粒要小于一定的尺寸，不同的反应器对生物质尺寸的要求也不同。热裂解技术要求反应器具有很高的加热速率、热传递速率、严格控制的温度以及热裂解挥发分的快速冷却，这样有利于增加生物油的产率。灰分留在焦炭中，在二次反应中起催化作用，使产生的生物油不稳定，必须予以分离。挥发分产生到冷凝的时间和温度对液体产物的产量和组成有很大影响，停留时间越长，二次反应的可能性越大，为保证生物油产率，需要迅速冷凝挥发产物。此外，热解液化工艺的设计除需要保证反应工艺的严格控制外，还应在生物油收集过程中避免生物油中重组分的冷凝而造成堵塞。

6.4.4 生物质热解液化设备

反应器是生物质快速热解液化工艺技术的核心，反应器的类型及其加热方式的选择在很大程度上决定了产物的最终分布，因此反应器类型的选择和加热方式是各种技术路线的关键。目前国内外达到工业示范规模的生物质热解液化反应器主要有流化床、循环流化床、烧蚀、旋转锥、引流床和真空移动床反应器等。

6.4.4.1 流化床反应器

流化床反应器是利用反应器底部的常规沸腾床物料燃烧获得的热量加热砂子，加热的砂子随着高温气体进入反应器与生物质混合并传递热量给生物质，生物质获得热量后发生热裂解反应。流化床反应器设备小巧，具有较高的传热速率和一致的床层温度，气相停留时间短，可防止热解蒸气的二次裂解，有利于提高生物油产量。Manuel等研究了在流化床反应器中澳洲小桉树的热解情况，结果表明温度在470~475℃时生物油可以得到最大产率，进料颗粒的大小会影响生物油的含氧量。Akwasi等研究了紫花苜蓿秸秆在流化床反应器中快速热解过程，得到的生物油含氧量较低，具有更高的燃烧值。刘荣厚等以榆木木屑为原料，在自制的流化床反应器上，进行了快速热裂解主要工艺参数优化试验，对产生的生物油成分GC-MS分析表明，最优工艺参数组合为热裂解温度500℃、气相滞留时间0.8s、物料粒径0.180mm，此时生物油最大产率为46.3%。

6.4.4.2 循环流化床反应器

循环流化床反应器同流化床反应器一样，具有高的传热速率和短暂的生物质停留时间，是生物质快速热解液化反应器的另一种理想选择。加拿大国际能源转换有限公司（RTI）建立的生物质流化床热解技术示范工程；美国可再生燃料技术生产商Ensyn公司已广泛应用循环流化床反应器热解生物质生产生物油；

Velden 等模拟了循环流化床反应器的快速热解过程，结果表明最佳的反应温度为500~510℃，生物油的产率可以达到60%~70%。

6.4.4.3 烧蚀反应器

烧蚀反应器很多工作均由美国国家可再生能源实验室（NREL）和法国国家科研中心化学工程实验室（CNRS）公司完成。通过外界提供高压，生物质颗粒以相对于反应器较高的速率（>1.2m/s）移动并热解，生物质是由叶片压入到金属表面，该反应器不受物料颗粒大小和传热速率的影响，但受加热速率的制约。Lé dé 对烧蚀反应器的性能进行研究，从烧蚀厚度值、速度、产品等方面比较了接触型和辐射型烧蚀反应器，指出了各自的优缺点，有利于进一步提高反应性能。Bridgwater 对该技术进行了进一步的优化，使其可以应用在更大规模的生产中。

6.4.4.4 旋转锥反应器

旋转锥反应器是由荷兰 Twente 大学发明研制，采用离心力来移动生物质，生物质颗粒与过量的惰性热载体同时进入旋转锥反应器的底部，当生物质颗粒和热载体构成的混合物沿着炽热的锥壁螺旋向上传送时，生物质与热载体充分混合并快速热解，而生成的焦炭和砂子被送入燃烧器中燃烧，从而使载体砂子得到一定预热。Lé dé 等研究了在627~710℃的温度条件下旋转锥反应器对不同原料的生物油产率，得出最佳的生物油产率为74 %。李滨自主研制出了 ZKR-200A 型旋转锥式生物质闪速热解液化制油新装置，对4种生物质进行热解液化实验，生物质的加工能力183.7kg/h，生物燃油的收得率可达到75.3 %，可作为燃油锅炉燃料。

6.4.5 几种新型热解工艺

目前，为了提高生物质热转化率和生物油的收得率，研究者开发了几种新型热解工艺，包括催化热解、生物质与煤共热解液化、微波生物质热解、热等离子体生物质热解等。

6.4.5.1 生物质催化热解

催化热解是在循环流化床反应器或固定床反应器的基础上结合一个催化反应器，在催化剂的作用下，生物质快速热解形成高温蒸气。催化剂能够降低生物质热解活化能，增加生物质分子快速热解过程中的断裂部位，降低了焦炭形成几率，增加了生物油产率。选择合理的催化剂有利于提高生物油产率，是催化裂解反应的重点和关键。催化剂种类繁多，其中沸石分子筛应用较广，但极易结焦，目前已开发出不少催化剂（如 H-ZSM-5、ReUSY 等）来降低其结焦率，提高生物油产率。Chen 等考察了 8 种无机添加剂（NaOH、Na_2CO_3、Na_2SiO_3、NaCl、TiO_2、H-ZSM-5、H_3PO_4、$Fe_2(SO_4)_3$）对松木木屑热解产品的影响，实验表明，反应温度 480℃时，8 种无机添加剂都明显减少了气体产物总量；H_3PO_4等降低 CH_4和 CO_2的产量，增加氢气产量；4 种钠盐都使乙缩醛含量增加。Adisak 等研究了催化剂对木薯热解反应的影响，实验表明，分子筛、亚铬酸铜等催化剂可以大大减少含氧的木质素衍生物；ZSM-5、Criterion-534 和 Al-MSU-F 增加了芳香化合物和酚类化合物含量；ZSM-5 和 Al-MSU-F 分子筛明显增加甲酸和乙酸含量。

6.4.5.2 生物质与煤共热解液化

生物质与煤共热解液化是利用生物质的富氢，将氢传递给煤分子使煤得到液化，生物质的物理和化学性质发生了很大变化，研究表明煤与生物质共液化对液体产品收得率和产品性质具有积极影响。白鲁刚等进行了煤与生物质加氢共热解液化试验，同时选硫铁化物为催化剂，有效降低共液化反应的苛刻度，在 300～400℃能明显提高生物质转化率和油品产率，反应温度 350℃时，油品产率最高可增加 18%。陈吟颖运用固定床反应器共热解不同比例生物质与煤的实验表明热解过程中相互作用明显，当生物质掺混比例为 20%并与褐煤共热解时，半焦产率为生物质单独热解的 2.1 倍，焦油产率相应降低；共热解使气体热值增加，与褐煤共热解时，得到的共热解气热值基本接近褐煤单独热解气的热值，高于生物质单独热解气的热值。

6.4.5.3 微波生物质热解

生物质的微波热解是利用微波辐射在无氧或缺氧条件下切断生物质大分子中的化学键，使之转变为较小分子的复杂化学过程，包含分子键断裂、异构化和小分子的聚合等反应，较常规加热效率更高。2001 年，Miura 等研究了纤维素材料和木块的微波热解，得出焦油的主要成分是左旋葡聚糖，纤维素含量越高的原料产生的左旋葡聚糖越多；证明了微波加热较常规加热二次反应少，有利于生物油产量增加。商辉等利用微波热裂解的方法将木屑转化为生物油，研究发现单模谐振腔比多模谐振腔更有助于生物质的快速热解；孔隙中的水分是微波热解生物质的主要因素，可以提高加热速率；生物质热解在微波加热与传统加热的最大差别在于前者是由里及外地加热，可以减少二次反应的发生，提高生物油的收得率和质量。微波加热与催化剂同时使用，可以相互促进提高产物选择性和加快反应进行。Wan 等研究了在微波热解玉米秸秆和山杨木过程中，几种无机催化剂对产物选择性的影响，实验表明 KAc 等抑制了气体和焦炭的产生，显著提高了生物油的产量；催化剂作为热点吸收微波，进一步加速了反应的进行。

6.4.5.4 热等离子体生物质热解

等离子体加热具有温度调节容易、射流速率可调的优点，特别适用深入研究生物质快速热解液化的技术参数。易维明等利用等离子体射流技术进行快速热解液化玉米秸秆粉的初步试验，在出口温度为 400~430℃时得到生物油收得率为 50%；对生物油成分进行分析，乙酸绝对含量高达 26%。李志合等设计了一种以等离子体为主加热热源，同时配合热电阻丝保温的新型流化床反应器。对玉米秸秆粉末的热解实验表明，生物油产率随温度升高先增大后减小，在 477℃左右液体产率最高。修双宁等利用等离子体加热生物质快速热解玉米秸秆粉末，对热解动力学研究，实验值和模型计算预测值有很好的吻合性，所得的模型和相应的动力学参数具有广泛适用性。

6.5 生物质热解液化技术研究进展

生物质能，简称生物能，是指从生物质获得的能量，具有分布广、可再生、可存储、储量大和碳平衡等优点。但生物质的能量密度低，存在运输困难和燃烧效率低的问题，需要通过热化学或生物技术将其转化为固体、燃料或气体等燃料形式加以利用。固体燃料转化包括生物质成型、直接燃烧和生物质与煤混烧等；液体燃料转化包括生物质发酵制生物乙醇和酯化、加氢制生物柴油，以及生物质直接制液体燃料（biomass to liquid fuel，BtL）等；气体燃料转化包括生物质制沼气、气化气和制氢等。生物液体燃料（乙醇和生物柴油等）目前主要用作运输燃料以替代化石燃油。生物质直接制液体燃料技术是最有前途的生物液体燃料技术之一，包括生物质气化后费托合成（Fischer-Tropsch）生物油、生物质热解液化制生物油。热解液化技术可以将难储存、难运输的生物质（能量密度一般在 12~15MJ/kg）转化成易储存、易运输的生物油（能量密度达到 20~22MJ/kg）；可根据需要改变产物产率，减少硫和氮的氧化物的排放，以及烟气中的灰分，有利于环保。另外，热解液化技术还可以处理医疗垃圾等不适于焚烧的生物质。热解液化通常在常压、中温下进行，具有工艺简单和装置小等特点，使该技术日益受到重视。生物质快速热解液化技术研究始于 20 世纪 70 年代末，是可再生能源发展领域中的前沿技术之一。加拿大、美国、意大利及芬兰等国在 1995 年已有 20 余套生物质热解试验装置，最大的生物质处理能力达 100t/d。欧洲在 1995 年和 2001 年分别成立了 PyNE 组织（Pyrolysis Network for Europe）和 Gas Net 组织（European Biomass Gasification Network）进行快速热解液化技术和生物油的开发和利用等方面的工作。

6.5.1 基本过程

生物质热解液化是指生物质原料（通常需经过干燥和粉碎）在隔绝氧气或有少量氧气的条件下，通过高加热速率、短停留时间及适当的裂解温度将生物质裂解为焦炭和气体，气体分离出灰分后再经过冷凝可以收集到生物油的过程。在该工艺过程中，原料干燥是为了减少原料中的水分被带到生物油中，一般要求原料的含水量低于10%；而减小原料颗粒的尺寸，可以提高升温速率，不同的反应器对颗粒大小的要求也不同。热解过程必须严格控制温度（500~600℃）、加热速率、热传递速率和停留时间，使生物质在短时间内快速热解为蒸气；对热解蒸气进行快速和彻底地分离，避免炭和灰分催化产生二次反应导致生物油的不稳定，并保证生物油的产率。除需要严格控制反应条件外，热解液化还要避免生物油中的重组分冷凝造成的堵塞。

6.5.2 新工艺

为提高生物质的热转化率和生物油的产率，研究人员近年来开发了混合热解、催化热解、微波热解、等离子体热解等新的热解工艺。

（1）混合热解。混合热解主要指生物质与煤进行共热解液化，生物质中的氢传递给煤进行液化，从而积极影响生物油的产率和性质。固定床反应器对生物质与煤共热解的实验表明：20%生物质与80%褐煤的掺混共热解时，半焦产率为生物质单独热解的2.1倍，焦油产率相应降低；共热解产生的气体热值增加，高于生物质单独热解气的热值。

（2）催化热解。催化剂能够降低生物质热解活化能，增加生物质分子热解时的断裂部位，使生物质快速热解形成高温蒸气。催化剂的合理选择可以在生物质热解过程中减少焦炭的形成，增加生物油的产率。例如，松木木屑在480℃热解时，无机添加剂可以明显减少气体产物。沸石分子筛催化剂应用较广，但易结焦。研究人员开发出的H-ZSM-5、ReUSY等可以降低结焦率的催化剂。

（3）微波热解。微波热解是用微波使生物质大分子发生裂解、异构化和小分子聚合等反应生成生物油的过程。微波加热过程中二次反应比常规加热少，有利于增加生物油产率。微波热裂解木屑时，单模谐振腔比多模谐振腔更有助于木屑热解为生物油；孔隙中的水分可以提高加热速率并减少二次反应，提高生物油的产率和质量。微波热解玉米秸秆和山杨木过程中使用乙酸钾作为催化剂作为热点吸收微波，可以加速热解反应，并提高生物油的产量。

（4）等离子体热解。等离子体加热具有温度调节容易、射流速率可调的优点，适合深入研究生物质快速热解液化的技术参数。出口温度400~430℃的等离子体热解液化玉米秸秆时，生物油产率可达50%。李志合等用等离子体为主加热热源、热电阻丝保温的新型流化床反应器对玉米秸秆进行热解，发现生物油产率随温度升高先增大后减小，在477℃左右液体产率最高。

6.5.3 反应器

生物质快速热解液化技术的核心是反应器，它的类型和加热方式决定最终的产物分布。反应器按物质的受热方式可分为三类：机械接触式反应器、间接式反应器、混合式反应器。目前，针对第一类型和第三类型反应器开展的研究工作相对较多，这些反应器的成本较低且宜大型化，能在工业中投入使用。代表性的反应器有加拿大 Ensyn 工程师协会的上流式循环流化床反应器（upflow circulating fluidbed reactor）、美国乔治亚技术研究所（the Georgin Technique Research Institute，GTRI）的引流式反应器（entrained flow reactor）；美国国家可再生能源实验室（NREL）的涡流反应器（vortex reactor）；荷兰 Ttwente 大学反应器工程小组及生物质技术集团（BTG）的旋转锥反应器（rotating cone reactor）和加拿大 Laval 大学的生物质真空多炉床反应器（multiple hearth reactor）等反应器，它们具有加热速率快、反应温度中等和气体停留时间短等特征。

6.5.3.1 流化床反应器

流化床反应器是利用反应器底部沸腾床燃烧物料加热载体，载体随着高温气体进入反应器与生物质混合导致生物质被加热并发生热裂解。流化床反应器具有设备小、传热速率高和床层温度稳定的特点，同时气相停留时间短，减少了热解蒸气的二次裂解，提高了生物油产量。刘荣厚等使用流化床反应器进行榆木木屑热解液化的研究，发现榆木木屑在裂解温度500℃、气相滞留时间0.8s、物料粒径0.18mm时生物油的产率可达46.3%。

6.5.3.2 循环流化床反应器

循环流化床反应器具有传热速率高和停留时间短等特点，是生物质快速热解液化的一种理想反应器，如图6-12所示。加拿大 Ensyn 工程师协会在意大利 Bastardo 建成了650kg/h规模的上流式循环流化床示范装置，反应温度550℃时杨木粉的生物油产率达到65%。Velden 等对循环流化床反应器快速热解生物质的过程进行模拟，结果表明最佳的反应温度为500~510℃，生物油的产率可达60%~70%。广州能源研究所的生物质循环流化床热解液化装置以石英砂为循环介质，在木粉进料5kg/h、反应温度500℃时生物油产率达到63%。

6.5.3.3 引流式反应器

引流式反应器（entrained flow reactor）是由美国乔治亚理工学院（GIT）和

Egemin 公司开发的，丙烷和空气按化学计量比引入反应管下部的燃烧区，高温燃烧气将生物质快速加热分解，如图 6-13 所示。利用引流式反应器，生物质热解产生的液体产率可达 60%，但该装置需要大量高温燃烧气，且产生大量低热值的不凝气。

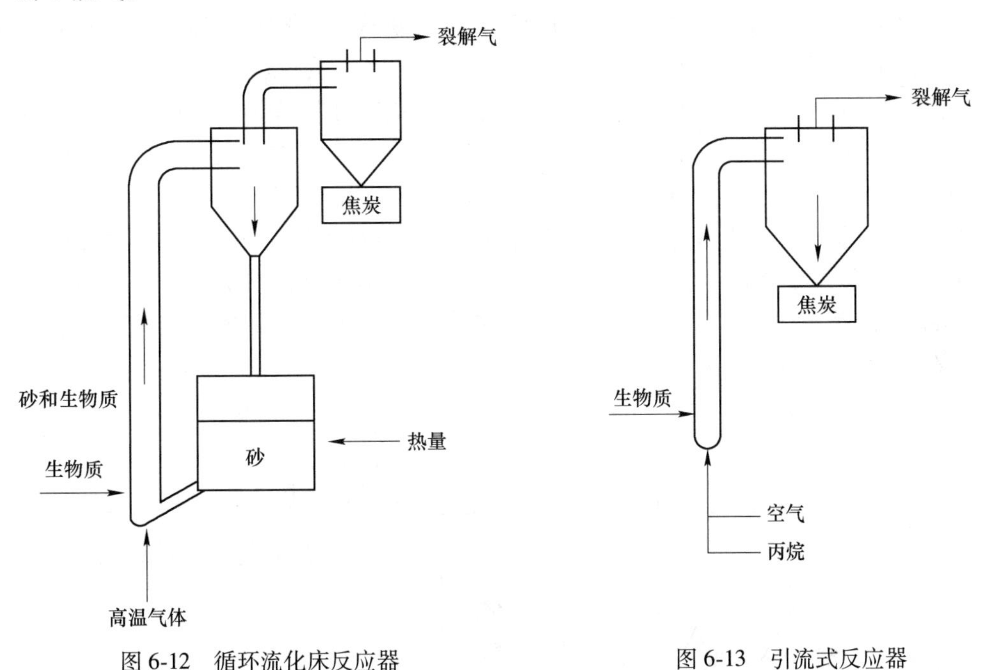

图 6-12 循环流化床反应器

图 6-13 引流式反应器

6.5.3.4 涡流反应器

涡流反应器的研发机构主要有美国国家可再生能源实验室（NREL）和法国国家科研中心化学工程实验室（CNRS）公司，如图 6-14 所示。NREL 开发的涡流反应器的反应管长 0.7m，管径 0.13m，生物质颗粒在高速氮气或过热蒸汽引射流作用下加速到 1200m/s，并沿切线方向进入反应管，在管壁产生一层生物油并被迅速蒸发。未完全转化的生物质颗粒则通过特殊的固体循环回路循环反应。目前，涡流反应器不受物料颗粒的大小和传

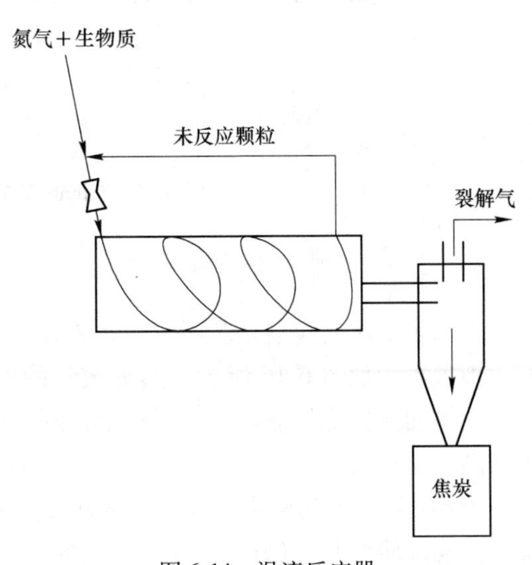

图 6-14 涡流反应器

热速率的影响，但受加热速率的制约，生物油产率在55%左右，最高可达67%左右，但其氧含量较高。

6.5.3.5 旋转锥反应器

生物质颗粒与惰性热载体（如砂子）一起进入旋转锥反应器的底部，并沿着炽热的锥壁螺旋向上传送，如图6-15所示。生物质与热载体充分混合并快速热解，生成的焦炭和载体被送入燃烧器中燃烧来预热载体。虽然该反应器的生物油产率可达70%，但生产规模小，能耗较高。沈阳农业大学在UNDP的资助下，1995年从荷兰的BTG引进一套50kg/h旋转锥闪速热裂解装置并进行了相关的试验研究。Lédé等研究了旋转锥反应器对不同原料的热解，发现在627~710℃温度条件下，生物油产率可达74%。李滨用旋转锥式生物质闪速热解液化装置（ZKR-200A型）对4种生物质进行了热解液化实验，发现生物油产率可达75.3%。

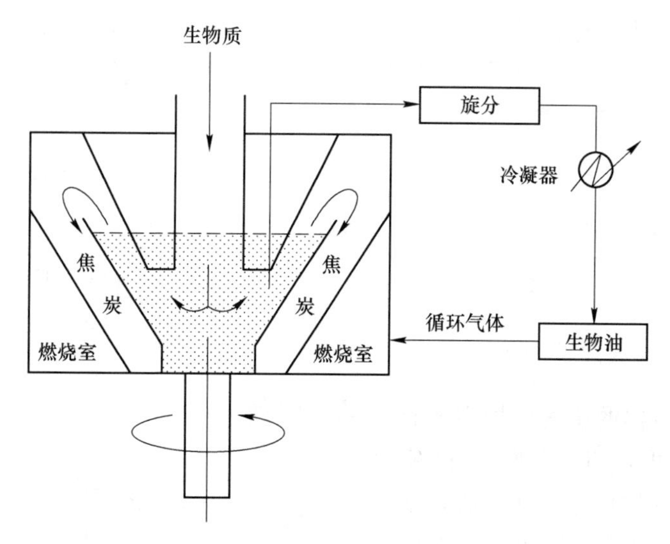

图6-15 Twente旋转锥反应器

6.5.3.6 真空多炉床反应器

真空多炉床反应器是多层热解磨装置，原料由顶部加入，受重力和刮片作用而逐渐下落，如图6-16所示。热解蒸气的停留时间很短，二次裂解少，同时生成的生物油分子量相对较低，有利于精制。但该装置需要大功率的真空泵，同时价格高、能耗大。

表6-1列出了几种国外常用的热解液化装置和上海交通大学（SJTU）及中科院广州能源研究所（GIEC）自行研制的生物质热解液化装置的性能。国内装置

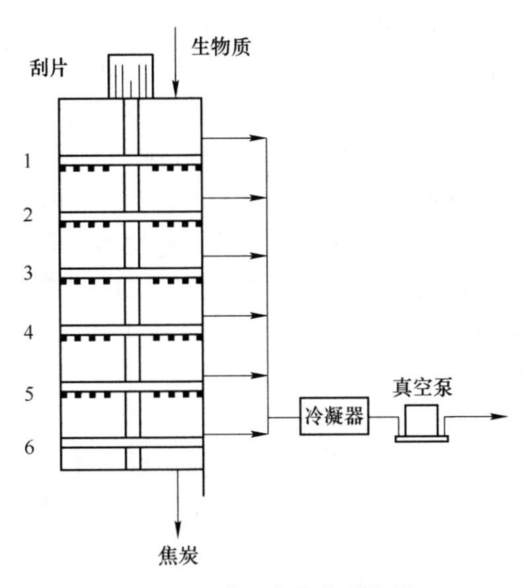

图 6-16 真空多炉床反应器

对原料粒径要求比国外装置的要高，同时生物油产率低于国外装置，尚需缩小与国外的差距。

表 6-1 几种热解液化装置的性能对比

研究机构	Ensyn	GIT	NREL	Twente	Laval	SJTU	GIEC
反应器类型	循环流化床	引流式	涡流	旋转锥	真空多炉床	流化床	循环流化床
温度/℃	550	500	625	600	450	500	500
压力	常压	常压	常压	常压	减压	常压	常压
入料量 /kg · h^{-1}	650	50	30	12	30	1~2	5
生物质原料粒径/mm	0.2	0.5	5	2	10	0.18	0.4
气体停留时间/s	0.4	1.0	1	0.5	3	0.8	1.5
生物油产率(质量分数)/%	65	60	55	70	65	46.3	63
生物油热值 /MJ · kg^{-1}	19	24	20	17	21	—	22

6.5.4 应用前景

生物质热解液化技术是生物质能源利用较为有效的途径之一。其存在和发展的重要意义不仅仅局限在能提供高利用价值的液体燃料，而是因为该工艺将可再生能源高品位利用、生态环境的低污染以及绿色能源的持续供应等有机地结合在一起，实现了资源、能源和环境的高效统一，因此该技术具有广泛的应用前景。

在欧美等发达国家，生物质热解液化已经得到广泛的工业应用，并取得了一定的经济效益。欧洲在 1995 年专门成立了一个 PyNE（Pyrolysis Network for Europe）组织，2001 年成立了 Gas Net 组织，在快速热解液化技术的开发以及生物油的利用方面做了大量富有成效的工作。2009 年 6 月，芬兰综合林产品公司斯道拉恩索集团（Stora Enso）和耐思特石油公司（Neste Oil）在瓦尔考斯建造的生物燃料示范工厂落成，该厂将林业废料进行液化，流程单元涵盖：生物质干燥、气化、气体净化以及 Fischer-Tropsch 催化剂测试等阶段。与发达国家相比，我国生物质热解液化技术方面的研究起步较晚，但是近几年也得到迅速发展，2008 年 3 月，国内首创的产业化设备 YNP-1000A 生物质热解液化装置达到国际先进水平；2009 年 6 月，安徽易能生物能源有限公司自主研发的 YNP-1000B 型生物质炼油设备在山东滨州投产，生物油的产业化进入了实质性阶段。

生物质热解液化燃料可在一定程度上替代石油，生物原油可直接用作各种工业燃油锅炉的燃烧，也可对现有内燃机供油系统进行简单改装，直接作为内燃机、引擎的燃料；此外，生物油中含有许多常规化工合成路线难以得到的成分。当前，生物质热解液化技术工业应用应以生产化学产品和高附加值物质为主；但从长远角度考虑，随着技术的发展、生产规模的扩大、成本的下降，生物油作为燃料和动力用油会更具有竞争性，同时生物油的利用可大大减少 SO_x、NO_x 以及 CO_2 的排放，综合效益更显著。基于我国生物质资源丰富，石油资源匮乏的国情，我国应该加大投入力度，研究符合我国国情、具有独立知识产权的热解液化技术，加强对各种热解机理的研究和新型热解工艺以及高效反应器的开发，同时，进一步加强生物油精制升级的研究，提高生物油的质量，对生物油进行分类使用，使其应用范围更广，增加其市场竞争力。

随着化石燃料的日益枯竭，生物质的开发与利用已成为世界各国的共识，虽然当今生物质快速热解液化技术已经取得了较大的进展，但是仍然存在一定的不足，今后研究主要集中在以下方面：寻求合适的原料，降低成本，提高生物油产率；开发更经济高效的转化技术和反应器；加强反应机理的研究；改善生物油的性能；建立一个针对不同用途的生物油品质的评定标准。生物油作为燃料应用还存在着技术和经济性上的限制，但是受能源危机等因素的驱使，生物油升级精制后代替化石燃料将会有良好的发展趋势和应用前景，生物质能作为可再生的洁净能源其开发利用已势在必行。

7 生物质热解气化技术

随着世界经济的快速发展，能源资源的消耗速度也迅速增长，而煤、石油、天然气等传统化石能源资源日益枯竭，人类迫切需要开发可再生的能源资源以补充和替代现有的化石能源，生物质能作为重要的环境友好的可再生能源，受到国内外的重视，被视为继煤炭、石油和天然气之后的第四大能源。

生物质热解气化技术是一种十分重要的可再生能源利用方式。生物质热解气化可获得燃气、生物油和生物质炭三种产物，高品位的燃气既可以作为工业或民用燃料，供生产、生活直接燃用，也可以通过内燃机或燃气轮机发电，进行热电联供，或者进一步合成生产液体燃料、有机化工产品；生物油可通过进一步的分离或提取制成燃料油、化工原料等；生物质炭则可用作活性炭原料或者进一步气化生成气体燃料、作为流化床锅炉燃料生产蒸汽热能，从而实现生物质能的高效清洁利用。本章主要介绍生物质热解气化的能源和材料意义、热解气化原理、生物质气化过程及其影响因素、生物质热解气化工艺、生物质热解气化设备以及生物质热解气化技术研究进展。

7.1 生物质热解气化的能源与材料意义

7.1.1 生物质热解气化技术的发展

20 世纪 70 年代开始，生物质能的开发利用研究已成为世界性的热门研究课题，国外尤其是发达国家的科研人员在相关领域做了大量的工作。

美国有生物质发电站 350 多座，分布于纸浆、纸产品加工厂和其他林产品加工厂，主要研究采用生物质联合循环发电（BIGCC），生物质能发电的总装机容量已超过 10000MW，单机容量达 10~25MW，发电总量已达到美国可再生能源发电装机的 40%以上、一次能源消耗量的 4%。

德国目前拥有 140 多个区域热电联产的生物质电厂，此外有近 80 个处于规划设计或建设阶段，茵贝尔特能源公司（Imbert Energietechnik GmbH）设计制造的下吸式气化炉-内燃机发电机组系统，气化效率可达 60%~90%，燃气热值为 17~25MJ/m^3。

芬兰是世界上利用林业废料、造纸废弃物等生物质发电最成功的国家之一。福斯特威勒公司是芬兰最大的能源公司，主要利用木材加工业、造纸业的废弃物为燃料，废弃物的最高含水量可达60%，机组的热效率可达88%，所制造的燃烧生物质的循环流化床锅炉技术先进，可提供的生物质发电机组功率为3~47MW。瑞典和丹麦正在实行利用其丰富的生物质进行热电联产的规划，使生物质能在提供高品位电能的同时，满足供热的要求，瑞典地区供热和热电联产所消耗的能源中，生物质能比例已经超过26%。

我国在“十一五”可再生能源发展规划纲要中提出，未来将建设生物质发电550万千瓦装机容量;《可再生能源中长期发展规划》确定，到2020年生物质发电装机要达到3000万千瓦，生物质能逐渐成为我国能源战略的重要组成部分，生物质热解气化产业化，规模化开发是必然趋势。我国生物质能开发项目主要包括：

（1）气化与直燃相结合生物质发电工程。我国生物质直燃发电技术项目已经形成了产业化发展模式，建立了直燃发电厂150余家，截至2008年底，国能15家生物发电厂已生产“绿色电力”26亿千瓦时。生物质热解气化技术以其规模适度、启动灵活、原料收集半径小等优点，可与大型直燃发电优势互补，建设形成10MW以下规模的生物质气化发电项目，完成生物质发电的规模与空间布局。

（2）生物质合成天然气（Bio-SNG）制备技术的产业化开发。我国2020年预计天然气缺口预计将达到1000亿立方米，Bio-SNG中甲烷浓度能够达到70%以上，其热值约为7000kcal/m^3，可以作为民用、军用燃气。若每年实现3亿吨生物质资源的转化开发，可以生产形成约1200亿m^3 Bio-SNG，因此Bio-SNG的产业化开发可有效弥补我国天然气资源的不足。

7.1.2 生物质热解气化的能源意义

能源是人类赖以生存的五大要素之一，是国民经济和社会发展的重要战略物资。经济、能源与环境的协调发展，是实现中国现代化目标的重要前提。生物质能资源分布广泛，是重要的可再生能源，通过热解气化技术可以将生物质转化为高效的固体、液体和气体燃料，可用于替代煤炭、石油和天然气等燃料，尤其是其产生的燃气可以供热以及发电。生物质热解气化供热是把生物质转化为可燃气，经气固分离后将高温燃气直接送入燃气锅炉或其他燃气热煤炉产生热能。该系统通常由气化炉、分离炉、燃烧器、鼓风机、控制器等组成，系统一般采用正压操作。在保证燃气能够稳定燃烧的情况下，系统对燃气的纯度和组分没有特殊要求，也不需要净化和降温处理。生物质热解气化发电是把生物质转化为燃气，利用燃气推动燃气发电设备进行发电。生物质气化发电主要包括：生物质气化装置、气体净化和冷却装置、燃气发电装置。采用生物质气化燃气-蒸汽联合循环系统（BIGCC）可提高生物质气化发电效率。BIGCC系统主要由进料机构、燃气发生装置、焦油裂解装置、燃气净化装置、余热锅炉、空气预热装置、燃气发电机组、蒸汽轮机发电机组、循环冷却水装置、水处理装置、电气控制装置及废水、废渣处理装置等几部分组成。对生物质能高效的利用尤其是生物质资源主要分布在农村地区，充分利用生物质资源是解决农村能源问题、促进农村经济发展、有效解决“三农”问题的重要措施之一。因此，加大生物质能资源的开发利用，对缓解我国能源资源紧张的矛盾，有效解决“三农”问题，实现可持续发展战略等都具有十分重要的意义。

7.1.3 生物质热解气化的材料意义

生物质热解产物主要由生物质油、不可冷凝气体及木炭组成。

生物油是含氧量极高的复杂有机组分的混合物，这些混合物主要是一些分子量大的有机物，其化合物种类有数百种之多，从属于数个化学类别，几乎包括所有种类的含氧有机物，诸如醚、酯、酮、酚、有机酸、醇等。不同生物质的生物油在主要成分的相对含量上大都表现出相同的趋势，在每种生物油中，苯酚、蒽、萘、菲和一些酸的含量相对较大。正由于生物油组分的复杂性使其具有很大的利用潜力，但也使利用存在很大的难度。木屑生物油的一些重要特性见表 7-1。

表 7-1 木屑热裂解生物油的典型特性

物理性质		典型值
含水率（质量分数）/%		15~30
pH 值		2.5
相对密度		1.2
元素分析（质量分数）/%	C	56.4
	H	6.2
	O	37.3
	N	0.1
灰/%		0.1
高位热值（随含水率变化）/MJ·kg^{-1}		16~19
黏度（40℃、25%含水率）/mPa·s		40~100
固体杂质（炭）（质量分数）/%		1
真空蒸馏		最大降解量为 50%

生物油特点为：

（1）液体燃料；

（2）可以代替常规燃料应用于锅炉、内燃机和涡轮机上；

（3）含水率为 25%时，热值为 17MJ/kg，相当于汽油/柴油燃料热值的 40%；

（4）不能和烃类燃料混合；

（5）不如化石燃料稳定；

（6）在使用前需进行品质测定。

生物油可作为锅炉燃料、柴油机、涡轮机代用燃料，并可从中提取高附加值化学品，生物油还可制取胶黏剂、缓释肥。荷兰、英国、意大利、加拿大、希腊、芬兰等国在上述领域开展了许多工作。生物油的主要用途如图 7-1 所示。

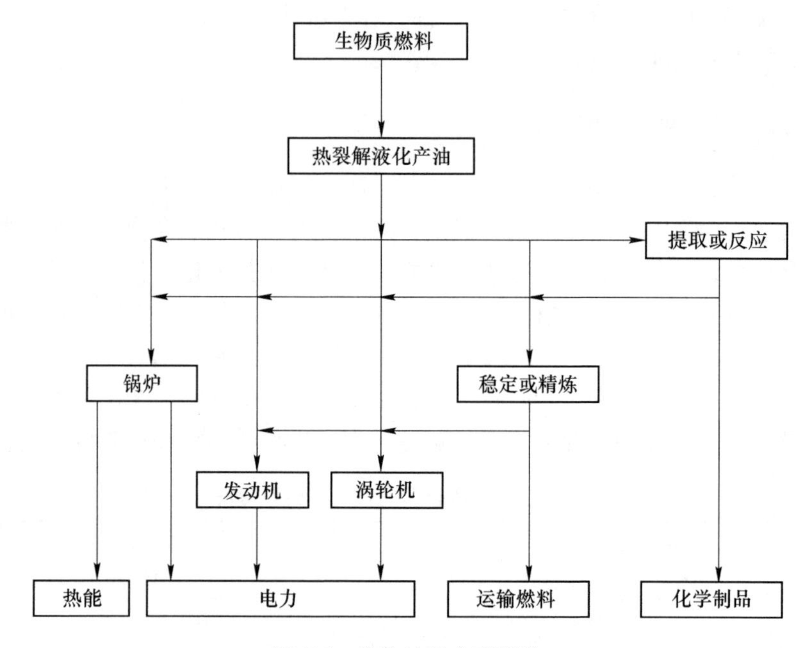

图 7-1 生物油的主要用途

在生物质热解过程中产生的固体残留物即为木炭。木炭一直是大多数发展中国家农村地区人们生活的主要能源。近年来，随着经济的发展，人们生活水平的不断提高，木炭使用量也逐年增多。在我国木炭除了取暖和作为生活能源，还广泛应用于冶金和化学工业等方面。与木材相比，木炭有许多优点，如运输、储存方便，燃烧效率高，污染少，因此有关专家积极提倡用木炭代替薪柴作为农村生活用能，木炭由生物质经热解炭化制成，热解工艺的选择、热解炉性能的优劣直接决定了木炭的燃烧性能和使用价值。

木炭热值高而“抗炼”，燃烧时无烟、无味、无污染，而且木炭生产有焦油的经济效益，因此，近些年木炭生产发展迅速。木炭之所以热值高，是因其含碳量较高，达 80%左右，比木材高 30%~40%；除了碳元素以外，还含有氢、氧、氮等元素。压缩成型燃料制成的木炭，与传统木炭相比，具有形状规则、强度高、孔隙微密、易燃耐烧、不爆灰等优点。表 7-2 是一种锯末木炭的测试结果。

表 7-2 锯末木炭的测试结果

项　目	热值/kJ · kg^{-1}	含水量/%	固定碳/%	挥发分/%	灰分/%
数值	31425	2. 66	75. 62	20. 31	3. 43

7.2 生物质热解原理

7.2.1 生物质热解热力学原理

生物质热解是指生物质在无氧或缺氧条件下热分解，最终生成木炭、生物油和不可冷凝气体的过程。三种产物的比例取决于热解原料、工艺类型和反应条件。一般地，低温低速热解温度不超过500℃，产物以木炭为主；高温快速热解温度范围为700~1100℃，产物以不可冷凝的燃气为主；中温闪速热解温度为500~650℃，产物中燃料油产率较高，可达到60%~80%。热解既可以作为一个独立的过程，也可以是燃烧、炭化、液化和气化等过程的一个中间过程，其过程直接决定各热化学转化反应动力学，以及产物的组成、特征和分布。按温度、升温速率、固体停留时间（反应时间）和颗粒大小等试验条件，热解分为传统热解（慢热解）、快速热解和闪蒸热解。生物质快速热解技术可以将低品位的生物质（热值为12~15MJ/kg）转化成易储存、易运输、收得率为60%~75%和热值达16~20MJ/kg的燃料油。生物质气化可以将固态生物质资源转化为使用方便而且清洁的可燃气体，作为燃料或化工原料。

热解法有明显的优点：生物质热解产物为燃气、焦油或半焦，可以根据不同的需要加以利用，而焚烧只能利用热能；热解可以简化污染控制，生物质在无氧或缺氧的条件下热解时，NO_x、SO_x、HCl等污染物排放少，而且热解烟气中灰量小；生物质中的硫、重金属等有害成分大部分被固定在炭黑中，可以从中回收金属，进一步减少环境污染；热解可以处理不适于焚烧的生物质，如有毒有害医疗垃圾等。

在热裂解反应过程中，会发生一系列的化学变化和物理变化，前者包括一系列复杂的化学反应（一级、二级），后者包括热量传递和物质传递，即：

（1）从化学反应的角度对其进行分析，生物质在热解过程中发生了复杂的热化学反应，包括分子键断裂、异构化和小分子聚合等反应。木材、林业废弃物和农作物废弃物等的主要成分是纤维素、半纤维素和木质素。热重分析结果表明，纤维素在52℃时开始热解，随着温度的升高，热解反应速度加快，到350~370℃时，分解为低分子产物；而半纤维素结构上带有支链，是木材中最不稳定的组分，在225~325℃分解，比纤维素更易热分解，其热解机理与纤维素相似。

（2）从物质迁移、能量传递的角度对其进行分析，在生物质热解过程中，热量首先传递到颗粒表面，再由表面传到颗粒内部。热解过程由外至内逐层进行，生物质颗粒被加热的成分迅速裂解成木炭和挥发分。其中，挥发分由可冷凝气体和不可冷凝气体组成，可冷凝气体经过快速冷凝可以得到生物油。一次裂解反应生成生物质炭、一次生物油和不可冷凝气体。在多孔隙生物质颗粒内部的挥发分将进一步裂解，形成不可冷凝气体和热稳定的二次生物油。同时，当挥发分气体离开生物颗粒时，还将穿越周围的气相组分，在这里进一步裂化分解，称为二次裂解反应。生物质热解过程最终形成生物油、不可冷凝气体和生物质炭。

总的来说，生物质热解是一个十分复杂的过程，主要可分为五部分：热传递以及生物质的内部升温；随着生物质的温度升高，开始析出挥发分，形成焦炭，热解反应开始；析出挥发分，导致高温的挥发分和低温的未热解生物质间的热传递；可冷凝的挥发分冷凝成液体焦油；焦炭、生物质和液体焦油相互间由于自身催化而发生二次反应。生物质的热解可归结于纤维素，半纤维素和木质素的热解。

根据热解过程的温度变化和生成产物的情况等，可以分为干燥阶段、预热解阶段、固体分解阶段和煅烧阶段。

（1）干燥阶段（温度为120~150℃），生物质中的水分进行蒸发，物料的化学组成几乎不变。

（2）预热解阶段（温度为150~275℃），物料的热反应比较明显，化学组成开始变化，生物质中的不稳定成分如半纤维素分解成二氧化碳、一氧化碳和少量醋酸等物质。（1）、（2）两个阶段均为吸热反应阶段。

（3）固体分解阶段（温度为275~475℃），热解的主要阶段，物料发生了各种复杂的物理、化学反应，产生大量的分解产物。生成的液体产物中含有醋酸、木焦油和甲醇（冷却时析出来）；气体产物中有 CO_2、CO、CH_4、H_2等，可燃成分含量增加。这个阶段要放出大量的热。

（4）煅烧阶段（温度为450~500℃），生物质依靠外部供给的热量进行木炭的燃烧，使木炭中的挥发物质减少，固定碳含量增加，为放热阶段。实际上，上述四个阶段的界限难以明确划分，各阶段的反应过程会相互交叉进行。

7.2.2 生物质热解动力学原理

热重分析法只能记录固体生物质热失重过程中的质量变化，而不能记录热解过程中的能量变化。因此，差热分析法和差示扫描量热法也常与热重分析法联用，用于测试和分析样品在升温失重过程中的温度和热量变化。差热分析法是在程序控制温度下测量物质和参比物之间的温度差与温度或时间关系的技术。差示扫描量热法是在程序控制温度下，测量输入到试样和参比物中的能量差与温度或时间关系的一种技术。

Kou Fopanos 等描述了生物质的热解反应。尽管从理论上讲生物质热解包括多种复杂的反应，会形成一个复杂的反应网；然而实际从试验得到的微商热重曲线比较简单，用相对简单的模型就可以描述。对于热重分析来说，试验过程中样品处在开放的系统，没有逆反应出现，因此可忽略逆反应。简单的反应动力学模型有 5 种反应模型，它们分别是简单反应模型、独立平行多反应模型、竞争反应模型、连续反应模型以及它们的组合模型。

7.2.2.1 简单反应模型

简单反应模型是在生物质的非等温热解反应中经常用的热解动力学模型，其数学方程式如下：

$$\frac{\mathrm{d}\alpha}{\mathrm{d}t} = A\mathrm{e}^{-\frac{E}{RT}}(1-\alpha)^n \tag{7-1}$$

$$\alpha = \frac{m_0 - m}{m_0 - m_\infty}$$

式中 α——生物质的转化率；

t——时间，s；

A——指前因子，s^{-1}；

E——反应活化能，kJ/mol；

R——摩尔气体常数，$R=8.314$J/(mol·K)；

T——反应温度，K；

n——反应级数，$n=0$，0.5，1，2，…；

m, m_0, m_∞——分别为生物质样品初始质量、t时刻质量、最终剩余质量，kg。

对于固体有机物的热降解，一级反应（$n=1$）是最适合可行的反应机理，二级反应在固体样品内部被阻止。但是这种反应模型需假设表面反应高于样品内部的反应，因此需要一些物理或化学的特别假设。需要注意的是挥发分的热降解并不会阻碍木质纤维素生物质的热解速率，因此生物质样品的热解产物并不会抑止生物质样品的裂解。简单反应模型可较好地预报生物质在热解过程中的失重过程，被众多研究者广为应用，但是这种模型不能给出生物质热解过程中焦油和气体产物的比例。

7.2.2.2 独立平行多反应模型

如果样品中含有两种以上化学组分，并且各种组分在热解过程中独立降解，并没有相互作用，因此，对各种组分 i 可以定义相互独立的转化率 α_i，其动力学方程如下：

$$\frac{\mathrm{d}\alpha_i}{\mathrm{d}t} = A_i\mathrm{e}^{-\frac{E_i}{RT}}(1-\alpha_i)^{n_i} \tag{7-2}$$

那么总的热解动力学方程可写为：

$$-\frac{\mathrm{d}m}{\mathrm{d}t} = \sum c_i \frac{\mathrm{d}\alpha_i}{\mathrm{d}t} \tag{7-3}$$

式中 c_i——组分 i 在生物质热解过程所释放挥发物所占的相对质量。

Manya 等在研究甘蔗渣和木屑的热解时，认为生物质的主要组分半纤维素、纤维素和木质素进行独立的热解反应，而生物质热解特性为 3 种主要组分热解的叠加。此外，这种模型也可用于单组分样品在有催化剂条件下的热解，前提是假设样品一部分与催化剂接触并有催化效应，而一部分不与催化剂接触，需利用独立的方程去描述纯样品部分的热解和与催化剂接触部分的热解。

7.2.2.3 竞争反应模型

如果生物质样品以两种或多种方式相互竞争反应降解，它的热解动力学可描述为：

$$\frac{\mathrm{d}\alpha}{\mathrm{d}t} = \sum A_i \mathrm{e}^{-\frac{E_i}{RT}}(1 - \alpha_i)^{n_i} \tag{7-4}$$

式中 A_i，E_i，n_i——第 i 个分反应的动力学参数。

值得注意的是，不同的分反应焦炭的产量是不同的，因此反应率 α 与生物质的质量 m 的关系比单一反应复杂得多，式（7-4）可以改写为：

$$\frac{\mathrm{d}\alpha}{\mathrm{d}t} = \sum c_i A_i \mathrm{e}^{-\frac{E_i}{RT}}(1 - \alpha_i)^{n_i} \tag{7-5}$$

Blasi 等认为生物质的热解分为两级反应，一级反应中焦炭、气体产物的形成与焦油的产生形成竞争。

7.2.2.4 连续反应模型

对于连续反应，反应率 α_i 不能准确地描述中间产物的量，因此引入变量 m_i 表示参与反应的物质占原生物质的质量。如果假设 c_i 是 i 类物质在热解过程中释放的挥发分对原生物质样品热解释放的总挥发分的贡献，生物质热解的总失重速率为：

$$\frac{\mathrm{d}n}{\mathrm{d}t} = \sum c_i \frac{\mathrm{d}n_i}{\mathrm{d}t} \tag{7-6}$$

$$\frac{\mathrm{d}n_i}{\mathrm{d}t} = A\mathrm{e}^{-\frac{E_i}{RT}} m_i^{n_i} \tag{7-7}$$

$$\frac{\mathrm{d}n_i}{\mathrm{d}t} = (1 - c_{i-1})\frac{\mathrm{d}n_{i-1}}{\mathrm{d}t} - A_i \mathrm{e}^{-\frac{E_i}{RT}} m_i^{n_i}，i = 2，3，\cdots \tag{7-8}$$

Koufopanos 等认为生物质热解的一次反应和二次反应是连续的，并用连续反应模型描述了生物质的热解动力学。

7.2.2.5 组合模型

组合模型指在各种生物质样品热解的动力学计算和模拟中，以上任何两种或多种模型的组合。在现在的生物质热解的动力学计算中，运用独立平行反应模型和连续模型的联用是必要的。Koufopanos 等提出了连续和竞争反应模型，用表观动力学方程来描述生物质的一次热解反应和二次热解反应。

鉴于生物质裂解的复杂性和生物质样品的多样性，不可能建立一个广泛使用的生物质裂解模型。为了简化起见，纤维素作为生物质样品的主要组分生物质的代表，被许多研究者作为首选研究象，对其热解特性进行了大量的研究。即使是比较好的纤维素热解模型，当被直接用于模拟天然生物质的热解时仍然会遇到许多问题，因此产生各种不同的生物质热解模型。但是这些动力学模型都忽略了生物质内部的相互反应，如焦炭与一次反应产物间的气化反应等，特别在高温（800℃）条件下，焦炭的气化很显著，这种现象在含有大量碱金属、碱土金属的秸秆类生物质样品上更加明显。

甘蔗渣的热解可被描述为主要组分纤维素、半纤维素和木质素的叠加，并可采用一级反应计算它们的热解动力学参数。半纤维素的热解活性大于纤维素的，而木质素比较难以热解，其活性远远低于纤维素。生物质的主要组分（半纤维素、纤维素和木质素）间几乎没有相互作用。任何生物质的热解速率都可以认为是半纤维素、纤维素和木质素热解速率的叠加。

7.3　生物质气化过程及其影响因素

7.3.1　生物质气化的反应过程

生物质气化是利用空气中的氧气或含氧物作为气化剂，在高温条件下将生物质燃料中的可燃部分转化为可燃气（主要是氢气、一氧化碳和甲烷）的热化学反应。生物质的挥发分含量一般在76%~86%。生物质受热后在相对较低的温度下就能使大量的挥发分物质析出。

为了提供反应的热力学条件，气化过程需要供给空气或氧气，使原料发生部分燃烧，尽可能将能量保留在反应后得到的可燃气中，气化后的产物含有 H_2、CO 及低分子的 C_nH_m 等可燃性气体。整个过程可分为干燥、热解、氧化和还原。

（1）干燥过程。生物质进入气化炉后，在热量的作用下，析出表面水分。在200~300℃时为主要干燥阶段。

（2）热解反应。当温度升高到300℃以上时开始进行热解反应。在300~400℃时，生物质就可以释放出70%左右的挥发组分，而煤要到800℃才能释放出大约30%的挥发分。热解反应析出挥发分主要包括水蒸气、氢气、一氧化碳、甲烷、焦油及其他碳氢化合物，如图7-2所示。

生物质 ↗ 焦炭 + CO_2 + CO + H_2

生物质 ↘ 焦炭 + 焦油 + CO_2 + CO + H_2O + H_2 + CH_4 + C_nH_m

焦油→H_2 + CH_4 + C_nH_m

图7-2　物质热解反应产物

（3）氧化反应。热解的剩余木炭与引入的空气发生反应，同时释放大量的热以支持生物干燥、热解和后续的还原反应，温度可达到1000~1200℃，相关反应如下：

$$C+O_2 === CO_2$$

$$2C+O_2 === 2CO$$

$$2CO+O_2 === 2CO_2$$

$$2H_2+O_2 === 2H_2O$$

（4）还原过程。还原过程没有氧气存在，氧化层中的燃烧产物及水蒸气与还原层中木炭发生反应，生成氢气和一氧化碳等。这些气体和挥发分组成了可燃气体，完成了固体生物质向气体燃料的转化过程，相关反应如下：

$$C+CO_2 === 2CO$$

$$C+H_2O === CO+H_2$$

$$C+H_2O === CO_2+2H_2$$

$$C+H_2O === CO_2+H_2$$

7.3.2 原料特性对生物质气化的影响

7.3.2.1 物料含水量对气化的影响

水分的影响主要体现在两个方面：一方面蒸发需要消耗气化过程中燃烧反应所放出的热量；原料含水量为10%时，气体热值最高为4645kJ/m^3（标态）；当含水量增加到40%时，气体热值降为4291kJ/m^3（标态）；CO下降明显，而H_2和CH_4变化较小，气体热值总体上是下降的。另一方面，由于水是一种气化剂，能与C发生水煤气反应生成H_2和CO，进而提高气化气的质量。

7.3.2.2 物料粒度对气化的影响

颗粒粒度分布的均匀性是影响气流分布的主要因素。如果将未筛分过的原料加入固定床内，会造成大颗粒在床层中的分布不均，形成阻力不均的区域，导致局部强烈燃烧，温度过高造成气化局部上移或烧结形成“架空”现象。严重时，气化层可能越出原料层表面，出现“烧穿”现象，使气化器处于不正常的操作状态。因此，气化器用原料必须经过筛分，原料粒度对生物质气化过程影响较大。在气化过程中，物料的粒度与总反应面的大小有很重要意义。从化学动力学角度分析，较小的物料粒度能够增加物料的反应表面积，但通过气化器的压降大。反应表面越大，则热交换与扩散过程就越强烈，因而气化反应也越快，反应更为完全；反之，较大粒度的物料不但降低了总反应面，其本身温度梯度也较大，而且在炉内驻留时间变短，反应不够完全。因此，原料最大与最小粒度比一般不超过8。

7.3.2.3 原料气化前处理对气化的影响

生物质原料在进行热解气化之前，对原料用酸、碱或盐进行前处理，气化效果会发生改变。用不同的溶液浸渍，会产生不同的作用，这可能与盐的催化作用和水解有关，也可能由于浸渍使固体基质溶胀，改变了固体的结构，对气化产生影响。同时，原料的反应性和结渣性也对生物质气化产生一定的影响。反应性好的原料可以在较低温度下操作，气化过程不易结渣，有利于操作，也有利于甲烷的生成。对于反应性和结焦性比较差的原料，应在较高的温度下操作，但不得超过生物质灰分的熔化温度，以促使二氧化碳还原反应加强，提高水蒸气的分解率，从而增加气体中氢和一氧化碳的含量。

7.3.3 操作条件对生物质气化的影响

7.3.3.1 气化温度的影响

温度是热解和气化的关键控制变量之一。气化温度对生物质气化产气成分影响巨大。主要的气化反应温度为700~1000℃，气化温度过低，易造成气化产气热值小，气化焦油产量大等问题；气化温度过高，也不利于高热值气化气体的生成，而且能量损耗大。随着气化温度的增大，气化产气量也逐渐增大，燃气组分中的可燃组分浓度增大，气体热值增大。在热解的初始阶段，温度增加气体产率增加，是因为挥发物的裂解。其次，焦油的裂解也是随着温度的升高而增大，生物质气化过程中产生的焦油在高温下发生裂解反应生成小分子气体如 C_mH_n、CO、H_2、CH_4。

7.3.3.2 气化压力的影响

在水蒸气气化过程中，水-气迁移反应是主要反应，控制着气体的产生，也是氢气的主要来源。压力增高，氢气的产率也增高。所以，在水蒸气气化时，可以通过调节水蒸气的压力来调节氢气的产率，以适应不同的需要。

例如空气鼓泡加压流化床中气化木质生物质，压力在506.63~2026.5kPa，得出压力增大，脱挥发分的速度减慢而加强了裂解反应，产生的焦油量和气相浓度都减小。操作压力提高，一方面能提高生产能力，另一方面能减少带出物损失。从结构上看，在具有同样的生产能力时，压力提高，气化炉容积可以减小，后续工段的设备也可减小尺寸，而且净化效果好。所以流化床目前都从常压向高压方向发展，但压力的增加也增加了对设备及其维护的要求。

7.3.4 反应器对生物质气化的影响

生物质气化技术的核心是设备（气化炉），根据炉型的不同，大致可分为固定床气化炉和流化床气化炉。

固定床气化炉适用于物料为块状及大颗粒原料，它制造简便，运行部件少，具有较高的热效率，但内部过程难以控制，内部物料容易搭桥形成空腔，处理量小。流化床气化炉适合水分大、热值低、着火困难的原料，原料适应性广，可大规模、高效利用。流化床还具有气、固充分接触，混合均匀的优点，是唯一的恒温床上反应的气化炉，反应温度一般为700~850℃，其气化反应在床内进行，焦油也在床内裂解。

7.3.4.1 固定床气化炉

固定床气化炉根据气化炉内气流的运动方向可分为上吸式气化炉、下吸式气化炉、横吸式气化炉和开心式气化炉，最常用的是前两种气化炉。下吸式固定床气化炉生物质原料由炉顶的加料口投入炉内，炉内的物料自上而下分为干燥层、热分解层、氧化层和还原层。其优点是：结构比较简单、工作稳定性好、可随时开盖。

添料时，气体中的焦油在通过下部的高温区，一部分被裂解成小分子永久性气体（降温时不凝结成液体），所以出炉的可燃气中焦油含量较少。它的缺点是由于炉内气体流向是自上而下的，而热流的方向是自下而上的，致使引风机从炉栅下抽出可燃气要耗费较大的功率；出炉的可燃气中含有较多的灰分，且可燃气的温度较高，需用水对其进行冷却。上吸式固定床气化炉的优点是可燃气在经过热分解层和干燥层时，将其携带的热量传递给物料，用于物料的热分解和干燥，同时降低自身温度，使炉子的热效率大大提高；热分解层和干燥层对可燃气有一定的过滤作用，所以出炉的可燃气中含灰分量较少。但它的缺点是添料不方便，可燃气中含挥发成分（如焦油蒸气）较多。

7.3.4.2 流化床气化炉

流化床气化炉具有处理量大、传质传热性能好和过程易于控制等优点，是生物质气化的有效设备之一。反应物料中常掺有精选过的惰性材料砂子，在吹入的气化剂作用下，物料颗粒、砂子、气化剂接触充分，受热均匀，在炉内呈“沸腾”燃烧状态，气化反应速度快，可燃气收得率高，炉内温度高而且恒定，焦油在高温下裂解生成气体，因而可燃气中焦油含量较少，但出炉的可燃气中含有较多的灰分，原料需要预处理。按气、固流动特性不同可将流化床气化炉分为鼓泡流化床气化炉、循环流化床气化炉。流化床气化炉具有处理量大、传质传热性能好和过程易于控制等优点，是生物质气化的有效设备之一。流化床气化炉良好的混合特性和较高的气固反应速率使其非常适合于大型的工业供气系统。因此，流化床反应炉是生物质气化转化的一种较佳选择，特别是对于灰熔点较低的生物质。

7.3.5 其他影响因素

7.3.5.1 气化介质的影响

目前生物质气化技术中采用的气化介质主要有四种：空气气化、富氧气化、空气-水蒸气气化和水蒸气气化。前三种气化方式所需能量由部分生物质气化炉内燃烧自给，而水蒸气气化需要额外能量。

燃烧自给，水蒸气气化需要额外能量。空气气化所需的设备简单，操作和维护十分简便，运行成本低，但其气化组成中氮气含量高，燃气的热值低。富氧气化使运行成本大大增加，但气化产物中 H_2/CO 约为 1，且 N_2的含量很低，适用于合成其他产品。水蒸气气化需由额外能量（电能或燃油、燃煤等）在高压锅炉内产生高温（大于 700℃）的水蒸气，高温的水蒸气在气化炉内与生物质混合后发生气化反应，但高温水蒸气的获得非常困难，需增添设备及维护费，导致生产成本增加。纯氧-水蒸气气化有利于合成甲醇。空气-水蒸气气化结合了空气气化设备简单、操作维护简便以及水蒸气气化气中 H_2 含量高的优点，用较低的运行成本得到 H_2和 CO 含量高的气体. 此可燃气热值高，运行和生产成本较低，适合于其他化学品的合成，是较理想的气化介质。

7.3.5.2 空气当量比的影响

空气当量比（equivalence ratio）简称 ER，即实际供给 1kg 生物质燃烧空气（氧气）的质量与 1kg 生物质完全燃烧所需空气（氧气）的质量的比值。ER 不是独立的，它与运行温度是相互联系的，高的 ER 对应于高的气化温度，在一定条件下，气化温度升高使反应速率加快，燃气质量提高；但是高的 ER 意味着有更多的氧化反应发生，也会使燃气质量下降。

7.4 生物质热气化工艺

根据气化介质的不同，可将生物质气化技术分为：空气气化、氧气气化、水蒸气气化、空气（氧气）-水蒸气气化以及氧气-二氧化碳气化等。

（1）空气气化。空气气化是以空气为气化介质的气化过程。空气中的氧气与生物质中的可燃组分发生氧化反应，放出的热量为气化的其他过程如热分解与还原过程提供所需的热量，整个气化过程是一个自供热系统。由于空气可以任意取得，空气气化过程又不需外供热源，所以，空气气化是所有气化过程中最简单、最经济也最易实现的形式，但由于空气中含有79%的 N_2，它不参加气化反应，却稀释了燃气中可燃组分的含量，因而降低了燃气的热值，热值在 $5MJ/m^3$ 左右，而用于近距离燃烧或发电时，空气气化仍是一个不错的选择。

（2）氧气气化。氧气气化以氧气为气化介质的气化过程。其过程原理与空气气化相同，但没有惰性气体 N_2 稀释反应介质，在与空气气化相同的当量比下，反应温度提高，反应速率加快，反应器容积减小，热效率提高，气体热值提高一倍以上。在与空气气化相同反应温度下，耗氧量减少，当量比降低，因而也提高了气体质量，氧气气化的气体产生物热值与城市煤气相当，因此，可以以生物质废弃物为原料，建立中小型的生活供气系统，其气体产物又可用于化工合成燃料的原料。

（3）水蒸气气化。水蒸气气化是以水蒸气为气化介质的气化过程。它不仅包括水蒸气和碳的还原反应，还有 CO_2 与水蒸气的变换反应，如各种甲烷化反应及生物质在气化炉内的热分解反应等，其主要气化反应是吸热反应过程，因此，需要外供热源，典型的水蒸气气化结果为：H_2 20%～26%，CO28%～42%，CO_2 16%～23%，CH_4 10%～20%，C_2H_4 2%～4%，C_2H_6 1%，C_3 以上成分2%～3%，气体的热值为 $17～21MJ/m^3$。

水蒸气气化经常出现在需要中热值气体燃料而又不使用氧气的气化过程，加双床气化反应器至少有一个床是水蒸气气化床。

（4）空气-水蒸气气化。空气（氧气）和水蒸气气化是以空气（氧气）和水蒸气同时作为气化介质的气化过程。从理论上分析，空气（或氧气）-水蒸气气化是比仅用空气或水蒸气都优越的气化方法。一方面，它是自供热系统，不需要复杂的外供热源；另一方面，气化所需要的一部分氧气可由水蒸气提供。减少了空气（或氧气）的消耗量，并生成更多的 H_2 及碳氢化合物，特别是在有催化剂存在的条件下，CO反应生成 CO_2，降低了气体中CO的含量，使气体燃料更适合于作为城市燃气。

典型情况下，氧气-水蒸气气化的气体成分（体积分数，在800℃水蒸气与生物质比为0.95，氧气的当量比为0.2时）为：H_2 32%，CO_2 30%，CO 28%，CH_4 7.5%，C_nH_m 2.5%，气体低热值为 $11.5MJ/m^3$。

（5）氧气-二氧化碳气化。以焦炭为原料，氧和二氧化碳为气化剂，采用固定床部分氧化还原法连续气化制CO气，其反应根据物料和热量平衡的原则，通过测算和平衡，在理论上可以用下面一个经验简化总反应式来表示，即：

$$4C + 1.5O_2 + CO_2 = 5CO + Q \tag{7-9}$$

从式（7-9）可以看出，3个C被1.5个 O_2 部分氧化生成3个CO，而另一个C将一个 CO_2 还原生成2个CO。实际上反应过程要复杂得多。从反应热效应来看，前者部分氧化反应为放热反应，后者部分还原反应为吸热反应，而总的反应过程是放热的。

根据气化理论和经验以及燃烧实验与生产实践，气化剂 CO_2的用量要远远大于式（7-9）中参与反应的理论量，过量的 CO_2可缓和稳定气化温度，将最高气化温度控制在允许的范围内。其中 CO_2的作用如下：

（1）稳定和控制气化温度。焦炭的部分氧化反应生成 CO 是个放热过程，控制好反应温度是保证气化正常进行的关键之一。CO_2是平衡反应热量控制反应温度的必要条件。CO_2参与部分还原反应是个吸热过程，可以抵消相当一部分上述部分氧化反应中释放的热量，而过量的 CO_2又稀释了气化剂和反应物的浓度，使气化温度保持稳定并受到有效地控制。

（2）替代能源。参与反应的每 $1m^3$ CO_2（纯，标态）可替代纯炭 0.54kg，折合标准煤为 0.64kg；替代氧气（纯，标态）$1m^3$，折合标准煤为 0.21kg。若以生产 $1000m^3$的 CO（纯，标态）为基准，则有 $200m^3$的 CO_2（纯，标态）参与反应，它可替代标准煤 128kg，并可替代氧气（纯，标态）$200m^3$（折合标准煤 42kg），分别占焦炭和氧气消耗量的 20%和 64%。换句话说，每 $1m^3$ CO_2（纯，标态）共可替代标准煤 0.85kg，对于一个用量 $11250m^3/h$ CO（纯，标态）的 $2.0\times10^4 t/a$ 醋酸装置而言，使用 CO_2作为气化剂，每年可节约标准煤 15300t，其节能量是相当可观的。

（3）改善环境。如何回收利用温室气体 CO_2，减少其排放量，一直是环保研究的重要课题。用 CO_2做气化剂是回收利用 CO_2变废为宝的有效途径。一个用量 $11250m^3/h$ CO（纯，标态）的 $2.0\times10^4 t/a$ 醋酸装置，若用 CO_2作为气化剂，每年可回收利用放空的 CO_2（纯，标态）$1800\times10^4 m^3$，可取得良好的环境效益。

7.5 生物质热气化设备

生物质气化技术的核心是气化反应器（气化炉），气化炉也是生物质气化的主要设备。气化炉能量转化效率的高低是整个气化系统的关键所在，故气化炉型式的选择及其控制运行参数是气化系统非常重要的制约条件。

7.5.1 气化设备的发展及应用

随着工业和经济的不断发展，人类对能源的需求越来越多，严峻的能源问题已成为人们日益关注的焦点。随着化石燃料、煤、石油、天然气等不可再生资源的日益减少，生物能源被人类视为赖以生存的重要能源，它是仅次于煤炭、石油和天然气而居于世界能源消耗总量第 4 位的能源，在整个能源系统中占有重要地位。所谓生物能源是指利用可再生或循环的有机物质，包括油料植物、农作物、树木和其他植物及其残体、畜禽粪便、有机废弃物为原料，通过加工转化生产的一种可再生的清洁能源。主要形式有生物柴油和燃料乙醇、生物质气化及液化燃料、生物制氢等。其中生物质气化技术已由国内外许多学者研究和开发。

在我国，生物质气化技术主要用于供气和发电，集中供气系统已在我国许多省、市、自治区得到了推广应用，如在北京郊区、内蒙古、云南等地得到了广泛应用，其效果较好。在农民居住比较集中的村落，建造一个生物质气化站，就可以提供整个村屯居民的炊事和取暖所用的气体燃料。我国生物质气化发电所用燃料以稻壳为主，早在20世纪60年代，我国就开始了生物质气化发电的研究，研制出了样机并进行了初步推广。

在发达国家生物质气化及发电技术已受到广泛重视，如奥地利、丹麦、芬兰、法国、挪威、瑞典和美国等国家生物质能在总能源消耗中所占的比例增长相当迅速。奥地利成功地推行了建立燃烧木材剩余物的区域供电站的计划，生物质能在总能耗中的比例由原来的2%~3%增长到目前的25%。瑞典和丹麦正在实施利用生物质进行热电联产的计划，使生物质能在转换为高品位电能的同时满足供热的需求，以大大提高其转换效率。菲律宾、马来西亚以及一些非洲国家，都先后开展了生物质能的气化、成型固化、热解等技术的研究开发，并形成了工业化生产。除了将生物质气化用于发电之外，欧盟进而开展了生物质气化合成甲醇、氨的研究工作。

目前在生物质气化技术的研究和开发中最关键是增加可燃气中H_2和CO的浓度、燃气净化、减少二次污染以及提高转化率。其中气化反应器是气化技术的关键。根据可燃气与物料相对流动的速度和方向不同，气化反应器主要分为固定床、流化床等几种形式，此外还有其他新型式的反应器。

7.5.2 固定床气化炉

固定床又称填充床反应器，装填有固体催化剂或固体反应物用以实现多相反应过程的一种反应器。固体物通常呈颗粒状，粒径2~15mm，堆积成一定高度（或厚度）的床层。床层静止不动，流体通过床层进行反应。其特点在于固体颗粒处于静止状态。固定床反应器主要用于实现气-固相催化反应，如氨合成塔、二氧化硫接触氧化器、烃类蒸气转化炉等。用于气-固相或液-固相非催化反应时，床层则填装固体反应物。按照气化介质的流动方向不同固定床又可分为上吸式、下吸式、横吸式和开心式。几种类型如图7-3所示。

上吸式气化炉是物料从顶部加入，气化剂由炉底部进入气化炉，产出的燃气经过气化炉的几个反应区，自下而上从气化炉上部排除。由于上吸式固定床结构简单，且运行稳定等特点，中国科学院在1985年对上吸式气化炉进行改进，改进的小型气化炉就像普通的煤炉一样，材料可以因地制宜，在农村推广使用，之后又研究了其气固流动特性及气化过程。

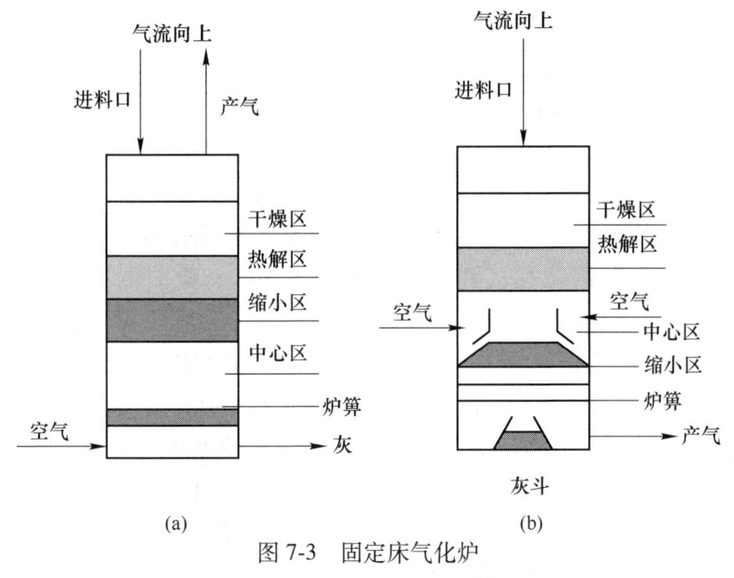

图 7-3　固定床气化炉

（a）上吸式气化炉；（b）下吸式气化炉

下吸式气化炉是物料从顶部加入，作为气化剂的空气也由顶部加入，物料依靠重力而自由下落。经过干燥区使水分蒸发，再进行裂解反应、氧化还原反应等。华南理工大学骆伟峰等研究了用木薯作为原料利用自行设计的下吸式固定床，并对其进行试验研究，结果表明，下吸式气化炉适用于木薯秆的气化，且操作简便，运行稳定。中国科学院吕鹏梅等进行了生物质下吸式气化炉制氢的特性研究，采用富氧-水蒸气和空气两种气体介质。实验结果表明，富氧-水蒸气气化可显著提高氢产率和产气热值，同时证实了生物质下吸式气化炉富氧-水蒸气气化制取氢源的可行性。此后，中国科学院的苏德仁、黄艳琴等又设计了两段式固定床，其特点是在下吸式气化炉内把热解反应和气化反应分开，与传统的下吸式气化炉相比提高了气化温度、氢气含量、碳转化率和气化效率，降低了焦油含量。

横吸式气化炉类似于上吸式气化炉，都是物料从顶部加料口加入，不同的是气化剂由炉子的一侧进入，产生的可燃气由炉子的另一侧出来，这类炉子所用的原料多为木炭，反应温度很高，在南美洲得到了广泛应用。

开心式气化炉类似于下吸式气化炉，不同的是它在炉栅中间向上隆起，这类炉子主要以稻壳为原料，反应产生的飞灰较多，在炉栅中间隆起的部分形成绕中心垂直轴作水平的回转运动，用于防止炉栅堵塞，保证气化的连续进行。奥地利维也纳工业大学搭建了与上述都不同的固定床，其特点是在炉体一侧的中间和下面位置同时进气。

7.5.3　流化床气化炉

流化床气化炉的反应物料中常常有精选过的颗粒状惰性材料，在吹入的气化剂作用下，物料颗粒和气化剂充分接触，受热均匀，在炉内呈“沸腾”燃烧状态，气化反应速度快，气化气收得率高，且炉内温度高而恒定，是唯一在恒温床上进行反应的气化炉，反应温度为700~850℃。另外，焦油也可在流化床内裂解成气体。但流化床气化炉的缺点是结构复杂，设备投资较多，而且气化气中灰分较多。流化床分为鼓泡流化床、循环流化床和双流化床。

当气速超过临界流化气速后，固体开始流化，床层出现气泡，并明显地出现两个区，即粒子聚集的浓相区和气泡为主的稀相区，此时的床层称为鼓泡流化床。鼓泡流化床气流速度相对于循环流化床较低，固体颗粒从流化床中较少逸出，流化速度较慢，适合大颗粒生物质原料反应，需要以热载体为换热介质及能量来源。而循环流化床气化炉中流化速度相对较高，从流化床中携带出的颗粒经旋风分离器分离后重新进入流化床内进行反应。其特点是气化速度快，适合小粒径生物质颗粒，由气化过程中的燃烧段提供反应所需热量，可不必增加流化床热载体，运行较简单。由于流化床气化炉所具有的良好的物料混合特性和较高的气固反应速率，因此成为生物质气化转化的一种较佳选择。

目前应用于生物质的循环流化床有外循环流化床、内循环流化床和双流化床。外循环流化床是最为常见的生物质气化装置，其循环装置主要包括生物质气化炉、循环灰分离器和返料装置。外循环流化床的分离器布置在床外，灰分从气化炉溢出后经分离器分离后进入下降管，再经返料器回送至气化炉底部继续流化。中国科学院黄立成、马隆龙等以石英砂和稻壳为床料，在隔板式内循环流化床气化炉中进行冷态实验，实验结果表明：流化床高速区和低速区的流化速度、隔板高度、孔口和侧风量大小对隔板式内循环流化床内颗粒循环量影响较大。之后又对生物质循环量和气化性能做了试验研究，结果表明：循环率是成功气化的关键因素。

生物质双流化床气化技术现已成为流化床气化技术的前沿课题，是循环流化床气化技术的一个延伸和发展。双流化床气化装置主要由两级反应器组合而成，从而将生物质的燃烧和气化过程相对分离开来，第一级反应器中主要进行流化介质的气化反应，第二级反应器中主要进行碳颗粒的氧化反应，并使床层物料温度升高。两床之间依靠热载体床料的循环进行热量交换，其碳转化率较高。故目前国内外众多学者广泛关注该技术，并投身于对其的研究中。

7.5.4 携带床气化炉

气流床气化炉也叫携带流反应器，工作原理为气化剂夹带煤粉、小粒径、生物质等颗粒物进入气化炉进行并流气化。其特点是气化温度高、气化强度大，焦油含量较少，传统的气流床产生燃气携带飞灰较多，采用旋风气化炉可有效克服这一缺点。目前气流床气化炉在工业生产上多应用于煤气化方面。目前关于生物质气流床尚处于实验室研究与数值模拟阶段。荷兰能源研究所 A. van der Drift 等分析了生物质气流床气化的可行性，并研究了气流床中灰熔融性、给料装置、加压方法以及气化路线选择。研究结果表明气流床中的灰行为是生物质在气流床转化的主要困难。根据灰特性的不同试验和动力学模型的结果显示：生物质灰在典型的气流床反应器运行温度下（1300~1500℃），不能或者很难熔融。碱金属能够降低熔融温度，当碱金属在气化阶段析出后，生物质灰中则剩余大量 CaO。大连理工大学 Shaoping Xu 利用携带流反应器对多种生物质进行了热解机理研究。主要研究了 650~850℃ 生物质热解、氧气-水蒸气气化以及催化气化。在这个温度范围内，焦油产量在 20%左右。由美国 Georgia 工学院（GIT）开发的携带床反应器，把丙烷和空气按照化学计量比引入反应管部的燃烧区，由高温燃烧气将生物质快速加热分解，其液体产率高达 60%左右，但需要大量高温燃气，且产生大量低热值的不凝气体，这一缺点限制其使用。携带床气化炉是流化床气化炉的一种特例，它不使用惰性材料，气化剂直接吹动生物质原料，不过原料在进炉前必须粉碎成细小颗粒。携带床具有气化温度高，碳的转化率高的优点，其运行温度高达 1100~1300℃，碳转化率可达 100%，并且气化气中焦油含量很少；但由于运行温度高，易烧结，故选材较难。

7.5.5 旋风气化炉

目前，阻碍大规模生物质气化技术工业化的主要问题是气化燃气中焦油含量较高，降低了气化效率，影响气化燃气的品质，同时给下游用气设备的运行带来不便。通过对各种生物质气化工艺的反应机理和运行特性的分析总结，采纳其他形式气化工艺的一些优点，提出了生物质旋风空气气化的概念。旋风空气气化的提出是建立在空气气化原理的基础上，以提高气化燃气的热值、减少焦油含量为目的，生产出可适应大规模需求的高品质燃气。

旋风气化器的主体部分包括外旋风筒和内旋风筒（也称为中心管、上升管）。外旋风筒和灰斗之间通过一个锥体连接。在生物质旋风空气气化的运行过程中，物料由气流携带通过进料口沿切向进入气化器。进料口布置在气化器的上部，如图 7-4 所示。含有物料的气流沿切向进入旋风气化器时，气流将由直线运动变为沿器壁呈螺旋形向下运动。当气流达到气化器下部锥体的某一位置时，气流由下反转而上，继续作螺旋形流动，形成内旋气流，最后经排气管排出。在气化器内，物料随着气流旋转下移的过程中，依次发生干燥、热解、氧化和还原等反应，完成整个气化反应过程。同时反应后的气化燃气与飞灰自动分离，气体经过中心排气管排出，飞灰颗粒落入灰斗。

生物质燃料颗粒由气流携带通过进料口切向进入气化器后，经过干燥和热解，生物质内部结构在吸热的不可逆条件下发生热分解反应，析出挥发分。热解

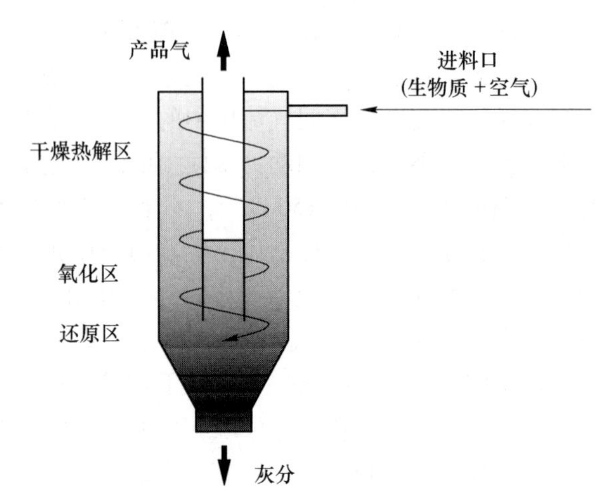

图 7-4 旋风空气气化原理

过程在氧化性气氛中完成，热解反应的同时伴随着挥发分的燃烧反应，这样在固体颗粒周围形成挥发分燃烧火焰的包围状态，部分氧气渗透到固体颗粒表面与固定碳反应。氧化反应放出热量，为物料的热解、干燥和还原区的吸热反应提供必要的热量。同时在高温环境下，热解气中的焦油会发生二次裂解。进入还原区后，生成的 CO_2 与固定碳接触发生反应生成 CO，同时伴随着水蒸气与 CO、CO_2 反应生成 CH_4，焦油发生进一步裂解、重整等反应，形成含有大量 CO、CH_4、H_2、C_nH_m 等可燃成分和 CO_2、N_2 等不可燃成分组成的混合燃气。

生物质旋风气化严格地说是夹带流气化方式的一种，通过高速空气流携带物料颗粒在气化器内形成旋流流场，同时完成气化反应，反应后气化燃气与灰分依靠旋流离心力自动分离。

相对于流化床气化工艺，生物质旋流气化具有以下优点和缺点：

(1) 其优点是旋风气化反应过程中，气固两相流在气化器内旋转向下流动，不存在如流化床气化器中的内循环现象。因此，固体颗粒沿气化器轴向分布均匀，减少固体颗粒间碰撞概率，防止颗粒间黏结搭桥，有利于提高气化反应温度；同时气化反应区域明确、工况可控性强，生成的气化燃气品质稳定。

(2) 其缺点是由于物料颗粒随空气流在气化器内作旋流运动，使靠近气化器外壁的颗粒浓度较高，对气固两相的充分混合有一定的影响；另外气化产生的半焦颗粒没有经过再循环而直接排出，固定碳损失较大。生物质旋风气化工艺在国内还没有开展研究，属于新型的气化工艺，其运行特点还有待于在试验中进行摸索。

经过华中科技大学肖波教授多年的研究，设计出一套以生物质微米燃料为原料，利用旋风气化炉进行生物质空气-低温水蒸气气化设备。

生物质微米燃料（biomass micron fuel）是由华中科技大学生产的一种精细生

物质粉体，是通过破碎农林类生物质得到的粒径小于250μm的粉体燃料。其燃烧实验表明，该燃料不仅着火点较低（200℃）、燃烧充分，而且燃烧效率较高。其在固定床的水蒸气气化效率达到95%以上，产品气中氢气含量达到50%以上。有关生物质气化的研究表明，较高的气化温度和较小的颗粒粒径有利于提高生物质产品气质量及气化效率。故根据微米燃料的特点，提出利用旋风气化炉进行生物质空气-低温水蒸气气化工艺，如图7-5所示。

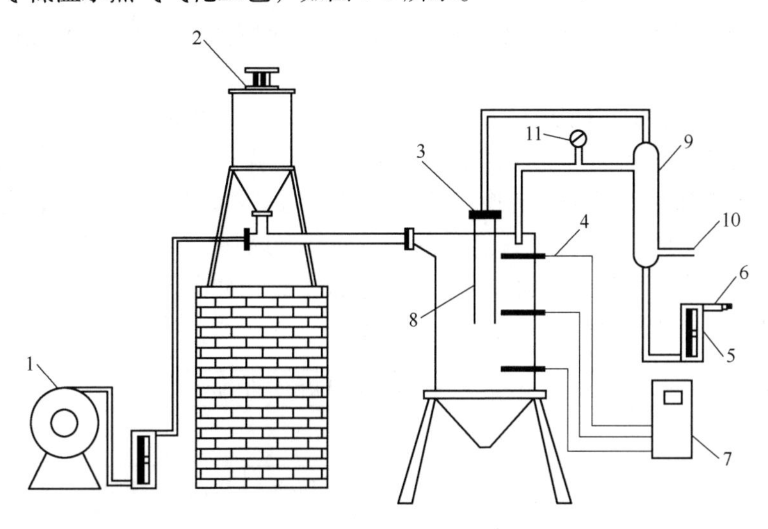

图7-5 生物质空气-低温水蒸气气化工艺图

1—空气压缩机；2—螺旋给料器；3—旋风气化炉；4—热电偶；5—流量计；6—采样口；7—温度控制系统；8—出气管；9—水蒸气发生器；10—进水口；11—水蒸气流量计

该旋风气化炉集燃烧室、气化室于一体，结构紧凑且气化室温度较高。微米燃料由适量空气输送沿气化炉壁切线进入气化炉，并在燃烧室中与空气进行不完全燃烧。由于空气量远远小于理论空气需要量，故只有少量微米燃料在燃烧室内不完全燃烧，剩余微米燃料靠其产生的热量进行气化；由于燃料沿炉壁切线方向送入炉体，故生成的CO、CO_2、水蒸气等混合烟气夹带大量未完全燃烧的微米燃料以及灰渣在燃烧室内沿炉壁形成旋流，较大的颗粒落入气化炉的锥形斗，在锥形斗下部装有水蒸气入口，通入的水蒸气（150℃，0.5MPa）与落入锥形斗的颗粒状残余碳进行反应，剩余的水蒸气与烟气以及少量粒径极小的颗粒物进入气化室重整且燃气中的焦油发生裂解。气化产物从气化室顶部的燃气管道排出，而气化剩余的灰渣则由锥形斗底部排出。

7.5.6 微米燃料外加热生物质气化炉

生物质在加热过程中同时产生可燃气体、焦油和残留碳等物质。以生产燃气为目的的生物质气化就是要尽可能多地将生物质转化燃气，少产生甚至不产生焦油、残留碳，同时，生产的燃气的品质要能满足燃料需求的热值。从多年来国内外生物质气化的经验可知，要想高效率的气化并且得到高热值的燃气就要求：对生物质间接加热气化，以避免因内燃加热带入大量氮气而降低燃气的热值和品质；将焦油、残留碳在气化的同时尽可能地转化为燃气，以提高生物质利用的经济效益。为做到这点，就必须把生物质和焦油与残留碳采用间接加热的方法，加热到800℃，这就需要主动加热的燃料的燃烧温度达到1000℃以上，世界上还没有这种低成本的高温燃料，这正是长期以来不能解决生物质气化问题的关键所在。

华中科技大学生态能源研究所经过不懈努力攻克了低成本的高温燃料技术难题，即研究成功了生物质微米燃料制备及其高温燃烧技术，它可以将广泛存在于大自然的低热值生物质材料转换成具有高热值的燃料，使生物质的燃烧温度从700℃提高到1300℃。正是利用这种低成本的高温燃料，发明了以生物质微米燃料为热源的外热式生物质气化方法，其具体技术路线如图7-6所示，这种方法解决了低成本间接加热生物质气化的技术难题。

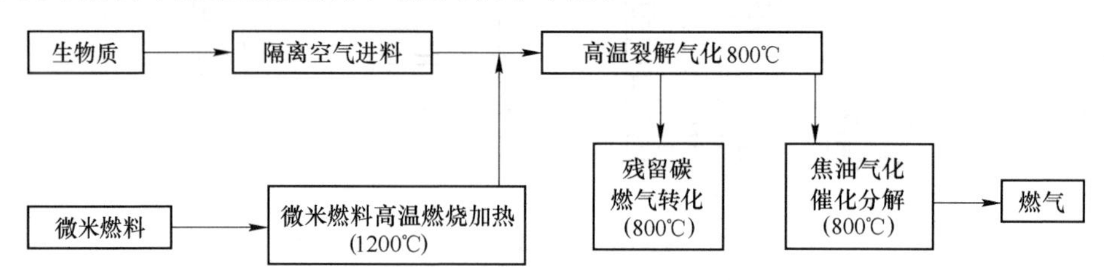

图7-6 微米燃料外热式气化技术路线

这种以微米燃料外加热气化方法与现有的气化方法相比，最大优点是燃气热值高，燃气转化效率高，生产成本低。其技术特点是：

（1）将微米燃料燃烧到1200℃，把气化室的生物质间接加热到800℃气化，获得的燃气不被氮气稀释，燃气热值高，是内热式气化方法热值的2倍以上，完全满足炊事燃料的热值需求，并能广泛用于工业燃料和燃气发电。

（2）用微米燃料把催化剂间接加热到800℃，焦油通过催化分解成为燃气，解决长期以来生物质气化的焦油污染环境和能源浪费的问题。

（3）微米燃料把残留碳间接加热到800℃以上，通过水气变换，把残留碳转化成为燃气。

在此基础上肖波成功研制出一套以微米燃料为热源的外热式生物质气化催化炉。该裂解气化重整炉主要包括粉尘云燃烧室、裂解气化室和催化重整室。微米燃料进入粉尘云燃烧室高效燃烧，裂解气化和催化重整所需的热源由粉尘云燃烧室提供，裂解气化的原料在裂解气化室自上而下的过程中吸收热量而裂解气化，裂解气化产物在气化压力下，进入催化重整室得到重整，从而得到CO和H_2含量占80%左右的中热值燃气。该裂解气化重整炉利用由农业秸秆和林业固废加工破碎的微米燃料作为裂解气化的外热热源，设备投资小、热效益高，成本低，产气效率高，燃气热值高。该气化装置可广泛应用于城市有机垃圾、农林废弃物等裂解气化制取燃气。

图7-7为一种以生物质微米燃料为外加热源的外热式生物质气化催化重整制氢中试生产装置，该装置采用低成本、可再生的生物质微米燃料的高效高温燃烧（1200℃）作为热源，对生物质进行外加热裂解气化，并且生物质采用隔离空气的密封进料方式，采用水蒸气作为气化剂，白云石为催化剂。在设备运行过程中，考察了气化室、燃烧室和催化室的温度、气压以及密封进料压力与气化炉内残留氧气、氢气转化效率以及气化转化效率的关系。该中试装置每小时能气化100kg生物质，富氢气体产量达到$70m^3/h$，气体成分中氢气的含量达到50%以上。目前该技术已经进入工程示范阶段，图7-8为湖北省通山县秸秆气化站燃气应用示范。

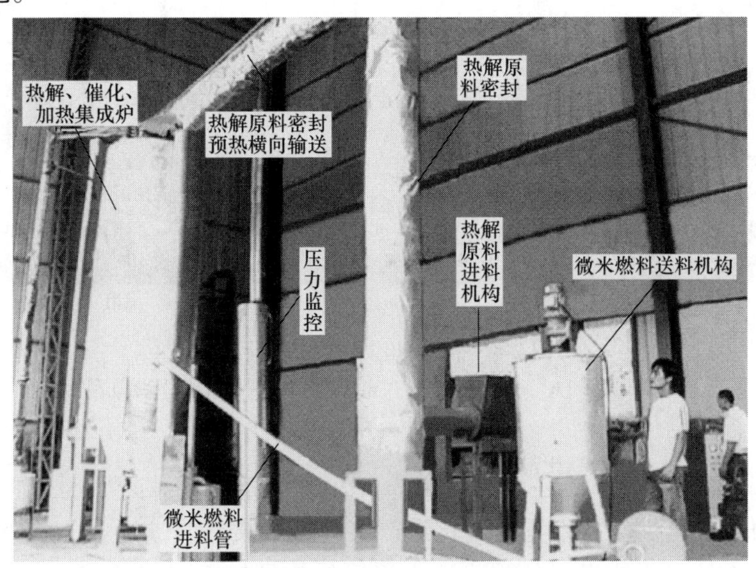

图7-7 外热式生物质催化气化制备燃气中试生产装置

7.6 生物质热气化技术研究进展

7.6.1 生物质气化技术的应用

生物质热解气化是生物质能源转化的一种重要途径。目前，随着能源危机及环境问题愈演愈烈，各国对生物质热解气化研究的进度也越来越快。生物质热解气化主要应用于：气化供气、生物质气化发电技术、燃气区域供热、合成甲醇以及供工厂企业用气等。下面就气化供气和气化发电技术做简单介绍。

(a) (b) (c) (d)

图 7-8 秸秆气化站燃气应用示范

（a）储气柜；（b）燃气管网；（c）电子燃气计量收费；（d）燃气利用

7.6.1.1 生物质气化供气

生物质气化供气技术是指气化炉产出的生物质燃气，通过相应的配套装备，完成对居民供应燃气的技术。生物质气化供气系统工艺流程如图 7-9 所示。生物质原料首先经过处理达到气化炉的使用条件，然后由送料装置送入气化炉中，不同类型的气化炉需要配备不同的送料装置。所产生的可燃气体，在净化器中除去灰尘和焦油等杂质。经过净化后的气体经过水封，由鼓风机送入储气罐中，水封相当于一个单向阀，只允许燃气向储气罐中流动。储气罐出口的阻火器是一个重要的安全设备。最后，燃气通过燃气供应网统一输送给用户。

目前，生物质气化供气技术已经在山东、辽宁、吉林、安徽等十几个省市推广开来，已经成功实现玉米芯等生物质的气化。

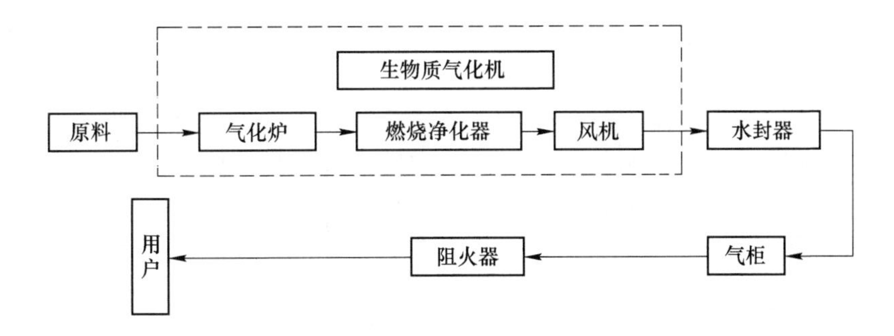

图 7-9 生物质气化供气系统工艺流程

生物质气化发电技术是目前研究与应用最多、装备最为完善的技术。目前，主要有三种方式：作为蒸汽锅炉的燃料燃烧生产蒸汽带动蒸汽轮机发电，这种方式对气体要求不是很严格，直接在锅炉内燃烧气化气，气化气经过旋风分离器除去杂质和灰分后即可使用，燃烧器在气体成分和热值有变化时，能够保持稳定的燃烧状态，排放污染物较少；在燃气轮机内燃烧带动发电机发电，这种方式对气体的压力有要求，一般为 10~30kPa，且存在灰尘、杂质等污染问题；在内燃机内燃烧带动发电机发电，这种方式应用广泛，效率高，但是该种方法对气体要求极为严格，气化气必须经过净化和冷却处理。

7.6.1.2 气化发电技术原理

生物质气化发电技术的基本原理，是把生物质转化为可燃气，再利用可燃气推动燃气发电设备进行发电。它既能解决生物质难于燃用而且分布分散的缺点，又可以充分发挥燃气发电技术设备紧凑而且污染少的优点，所以，气化发电是生物质能最有效、最洁净的利用方法之一。气化发电过程主要包括三个方面：一是生物质气化，在气化炉中把固体生物质转化为气体燃料；二是气体净化，气化出来的燃气都含有一定的杂质，包括灰分、焦炭和焦油等，需经过净化系统把杂质除去，以保证燃气发电设备的正常运行；三是燃气发电，利用燃气轮机或燃气内燃机进行发电，有的工艺为了提高发电效率，发电过程可以增加余热锅炉和蒸汽轮机。气化发电系统流程如图 7-10 所示。

7.6.1.3 气化发电技术分类

A 从气化过程上分类

由于生物质气化发电系统采用气化技术和燃气发电技术的不同，其系统构成和工艺过程有很大的差别。从气化形式上看，生物质气化过程可以分为固定床气化和流化床气化两大类。

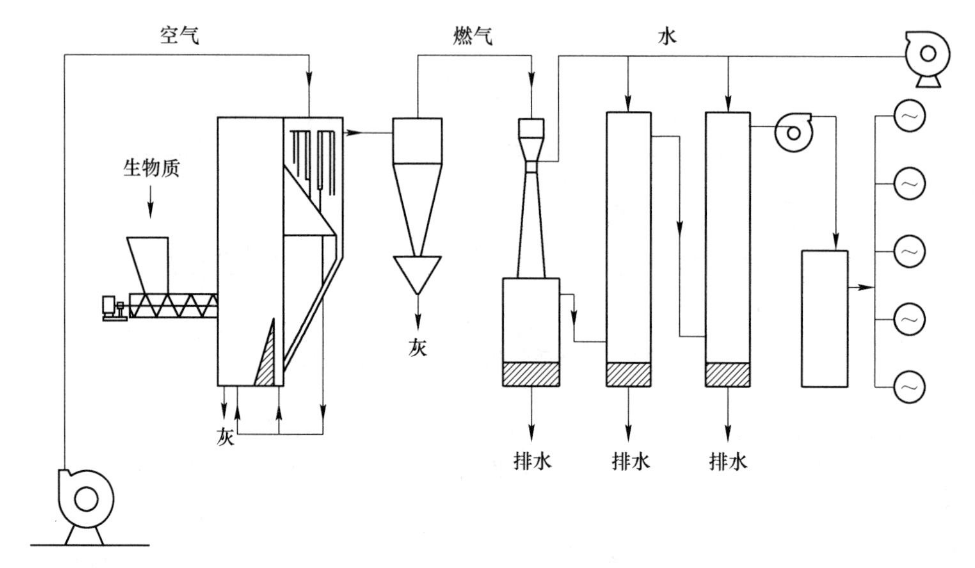

图 7-10　气化发电系统流程

（1）固定床气化，包括上吸式气化、下吸式气化和开心层式气化，这三种形式的气化发电系统现在都有代表性的产品。

（2）流化床气化，包括鼓泡床气化、循环流化床气化及双流化床气化，这三种气化发电工艺目前都在研究，其中研究和应用最多的是循环流化床气化发电系统。另外，国际上为了实现更大规模的气化发电方式，提高气化发电效率，正在积极开发高压流化床气化发电工艺。

B　从燃气发电过程上分类

气化发电可分为内燃机发电系统、燃气轮机发电系统及燃气-蒸汽联合循环发电系统。

（1）内燃机发电系统，以简单的内燃机组为主，可单独燃用低热值燃气，也可以燃气、燃油两用，它的特点是设备紧凑，系统简单，技术较成熟和可靠。

（2）燃气轮机发电系统，采用低热值燃气轮机，燃气需增压，否则发电效率较低，由于燃气轮机对燃气质量要求较高，并且需有较高的自动化控制水平和燃气轮机改造技术，所以，一般单独采用燃气轮机的生物质气化发电系统较少。

（3）燃气-蒸汽联合循环发电系统，是在内燃机、燃气轮机发电的基础上，增加余热蒸汽的联合循环，这种系统可以有效地提高发电效率。一般来说，燃气-蒸汽联合循环生物质气化发电系统，采用的是燃气轮机发电设备，而且最好的气化方式是高压气化，构成的系统称为生物质整体气化联合循环系统。它的一般系统效率可达40%以上，是目前发达国家重点研究的内容。

7.6.1.4 气化发电技术特点

生物质气化发电技术是生物质能利用中有别于其他利用技术的一种独特方式，具有三个特点：

(1) 技术有充分的灵活性。生物质气化发电可用内燃机，也可用燃气轮机，甚至结合余热锅炉和蒸汽发电系统，所以生物质气化发电可以根据规模的大小选用合适的发电设备，保证在任何规模下都有合理的发电效率。这一技术的灵活性能很好地满足生物质分散利用的特点。

(2) 具有较好的洁净性。生物质本身属可再生能源，可以有效地减少 CO_2、SO_2等有害气体的排放。而气化过程一般温度较低（700~900℃），NO_x的生成量很少，所以能有效控制 NO_x的排放。

(3) 经济性。生物质气化发电的灵活性，可以保证在小规模下有较好的经济性，同时，燃气发电过程简单，设备紧凑，也使生物质气化发电技术比其他可再生能源发电技术投资更小。

综上所述，生物质气化发电技术是所有可再生能源技术中最经济的发电技术，综合的发电成本已接近小型常规能源的发电水平。

7.6.2 现代生物质气化技术的研究发展

7.6.2.1 国外生物质气化技术的研究发展

20 世纪 70 年代，中东战争的爆发引发了新一轮的能源危机，使世界各国再一次深刻地认识到化石燃料等一次能源的不可再生性，对生物质能源的开发和研究重新引起了人们的高度重视，出于对能源和环境战略的考虑，西方主要工业国纷纷投入大量人力物力进行可再生能源的研究。作为一种重要的新能源技术，生物质气化的研究又重新活跃起来，一些发达国家，如美国、日本、加拿大、欧盟诸国，都纷纷开始了生物质热裂解气化技术的研究与开发。到 20 世纪 80 年代，美国就已有 19 家公司和研究机构从事生物质热裂解气化技术的研究与开发；加拿大 12 个大学的实验室开展生物质热裂解气化技术的研究；一些发展中国家，随着经济发展也逐步开始重视生物质的开发利用，增加生物质能的生产，扩大其应用范围，提高其利用效率。菲律宾、马来西亚以及一些非洲国家，都先后开展了生物质能的气化、成型固化等技术的研究开发，并形成了工业化生产。20 世纪 80 年代末到 90 年代初，许多国家尤其是西欧及北美的一些发达国家分别修订了各自的能源计划，投入了大量的人力物力，相继开始研究和开发以木本能源等生物质能来代替矿物燃料的技术，如日本的阳光计划、印度的绿色能源工程、美国的能源农场和巴西的酒精能源计划等。据估计，世界范围内对可再生能源技术的开发投资已达 315 亿美元。美国 2000 年生物质能利用率占全国总能耗的 10%~13%，芬兰可再生能源占全国能耗的 40%以上，巴西更是占到了 55%以上，包括瑞典在内的有关国家已经开始大规模的应用生物质能源，走在了从化石燃料转入可再生能源时代的前列。

生物质气化后产生的气体要经过一定的净化处理后才能用于后续的研究中，所以燃气净化也是生物质气化技术中的一项关键技术。生物质气化过程中产生的焦油，是阻止生物质气化技术规模化应用的关键，因此作为生物质气化技术的相关研究，焦油裂解技术和工艺也成为了研究的重点。芬兰国家科学技术研究中心能源技术研究所（VTT Energy）的研究者们在 20 世纪 90 年代初期就采用了多种催化剂，对生物质气化煤气和煤气化煤气中的焦油缩减进行试验，他们发现碳酸盐矿石催化剂中 Ca/Mg 比值及 Fe 含量等都能减少焦油的产率。瑞典皇家工学院（KTH）的研究者们在 20 世纪 80 年代就已经开展了针对生物质裂解气化中产生的焦油、甲烷以及炭黑的催化转化系统研究。Myren 等研究了 Sala 白云石催化剂并获得了较好的焦油重整效果，转化后在冷凝焦油相中除了萘之外几乎什么都没有剩下。另外，Brage 和 Yu 等对生物质裂解过程中焦油的释放及组成随气化条件等的变化情况进行了系统研究。有最新的文献报道，芬兰赫尔辛基工程大学和芬兰国家科学技术研究中心过程技术研究所（VTT Processes）共同研究发现氧化锆和氧化铝混合具有很高的活性，即使在温度低于 700℃ 的情况下仍能去除掉焦油中的很多成分，温度再高些，催化剂的选择性会更高，焦油的转化程度也更高。

生物质气化及发电技术在发达国家也受到广泛重视。目前，欧洲和美国在利用生物质气化方面处于世界领先地位。瑞典已生产出 2.5~25000kW 的下吸式生物质气化炉，其科研机构正致力于循环流化床和加压气化发电系统的研究。美国建立的 Battelle 生物质气化发电示范工程代表了生物质能利用的世界先进水平，可生产中热值气体。奥地利成功地推行了建立燃烧木材剩余物的区域供电站计划，生物质能在总能耗中的比例由原来的 3%增加到目前的 25%，已拥有装机容量为 1~2MW 的区域供热站 90 座。瑞典和丹麦正在实施利用生物质进行热电联产的计划，使生物质能在转换为高品位电能的同时满足供热的需求，以大大提高其转换效率。另外瑞典能源中心还取得世界银行贷款，计划在巴西建一座装机容量为 20~30MW 的发电厂，以便利用生物质气化、联合循环发电等先进技术处理当地丰富的蔗渣资源。

7.6.2.2 我国生物质气化技术的研究发展

生物质能在我国是仅次于煤炭、石油和天然气的第四种能源资源，在能源系统中占有重要地位。当前，生物质气化技术在实际利用过程中，还存在以下几个

主要问题:

（1）生物质灰熔点低、碱金属元素含量高，直接燃烧易结焦和产生高温碱金属元素腐蚀。

（2）生物质气化时，渣与飞灰的含碳量较高，气化效率低。

（3）燃气中焦油含量高，容易导致产生含焦废水以及影响设备的正常运行。

（4）目前气化发电机组的尾气余热回收效果不好，造成整个系统效率较低。

所以，降低燃气中的飞灰和焦油含量、提高系统效率和可靠性是今后利用生物质气化技术的主要研究方向。我国生物质能资源十分丰富，仅各类农业废弃物的资源每年即有 3.08×10^8t 标准煤，薪柴资源量为 1.3×10^8t 标准煤。第 15 次世界能源大会将生物质气化技术确定为优先开发的新能源技术之一。目前，我国已经建立了 500 个以上的生物质气化应用工程，连续运行的经验表明，生物质气化技术对处理大量的农作物废弃物、减轻环境污染、提高人民生活水平等多方面都发挥着积极的作用。

南京林业大学在生物质固定床气化发电（或供热）、木（或竹）炭、木（或竹）活性有机物和活性炭等方面的研究和应用，提出了“基于生物质固定床气化的多联产技术”。区别于生物质气化热电联产（CHP）和生物质整体气化联合循环发电技术（BIGCC）等多联产技术，在此将“基于生物质固定床气化的多联产技术”定义为基于生物质固定床气化的气、固、液三相产品多联产技术，即将生物质可燃气、生物质炭、生物质提取液（活性有机物和焦油）三相产品分别加工开发成多种产品。多联产工艺的核心设备为下吸式固定床气化发电或供热设备。

生物质固定床气化发电和供热设备，主要由固定床气化炉、燃气净化系统、内燃机或燃气锅炉组成。生物质气化产生的燃气，经净化系统气液分离后分为生物质燃气和生物质提取液，气化炉还会产出生物质炭。生物质燃气可用于内燃机发电或替代煤向锅炉供热；生物质炭根据生物质原料的特性可分别制成速燃炭或烧烤炭，也用于冶金行业的保温材料，或可制成碳基肥料、缓释剂、土壤改良剂、修复剂等用于农业，还可制成高附加值的活性炭产品；生物质提取液中的有机组分可加工成叶面肥等作物生长调节剂，也可制成抑菌杀菌剂，焦油可经精炼提取成苯、甲苯、二甲苯（BTX）及其他用途的化学品，或升级转化为清洁生物液体燃料。基于生物质固定床气化多联产技术是一条生物质综合、高效、洁净利用的先进技术路线，是综合解决生物质气化技术面临困境的重要途径和关键技术。

为了解决焦油对生物质热解过程的影响，国内众多大学和科研院所先后开展了生物质热解焦油的研究，为焦油的去除找到了大量高效廉价的催化剂，例如浙江大学热能工程研究所利用石灰石、白云石催化剂、高铝砖催化剂，研究了生物质（稻秆、稻壳、木屑等）热解焦油的催化裂解反应，发现当温度达到900℃时，焦油的裂解效率可达90%以上。清华大学的吕俊复等对循环床锅炉中循环灰对于焦油裂化的催化作用进行了研究，在固定床反应器上以苯和甲苯作为焦油的模型化合物，研究了循环灰对焦油裂化效果的影响。目前国内采用最多的催化剂是白云石催化剂，以煅烧白云石为催化剂，焦油的裂解效率最高能达到95%以上。

目前，国内外对生物质能的研究已经全面开展起来，生物质气化仅是热化学转化中的一部分，且是一项较新的技术，目前还不成熟，尤其是对其后续气化气的净化及产生大量焦油的合理处理都是生物质气化技术亟需解决的瓶颈问题。流化床生物质气化炉比固定床生物质气化具有更好的经济性，应该成为我国今后生物质气化设备研究的主要方向。但与欧美国家相比，目前我国生物质气化还是以中小规模、固定床、低热值气化为主，利用现有技术，研究开发经济上可行、效率较高的生物质气化发电技术，这在我国将成为生物质高效利用的一个主要课题。随着人类对生物质应用技术的不断深化，生物质对解决能源危机和减少环境污染的作用将日益显现出来，生物质能必将逐渐成为现代人类社会最主要且是必不可少的能源形式之一。

8 生物质原油提炼技术

生物质原油（也称生物油）是通过生物质热裂解或催化裂解转化而获得的初级液体燃料。其主要应用表现在两个方面：（1）从中提取特殊的化学物质。如生产左旋葡萄糖、酚醛树脂、燃料添加剂和黏合剂等产品，这种用途可在短期内商业化。（2）作为后续能源使用。如将生物油气化生成合成气，再合成液体燃料；或通过加氢裂化、异构化等方法提升生物油品质，使其成为优质的清洁燃料；或将生物油重整制氢等。由于粗生物油具备含水量高（15%～30%）、含氧量高（40%～50%）、黏度强、热值低（粗生物油热值约 20MJ/kg，而发动机燃料一般 42 MJ/kg）、酸性较强（pH 值为 2.5 左右）等性质，目前国内外生产的生物油仅能供给锅炉燃烧，而不能直接作为车用燃料使用，尤其是生物油的高含氧量导致生物油接触到空气很容易黏结变硬，直接阻碍了其作为车用燃料使用。因此，经过精制加工的生物油才有望部分替代化石燃料，在现有热力设备尤其是内燃机中使用。

8.1 生物油分离技术

生物油组分复杂，生物油需进行预处理和分离之后才能应用。其成分主要是含有多种含氧官能团的酚类、醛类和酮类等芳香族环状化合物。不同种类的生物油主要成分大致相同。生物油在理化性质上区别于石油主要是含有大量的氧化物和极性物质，因此石油的炼制工艺不能完全适用于生物油分离。目前，国内外对生物油的分离方法主要为蒸馏、分级冷凝、溶剂分离、离心和柱层析分离等。

8.1.1 蒸馏和分级冷凝分离

按照需采用的压力分类，蒸馏可分为常压蒸馏、减压蒸馏和蒸汽蒸馏。除了水和易挥发性的有机组分外，生物油中还含有大量不易挥发性组分（如糖类和寡聚酚醛等）。在蒸馏过程中，挥发性组分、半挥发性组分、不易挥发性组分依次馏出。这些复杂的化学成分导致生物油在一个很宽的温度范围内沸腾。常压下，生物油从低于 100℃ 开始沸腾，在 250～280℃ 停止蒸发，最后留下质量分数为 35%～50%的残余物。值得注意的是，如果在蒸馏过程中对生物油加热缓慢则会使一些活泼组分发生聚合反应。

为避免生物油在蒸馏过程中聚合生成大分子化合物而不利于对其分解利用，

通常，可以采用在较低温度下减压蒸馏分离出生物油。减压蒸馏主要是将小分子的酸、酮、醇、水等分离出来，因此主要用于生物油的粗分。蒸汽蒸馏也是分离提纯生物油的重要方法之一。将饱和蒸汽与生物油充分接触，一方面，提供生物油以热量；另一方面可以降低生物油的黏度，促进生物油中的挥发性组分进入到蒸汽中以达到提纯的目的。Jean 等利用蒸汽蒸馏和减压蒸馏的方法提取生物油中的酚类物质，即先对生物油进行蒸汽蒸馏，然后再将蒸汽蒸馏所得产物通过减压蒸馏分为 16 种馏分，其中所得酚类物质的质量分数为 3. 17%，回收率为 88. 2%。可见，水蒸气蒸馏可以在低温下分离轻重化合物，其馏分中富含酚类化合物，且热解油的化学成分并没有发生明显变化。

考虑到生物油对热不稳定，人类的研究开始转向用分级冷凝的方法分离生物油。分级冷凝是指在生物油的冷凝过程中，摒弃传统的单一的冷凝器冷凝生物油，而采取在生物油收集过程中利用冷凝管不同温度区段分别进行收集的方法。Sanding 等在热解联合循环系统中设计了特殊的冷凝收集装置，其冷凝过程分为 4 个阶段，如图 8-1 所示。不同的冷凝段温度范围不同，热解后的气体经不同的冷凝段被分别冷凝，其中第一和第二阶段生产的左旋葡萄糖的质量分别为各阶段冷凝下来的生物油质量的 46%和 18%，而整个系统可收集 75%（质量分数）的生物油。

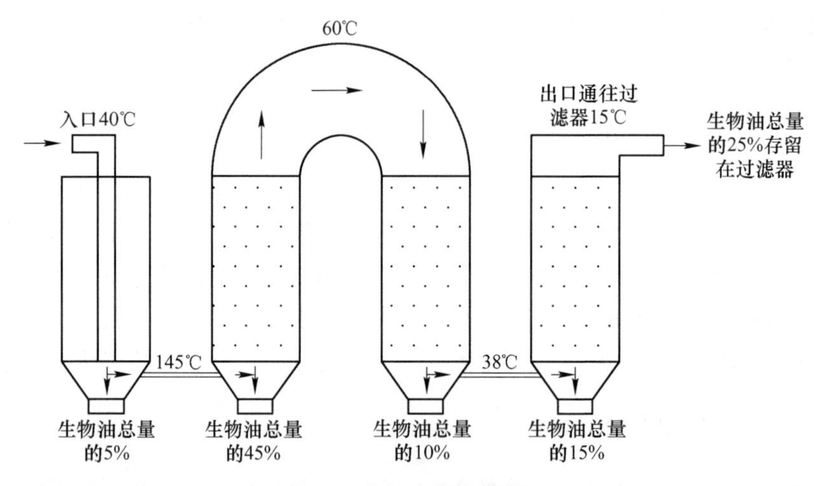

图 8-1 分级冷凝收集装置

这个分级冷凝收集装置不仅可以收集有机化合物，而且还实现了回收系统余热并输送到预热器以供热解联合循环系统底部的蒸汽循环使用，从而大大提高了整个系统的经济性。

8.1.2 溶剂分离

在生物油中添加一定量的溶剂而达到使生物油分层的目的，进而再进行分离的方法即为溶剂分离法。采用的溶剂种类很多，可以是水、有机溶剂或者盐溶液。

8.1.2.1 水分离生物油

用水作溶剂分离生物油是最简单的溶剂分离方法。水可以将生物油分为水溶和非水溶两部分，其中水溶部分主要由碳水化合物组成，非水溶部分由黏稠的热解木质素组成。非水溶部分占生物油质量的25%~30%。

Sipila 等提出一种分离方法，即按质量比1：10将生物油慢慢加入到蒸馏水中，以恒定的转速搅拌并加热，过滤出粉末状的非水溶液部分，用蒸馏水冲洗该部分后真空干燥（干燥温度低于40℃）。在对硬木热解生物油的测试中，在水加入量较少的情况下（生物油与水的质量比为1：3），非水溶部分形成黏稠的油状液体，随着水加入量的增加，将形成粉末状均相混合物。非水溶液部分含有大量相对分子质量高的物质，其热解产物与生物油中木质素的部分热解产物相同。随热解温度的升高，生物油非水溶部分质量减少，气体产物增加，主要为CO_2和CO。

用水分离生物油是一种较受欢迎的方法，但该方法的不足之处是因回收水溶部分时需要蒸馏大量的水，故而成本较高。目前，生物油水溶部分中轻质酚和醛已实现了广泛的商业化，如制备食品添加剂、染料等；非水溶部分的应用，即有效利用其中富含的木质素，比如木质素在合成树脂中作为苯酚的替代品已被广泛研究。

8.1.2.2 溶剂萃取分离生物油

有机溶剂萃取生物油是基于相似相溶的原理，采用不同极性的有机溶剂提取生物油中极性相似的有机成分。常用的强极性有机溶剂如甲醇、丙酮、乙酸乙酯和四氢呋喃等，用于提取重油；弱极性溶剂如甲苯、乙醚、戊烷、正己烷、氯仿和二氯甲烷等，用于提取轻油。另外，水是极性较强的溶剂，用酸碱溶液与有机溶剂相结合多级萃取生物油也是一种较好的分离方法。

Chum 等用乙酸乙酯（EA）对美国国家可再生能源实验室（NREL）制备的生物油进行分离。首先按质量比1：1将生物油溶于EA中，再用滤纸进行真空过滤除去焦炭，静置，可分为富含有机组分的EA溶解相（上层）和EA不溶相（下层），在热解过程中生成的水存在于EA不溶相中。用水洗脱EA溶解相，先去除其中的水相，然后用碳酸氢钠溶液萃取EA溶解部分，再用有机酸二次萃取用碳酸氢钠萃取后的溶液中的水相部分，具体过程见图8-2。

这种方法是NREL用生物油合成树脂工艺的一部分。NREL运用快速热解涡动反应器将生物质转化为富含酚类物质的生物油，然后从中提取用于合成酚醛树脂的组分，此组分约占生物油质量的20%。

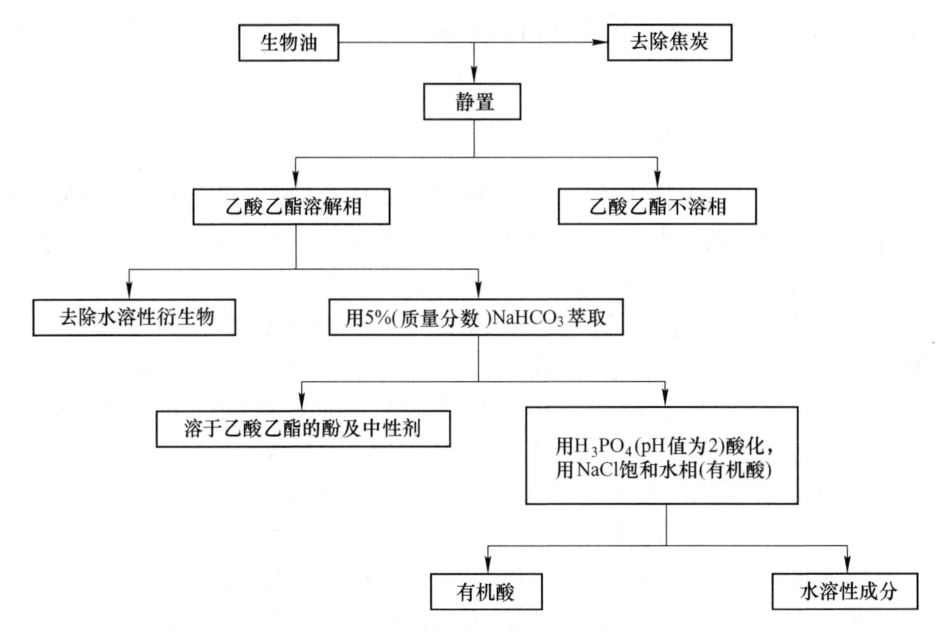

图 8-2 溶剂萃取法处理 NREL 制备生物油

Shriner 等首先脱去生物油中的水，非水溶物用乙醚萃取，去除乙醚不溶物，乙醚层用质量分数为 5%的 HCl 溶液分离，去除酸溶物（包含碱性和两性化合物），再将乙醚溶解物用质量分数为 5%的 NaOH 溶液分成乙醚层和水层。乙醚层蒸馏产生中性组分；水溶液冷却至室温，用 CO_2(g) 将其饱和并进一步用乙醚萃取。乙醚层蒸发浓缩得到酚；水层酸化产生较强酸。Mourant 等用乙醚初提生物油，将不溶于乙醚的部分用 EA 萃取得到极性更大的组分，再将溶于乙醚的部分与氢氧化钠溶液反应，得到有机相和水相，蒸发有机相得到中性物质，用盐酸酸化水相溶液后与 EA 得到酚类物质。

溶剂萃取因其简单快捷而成为常见的化学提取方法，也可以在一定程度上解决生物油量少的问题。但生物油的组成十分复杂，传统的萃取方法只能得到某些极性相似或某类化合物而不能得到单一产品，要将这些化合物再次分离纯化，必将造成有机溶剂耗用量大、分离过程复杂、生产成本过高且难以回收等众多缺点，因而此方法难以得到工业化发展应用。

8.1.2.3 离心分离

利用不同物质之间的密度等差异，用离心力场进行分离和提取的物理方法为离心分离技术。Ba 等以 3500r/min 的转速将生物油离心 30~60min 后，试样分成上、中、下 3 层，然后再用甲醇等溶剂进行萃取。Mihio 将硬木热解生物油用离心分离的方法去除重组分，然后将剩下的上层轻组分作为乳化剂。

因为离心分离会增加了生物油含水量，降低了含碳量，因此离心分离生物油一般要和其他方法相结合，如离心分离和溶剂分离两种方法处理软木材真空热解生物油，而能否用离心法成功分离生物油还与制取生物油的原料和生物油的胶质特性有关。

8.1.2.4 柱层析分离

柱层析法，又称色层法或色谱法，是利用分子在硅胶柱上的吸附能力不同进行分离的，极性较强的分子容易被硅胶吸附，而极性较弱的分子不易被吸附。整个柱层析过程就是吸附、解吸、再吸附和再解吸的过程。徐绍平等对杏核热解油进行柱层析分离，首先过滤热解油并去除其中的炭渣，然后用 CH_2Cl_2 萃取滤液，所得 CH_2Cl_2 溶液再用盐酸萃取，用 NaOH 溶液调节 CH_2Cl_2 层至碱性，剩余的 CH_2Cl_2 溶解物用柱层析法分离。层析柱的固定相是经 200℃ 活化 24h 的硅胶颗粒（粒径为 0.076~0.150mm），向层析柱顶端滴加一定量的生物油（油和硅胶质量比 1∶35），吸附片刻，先后用三种不同的溶剂洗脱分离出 3 种馏分：甲醇洗脱馏分主要是酚类等极性化合物，苯洗脱馏分主要是单环的芳香烃取代物；环己烷洗脱馏分主要是环烷烃、长链脂肪烃和四环以下的芳香族化合物。李世光等在 50℃ 下用旋转真空蒸发仪蒸发出自由水后，将生物油溶于四氢呋喃，过滤并除去多余的残渣，所得的生物油蒸去四氢呋喃后称重，然后在索式抽提器中回流，抽提分离出沥青烯，剩下的可溶物用柱层析法分离。层析柱的固定相为经 265℃ 活化 16h 的硅胶（粒径为 0.105~0.150mm），向层析柱顶端滴加一定量生物油（生物油和硅胶质量比 1∶35），吸附片刻，先后用不同溶剂洗脱分离 3 种馏分：甲醇洗脱馏分主要是极性化合物；苯洗脱馏分主要是单环的酚类化合物；环乙烷洗脱馏分主要是 C_4 以下无杂原子、无取代基的芳香族化合物或有简单取代基的芳香族化合物。Saari 等探索了将色谱分离技术应用到生物质水解半乳糖分离的工业化生产中。实验中利用的半乳糖从 3 种不同的含半乳糖的原料中回收。在钠基 SAC 离子交换树脂下，半乳糖从乳糖水解产物（含葡萄糖和半乳糖）中被很好地分离；硫酸盐基离子交换树脂对木糖的脱除效果较好；色谱分离树脂在选择上取决于水解模型。根据目标纯度和组分产量，同时分离两种或两种以上的化合物是可能的。如果进行工业化色谱分离，使用模拟移动床技术和洗脱液再循环技术将有更好的可行性。

色谱分离能分离常规方法无法分离的组分，产物纯度高，但因其处理量小，一般用作分析测试方法或高价值化学品提纯，暂时难以实现大规模工业化。

8.1.3 生物油精制技术

生物油的化学成分复杂、黏度大、稳定性差、腐蚀性强，不利于生物油的直接应用，因此必须通过改性精制，提高生物油的品质。目前改性精制的方法主要是催化加氢、催化裂解、添加溶剂、乳化及催化酯化。

8.1.3.1 催化加氢

催化加氢是较早期的生物油改性方法，采用在高压（10~20MPa）和存在供氢溶剂的条件下，通过催化剂作用对生物油进行加氢处理，其中的氧以 H_2O 或 CO_2的形式除去。例如，Piskorz 等采用经硫处理的 CoMo 催化剂对生物油加氢，处理后生物油的含氧质量分数仅为 0.5%，芳香烃质量分数达 38%。Love 等采用固定床反应器在 H_2压力大于 10MPa 的条件下，以硫化处理过的钼催化剂进行加氢处理，结果表明可以较高效率地得到二氯甲烷油溶物（质量分数大于 65%），说明通过该方法处理后何帕烷、甾烷和甲基甾烷含量明显增加，脂肪烃的总收率为 30%。

采用上述催化加氢的方法能够显著降低生物油中的含氧量，提高热值，但是实现高压加氢操作困难、设备复杂、成本较高。为了降低成本和操作难度，一些学者探究了将热解得到的生物油蒸气与氢气混合后再与催化剂发生作用，这样不仅可以充分利用热解时的反应热量，减少能耗，而且当生物油蒸气通过催化剂床层时，由于气、固相接触的覆盖度较低，催化剂的使用寿命得到一定的延长。Busetto 等采用钌基均相催化剂精制生物油，在不同的温度、压力条件下进行试验，发现在 1MPa 氢气压、145℃、反应物催化剂比为 200∶1 的条件下反应 1h 可得到最佳效果。经分析反应前后，生物油中的醛类从 8%降到了 0.2%，同时不影响芳香族的双键。该反应表明 Shvo 催化剂是一种较为理想的低温均相催化剂，但是此种方法的最大问题是催化剂收率不高。刘颖等用生物质基丁酮在 1MPa 压力、催化剂用量占丁酮的 5%和搅拌速度 1000r/min 的条件下，以 Pd/C 为催化剂进行催化加氢反应，得到的主要产物为仲丁醇。实验表明，温度是影响丁酮催化加氢的重要因素，在加氢压力 1MPa，反应 8h，90℃、120℃和 150℃条件下仲丁醇收率分别为 53.1%、52.8%和 45.5%；增大氢压，仲丁醇收率反而明显降低。增加催化剂用量，反应速率加快，反应时间缩短，但对最终仲丁醇收率的影响不大。该实验表明该催化剂能在较低温度较少用量的情况下得到较好的加氢效果，使催化加氢技术在低温下进行成为可能。

虽然对生物油的催化加氢进行了各方面的探索，但由于当温度超过 80℃时，生物油内的聚合反应强烈，热稳定性差，而目前所采用的催化剂都是高温催化剂，它与加氢反应相互竞争导致黏度快速增加。同时反应组分进入催化剂基体覆盖其活性中心，导致反应器堵塞和催化剂失活。催化加氢设备一般都较复杂，成本较高。

8.1.3.2 催化裂解

催化裂解是在催化剂的作用下将生物油分子包含在汽油馏程内的烃类组分裂解成较小的分子，生物油中的氧以 H_2O、CO 和 CO_2的形式去除，获得以烃类为主的高辛烷值燃料油的精制方法。该操作一般在常压下进行，不需要还原性气体，避免使用宝贵的氢能源，设备也较催化加氢简单，成本相对较低，所以许多学者采用该方法对生物油进行改性研究。

早期人们的研究重点在于催化剂的作用机理及对生物油组分的分析。由于沸石分子筛自身具有的酸性和规则的孔道结构，使其在生物油催化裂解过程中显示出较好的催化裂解性能和芳构化性能。其中 H-ZSM-5 分子筛是催化裂解精制热解油最常用的催化剂，其裂解产物中水分较易分离。Williams 等以 H-ZSM-5 为催化剂，采用流化床反应器进行生物油的改性研究，提出了催化剂的催化作用机理，并对催化剂的再生性能进行了考察。结果表明，催化作用主要通过两种方式进行：（1）沸石分子筛将生物油催化裂解为烷烃，然后将烷烃芳构化；（2）将生物油中的含氧化合物直接脱氧形成芳香族化合物。催化剂循环使用实验表明，再生后的催化剂将生物油催化裂解为芳香化合物的能力显著降低，随着催化剂再生次数的增加，改性后产品的含氧量不断增加平均分子质量也不断增加。Adjaye 等采用微型固定床反应器，将生物质裂解蒸气通过 H-ZSM-5 催化剂进行生物油的改性研究，建立了与实验数据吻合的数学模型。该模型显示，生物油的催化裂解是一个复杂的过程，包含了多个平行反应和连串反应。同时通过降低催化剂温度和生物油蒸气的浓度，可以减缓催化剂的结炭。但是降低催化剂温度又会使得生物油的催化转化效果变差，不能有效地降低氧含量。Vitoloa 等将 H-ZSM-5 和 HY 沸石作为催化剂进行了生物油的改性研究。结果表明，通过 H-ZSM-5 催化后的生物油产品是较易分离的水相和有机相，通过 HY 沸石的生物油呈均相，有机相稳定地分散在水相中。经性能测定表明，改性后的生物油含氧量降低，热值提高，并改善了燃烧性能。但是实验中发现催化剂的结焦严重，科研工作者试图通过缩短气体停留时间的办法来减缓催化剂的失活，但这又会导致生物油中的氧不能有效地脱除。郭晓亚等采用 H-ZSM-5 分子筛催化剂，将生物油（由木屑在循环流化床中快速热解制得）与溶剂四氢化萘以 1∶1 的质量比混合，在固定床反应器内催化裂解。结果表明，精制油中的含氧化合物（如有机酸、酯、醇、酮、醛）的含量大幅减少，而不含氧的芳香烃含量增加。此法除去了生物油中含有的大量的氧，因而使生物油的黏度和结焦性下降，并且提高了生物油的热值。

目前生物质油催化裂解研究中使用的催化剂大都为 H-ZSM-5。但因为 ZSM-5 属于小孔分子筛，具有 0.54~0.56nm 的椭圆形孔结构，大约适合 C_{10}烃大小的分子进出孔道，而热裂解产生的生物油中含有的未裂解完全的大分子会在小孔分子筛催化剂的外表面凝结，形成结炭，导致催化剂失活，结焦率高、寿命短、再生性能较差。虽然催化裂解有很多优点，但是其普遍收率很低，而且仍未找到选择性好、转化率高、结焦率低的催化剂，因此并没有被广泛采用。

8.1.3.3 添加溶剂

添加溶剂可以有效提高生物油稳定性和降低黏度。这种方法影响生物油的黏度的机制大体分为三种：（1）物理性稀释作用；（2）通过降低反应物浓度或改变油的微观结构以降低反应速度；（3）与生物油中活性成分反应生成酯或缩醛而阻止生成大分子聚合物的反应进行。Diebold 等研究了不同添加剂（如乙酸乙酯、甲基异丁酮和甲醇、丙酮、乙醇及它们的混合物）对降低生物油黏度和提高其稳定性的影响。实验结果表明，甲醇是最好的添加剂，10%（质量分数）甲醇的生物油可以在 90℃下稳定存放 96h，而不加甲醇的生物油放置 2.6h 后黏度就超标了。Lopez 等将生物油与乙醇混合（生物油质量分数 80%，乙醇质量分数 20%），在涡轮机中进行燃烧试验。结果发现，该混合物使用上存在很多不便，由于混合油黏度较高，需要对燃烧室中的喷嘴进改进，另外，燃烧前还需要用标准燃料对涡轮机进行预热。在燃烧性能方面与标准燃料相比有明显差异。

添加甲醇或乙醇等溶剂是常用的生物油稳定方法，不仅减小了生物油的黏度，还降低了生物油的 pH，增加了生物油的挥发分含量和热值。但是单纯添加溶剂不能有效改善生物油的含氧量、含水量、热值以及燃烧性能，因此采用该方法对生物油改性的研究还在继续。

8.1.3.4 乳化

在表面活性剂的乳化作用下，将生物油与柴油混溶后作为燃料使用的过程即为乳化精制。其机理是在加入表面活性剂后，利用表面活性剂的两亲性质，降低了界面张力，改变了界面状态，使之易于在油水界面上吸附并富集，从而使本来不能混合在一起的两种液体（“油”和“水”）能够混合到一起，其中一相液体离散为许多微粒分散于另一相液体中，成为乳化液。生物油/柴油乳化技术相对催化裂解和催化加氢而言工艺简单，是一项很有前景的生物油利用技术。但该技术存在着乳化剂成本和乳化过程能耗高、乳化液对内燃机的腐蚀性高、内燃机运行稳定性差等缺点。因此，乳化方法必须兼顾降低生物油的酸性才能得到进一步的推广。

王丽红等利用气质联用（GC/MS）分析了轻质生物油和柴油乳化后燃料的物理性质，并将轻质生物油、0 号柴油、复合乳化剂按一定的工艺进行乳化，发现增加均质时间、减小轻质生物油比例或增大乳化剂比例都可以提高乳化燃料稳定时间，此法得到的乳化燃料的热值比轻质油热值有明显提高，但还是精制油的腐蚀性较高，pH 值变化不明显。张健以非离子表面活性剂为乳化剂，对生物油和柴油混合制备乳化油技术进行了研究。试验结果表明，在乳化温度 30~50℃的条件下，以 2%的司班-80 和吐温-80 复配液并辅以 0.1%的正辛醇构成的 HLB 值为 8 的乳化剂乳化含 5%生物油和柴油的混合液，可以形成油包水（W/O）型乳化油，其稳定时间可达 60h；显微镜照片显示，乳化油中粒径为 5~15μm 的生物油液滴占 60%以上。此法有效降低了生物油的粒径，提高了生物油的稳定时间，有利于生物油的保存。王琦通过生物质热解生物油模型化合物与柴油乳化的研究确定了乳化剂合适的 HLB 范围，在该范围内稻壳热解生物油与柴油的乳化效果良好，同时研究了生物油贮存时间对乳化效果的影响。在柴油、乳化剂和生物油质量分数分别为 92%、3%和 5%的条件下，试验研究了不同种类生物质热解生物油与柴油的乳化性能，乳化燃料在热值上接近柴油，黏度符合国家轻柴油标准，具有商业应用的可能。

8.1.3.5 催化酯化

催化酯化是在固体酸或碱催化剂的作用下，生物油中的羧基与醇类溶剂进行酯化反应，通过减少生物油中反应基团的数目，从而降低生物油的酸性，提高生物油稳定性。羧酸的酯化，转化了大部分的酸性基团，降低了生物油的酸性和腐蚀性；同时由于酯化过程中产生水，而酯化产物对水的溶解性也较差，因此通过选择合适的反应条件和反应体系，将水从有机相中分离出来，这样可以获得水含量和氧含量都较低，热值较高的有机相，提高了生物油的发热量。

Wang 等选取了 732 和 NKC-9 型离子交换树脂作为研究对象，以生物油模型物与甲醇的反应，其结果显示 732 型树脂和 NKC-9 型树脂的精制油酸值分别下降了 88.54% 和 85.95%，生物油模型的发热量分别增加了 32.26%和 31.64%，水质量分数分别下降了 27.74%和 30.87%，两者的密度降低了 21.77%，黏性降低了大约 97%。此法精制油的稳定性增强，腐蚀性降低，黏性降低幅度最大，是一种很好的降低黏度和提高生物油热值的方法。王琦等利用间歇式玻璃反应器，在 60℃、油醇质量比为 1∶2、催化剂质量分数为 20%和全回流条件下，研究了强酸型离子交换树脂催化的生物油酯化精制反应。结果表明，酯化后生物油的含水量和黏度下降，热值提高了 42.7%；生物油中低级羧酸均得到不同程度的转化，产物分布发生较大变化，主要生成乙酸乙酯、原乙酸三乙酯等新成分。催化酯化精制后的生物油，其黏度和含水量均有所降低，热值提高到 21.4MJ/kg，生物油的品质得到一定的改善，生物油中水的质量分数从 36.8% 减少到 27.0%，且对生物油化学成分几乎没有影响。

通过将羧基转变为酯基，不仅提高了生物油的 pH，降低了生物油的腐蚀性；而且固体酸碱催化剂反应后易与体系分离，一般还可以再生使用，因此是生物油精制改性十分有效的方法。目前对于采用反应性基团转化的方法来改性精制生物油的报道较少，但随着改性精制技术的发展，该方法会逐渐受到人们的重视。

8.2 生物质原油提炼产品

生物油分离制取化学品对于生物油升值有重要研究意义。所得精细化学品，提高了生物油的利用价值，增强了生物质热解制油技术的竞争力，因而引起了国内外学者的密切关注。

20 世纪 60 年代，国外研究学者就左旋葡聚糖和有机酸的分离开展了积极的研究；至 90 年代左旋葡聚糖的分离技术蓬勃发展，同时研发出羟基乙醛的分离技术；至 21 世纪主要针对生物油中单一产品的分离技术日趋成熟并得到工业化应用。多级产品的分离技术出现于 20 世纪 80 年代；至 90 年代以后迅速发展，主要产品有低酚、有机酸和中性组分。我国在生物质热解技术领域的研究起步较晚，相应的分离技术研究也较晚。

8.2.1 单一化学品的分离

生物油主要化学成分为左旋葡聚糖、羟基乙醛、有机酸和低酚等，还有少量其他醛、醇、酮等产物，拥有的化学品多达 300 多种。左旋葡聚糖是制备杀虫剂、生长剂、表面活性剂、手性合成纤维和乙醇等的重要化工原料；羟基乙醛是制备食品着色剂、香料剂、稳定剂、防腐剂和水性乙缩醛二乙醇分散剂的重要原料；有机酸是制备低分子酸和有机酸盐的重要化工原料；低酚是生产树脂、泡沫和塑料等的重要化工原料。

8.2.1.1 *左旋葡聚糖*

左旋葡聚糖是一种具有较强亲水性的脱水单糖。分离热解液中左旋葡聚糖起始于 20 世纪 60 年代（1966 年），美国 Crown Zellerbach 公司利用纤维素、淀粉等碳水化合物原料将造纸热解液蒸发脱去部分水分，再用三氯甲烷脱除色素杂质后浓缩，用丙酮溶解过滤，浓缩滤液并结晶，得左旋葡聚糖晶体，如图 8-3 所示。

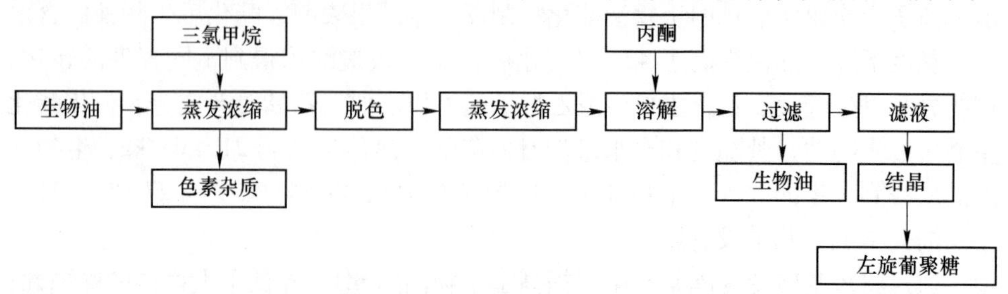

图 8-3 左旋葡聚糖的制备工艺

木质生物质热解得到的生物油一般包括水、油两相，其中水相富含左旋葡聚糖和有机酸等碳水化合物，油相富含焦油和木质素的衍生酚。1968 年，美国 Weyerhaeuser 公司研发出新的成型的沉淀萃取分离工艺（如图 8-4 所示），即将生物油分离为两相，移去生物油中的非水相，于 5℃低温条件下用适量生石灰中和水相，与有机酸形成的沉淀通过过滤去除，所得滤液经过阳、阴离子交换树脂交换吸附脱除钙和残余有机酸后，于 21℃下真空蒸去水分，再结晶，便可得到收率为 16%的左旋葡聚糖白色晶体。有机酸盐沉淀物加适量水稀释后于 60℃加热聚结、沉淀，沉淀物可采用稀硫酸等无机酸置换出收率为 9%的有机酸。

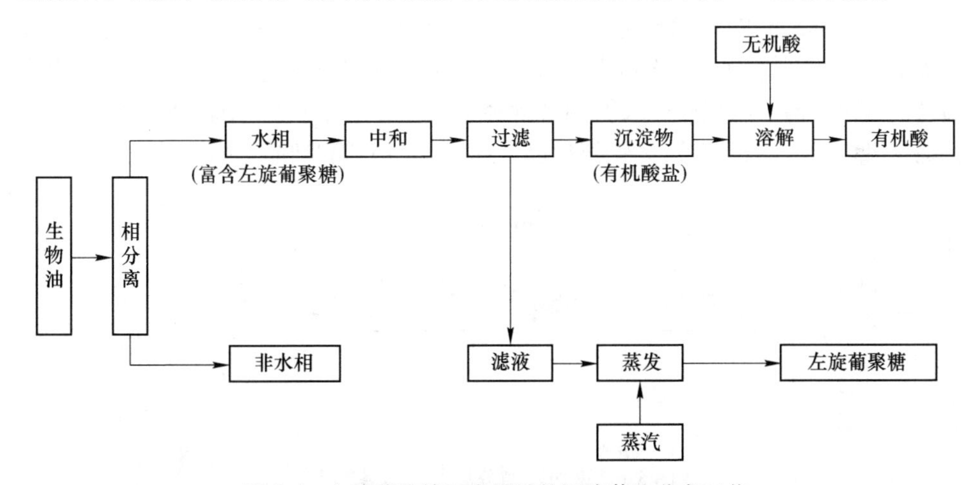

图 8-4 左旋葡聚糖和有机酸的沉淀萃取分离工艺

1994 年，Midwest Research Institute 提出了可以通过组合沉淀、共沸蒸馏和萃取组合工艺来分离制备左旋葡聚糖的方法，如图 8-5 所示。生物油经水稀释脱去固体后，加入过量氢氧化钙调节 pH 至 12.0~12.5，所得浆状物用甲基异丁酮共沸蒸馏脱去水分，最后形成的棕黄色固体研磨成细粉，置入索氏萃取器中用乙酸乙酯反复萃取，萃取物真空蒸发脱除乙酸乙酯获得左旋葡聚糖晶体，利用丙酮结晶可得左旋葡聚糖白色晶体。

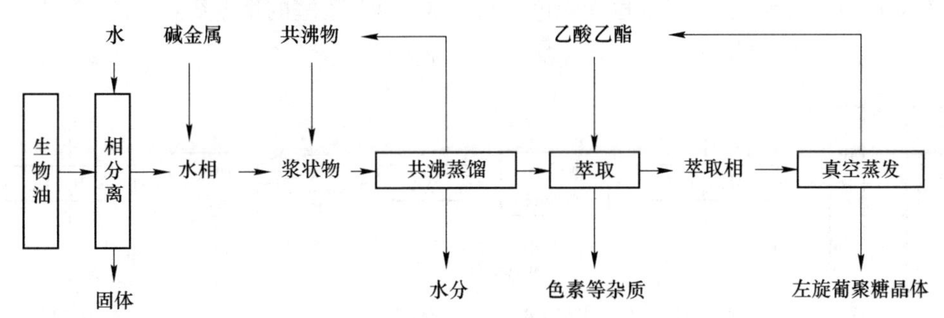

图 8-5 组合沉淀、共沸蒸馏和萃取制备左旋葡聚糖工艺

左旋葡聚糖的分离纯度和收率受杂酚、有机酸、有机胶质等的影响。此外，控制适宜的热强度和受热时间也是关键因素，长时间加热和复杂的步骤均不利于产品的收率和品质；过多有毒溶剂的使用既不经济，也不利于环境和生产安全。

8.2.1.2 羟基乙醛

羟基乙醛在水中溶解度较高，难以分离；易与碱液发生反应，冷凝时易聚合。1993 年美国 Red Arrow Products 公司提出了羟基乙醛两级蒸馏分离工艺，并于 1995 年细化了该工艺，如图 8-6 所示。其流程大体为利用碳水化合物热解得到含大量羟基乙醛的水相液体，于真空度 98123.52Pa、低温条件下快速蒸馏分离获得第一次蒸馏物，蒸汽冷凝所得第一次冷凝物在真空度 98123.52Pa、程序低温下再次蒸馏，收集 60~70℃的富含羟基乙醛液体，再置入沉淀槽，加入二氯乙烷或氯仿形成均相溶液，然后降温至-4℃，羟基乙醛结晶析出。

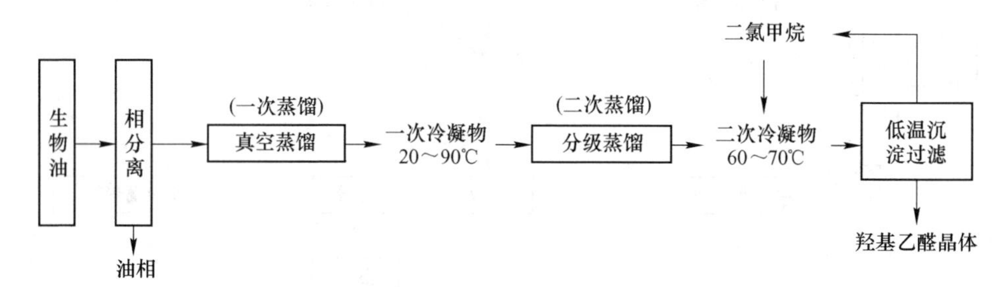

图 8-6 两级蒸馏分离羟基乙醛工艺

两级蒸馏分离方法制取羟基乙醛的方法产率较低，且因在过程中使用了大量含氯有毒有机溶剂，不仅污染环境，损害健康，更增加了分离成本。为了有效利用生物油水相中的羟基乙醛，2001 年 Midwest Research Institute 提出了利用分离热解油中的羟基乙醛作为稳定剂的研究，如图 8-7 所示。生物油用 10 倍体积水分离，移除固体，萃取物中加入 10%活性炭，搅拌吸附 24h 后过滤，所得滤液中加入辛烷于 40℃、66660Pa 真空下共沸脱去水分，残余液用乙酸乙酯萃取，于 95℃浓缩蒸去萃余水相中的轻组分，再经活性炭脱色，制得富含羟基乙醛的稳定剂。

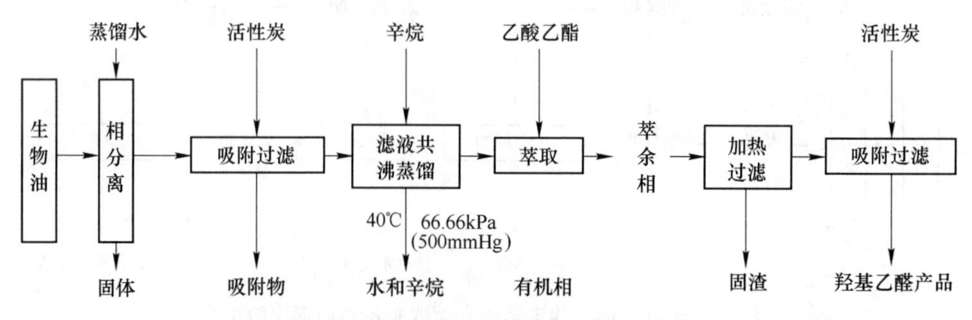

图 8-7 含羟基乙醛稳定剂制备工艺

分离羟基乙醛主要基于其较高的亲水性和较强的结合力。溶剂萃取制备羟基乙醛纯度较低；两级蒸馏结合结晶技术虽能弥补这一缺陷，但使用了有毒溶剂，且产率也较低；色谱、膜分离等高技术虽可应用，但因规模化成本高、生产效率低而不经济。因此，羟基乙醛的分离还需进一步研究。

8.2.2 多级化学品的分离

生物油不仅含有左旋葡聚糖、羟基乙醛、低酚、有机酸等成分，还含有中性组分、高分子杂酚和热解木素等物质。依据生物油的复杂性，采用多级分离方法获得多元化产品，可以实现生物油的有效利用，降低分离工艺成本和减少浪费，增加竞争力。

1980 年美国 Can 公司首次提出了生物油的多级产品分离工艺，如图 8-8 所示。生物油中加入足量强碱，再逐级加入无机酸调节混合液 pH 值，采用相同溶剂来萃取不同 pH 值的混合液，分别得到不同产品：中性组分、低酚、有机酸和无定形木素。例如，生物油中加入足量氢氧化钠至 pH 值为 11~13，用含氯烷烃、醚等溶剂萃取，分离出中性组分；萃余物中加入适量稀硫酸，至 pH 值为 7.5~9.0，再采用上述溶剂萃取，得低酚组分；所得萃余物进一步加入稀硫酸至 pH 值为 1~3，再采用上述溶剂萃取，得有机酸组分，剩余物干燥得木素。

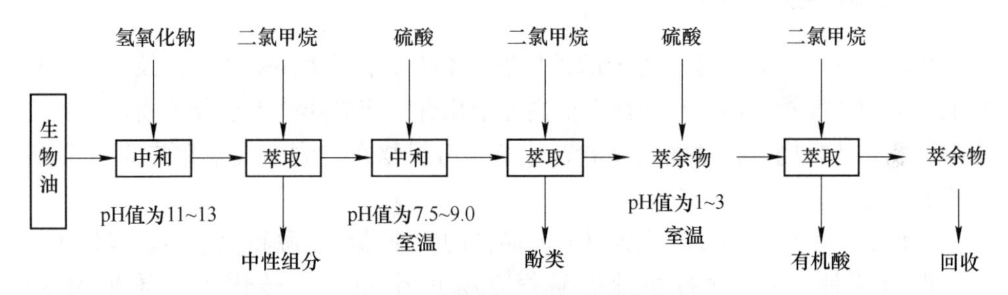

图 8-8 生物油的多级产品分离

1990 年 Midwest Research Institute 提出了一种新的分离多级产品的工艺方法，如图 8-9 所示。按质量比（1~6）∶1 将粗生物油与乙酸乙酯混合过滤，得到乙酸乙酯可溶相和不溶相，其中低酚和中性组分存在于可溶相中。加入适量的水洗涤乙酸乙酯可溶物，脱去水溶性碳水化合物，再用适量的 5%碳酸氢盐溶液调节 pH 至 8.0~9.5 进行萃取，萃余相（包含有机酸和高极性化合物）真空蒸发脱去乙酸乙酯，获得低酚和中性组分。

碳酸氢盐溶液萃取的有机酸和高极性化合物，通过加入 50%（质量分数，下同）磷酸中和，再用乙酸乙酯萃取进行分离。含低酚和中性组分的乙酸乙酯萃取相，用 5%氢氧化钠溶剂萃取，所得萃取物再加入 50%磷酸溶液至 pH 值为 2，最后乙酸乙酯萃取分离出低酚。整个工艺中各级产品的产率分别为：乙酸乙酯不溶

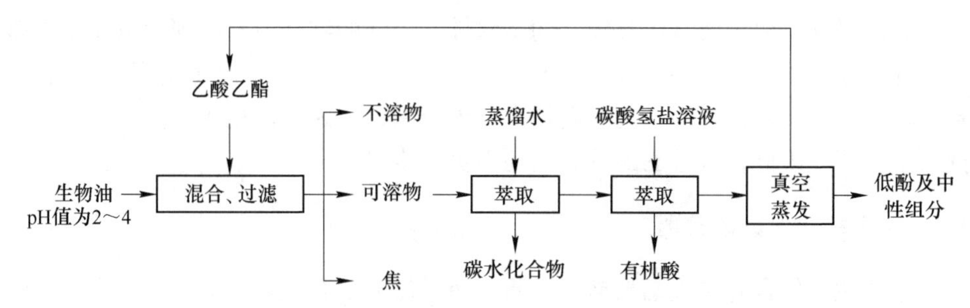

图 8-9 酚及生物油制备粗酚、中性组分和有机酸工艺

物 23%、碳水化合物 39%、有机酸约 7%、低酚和中性组分约 31%。

生物油富含左旋葡聚糖、羟基乙醛、有机酸和酚类等多种高附加值化学品，有效分离化学品可以实现生物油全利用、提高生物油的应用价值。由于生物油成分相对分散，以单一化学品为目标分离生物油，通常产品纯度低、产率低，工艺复杂，溶剂使用量大；以多级化学品为目标，采用分级分离方法，可实现生物油的有效利用，但还需要进一步优化来简化工艺、降低溶剂用量和成本。

8.3 生物质热裂解制氢

8.3.1 热解的概念及分类

热解（pyrolysis），也称为干馏，是当今生物质能最为高效的转化技术。从化学工程学的角度看，热解是加热有机高分子化合物使之降解为小分子物质的物理化学反应；从燃烧工程学的角度看，热解是有机物在过剩空气系数为 0~1 范围内的燃烧过程。

热解能将生物质高效转化为具有高品位的工业品、能源和化学品。其作用机制表现为两种：(1) 通过快速裂解把 70% 的生物质能转化为液体生物油；(2) 通过气化将 75%的生物质能转化为可燃气体。生物质的热解分为如下 4 个阶段：<100℃，无热分解反应发生；100~130℃，主要是干燥生物质，水分在这个温度区段全部蒸发；130~450℃，生物质发生一次热分解，挥发分析出；>450℃，挥发分持续析出，同时一次产物间发生二次反应。这个分段只是理论上的，并不能代表真正的生物质裂解特性，在实际生产中，不同阶段有可能出现大幅度的重合，而焦炭的气化则在第 4 段之后的 800℃高温下才发生。

热解一般可根据升温速率分为慢速热解、快速热解和闪速热解三种。慢速裂解的加热速率较低，约 5~7K/min，产品主要是焦炭，而产生氢气极少。快速热解加热速率大约在 300K/min，停留时间在 0.5~10s，一般用来生产高品位的生物油，可获得较高的液体产量。闪速热解的加热速率很高，可以达到 1000K/min，停留时间一般小于 0.5s。

在高温和充足的气相停留时间条件下，生物质热解产生的一些高分子烃也可以在高温下发生分解，生成低分子烃类和氢气、一氧化碳等，快速或闪速热解可使有机物直接气化。

8.3.2 影响热解的主要因素

生物质热解过程和产物组成主要受原料特性、温度、升温速率、反应压力等影响。

（1）原料特性。生物质物料的特性（密度、导热率、种类等）不同，热解过程也相互差异。它通过与最终热解温度、压力、升温速率等外部因素交互作用，共同影响决定了生物质的热解机制。生物质物料特性的影响机理较为复杂，例如，粒径是生物质特性的重要参数之一，也是影响热解过程的重要因素，它通过改变热解过程中的传热和传质的速率，最终影响生物质热解的产物分布。

（2）温度。温度对热解过程起着决定性作用，从热力学角度而言，温度影响了过程中吉布斯自由能的变化，从而影响了反应进行的方向，决定了产物的分布和组成；从动力学的角度而言，温度影响了反应的活化能，从而改变了化学反应速度。通过对生物质热解技术的基础研究发现，高温裂解（600~1000℃）有利于气体产物的产生；低温热解（<600℃）能量供给限制了二次裂解反应的发生，不利于气体产物的生成，因此主要用于制取油类产物。

（3）反应压力。反应压力通常严格影响着反应速率和反应机制，在工业应用中也决定了生产工艺的复杂程度与经济成本。常压下，随着升温速率的升高，热解反应的起始温度和反应结束的温度均会降低，而且反应变得更激烈、更容易，反应时间变短。但随着压力提高，生物质的活化能减小，且减小的趋势减缓。加压下的生物质热解反应速率有明显的提高，反应更激烈，即在加压条件下，生物质热解有更好的经济性。但高压会导致系统复杂，制造与运行维护成本偏高。因此，实际生产应用时炉型的设计要综合考虑安全运行、经济性与最佳产率等各种要素。

根据中国科学院山西煤炭化学研究所开展的废弃生物质超临界水气化制氢的研究数据可以看出，高压下较低的温度（450~600℃）就可达到热化学气化高温（700~1000℃）时的含氢率和产气量。

（4）升温速率。热解过程可分为两步，首先是一次反应中挥发分的析出，其特性主要受物料升温速率的影响；随后一次反应所得产物发生二次裂解，生成较小分子的碳氢化合物和气体，其产物比例和特性是温度和时间的函数。由此可以看出，生物质热解的最终产物与升温速率有很大关系。升温速率显著影响气化过程第一步反应即热解反应，而且温度与升温速率是直接相关的。不同的升温速率对应着不同的热解产物和产量。

显然，生物质粒径通过传热和传质来影响热裂解的进程；最终热解温度对热裂解反应有直接的影响；反应压力的选择决定了热解反应速率和生产安全；升温速率的变化可以改变热解的反应速率和实际进程，从而影响热解产物最终分布。

8.3.3 生物质催化气化制氢

生物质催化裂解/气化主要包括两段反应系统，第一段是在流化床（或其他形式的反应器）内进行生物质热裂解或气化部分；第二段是在装有催化剂的固定床内裂解气或气化气催化交换。当然也有研究单位将两段系统合二为一，如华中科技大学使用的下吸式气化炉。

就以制氢作为最终目的而言，生物质热解和气化，作为一种直接用来生产能源替代产品的新方法，由于工艺条件中单一的处理方法，使得产品气中氢气含量都不是很高，过程的经济性比较差。而且无论是生物质热解还是气化，产品气中都含有一定量的焦油，若不及时有效去除，焦油将会在反应器内形成烟雾并发生聚合反应，从而生成不利于通过水蒸气重整制氢的复杂化合物，大大降低了出口气中氢气的含量。目前，减少反应器中焦油产生的主要方法有三种方法：合理设计反应器；正确控制和操作；添加剂或催化剂的使用。

据相关研究报道，只有在 1273K 以上的高温下焦油才可以通过热裂解除去，而一般的热解、气化过程很少达到此温度。另外，在热解气化过程中加入一些添加剂如白云石、橄榄石和焦炭，有利于减少焦油的生成。催化剂不仅可以减少焦油的产生，而且也可以提高产品气的质量和系统的转化效率，使生物质转化的总效率提高 10%。因此，在生物质裂解或气化制氢过程中添加一定的催化剂或助剂来提高产品气中氢气含量是十分有效的。

当前研究较多的是白云石、方解石、菱镁矿、镍基催化剂和碱金属氧化物催化剂以及高碳烃或低碳烃水蒸气重整催化剂等。研究表明，反应中使用白云石，可以从根本上减少焦油的产生。除此之外，国内外学者就一些其他催化剂的催化效果也进行了不少的探索。如在 Y 型沸石分子筛催化剂对轮胎的热解过程中，使用催化剂可以减少焦油的产生，提高了气体产量；在对不同金属氧化物（如 Al_2O_3、SiO_2、ZrO_2、TiO_2、CuO 及 Cr_2O_3）催化效果的研究中，将稻秆在 750℃ 条件下热解，无催化剂时的气体产量为 36%，而使用 Cr_2O_3 和 CuO 的气体产量分别为 46%和 35%；其中氢气的含量分别为 45%、48%、45%。由此表明，Al_2O_3 和 Cr_2O_3 表现出比较好的催化效果；但有些金属氧化物如 CuO 则表现出负催化效果。Asadullah 等研究了在低温条件下（723～823K），以 CeO_2、ZrO_2、Al_2O_3、TiO_2、MgO 和 SiO_2 为载体的铑催化剂，用纤维素气化生产合成气的过程。在这些催化剂中，Rh/CeO_2 显示了较好的催化效果，C 全部转化为气体，氢气产量最大。另外，Asadullah 还用流化床气化炉在 823～973K 的温度下，以 $Rh/CeO_2/$

SiO_2(60) 为催化剂，以空气为气化剂对雪松木材进行了气化。结果表明，铑催化剂的催化效果要比传统的镍系和白云石催化剂好，炭转化率更高。虽然铑催化剂的催化效果比镍基催化剂的催化效果好，但是考虑到制氢的经济性及大规模的生产，镍基催化剂更具有广泛的应用前景。

国内对生物质催化热解/气化也做了很多的研究。中国科学院广州能源研究所的吕鹏梅采用二段加热管式反应器，在温度600~700℃内研究松木粉、木质素和纤维素的催化裂解，使用催化剂后的产氢率由5.48~15.06g/kg 提高到12.94~37.73g/kg。通过研究生物质催化裂解制取氢气的特性，提出潜在氢产率的概念，对生物质制氢的经济技术可行性进行深入的分析。苏琼等研究了粉体生物质的催化气化实验，采用的反应器将热解和催化合并，发现较高的温度有利于氢的产生，但不宜过高；适量的水蒸气也会提高氢产率和产气率。

除了催化剂外，一些无机盐类如氯化物、碳酸盐对热解反应速率比较有利，能够使生物质制氢产率显著的提高。研究发现，对于碳酸盐类催化剂，如K_2CO_3、Na_2CO_3和$CaCO_3$，其中Na_2CO_3的催化效果比其他两者要好，当Na_2CO_3的用量从10%增加到40%，富氢气体产量从18.8%增加到23.3%。Demirbas 对棉花壳、茶叶废渣、橄榄壳热解时也得出了同样的结论，同时发现随着氯化锌用量的增加，富氢气体的量也相应增加；在1025K、13%的氯化锌用量下，棉花壳、茶叶废渣、橄榄壳热解后的富氢气体量分别为59.9%、60.3%、70.3%。生物质原料本身含有的微量铝、钙、铁、锌、钠、钾等元素，则在生物质的热解或气化过程中最后变成金属氧化物沉积于灰渣中。Kirubakaran 等认为在气化过程中，随着气化温度的升高，灰分中的某些部位逐渐活化从而起到催化的作用，活化的位置和数量取决于温度，并且生成的焦炭在灰分催化的作用下会和水蒸气反应生成一氧化碳和氢气。

8.4　生物质合成气制备技术

合成气，以H_2和CO为主要组分，是一种重要的原料气。以合成气为基础可合成大量的化工产品，如合成氨、甲醇等，或者利用一氧化碳再合成其他精细化工产品以及燃料与烯烃。合成气的生产和应用在化学工业中极为重要，对合成气的工业应用及相关研究也十分广泛，具体的项目有：合成氨；合成甲醇、混合醇；与乙炔反应制丙烯；直接合成二甲醚、乙二醇；Fischer-Tropsch 合成；氢甲酰化和拨基合成；合成降解性聚合物。可以说廉价、清洁的合成气制备过程是实现绿色化工、合成液体燃料和优质冶金产品的基础，对于替代传统石油合成化工产品至关重要。根据所用原料和设备的不同，合成气制备工艺可以分为不同的类型，目前大多数合成气制备工艺仍是以天然气和煤这两种化石能源为基础原料发展起来的。然而，随着化石能源的日益枯竭和日趋严重的环境问题，能源作为经济运行的血液，已成为经济、科技界及各国政府优先考虑的问题。尤其是我国，虽是能源大国，但基于人口密度大，如何解决能源危机、发展清洁能源、构建绿色工艺，是关系到整个国民经济可持续发展以及国计民生的重大问题。

据统计，全世界每年农村生物质的产量为300亿吨。作为世界上资源数量庞大，形式繁多的生物质能，就其能量当量而言，是仅次于煤、石油、天然气而列第4位的能源，是地球上最普遍的一种可再生能源。同时生物质是一种清洁能源，本身的氮、硫含量较低；在其加工过程中产生的二氧化碳可被植物或微生物通过光合作用再吸收利用，二氧化碳的净排放量为零，不会引起温室效应；此外因为生物质分布广泛、来源丰富，故而不受世界范围能源价格波动的影响，也不会受进口原料、供应量多少的影响。随着环境和能源问题的日益显著，生物质的开发和应用引起了全世界的广泛重视。在对生物质的一百多年的研究进程中，生物质转化技术主要分为热化学转化和生物化学转化。其中热化学转化法凭借其高效的能量转化效率逐渐成为研究重点，而在热化学转化技术中，又以生物质气化技术应用得最为广泛。目前，有关生物质气化技术的研究主要集中在生产低品质的燃料气，而针对生产高品质的合成气的研究则相对较少。

8.4.1 生物质气化制备合成气技术路线

合成气的主要组分为CO和H_2，可作为化学工业的基础原料，也可作为制氢气和发电的原料。经过多年的发展，目前以天然气、煤为原料的合成气制备工艺已很成熟，以合成气为原料的合成氨、含氧化物、烃类及碳化工生产技术均已投入商业运行。

目前，生物质大规模制取合成气的技术路线按照工艺过程主要有两种，即一步法和两步法。一步法是经过预处理后的生物质直接吹入气流床中进行高温气化（1300~1500℃）来制取合成气。两步法就是生物质先经过800~1000℃的流化床进行气化，生成的产品气（CO、H_2、CH_4、C_mH_n等）再通过催化重整和焦油裂解转化为合成气。当然这些产品气也可以用来发电和作为天然气替代品。一步法和两步法两种技术路线图的比较如图8-10所示。

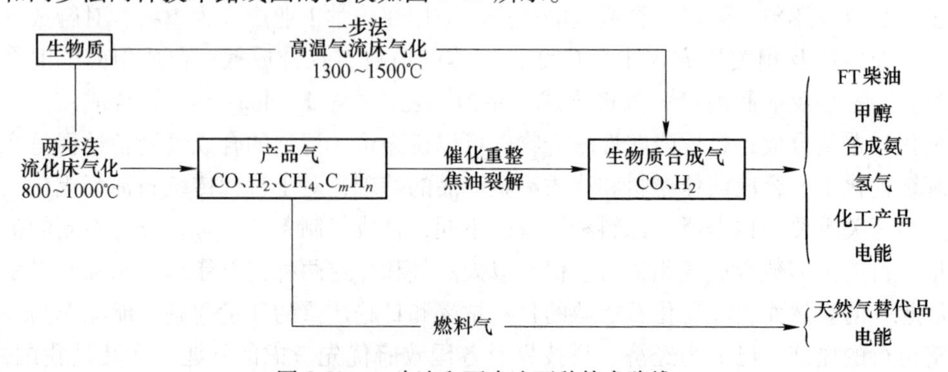

图8-10 一步法和两步法两种技术路线

8.4.1.1　一步法气化过程

图 8-11 所示为一步法制取合成气的路线图。由该图可知，经过研磨（预处理）的生物质，在气体流化床中直接高温气化（1300~1500℃）来制取合成气。因此，一步法制取合成气工艺简单，投资成本较低，生物质转化效率高（合成气效率 60%~80%）。不足之处在于运行过程中需要提供较高的反应温度，对设备要求较高，并且对于合成气的定向转化较难控制。

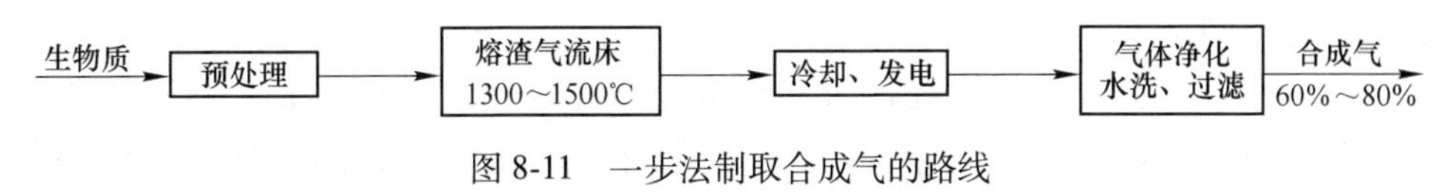

图 8-11　一步法制取合成气的路线

8.4.1.2　两步法气化过程

首先生物质经过流化床（800~1000℃）气化生成产品。然后通过裂解作用去除产品气中的焦油、用水洗除 NH_3 和 HCl，过滤去除 H_2S 和飞灰颗粒，再通过加压和重整调节压力到 4MPa，H_2/CO 为 2∶1，满足费托合成的要求。最后再把制取的合成气通入费托合成器进行费托合成。图 8-12 为两步法制取合成气的路线图。两步法的优势在于能够较好控制合成气中 H_2 与 CO 的比值，缺点是最终制得的合成气效率较低。

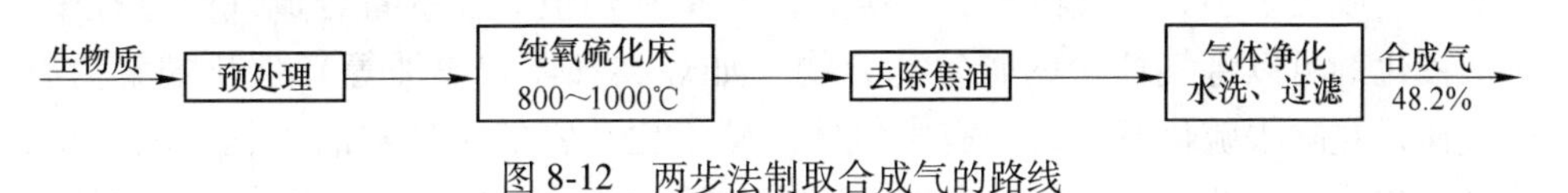

图 8-12　两步法制取合成气的路线

8.4.2　生物质气化制备合成气的影响因素

以生产燃气为目的的常规气化是以热值为追求目标，而以生产合成气为目的的生物质气化，则要使木质纤维素尽可能多地转化为富含 H_2 和 CO 的混合气体，其中的无用气体和碳氢化合物要尽可能少，以减轻后续重整变换的难度。主要影响因素包括以下几个方面：

（1）反应物的滞留时间。气化反应可分为生物质的热解反应和热解产物的裂解反应，但无论是哪种反应，在一定条件下，反应物的滞留时间越长，反应就越充分，生成物也就越多。所以常规气化一般要求滞留时间不低于 3s，而制备合成气因为需要被裂解掉的碳氢化合物更多则要求更长的反应时间。

（2）气化反应温度。气化反应温度是影响气化产物的一个最主要因素。经验表明：不同炉型的气化炉，其反应区的温度也有所不同，一般是携带床最高，流化床次之，移动（固定）床最低。温度越高，所产气体中的 H_2 和 CO 就越多，

CH_4等碳氢气体就越少。因此，在一定范围内提高反应温度，有利于以热化学气化为主要目的的过程。

（3）气化反应压力。压力也是影响气化产物的一个主要因素，压力越高越有利于CH_4等烃类气体的生成。采用加压气化技术可通过增加反应容器内反应气体的浓度，减小了在相同流量下的气流速度，增加了气体与固体颗粒间的接触时间，从而改善流化质量。因此加压气化不仅可提高生产能力，减小气化炉或热解炉设备的尺寸，还可以减少原料的带出损失。因此，常规气化压力越高越好，而制备合成气则是压力越低越好。

（4）气化剂。气化剂的选择与分布是气化过程重要影响因素之一。常用气化剂包括空气、氧气和水蒸气等。气化剂量直接影响到反应器的运行速率与产品气的停留时间，从而影响燃气品质与产率。空气气化增加产物中氮气含量，降低燃气热值和可燃组分浓度。采用纯氧作为气化剂，不仅可以避免带入大量N_2对生成气体稀释，还可以有效地提高气化反应区的温度，从而为加注适量水蒸气创造了条件。水蒸气的作用是多方面的，它既可以直接与炙热的炭反应生成H_2和CO，又可以与碳氢化合物发生水蒸气变换反应，从而减轻气体重整变换的工作量。

（5）催化剂。催化剂是气化过程中重要的影响因素，其性能直接影响着燃气组成与焦油含量。催化剂强化气化反应的进行的同时，又促进产品气中焦油的裂解，生成更多小分子气体组分，提升产气率和热值。在制备合成气的过程中，添加催化剂可以将气体中的碳氢化合物（如烃类气体和焦油等）催化裂解为有用气体，并除去硫化氢等其他有害气体。碳氢化合物催化裂解的过程比较复杂，特别是焦油裂解的机理至今尚未揭示清楚。但一般通过加注适量水蒸气，在特定催化剂催化作用下碳氢化合物是能够裂解的。

8.4.3 生物质合成气的品质

与煤、天然气生产制备合成气的原理基本相同，生物质制备合成气同样是利用原料中碳氢化合物的分解、转化来获得合成气。即生物质原料在气化介质的参与下，发生气化反应产生富含H_2、CO以及少量CO_2的产品气，然后通过水蒸气与碳的气化反应产生更高含量的H_2和CO，最后经过分离提纯得到高品质的合成气。生物质制备合成气通常有两种方式：一是直接将生物质在气化炉中气化，然后对产生的燃气进行重整变换制成合成气；二是先对生物质进行中温快速热解得到生物油，然后将生物油气化，经重整变换制成合成气。采用生物质作为气化原料制备合成气，优势极其明显，工艺简单、易于控制、经济清洁，是未来研究发展的必然趋势。

相比于煤和天然气，生物质制备合成气具有以下几方面的优势：

（1）原料方面：天然气和煤属于不可再生资源，价格较高，资源储量有限。随着人类的开采利用，化石燃料资源日趋枯竭，供应量的下降必将导致原料成本的不断攀升。同时，由于在使用过程中排放大量的温室气体，采用天然气和煤制合成气将受制于碳减排政策的制约，其产量和成本都将受到直接影响。相比之下，生物质则为可再生能源，来源广泛、成本低廉，生物质制合成气将得到国家政策支持和鼓励。

（2）工艺方面：生物质与煤相比，碳氢化合物的分解温度低得多，制备合成气可采用常压，设备投资较少。

（3）环境影响方面：生物质灰分少，硫含量低，氢含量高，生物质气化制备合成气工艺比煤气化更洁净，不存在煤的环境污染问题。

8.4.4 生物质气化制备合成气的研究现状

目前，我国在生物质气化方面的研究主要集中在燃气生产及发电等领域，针对生物质气化制合成气工艺的探索和实践则相对较少，仅有的少数研究大都停留在实验室阶段。

吴家桦以水蒸气为气化介质，在小型串行流化床试验装置上进行生物质气化制取合成气。其结果表明，随着气化反应器温度的提高，合成气中 H_2/CO 减小，合成气产率增加，热值降低，总碳转换率先升高而后保持不变。随着 S/B 的增大，合成气产率和总碳转换率均先升高而后降低，S/B 的最佳值为 1.4。获得的最高合成气产率为 1.87m^3/kg，合成气热值为 13.20MJ/m^3，总碳转化率为 91%。李建芬等利用固定床热裂解装置，对树叶裂解产物的组成进行了分析。结果表明：树叶热裂解产物为生物油、合成气和炭，其合成气成分主要由 CO、CH_4、H_2和水蒸气组成。杜丽娟等以锯屑为原料，使用自制的镍基催化剂，在固定床装置上进行了催化裂解实验，并对裂解产物及其成分进行了分析。结果表明：随着温度的升高，焦油和焦炭产率减少，产气量明显升高，同时气体中 CO 和 H_2含量增加；和同温度下热解相比，镍基催化剂显著地促进了焦油的深度裂解，且有效地提高了产品气的品质。周劲松等利用一套小型生物质层流气流床气化系统，研究了稻壳、红松、水曲柳和樟木松 4 种生物质在不同反应温度、氧气/生物质比率（O/B）、水蒸气/生物质比率（S/B）以及停留时间下对合成气成分、碳转化率、H_2/CO 以及 CO/CO_2比率的影响。研究表明 4 种生物质在常压气流床气化生成合成气最佳 O/B 范围为 0.2～0.3（气化温度 1300℃），高温气化时合成气中 CH_4含量很低，停留时间为 1.6s 时，其气化反应基本完毕。加大水蒸气含量可增加 H_2/CO 比率，在 S/B 为 0.8 时 H_2/CO 比率都在 1 以上，但水蒸气的过多引入会影响煤气产率。气化温度是生物质气流床气化最重要的影响因素之一。此外，他还选用了 4 种不同的生物质原料，在小型生物质层流气流床上进行了水蒸气气化制备合成气的研究。中国科学院、华中科技大学开展了生物质气化制备合成气的模拟研究。相关工作基于 Aspen Plus 模拟软件，建立了生物质气化的模拟流程，为生物质气化制备合成气技术提供了有价值的理论参考和数据支持。

王铁军等以鼓泡流化床为重整反应器，采用两步共沉淀法研究了生物质气化粗燃气 NiO-MgO 催化重整制取合成气的性能。结果表明：NiO-MgO 催化剂具有较好的还原性、高温活性和稳定性，在对其 100h 寿命考察中未检测到催化剂失活和晶相结构变化。生物质气化粗燃气流态化重整，既有效促进了催化剂的还原，又抑制了催化剂的表面积碳，同时还避免了燃气中颗粒物对重整器的堵塞。

目前，关于生物油气化的研究已引起国外学者的重视，如荷兰、加拿大、美国、德国的科研机构从不同角度进行了研究。除了利用生物质气化技术制备合成气外，生物质热解液化得到的生物油也可以用来气化制备合成气。

荷兰生物质技术研究中心（BTG）R. H. Venderbosch 等在常压下以空气为气化介质，进行了木质生物油气化试验，分别考察了 1000℃、1100℃条件下，不同空气当量系数（ER）对气化产物的影响。试验所采用的气流床气化炉反应装置主要包括液体和气体，冷气效率达到 80%~90%。试验结果显示，对于生产合成气来说不理想的是，气体中甲烷含量偏高，需要提高温度（>1200℃）或添加催化剂以减少甲烷在产气中的含量。

此外，荷兰 BTG 对木屑热解液化得到的生物油，进行了无外部供氧生物油气化试验。试验装置主要包括进料、热解、冷却、净化和计量 5 个部分。进料部分为 1 台柱塞泵，泵的出口是一孔径为 0.3mm 的针形雾化器，既能满足生物油的雾化要求，又不致被生物油中的固体颗粒堵塞；热解温度控制在 1000±10℃，热解管内压力为 3000Pa，生物油流量为 3.5g/min，气化反应器采用外加热无缝耐热不锈钢管。生物油热解气主要成分为氢气、一氧化碳、甲烷和二氧化碳，体积分数分别为 31.5%、37.7%、16.9%和 9.4%。热解气热值为 21.09MJ/kg，属于中热值燃气，可用作居民生活燃气和作为工业原料用于生产合成气。加拿大 Saskatooon 大学的 S. panigrahi 等利用管式固定床微型反应装置，进行了生物油气化制备合成气和民用燃气的研究。该装置包括管式连续下流式固定床微型反应器（直径 12.7mm，长 500mm）、控温装置、加料用定量泵、液体及气体产物收集系统。生物油通过特殊设计的喷嘴喷入反应器，进料速率为 5g/h，反应温度控制在 800℃。气化介质分别为 N_2和 CO_2，N_2和 H_2的混合气体以及水蒸气。试验结果表明：CO_2，H_2及水蒸气均可作为生物油气化制备合成气的气化剂，有利于提高气体产物中合成气的含量。如加入 H_2有利于气体产物中烃类的裂解；水蒸气作气化剂有利于提高生物油的转化率；若需气化产生燃气，应避免加入 CO_2。

国内外学者也对生物质制备合成气的热力学分析及其数值模拟做了一定的研究探索。冯杰等基于 Gibbs 自由能最小化原理，计算了包括 $H_2O(l)$ 和 $C(s)$ 在内的，生物质空气—水蒸气气化体系热力学平衡，对比分析了常压气化和加压气化的特点，通过回归分析得到了不同压力下，气化产物中可燃气体积分数最高时的水蒸气/生物质质量比（S/B）与空气当量比（ER）的关系曲线。生物质空气—水蒸气气化制取合成气热力学分析结果显示：相对于常压气化，加压气化体系的平衡温度较高，平衡状态下可燃气体积分数较低，但 CH_4 含量明显增加；一定温度和当量比下，加压气化使得气化产物中可燃气体积分数达到最高所对应的 S/B 比增大，即需要消耗更多水蒸气；通过调节 S/B 比，可以比较方便地控制产物中 H_2 和 CO 的比例。以常压为例，$T=1173K$，S/B = 0.17 时，气化产物中 H_2/CO 约为 1.1∶1，而 S/B = 1.02 时，气化产物中 H_2/CO 约为 2∶1；不同压力下最佳 S/B 比和 ER 有很好的线性关系。周密等通过对气化炉内反应的热力学模型构建和模拟，探讨了实现生物质气化为合成气（H_2∶CO = 2∶1）的条件。在考虑气化过程中物质平衡、能量平衡和化学反应平衡的基础上，建立了生物质气化模型，并使用 PASICAL 语言及其外挂 DELPHI 程序，编写了 FBGB 程序，用于模拟生物质、水蒸气输入量与产气中各种气体组分含量之间的关系。通过生物质气化制合成气—气化热力学模型与模拟，发现水蒸气与生物质输入速率的比值（S/B）是影响 H_2/CO 值的关键参数。模拟结果显示当其他反应条件确定时，S/B与 H_2/CO 呈线性递增关系，通过调节 S/B，H_2 与 CO 的比例可以得到控制。

8.5　生物质合成气甲烷化技术

生物质经过气化、变换、净化制备合成气，具体的气体组成与生物质原料种类和所采用的气化工艺有关，其中一般含有 H_2、CO、CO_2、CH_4、H_2O、C_2H_6 和惰性气体。

随着工业化进程的快速推进，能源尤其是对清洁能源需求持续增长，天然气作为一种清洁、高效的能源产品，其需求也随之急剧攀升。但是基于我国“富煤、缺油、贫气”的国情，天然气长期供不应求，当前研究的热点转向煤制天然气，然而，煤炭属于不可再生资源，且煤的大量使用还会带来 SO_2 及粉尘等严重的环境污染问题。相比于煤炭、石油、天然气等一次能源，生物质具有可再生、污染小等优点。我国生物质储量十分丰富且价格低廉，大力发展生物质制天然气技术将成为一种规避能源瓶颈、低成本的有效手段，也是一种解决当前能源困境、具有战略意义的可实施性新途径。我国的生物质气化技术已初步实现了规模化和商业化运行，但我国对生物质能源利用起步较晚，还属于一个新生的领域，通过生物质气化制备的合成气，再经合成气甲烷化即可实现生物质气化制备天然气，其高效利用可以作为我国可再生的清洁能源发展的一个重要方向，对于缓解国内石油、天然气短缺，保障我国能源安全具有重要意义。

8.5.1 生物质合成气甲烷化的化学原理

甲烷化技术作为生物质制天然气最核心、最关键的技术，其过程是在一定温度、压力及催化剂作用下将生物质气化得到的合成气转化为甲烷的过程，基本反应如下：

甲烷化反应过程

$$CO + 3H_2 = CH_4 + H_2O + 206kJ/mol \quad (8\text{-}1)$$

催化剂一般为镍基催化剂，镍基催化剂因选择性活性高、价格低廉而被广泛使用。反应温度在300~700℃，该反应属强放热反应，是F-T合成烃类化合物中最简单的反应。

生成的水也可以与CO继续反应生成CO_2和H_2（变换反应）：

$$CO + H_2O = H_2 + CO_2 + 41kJ/mol \quad (8\text{-}2)$$

生成的CO_2也可加氢甲烷化生成甲烷和水：

$$CO_2 + 4H_2 = CH_4 + 2H_2O + 165kJ/mol \quad (8\text{-}3)$$

反应（8-1）和（8-3）是生成甲烷的主反应，属于体积缩小反应，增加反应压力有利于甲烷生成。副反应主要是CO的析炭反应以及单质碳和沉积碳的加氢反应：

$$2CO = C + CO_2 + 171kJ/mol \quad (8\text{-}4)$$

$$C + 2H_2 = CH_4 + 73kJ/mol \quad (8\text{-}5)$$

在通常甲烷合成温度下，反应（8-5）达到平衡较慢，有利于甲烷化反应的进行。此外，还有生成少量醇、醛、醚以及烃类化合物的副反应存在。

8.5.2 生物质合成气甲烷化的影响因素

甲烷化即CO和CO_2加氢生成甲烷的过程，而CO和CO_2甲烷化反应是强放热的可逆反应，反应一旦开始将迅速达到平衡，属于多相催化气相反应，由于甲烷化是体积缩小的强放热反应，所以反应温度和压力是影响合成气甲烷化效率的主要因素。

8.5.2.1 温度的影响

据估计甲烷化时，每1%CO转变成CH_4，反应器绝热升温60~70℃，整个过程放出的热量占入口气体能量的20%，将造成催化剂烧结，因此要将这部分热量及时移除，对催化剂的耐热性以及反应器换热要求比较高。放热反应中低温有利于甲烷的生成，但受限于反应器传热效率、催化剂活性温度以及碳沉积问题，甲烷化反应温度一般都在300℃以上。合成气中残留的烃类化合物也可转变为甲烷，其转化效率要高于CO和H_2向CH_4的合成效率。向反应器中加入水蒸气可延长催化剂的使用寿命，以解决甲烷化过程的碳沉积问题，水蒸气加入量受到压力、温度影响，温度越低、压力越高所需水量越多。反应（8-4）、（8-5）为析碳反应，当反应温度比较低，析碳主要以反应（8-4）出现，当反应温度比较高时，以反应（8-5）出现。在 H_2/CO 比值大于 2 时，温度 288~482℃内，不会发生析碳反应。析碳反应会造成碳堵塞催化剂孔道，导致催化剂失活，极其不利于催化。当有水蒸气存在时，煤气还会进行变换反应（8-2），该反应能很快地达到化学平衡。若增加煤气中 H_2 的比例，温度高于 600℃时，增加压力，均有利于甲烷生成，并对析碳反应起抑制作用。其中甲烷的生成率随线速度增加而提高。

目前甲烷化反应器可分为固定床和流化床两种。固定床甲烷化技术比较成熟，已被商业化应用于煤甲烷化工业中，为了克服过程中温度较难控制的问题，一般采取多个反应器，采用中间冷却或气体循环的方式控制反应温度。国内外生物质制天然气工艺中甲烷化过程大都采用高温三级固定床反应器串联反应工艺，但反应温度高、放热快，固定床催化剂床层温度过高而导致镍基催化剂烧结和积炭，最终导致催化剂失活，因此必须配套大量的换热器的同时，严格控制每级反应器的甲烷转化率，来把固定床反应器产生的热量转移走。显然固定床生物质制天然气工艺的缺点主要是每段床层转化率低、移热慢、床层温度高、能源消耗量大。基于此，为了使合成气甲烷化得以广泛应用，对合成气甲烷化过程进行热力学研究，考察甲烷化过程中主反应及副反应的热力学平衡常数以及热力学平衡组分随反应温度和反应压力的变化规律是必不可少的，从而为进一步优化煤制天然气的甲烷化过程提供热力学理论依据，探索低温煤制天然气的可能性。

目前流化床甲烷化反应器仍处于研发阶段，制约其发展的关键在于存在催化剂磨损和夹带问题，技术复杂度较高。但由于流化床中热量和质量传导率较高，可以使反应过程保持在恒温状态，因而吸引了一部分学者对其进行进一步探索。

8.5.2.2 催化剂的影响

煤制天然气技术路线的关键是合成气甲烷化技术，而合成气甲烷化技术的核心则是甲烷化的催化剂。合成气甲烷化是将合成气中浓度约为 20% 的 CO 和少量 CO_2 与 H_2 进行反应生成甲烷的过程。合成气甲烷化反应是一个强放热反应，绝热温度升高，因此在现有的合成气甲烷化工艺中，一般采用至少两个反应器串联的方式。第一个反应器为了提高设备利用率和生产效率，必须在高温高压下操作。因此，催化剂必须要具有良好的低温活性和高温稳定性（250~600℃）。由于高温时的甲烷化反应受化学平衡影响，不能进行完全。因此，第二个反应器需控制在中低温度（250~450℃）条件下，使在第一个反应器中未完全转化的合成气达到转化完全。

针对合成气甲烷化工艺中的两个不同温度下操作的反应器，分别开发了中低温合成气甲烷化催化剂和高温合成气甲烷化催化剂。目前，高温高压甲烷化催化剂（技术）主要由外国公司（如英国的戴维公司和丹麦的托普索公司）提供。国内仅有用于生产城市煤气的常压部分甲烷化技术以及微量 CO/CO_2 等气体净化的甲烷化催化剂，在煤制天然气工艺中的甲烷化尚无成熟的催化剂。近年来国内需要支付巨额的专利使用费采用国外的甲烷化技术来开工建设煤制天然气项目，因此，开发具有自主知识产权的合成气甲烷化催化剂迫在眉睫。2012 年 2 月中科院大连化物所承担的合成气甲烷化制天然气的国家“863”项目通过了专家验收。专家称，该成果有望成为替代国外甲烷化催化剂和工艺的首选技术。据悉，项目组针对中低甲烷浓度煤层气的治理与利用，研发了系列甲烷催化燃烧整体结构催化剂并进行了工程放大，在低浓甲烷流向变换工艺系统集成和煤层气脱氧技术系统集成方面取得了显著进展，申请发明专利 6 项。

8.5.3 生物质合成气甲烷化的前景

为了适应经济的快速发展，同时保证我国的能源需求，优化能源消费结构显得至关重要，即减少煤炭作为一次能源的使用比率，增加天然气等清洁能源的使用比率，而发展煤制天然气则是这一举措中的一个重要应对措施。

德国 Lurgi 公司和南非沙索公司在半工业化实验厂进行考察时提出了甲烷化技术，其目的在于制取煤制天然气。从 1950 年起，Jan Kopyscinski 等对甲烷化技术的发展状况进行了详细阐述总结。目前大型甲烷化技术在国外发展已经成熟，基本采用的是固定床甲烷化技术，能够提供成套技术的主要有德国的 Lurgi 公司、丹麦的 Haldor Topsoe（托普索）公司、英国的 Davy 公司以及美国的巨点能源公司等。其中 Lurgi 工艺和 TREMPTM 工艺较为成熟，均属于绝热循环稀释甲烷化技术，Lurgi 工艺已被商业化应用，TREMPTM 工艺也处于工业化推广阶段。

目前生物质气化制备合成天然气技术在国内仍处于刚刚起步阶段，仍存在一些技术关键问题需要进一步探索和验证。

（1）生物质合成 Bio-SNG 过程中最关键环节是气化过程，必须发展适合制备 Bio-SNG 的生物质气化技术，使之适应生物质粒径、密度、水分及焦油生成等特性的变化，以克服生物质热值低、水分含量高、气化过程中产生焦油多的问题。粗合成气中甲烷含量高有利于提高整个系统的效率，但常规气化产气中的 CH_4 含量较低，开发可产生富甲烷气体的生物质气化技术也是今后的重点研究方向。

（2）目前气体净化装置主要是依靠煤气化系统建立起来的，以制备 SNG 为目的的净化过程技术缺少运行经验，尚不成熟。针对生物质净化的经验主要停留在实验室及中试规模阶段，商业规模运行时间很短。农林废弃物类生物质气化粗合成气中硫、氯化合物较少，但焦油、碱金属含量较高，在净化过程中产生的污染物需尤为关注。

（3）在优化甲烷化过程中甲烷化反应对催化剂耐热性能以及反应器换热要求比较高，这是需要解决的另一个技术问题。高温甲烷化催化剂及反应器在国外研究比较成熟，目前已有一个商业化甲烷化装置在运行，但此种催化剂一般应用于煤，而适用于生物质合成气的催化剂需能经受其中杂质成分，尤其是对于气体中有机烯烃等含量高以及催化剂的积炭问题仍需长期的探索，同时开发具有自主知识产权的高温甲烷化催化剂和工艺亟待技术性突破。目前对于生物质气化合成天然气整个系统的研究都是以相对洁净的林业废弃物为原料，以秸秆类生物质、垃圾等作为原料的研究尚属空白。从社会经济发展需要及环境友好角度而言，生物质气化制备天然气是适合未来发展需要的一个新技术，生物质能通过气化、净化与调整、甲烷化、提质等过程得到可直接注入天然气管网的清洁燃气，但目前技术发展仍不成熟，目前仅有奥地利、荷兰进行了实验室与中试规模装置的验证，商业化规模装置仍在建设之中，我国尚没有生物质气化合成制备 Bio-SNG 的报道。Bio-SNG 的成本受到规模的影响，生物质能量密度低，含水量高，供应受季节影响，商业化规模必须考虑生物质原料收集与储运过程，要有足够的存储与干燥单元。发展适合制备 Bio-SNG 的生物质气化与净化技术以及高温甲烷化催化剂及反应器都是今后重要的研究发展方向。

8.6 生物质合成气化学品合成技术

根据国际能源机构统计，目前主要化石能源石油、天然气和煤炭供人类开采的年限分别只有 40 年、50 年和 240 年。我国石油剩余可采储量 23×10^8t，煤炭剩余可开采储量约为 1916×10^8t 标准煤，2006 年我国消费煤炭 23.7×10^8t，占整个能源结构的 76.4%。有关专家估计，若按目前的开采水平，煤炭只能维持约 80 年，我国石油资源和东部的煤炭资源将在 2030 年耗尽，水力资源的开发也将达到极致。那么之后新探明开采煤的成本要远远高于现在的煤价，不可避免将导致能源价格的上涨，因此，致力于开发新型可再生能源，部分替代不可再生的矿石资源，减缓能源资源开采速度，已成关系我国经济社会可持续发展的重大课题。

由于未来我国汽车替代燃料甲醇汽油及二甲醚前景大好，其主要生产原料是煤和天然气，近几年全国各地也新建多套大型煤基甲醇装置。虽然煤是最低廉的合成甲醇原料，但在煤制甲醇过程中会放出大量的 CO_2，加剧温室效应，严重地污染了环境。生命周期研究表明，煤基车用燃料在生产过程中所排放的温室气体占其全部生命周期的 60% 以上。近几年来，我国 CO_2 温室气体的排放量逐年上升，2005 年为 38.0×10^8t，2010 年为 43.86×10^8t，预计 2020 年为 57.68×10^8t，2030 年为 71.44×10^8t。虽然削减温室气体的《京都议定书》中未对中国规定减排目标，但我国政府自加压力，积极采取一系列措施努力节能减排，尽最大努力履行我国的义务。

我国生物质资源相当丰富，每年都有大量的农业、工业及森林废弃物产出。作为农业大国，每年可收获大量农作物，数量在 7×10^8t 以上，除用于炊事燃料及一部分用于副业原料和饲料外，秸秆还田，会产生一些农业种植上的问题，所以其余均为废弃物，多采取焚烧处理的方式，严重污染大气环境。每年我国的林木材料除 1/2 用于生产人造板外，还产生 7×10^8t 以上的林木废弃物。据估计，我国仅现有的农林废弃物实物量就为 15×10^8t，约合 7.4×10^8t 标准煤，可开发量约为 4.6×10^8t 标准煤。据统计，植物每年贮存的能量相当于世界主要燃料消耗的 10 倍，而作为能源的利用量还不到其总量的 1%。因此，通过生物质能转换技术，将农林废弃的生物质能源转化为甲醇、二甲醚等清洁燃料，部分替代煤炭、石油和天然气等燃料，充分利用这种来源广泛的理想的可再生能源，对于增加农民收入，减少温室气体的排放，甚至保障我国未来能源安全都具有极其重要的意义。

8.6.1 生物质气化合成甲醇技术及特点

虽然利用空气将秸秆等生物质气化，制取低热值燃气用于生活、发电已经普遍应用于广大地区，但将其用于合成燃料甲醇或二甲醚却尚未可行。其技术问题主要在于气化气中的 H_2 含量过低，CO_2 含量过高，H_2/CO 比达不到甲醇或二甲醚合成的要求，所以仍需解决如何脱除或部分变换为 CO 的问题。

8.6.1.1 生物质气化合成甲醇系统

生物质合成甲醇或二甲醚（DME）首先要将生物质转换为富含 H_2 和 CO 的合成气。生物质气化合成甲醇系统（BGMSS），主要由生物质预处理、热解气化、气体净化、气体重整、H_2/CO 比例调节、甲醇（二甲醚）合成及分离步骤构成。区别于煤和天然气这类碳氢化合物，由于生物质是碳水化合物，其中碳含量偏低，氧含量较高，所以生物质的气化就与煤的气化明显不同，生物质气化后产物中 CO 和 CO_2 的含量偏高，而 H_2 则明显不足。图 8-13 为典型的生物质气化合成甲醇/二甲醚流程示意图。

8.6.1.2 生物质气化合成甲醇技术路线

从国外目前正在进行的 BGMSS 中试系统可以看出，生物质的气化与重整技术路线有 3 条：

(1) 加氢气化、重整。此种工艺碳转化率最高，一般能达到 75%，最高可达到 88%。生物质先在加氢气化炉中反应，生成的富甲烷气中含有 H_2、CO 及甲烷，该富甲烷气再与外加的甲烷一起在重整反应器与水蒸气发生变换反应，生成 CO 和 H_2，两次反应共同生成的 H_2、CO 用作合成甲醇的原料气。

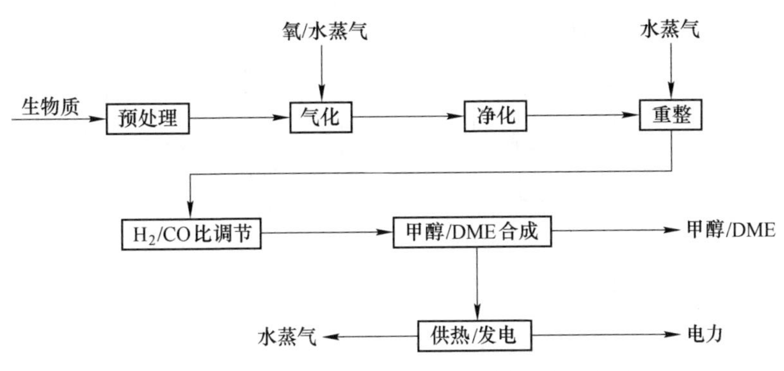

图 8-13 生物质气化合成甲醇/二甲醚典型流程

（2）氧气/水蒸气气化、重整。在加压气化炉中利用氧气或富氧空气以及水蒸气将生物质气化，气化气经净化后与水蒸气、CO 发生变换反应，通过调整 H_2/CO 比，最后合成甲醇。

（3）氧气/水蒸气气化、单程合成甲醇、联合循环发电。此种工艺碳转化率最低。其途径是利用氧气或富氧空气在加压气化炉中将生物质气化后，摒弃水蒸气重整的方法，直接进入甲醇合成反应器生成甲烷，未反应的气体则进行联合循环发电。虽然该方法甲醇产量较低，但产生了热电，使系统总体效率得到提高。

8.6.1.3 生物质的气化

以生产合成气制造甲醇、二甲醚为目的的气化工艺与常规以供热发电为目的的气化工艺完全不同，气化设备是整个气化系统的核心部分，对气化合成气的技术控制指标要求主要有：H_2、CO 含量尽可能高，H_2/CO 比合理，惰性气体、焦油及碳氢化合物含量低。因此，气化的温度、介质、停留时间及压力等成为影响气化效果的关键因素。

（1）提高气化温度。温度是影响气体产量和质量的主要因素。温度越高，H_2、CO 和 CO_2等气体的产率越高，焦油和碳氢化合物的生成量越低，且 CO_2重整反应的速度也快。目前流化床气化炉因具有容易放大、原料适应范围广和可易地控制等优点，各国大型化示范和商业化装置均采用流化床和循环流化床技术，典型的流化床气化炉的操作温度在 800~850℃之间；个别的采用喷流床技术，图 8-14 为典型的流化床与喷流床结构示意图。

（2）采用富氢气流或富氧空气/水蒸气为气化介质。由于空气中含有 70%的氮气，致使气化合成气中含氮量高达 55%以上，大大降低了 H_2、CO 和 CO_2等气体的浓度比例，造成系统效率低下。因此，必须采用含惰性气体少的富氢气体或富氧空气作气化介质。富氢气体或富氧空气，在与水蒸气的作用下，可以产生大量的 H_2和 CO，降低了后续重整和 H_2/CO 比调节的负荷。变压吸附（PSA）空分

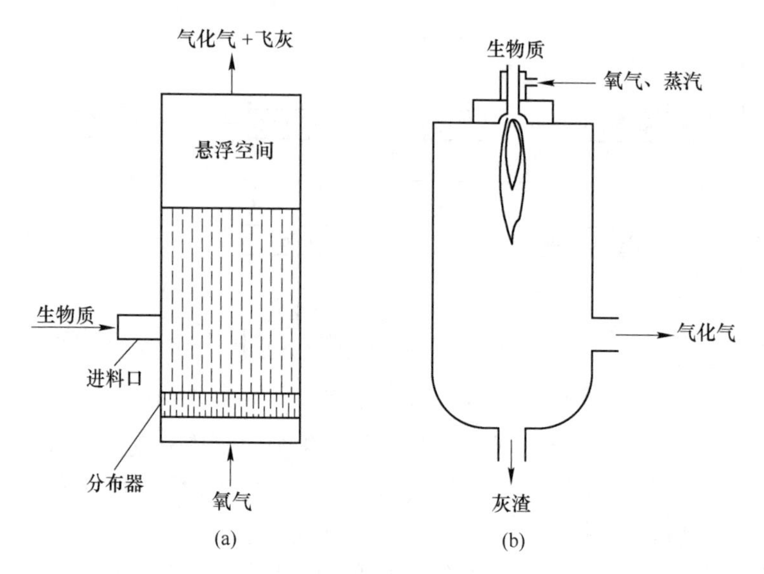

图 8-14 典型的生物质气化流化床与喷流床结构
（a）流化床；（b）喷流床

系统可以用以制备无氮气的富氧空气，但用 PSA 空分系统的不足之处是直接增加了设备投资和运行成本。

（3）采用高反应压力。高压有利于碳氢化合物气体的生成，而且也有利于后面高压力下的甲醇合成，因此，国外的 BGMSS 多选用加压气化炉。

8.6.1.4 气体的净化和 H_2/CO 比的调节

生物质气化气中含有微粒粉尘、焦油、氨氮化物、硫化物、氯化物等对甲醇合成催化剂有害的物质，因此，生物质气化气的净化与煤、天然气合成气的净化有所不同，对于氨氮、HCN、氮氧化物、氯化物、H_2S、SO_2 以及氧，均可采用目前常规法如脱硫剂、脱氯剂脱除。另外需要增加粉尘和焦油脱除装置。对于微粒粉尘，可采用干法除尘、温法除尘、过滤除尘和电除尘四种方法。对于焦油，可采用焦油裂解催化剂对其进行催化裂解。对于生物质气化气中含有的大量甲烷和其他轻烃化合物，可以通过重整的方法使气体中的 H_2/CO（物质的量比，下同）比调节到甲醇合成所需的比率（H_2/CO 比约为 2）。重整方式可分为水蒸气重整和自热重整两种，大多数情况下采用前者。

因 H_2/CO 比为 1 的生物质气化气正好适合于合成二甲醚，如采用日本 JFE 淤浆床一步法工艺可直接将生物质气化气合成二甲醚，但气体中的 CO_2 气必须脱除。

8.6.1.5 甲醇/二甲醚合成

甲醇合成一般采用目前成熟的固定床合成工艺，生成的甲醇可以进一步脱水制成二甲醚，此过程并无技术难点。虽然浆态床甲醇合成工艺单程转化率高，但毕竟不是成熟技术，至今未商业化运行。采用淤浆床液相法由合成气一步法合成二甲醚虽然理论上非常适合于 H_2/CO 比为 1 的生物质气化气，但该工艺至今还未工业化，仍处于中试认证阶段。

对于提高整体效率的问题，虽然国外有工厂只将生物质气化气一次性通过甲醇合成反应器，尾气不再循环回反应器，而是送入燃气轮机发电，来充分利用热值的方法，但若可以将未反应的合成气反复循环以提高常规的 ICI 和 Lurgi 工艺的甲醇产率将会给该行业带来新的突破性进展。

8.6.1.6 生物质与煤的共同气化

纯粹的生物质气化炉目前仍处于商业示范阶段，尚未大规模推广应用，其投资及运行成本相对较高，甲醇生产成本远高于天然气和煤基甲醇，还产生大量焦油。国外日本国家高级工业科技研究院生物质技术研究中心等在研究将生物质、煤与空气、水蒸气共同气化，在煤气化过程中加入生物质的好处是不仅减少了 CO_2 排放，而且因为生物质不含硫且灰渣含量低，减少了煤燃烧后的硫和灰渣。研究结果表明：（1）生物质木材和煤与空气和水蒸气共同气化的转化率随生物质进料比的增加而上升；（2）较低的生物质进料比得到的产品气体有利于甲醇和烃燃料的合成，较高的生物质进料比得到的产品气体有利于二甲醚的合成；（3）随着生物质进料比的增加，H_2 的组分增加，CO_2 的组分下降，而 CO 和烃类组分变化与生物质进料比无关。生物质木材和煤与空气和水蒸气的共同气化技术对我国以煤为原料的联醇企业利用生物质部分替代煤炭和降低温室气体排放具有借鉴意义。

8.6.2 国外生物质气化合成甲醇工艺进展

随着国际市场上油价的持续攀升，美、日、欧盟等国为减少能源的对外依赖度，在一定程度上保证能源供应安全，同时也是为了履行《京都议定书》中所规定的减排义务，纷纷开展用生物质制取燃料的研究开发工作。从 20 世纪 80 年代开始，美国、日本、欧洲等国就开始了生物质气化制取甲醇的研究工作，到 90 年代已经取得了相当大的进展。

8.6.2.1 美国 Hynol Process 项目

美国环保署和加州大学于 1995~2000 年合作进行了 Hynol Process 研究，即通过高温、高压方法将生物质与氢气在加氢气化炉中转化为合成气，所产生的富甲烷气和外加的天然气甲烷进行水蒸气重整，产生甲醇合成所需的合适 H_2/CO 比，进而制成甲醇燃料。该工艺整个系统是一个完整的循环过程。由于富氢气体循环进入加氢气化炉，不需要氧气的外部热量来维持气化炉的温度，热量能实现自我平衡。工艺流程如图 8-15 所示。

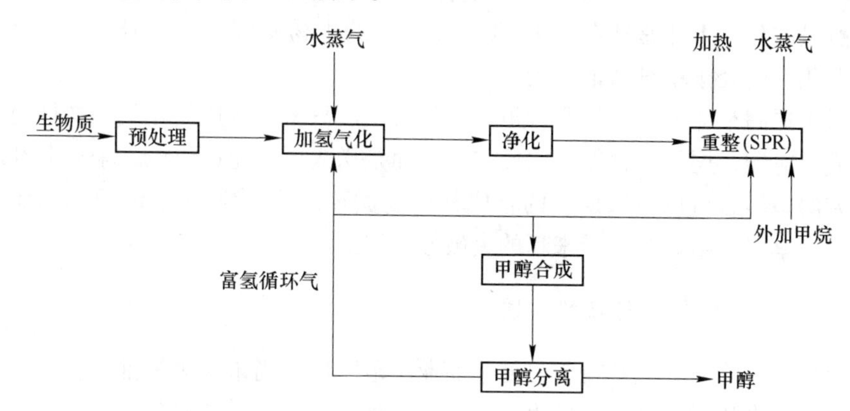

图 8-15 Hynol Process 生物质气化合成甲醇流程

Hynol Process 包括 3 个反应阶段：

（1）生物质在加氢气化炉（HGR）气化为富含甲烷的气体。预处理后的生物质在 3MPa、800℃的反应条件下，与甲醇合成工段循环回来的富氢气体，以及水蒸气（0.2kg/kg）在 HGR 中进行以下反应：

$$C + 2H_2 = CH_4 \tag{8-6}$$

$$C + H_2O = CO + H_2 \tag{8-7}$$

$$CO_2 + H_2 = CO + H_2O \tag{8-8}$$

产生的气体中 CO 为 13%，H_2为 38%，CH_4为 20%，HGR 中的碳转化率超过 87%。反应（8-6）是放热反应，反应（8-7）和反应（8-8）是吸热反应，热量正好平衡，不需外加热源。

（2）气化气与外加天然气的水蒸气重整反应。

气化气中的甲烷和外加天然气中的甲烷在重整反应器（SPR）与水蒸气发生重整反应，生成 CO 和 H_2，CO_2也被变换为 CO。

$$CH_4 + H_2O = CO + 3H_2 \tag{8-9}$$

$$CO_2 + H_2 = CO + H_2O \tag{8-10}$$

SPR 在 3MPa、900~950℃下运行，使用的是传统的镍催化剂，H_2和 CO 的出口浓度分别为 60%和 21%。该出口气体可通过一个热交换器加热循环气，冷却后的气体进入甲醇反应器。

（3）甲醇的合成。该反应在 3MPa、260℃下进行。生成的甲醇经分离后，未冷凝的气体一部分循环到加氢气化炉，另一部分为提高 CO 转化率，返回到甲醇合成器，整个甲醇合成过程中 CO 的转化率可达 90%。

整个系统中产生的废气和废热均集中进入 Hynol Process 系统，为加氢气化和重整反应以及生物质的干燥提供热源，整个系统是放热的，不需要额外燃料生物质补充热量，因此，系统效率较高。

8.6.2.2 美国 NREL 生物质制甲醇项目

从 1993 年开始，美国国家可再生能源实验室（NREL）和其他研究单位合作在夏威夷建造一座生物质气化制备燃料的示范工厂，该工厂主要进行气化蔗糖残渣、木材切片和废弃木屑等。气化炉设计压力为 2MPa，为鼓泡流化床，气化介质为氧气/水蒸气，加料速率为 100t/d 干基。项目包括生物质气化、发电和甲醇合成三部分。该工艺的主要成果是开发了一种一步法催化剂，即可以在除去焦油和碳氢化合物的同时调节 H_2 和 CO 的比例，使满足甲醇合成的要求。该项目的工艺流程如图 8-16 所示。

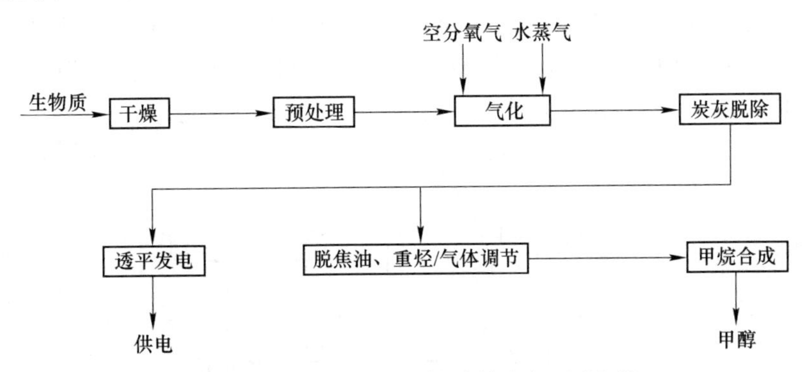

图 8-16 NREL 夏威夷生物质制甲醇工厂流程

8.6.2.3 瑞典 BAL-Fuels 项目

瑞典 BAL-Fuels 项目仍采用氧气/水蒸气作为气化介质，操作压力 2.7MPa，生物质在流化床气化后产生气化气，气化气通过 CO 变换单元，使 H_2/CO 比达到最适合甲醇合成的比例。气体组成为：CO 35.6%、H_2 28.6%、CO_2 28.8%、CH_4 6.7%、其他 0.3%（干基）。该项目的主要特点是将甲醇合成反应器的排放气引入一个自热重整器 ATR，使气体中的甲烷与水蒸气重整为 H_2 和 CO，并循环回甲醇合成单元，从而提高甲醇的产量。不足之处是虽然甲醇合成和 ATR 单元产生一部分水蒸气，但仍需在锅炉中燃烧一部分木柴以产生额外的水蒸气，流程如图 8-17 所示。

8.6.2.4 瑞典 BioMeet 项目

BioMeet 项目采用鼓泡流化床气化炉，使用氧气、水蒸气和循环回的燃气作气化介质，气化炉操作温度为 900℃，压力为 2MPa，反应产物经分离后得到甲

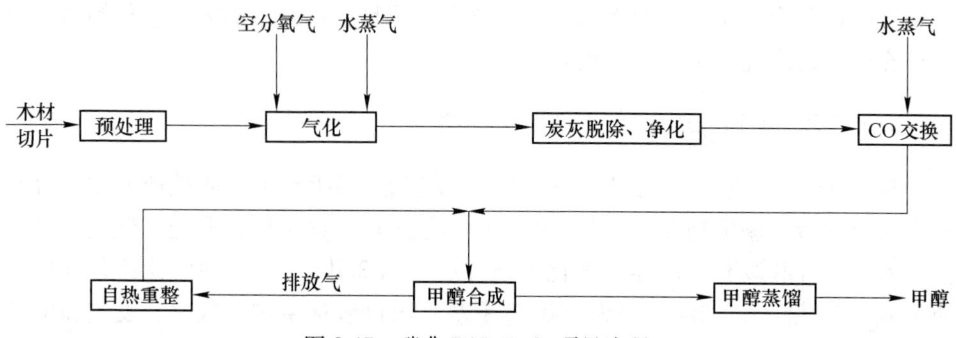

图 8-17 瑞典 BAL-Fuels 项目流程

醇产品。未反应气体分为两部分，一部分经压缩后循环回甲醇反应器，另一部分进入气体透平发电，因气体中不参加反应的甲烷循环后浓度提高，热值大约为 $14MJ/m^3$标准，很适合气体透平。流程中没有对气化气中的 H_2/CO 比进行调节，也省去了水蒸气变换工段，虽然甲醇产量较低，但同时产生热电，整体效率得到提高。主要缺点是碳转化率太低。工艺流程图如图 8-18 所示。

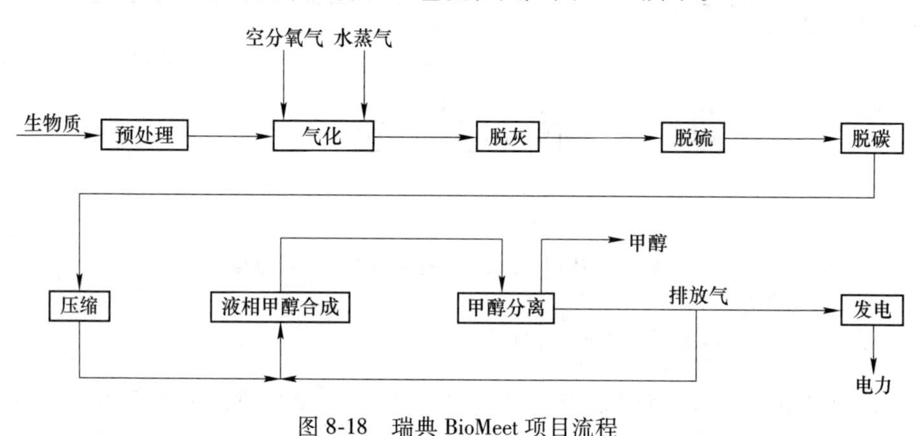

图 8-18 瑞典 BioMeet 项目流程

8.6.2.5 瑞典造纸黑液气化制汽车燃料（BLGMF）项目

造纸黑液的处理是世界环保治理领域中的一个重要课题，现有的处理方法均投资过大，效果不太明显，因此，最好的方式是用资源回收法来治理黑液对环境的污染。造纸黑液气化制汽车燃料（BLGMF）项目是欧盟 2001 年 EU ALTENER Ⅱ项目，由瑞典及世界上著名的大公司，包括著名甲醇生产商 Methanex、著名化工设备制造商 Chemrec、汽车公司 Volvo、著名纸浆造纸开发公司 Skogsindustrins Tekniska Forskningsinstitut 以及瑞典其他研究开发公司共同参与。于 2002 年 2 月开始，至 2003 年 10 月结束。

BLGMF 项目没有采用鼓泡式流化床气化炉，而是选用 Chemrec 公司的专利喷流式气化炉。喷流式气化炉的原理是将原料黑液与氧气从炉顶部向下喷出，经激冷后分离出粗气化气和冷凝的“绿液”，粗气化气经冷却、洗涤后，进行 CO 变换，再经净化后进入甲醇/二甲醚合成工段，合成甲醇/二甲醚后的排放气和甲醇/二甲醚精馏后的废杂醇有机物一并送到锅炉以产生工艺所需的部分蒸汽。工艺流程见图 8-19。

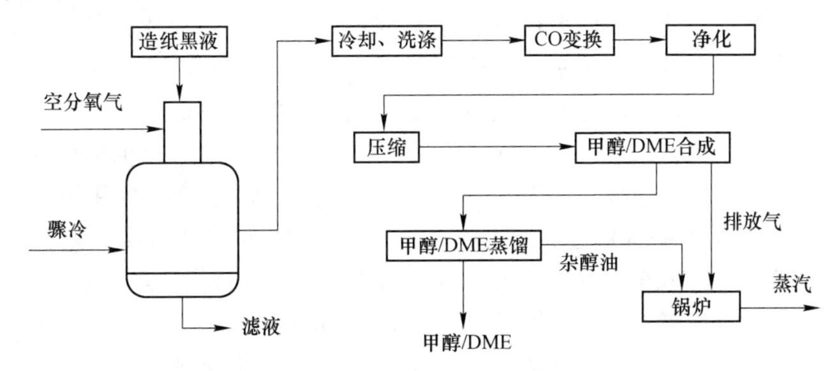

图 8-19 造纸黑液气化制汽车燃料（BLGMF）工艺流程

8.6.2.6 三菱重工生物质气化合成甲醇系统

日本三菱重工生物质气化合成甲醇系统与常规气化流程相同，被粉碎到粒径 1mm 左右的粉状生物质后送入一个常压气化炉，采用氧气和水蒸气作气化介质，在 800~1000℃反应温度下，部分生物质与氧燃烧，产生热量，其余的生物质与水蒸气反应生成合成气，通过热交换器冷却，产生气化用的蒸汽。随后合成气在 3~8MPa、180~300℃下，用铜锌催化剂合成甲醇。三菱重工在长崎研究发展中心建立了一个 50kg/d 的中试装置，采用各种生物质材料，均成功地合成甲醇。其流程如图 8-20 所示。

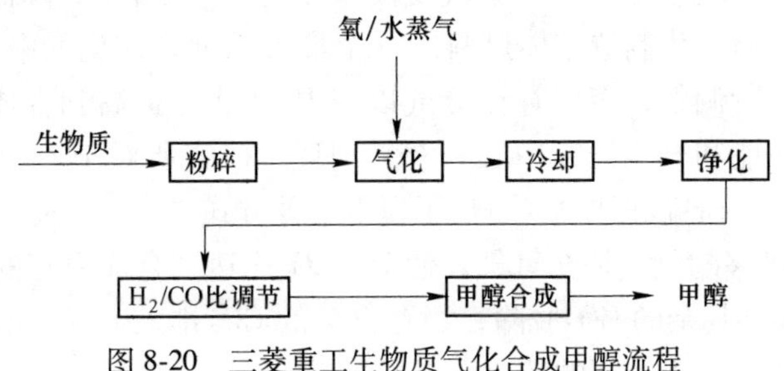

图 8-20 三菱重工生物质气化合成甲醇流程

8.6.3 国内研究进展现状

我国在生物质气化技术方面的开发已经较为成熟，并且在实际应用过程中积累了丰富的经验，其利用形式主要是用空气作气化介质，多集中在农村生物质管道煤气、生物质气化发电等，目前正在逐步进行商业化和规模化。华东理工大学等近年来就生物质直接液化技术开展了新的探索，但所得的液体燃料成分并不单纯，难以进一步精制，价格昂贵。中国科学技术大学生物质能实验室也在近年开展了生物质直接液化及制备合成气的研究，建立了生物质热解液化的中试装置。还有其他一些院校科研单位也在开展生物质气化制甲醇/二甲醚研究。

国外生物质气化制液体燃料技术研究和技术开发已基本完成，进入了工业示范放大阶段，而我国仍处于实验室研究阶段。目前中国科学院广州能源研究所在国内生物质合成液体燃料方面处于领军地位，该所国家“863”计划“生物质制氢及液体燃料新工艺研究”已经在实验室实现了生物质气化、焦油催化裂解、合成气重整和增压合成甲醇、二甲醚等一体化的工艺流程。该项研究中原料生物质与空气、水蒸气（400K）进入流化床充分反应，产生的气化气再与生物质发酵产生的沼气混合进入重整反应器催化重整制成合成气，合成气经压缩机增压后，在新型浆态床反应器中完成二甲醚的合成反应，得到液体燃料二甲醚。重整催化剂为镍基催化剂，焦油裂解催化剂为镍/白云石双功能催化剂。采用该技术每吨生物质（干基）可制得0.25t二甲醚。该技术目前已申请专利。制约该工艺的瓶颈问题是采用空气作气化剂，气化气中的N_2含量高达30%，重整后仍高达20%。广州能源研究所还进行了富CO_2原料气合成甲醇的实验室研究，研究结果表明，相比于富CO原料气，富CO_2原料气合成甲醇的时空产率下降幅度在10%～30%之间，选择性下降幅度在2%～8%之间。最近，中科院广州能源研究所合成燃料实验室与香港大学的生物质气制甲醇合作项目取得重大进展。为解决生物质气化后产生的气体组分中CO_2和CO含量较高，H_2含量低，H/C严重不足的问题，研究者们开发了适合于生物质气化后气体合成甲醇的新型催化剂，并对新型催化剂在富CO_2条件下利用微型反应装置进行了评价。试验结果显示，新型催化剂实现了CO、CO_2的共加氢，省去了水蒸气变换和脱除CO_2的环节，降低了甲醇的生产成本。利用生物质气化制造液体燃料的一个最大问题是气化气中的H_2/CO比不足，需要对其进行调整，需要补充氢气以使H_2/CO比提高到合成甲醇所需的2以上。德国太阳能和氢能研究中心和意大利环境研究所对于3种不同的H_2/CO比调节方式进行了研究和评价，得出了以下三种方式：

（1）电解足够的氢气补充氢气，使H_2/CO比达到合成甲醇的要求，少量的氢用于CO变换，其余的CO_2脱除，约有60%的CO_2排入大气，电解水产生的氧气仍用于气化炉。此工艺碳的转化率很低。

（2）电解水，其机理是一部分氢用于补足H_2/CO比，一部分氢用于将全部CO_2转换为CO，第三部分氢用于与转化的CO相匹配。此工艺碳转化率最高，甲醇产量是工艺（1）的2倍，但由于电解水使耗电提高了3倍，故而不太经济。

（3）由PSA为气化炉提供氧气，CO_2全部脱除，95%的CO_2排入大气，耗电量大大降低，但碳转化率最低，甲醇产量也极低，而且 CO_2 排放量最多。

从3种工艺过程的技术经济比较可以看出，只有第二种工艺可获得较高的转化率，因此，出于提高碳的利用率和减少温室气体的排放的目的，尽管要增加电解水装置的投资，仍有必要采用这种工艺。

近几年来，迫于能源供应紧张和环境污染的压力，我国先后致力于研究玉米乙醇、纤维素乙醇、生物柴油等新型燃料，以期部分缓解汽车燃料的短缺。但是，我国人多地少，大力发展玉米乙醇，用农产品去生产汽车燃料并不合理，反而有可能带来粮食危机，而且玉米酒精的成本较高，乙醇汽油需要国家补贴扶持。为保证粮食安全，国家将目光转向生产纤维素乙醇，但纤维素乙醇的生产成本更高，而且目前尚处于实验室阶段。基于我国食用油供应也很紧张，全国每年的地沟油仅有（600~700）$\times10^4$t，虽然可以大量种植油料作物，但需考虑到一些地区的水资源问题，而且油料作物的收集、运输、压榨成本也不低。用食用油生产生物柴油在经济上也已经失去竞争力。利用生物质气化制甲醇/二甲醚工艺，不仅可以部分替代不可再生的化石能源，还可以减少温室气体排放，有利于减轻环境污染。生物质生产甲醇、二甲醚的生产成本、碳转化率和能源效率均优于谷物乙醇、纤维素乙醇和生物柴油，因而成为今后的重点研究方向。

目前我国生物质制甲醇/二甲醚技术发展的瓶颈问题，一是气化炉的研发制造，二是如何降低生物质甲醇/二甲醚的生产成本。建议国内有关科研单位积极开展生物质气化炉的研制工作，必要时考虑引进国外先进的气化炉技术。

未来10年将是世界各国大力发展生物质能源的关键时期，生物质是一种总量很大的可再生资源，生物质气化制备汽车燃料的重大意义在于：

（1）有效利用秸秆资源，变废为宝，为农民增加收入，在一定程度上解决“三农问题”。

（2）保障国家的能源战略安全，建立可持续发展的能源系统。

（3）有利于改善生态环境，减少温室气体排放。

8.7 生物质合成气燃油制品合成技术

8.7.1 生物质合成气费托合成

目前我国液体燃料严重短缺，能源供应紧张和环境污染的压力与日俱增。以煤气化为核心的多联产能源系统（简称多联产系统）恰好可以很好地解决上述问题，成为解决我国未来能源可持续发展的一个重要方向。煤气化多联产系统是指以煤为原料，从单一的气化炉设备中经一步法费托合成合成气（主要成分为 CO、H_2），以此为原料来进行热、电、气化联合生产，其中联产包括液体燃料在内的多种高附加值的化工产品，城市煤气以及工艺过程热。多联产系统的主要特点在于：（1）多个工艺过程的优化耦合使各个单一产品的生产流程简化，总投资相对降低；（2）联产高附加值产品提高了系统的整体经济性；（3）通过对合成气的集中净化，SO_x、NO_x粉尘等传统污染物接近零排放，温室气体 CO_2的排放也因效率的提高而减少。

费托合成又称 FT 合成，是在 1923 年 Fischer 和 Tropsch 提出的，其方法是用 CO 和 H_2的混合物合成烃类产品。1937 年，德国采用钴/硅藻土催化剂和常压多段费托合成的改进工艺实现了液体燃料的商业生产，二战后南非发展了以铁催化剂为核心的合成技术，Sasol 公司年产液体燃料 520 万吨、化学品 280 万吨。故又以廉价铁基催化剂替代了钴催化剂，大大降低了生产成本。20 世纪 70 年代的石油危机曾促使美、日等国出台了庞大的合成燃料研究计划。目前，在全球共同开发利用天然气资源的背景下，许多大石油公司积极参与，加大了开发天然气制取烃类液体燃料工艺的力度。1993 年在马来西亚实现了 500kt/a 规模的工业生产。Shel 公司提出了 SMDS 工艺，即使用钴化剂最大限度地使合成气转化为重质烃，然后加氢裂化制取中间馏分油。Exxon 公司开发了以 Co/TiO_2催化剂和浆态床反应器为特征的 AGC-21 新工艺已完成规模 200 桶/天的中试。Syntroleum 公司也拟在切里波因特炼油厂建一套中试装置口。中国在开发天然气制取烃类液体燃料方面起步较晚，从 20 世纪 80 年代起，中国科学院山西煤炭化学研究所开始费托合成液体燃料的研究。

在传统的合成工艺中，由于单程转化率低，需要将未反应的出塔气体反复循环以提高产率，因此能耗大，工艺需建立循环段，成本较高。浆态反应器技术的发展克服了这一缺点，合成气就只需通过浆态床费托反应器一次，尾气不再重复循环，而是送到联合循环系统的燃气轮机发电，使得合成气单程转化率大大提高。这就是采用一步法费托合成流程的液体燃料—电力联产，实现了能量的梯级利用。费托合成的一步法流程简化了传统工艺流程，液体燃料—电力联产降低了投资费用和单位产品的生产成本，使费托合成这种传统工艺获得崭新的生命力。

费托合成工艺分为合成气制备液态烃及加氢裂解或异构化两部分，即是以合成气为原料，在适当的反应条件和催化剂下制备液态烃的过程。其中反应条件及催化剂的不同，合成产品不同。在低温操作条件下，主要是以重质合成油、石蜡为主的合成产品，而在高温操作条件下，主要是以轻质合成油和烯烃为主的产品。过程中涉及的主要反应如下：

$$(2n+1)H_2 + nCO = C_nH_{2n+2} + nH_2O \tag{8-11}$$

$$2nH_2 + nCO = C_nH_{2n} + nH_2 \tag{8-12}$$

$$4nH_2 + 2nCO = 2C_nH_{2n+2} + 2(n-1)H_2O + O_2 \tag{8-13}$$

$$H_2O + CO = CO_2 + H_2 \tag{8-14}$$

针对上述反应，研究者系统研究了 CO 消耗速率与 CO、H_2、H_2O、CO_2物质浓度的关系，对不同的催化反应体系分别建立了相应的求解合成气消耗速率的幂级数动力学模型。

8.7.1.1 费托合成催化剂

用于生产液态烃的钴催化剂，早期使用纯的钴氧化物、钴铬氧化物、钴锌氧化物等无载体的氧化物，后来发现加入氧化钍和氧化镁，可以增加催化剂的活性，而以二氧化硅作载体则是钴催化剂研究中的一个重大突破。

铁催化剂比钴催化剂寿命短，其失活主要由于被氧化、烧结（表面积的丧失）、中毒和积炭，其对硫中毒特别敏感，所以必须对进料气进行脱硫处理，进料气中硫的最大含量为 $2\times10^{-6}\sim4\times10^{-6}$，商业化的最大硫含量为 $2\times10^{-7}\sim4\times10^{-7}$。同时，因 Fe 是水汽变换反应的催化剂，生成物水对反应也有抑制效应。总之，铁催化剂对费托合成具有较高的活性，工业上最早使用的就是铁催化剂。

用于费托合成的铁催化剂，可通过沉淀、烧结或熔融氧化物混合而制得。不同方法制得的铁催化剂其性质差异很大。选择适宜的制备方法和操作条件，对铁催化剂的性能尤为关键。沉淀铁催化剂具有表面比、孔容较大和活性较高的特性；烧结催化剂比表面积小的或者甚至没有孔容和低活性；熔融催化剂的比表面、孔容及活性则更低。因此沉淀催化剂只能用于低温操作，而熔融催化剂则要求高温下运用。

另外，铁催化剂的助剂效应非常明显，La 系稀土氧化物和 ThO_2作为常用的助剂，能提高催化活性并改善高级烃的选择性。稀土既是结构助剂又是给电子助剂，而第一行过渡金属，如 Ti、Mn、V 等，对 CO 亲和力高于 Fe，用作助剂将大大提高烯烃的选择性。此外加入 Cu 助剂有利于促进铁还原；加入结构助剂 SiO_2、给电子助剂 K_2O，一方面提高了铁的催化活性，另一方面减少甲烷生成，并促进链增长。

比较两种催化剂，不难发现：钴催化剂的优点在于，以钴为催化剂的转化率不受反应产物水的抑制效应，因此接近理论转化率；钴催化剂产品选择性对 H_2/CO 比、压力和温度的灵敏度比铁催化剂高；比铁催化剂更稳定和使用寿命长。但是钴催化剂的缺点在于，要获得合适的选择性，必须在低温下操作，使反应速率下降，导致时空产率比铁催化剂低，同时由于钴催化剂在低温下反应产品中烯烃含量较低。而铁催化剂受反应产物水的抑制效应，对操作条件缺乏灵敏性，使用寿命短且活性低。但它的催化性能更易通过助剂调节。显然，较理想的催化剂应该是在改变操作条件时具有铁催化剂的高时空产率和钴催化剂的高选择性和稳定性，这也是对研究制备生物质合成气催化剂的新方向，更是一种全新的挑战。

8.7.1.2 费托合成反应器

费托合成反应器主要有列管式固定床反应器、流化床反应器、浆态床反应器。

列管式固定床反应器它通过在列管壁产生水蒸气来带走反应中放出的大量热量。反应器的一般结构如图 8-21 所示。自 1953 年以来，Sasol 公司一直用列管式固定床反应器来合成燃料，1993 年 Shell 公司在马来西亚的 SMDS 装置中也采用这类反应器。早期的反应器在管壁温度为 493K、压力 15MPa 的条件下操作。

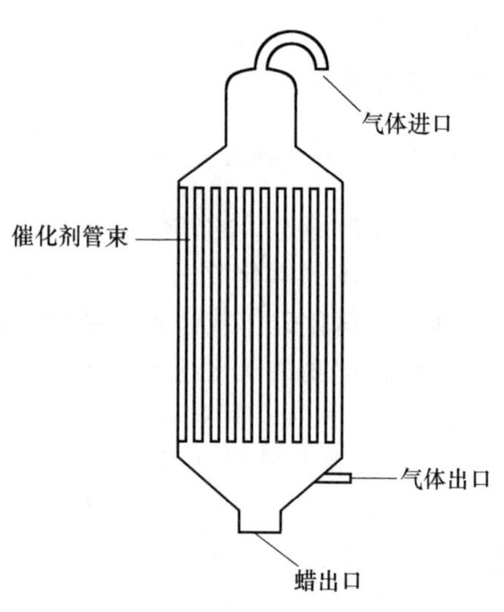

图 8-21 列管式固定床反应器

费托合成放出的热量，使反应管中存在着轴向和径向温度梯度。灵活地控制温度有利于控制选择性，同时，由于最高温度的限制，温度的选择也受到限制。由于催化剂积炭和温度对选择性的影响，以及受限于最高温度，最高转化率所需的最高平均温度很难达到。积炭造成催化剂破裂和堵塞，从而需要频繁更换催化剂。列管式固定床反应器压力降很高，在相对较高的循环流量下，可能造成相当高的压缩费用。基于此，迫切需要有新的设计来代替它。

SasolÉ 工厂中使用循环流化床反应器，已成功运行 30 年。Sasol 对 SasolÉ 循环流化床反应器通过使用高压差和大直径的反应器对反应器进行了改进，使其生产能力提高了 3 倍，其装置结构如图 8-22 所示。但是，循环流化床操作复杂，

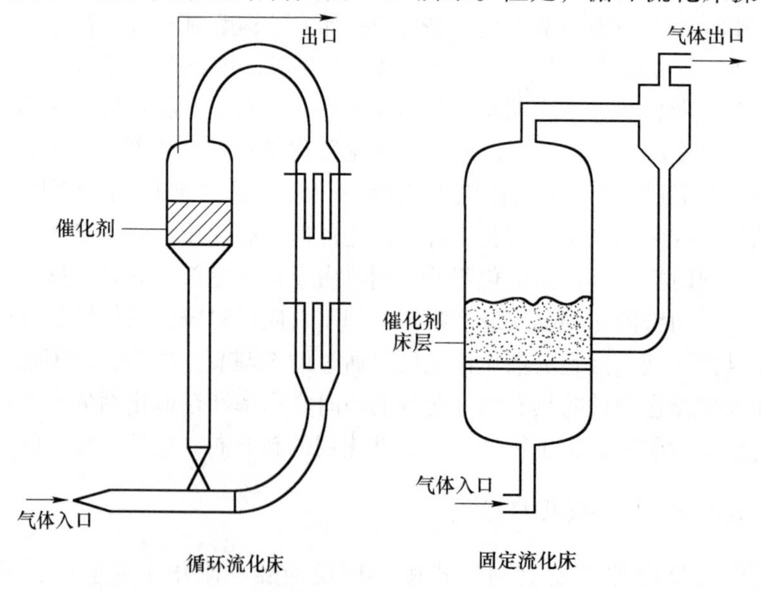

图 8-22 流化床反应器

高温操作可能导致积炭和催化剂破裂，使催化剂的耗量增加。为了提高转化率，在反应区需要在不超过垂直管的压力降的同时，有较高的催化剂驻留量。由于旋风分离器极易被催化剂堵塞，同时损失大量的催化剂，因而滑阀间的压力平衡需要很好的控制。

Sasol 公司预计用固定流化床代替循环流化床，工厂总投资可降低 15%，固定流化床与循环流化床的操作相似，气体经稳态的气体分布后通过流化床，气体线速相对较低，因此固定流化床催化剂床层保持“静止”状态。其选择性与商业化的循环流化床相似，而转化率比后者高。这就决定了固定流化床有较高的转化率，使其有可能代替循环流化床。

由于摒弃了催化剂循环工段，使得生产能力相同的固定流化床比循环流化床建造和操作费用低得多，同时消除了控制低压差的压缩设备，降低成本，并且更利于除去反应中放出的热，甚至是考虑热循环。更重要的是，气体线速度低，磨损问题基本不予以考虑，这使长期运转成为可能。

从“二战”时期到 70 年代后期，Klbel 及其合作者首次对浆态床反应器的设计进行了实验设计。80 年代初期，Sasol 公司也对浆态床反应器进行了小规模实验。1993 年，Sasol 公司成功地设计并运转了浆态床反应器，如图 8-23 所示，反应器中包括一个冷却盘管。

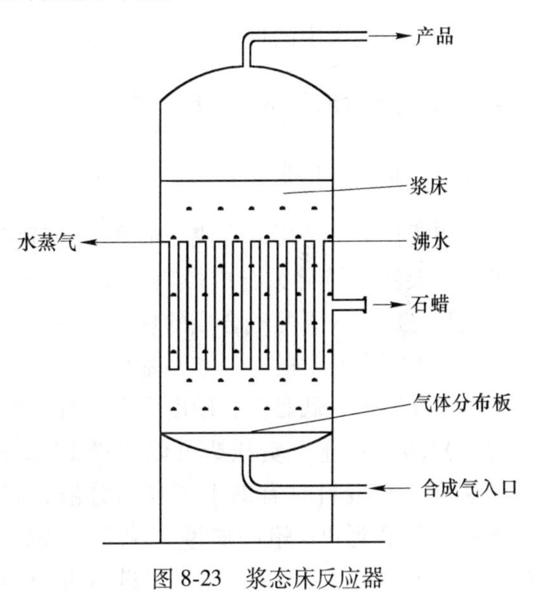

图 8-23 浆态床反应器

合成气从反应器底部进入，经过气体分布板形成气泡，进入浆液反应器，然后通过液相扩散到悬浮的催化剂颗粒表面进行反应，从而生成烃和水。轻质气态产品和水通过液相扩散到气流分离区，气态产品和未反应的合成气通过床层到达顶端的气体出口。而重质烃是形成浆态相的一部分，热量从浆相传递到冷却盘管并产生蒸汽，气态轻烃和未转化的反应物被压缩到冷阱中，而重质液态烃与浆相混合，通过专利分离工艺予以分离。

浆态床反应器的平均温度比管式固定床反应器高得多，主要原因是浆态相和气泡的剧烈作用，使反应热容易扩散，浆态相接近等温状态，温控更加容易和灵活。这就使得反应器具有较高的反应速率，能够更好地控制产品的选择性。另一方面，通过静态液压计对床层压降的检测，不难发现它比管式固定床反应器的压差低得多，可大大降低气体压缩费用，间接地消除了停机和检修所带来的经济损失，也更加便于在线催化剂的更换和添加。所以，浆态床反应器弥补了管式固定床反应器中的许多不足。它比管式固定床反应器简单，易于制造、价格便宜，且易于放大，进行工业化应用，是一个重大的进步。

在已知的GTL工艺中，绝大部分采用的是浆液反应器，因其技术特点和技术经济的优越性，已使其成为最有希望的GTL的反应器。主要在于浆态床FT合成反应器具有如下优点：(1) 反应器热效率高，除热容易，温度控制容易；(2) 催化剂负荷较均匀；(3) 关键参数容易控制，操作弹性大，产品灵活性大；(4) 单程转化率高，C3+烃选择性高；(5) 反应器结构简单、投资省，不怕催化剂破裂。

但是，浆床反应器的局限性主要表现在传质阻力较大。研究表明，CO转化率次序为：液相<超临界相<气相。故在浆相中，CO的传递速率比H_2慢，存在着明显的浓度梯度，可能造成催化剂表面CO浓度较低，不利于链增长形成长链烃。因此，浆态床中的传质问题亟待解决。

8.7.2 生物质合成气费托合成产物

8.7.2.1 费托蜡

最初费托工艺是用来合成石油产品的替代品，目前该工艺主要应用于碳氢基合成气或天然气转化为合成燃料。费托（Fischer Tropsch）蜡是亚甲基聚合物，是碳氢基合成气或天然气合成的烷烃，由90%~95%的常规石蜡烃组成，其余的是在分子末端有分支的叔烃和甲基烃。

基于高熔点、低黏度、硬度大等特性，费托蜡主要应用在三个方面：

(1) 塑料行业：费托蜡可以用作PVC的外润滑剂，低黏度能提高产品的生产速度，在混料时有助于填料的分散，特别在高黏度体系的挤出中有较好的作用，比普通PE蜡添加量少40%~50%，而且能显著提高制品表面光泽。在色母粒和改性塑料生产过程中进行混料时，费托蜡有助于填料的分散和出色滑爽性。在使用浓色时，熔化的费托蜡可以有效地润湿染料，降低挤出黏度。

(2) 油墨和涂料：当以微粒状粉末使用在油墨中，可以提高应用材料的耐磨性、抗皱性。应用在涂层时，可以起到起皱效果，在微粉状态使用时能形成条纹和水纹起皱效果。在加入粉末涂料树脂，在挤出过程中起润滑作用，可降低螺杆扭矩，减少能耗提高生产效率。

(3) 胶粘剂：EVA基热熔胶所使用的理想合成蜡。高熔点的蜡能够提高胶粘剂的耐热性和快干性。

8.7.2.2 利用费托合成工艺制备航空生物燃料

航空生物燃料能有效降低航空业的燃料成本、充分利用生物资源、严格控制温室气体排放，是一种新型的环境友好的可替代燃料。

根据原料的不同，航空生物燃料的制造工艺包括生物化学转化、热解、费托合成及加氢脱氧四种技术。其中，费托合成工艺是最为成熟的加工工艺，它是指在高温高压条件下，生物质通过热化学工艺转化为合成气，合成气通过费托合成工艺生成各种烃类。通过费托工艺加工合成的烃类航空涡轮燃料被航空油料界认为完全符合美国材料测试协会 ASTM D7566 标准要求，能够将其以最大体积比（50：50）与传统喷气燃料掺混，混合后燃料无需任何加工可以直接加注于飞机用作航空生物燃料。

8.8 生物质化学产品直接提炼技术

将生物质转化为生物化学品、结构材料和能量的工业过程即为生物质提炼。生物质提炼在制浆造纸行业中的应用包括生产乙醇、化学品和结构材料，制浆前抽提，从塔罗油提取生物柴油、木素沉积和黑液气化。

以生物质生产化学产品和生物基燃料与发展生物燃料目的相同，是为了减少对石油的使用，为人类的可持续发展做出贡献。美国 Genomatica 公司 CEO Christophe Shcilling 指出，现在所有化学产品的 90%来自烃类，有必要使原料实现多样化。事实证明，发展对环境更友好的生物基产品可减少排放，它拥有生产排放燃料的潜力，而且可消减运输行业的 CO_2 排放。2010 年从生物质制取的化学产品占化学产品总销售额约 5%，预计这一比例将持续提高。除了发展乙醇和其他生物燃料以减少汽油的消耗外，一些公司也采用生物质为原料生产各种其他产品，包括纺织品、塑料盒清洗液等，以减少碳足迹。

8.8.1 生物质生产乙烯

随着化工、能源、材料等乙烯衍生物产业的快速发展，作为基本的有机化工原料和石油工业的龙头产品，被誉为“石油化工之母”的乙烯产需矛盾日益严峻，由石油烃类热裂解生产乙烯的工艺、对乙醇脱水制乙烯的研究先后发展起来。

20 世纪 60 年代，巴西、印度、中国、巴基斯坦和秘鲁等相继建立了乙醇脱水制乙烯的工业装置。生物乙烯是以大宗生物质为原料，微生物发酵得到乙醇，再在催化剂的作用下脱水生成乙烯。同由石油生产乙烯路线相比，生物乙烯不受资源分布的限制、其分离精制费用低、投资小、纯度高，建设周期短、收益快。

目前发展生物乙烯在技术上是可行的，在经济上亦具有竞争力，但是仍存在一些规模化生产的关键技术问题，主要是乙醇脱水生成乙烯的催化技术、过程耦合一体化工艺技术，低成本乙醇生产技术等，以此来进一步降低生产成本。经过长期的研究，我国在燃料乙醇的中试及产业化项目已建立了较好的基础，并在乙醇发酵、乙烯工业、化工工业设计、过程优化等领域积累了实践经验，同时还在生物乙醇脱水制乙烯专用催化剂方面取得成果。目标是建成具有我国特色的，以低成本可再生资源为原料的节能型、清洁型2万吨/年生物乙烯工业化生产示范装置。

8.8.2 生物质生产乙二醇

作为一种重要化工原料，消费量80%以上的乙二醇主要用于生产涂料、涤纶纤维和包装材料用的聚酯树脂，其余用于生产炸药、润滑剂、防冻剂等。随着石油资源供求关系日益紧张，利用可再生能源生产乙二醇成为了未来发展的重要方向。生物质生产乙二醇包括谷物制取乙二醇和纤维素转化生产乙二醇两种方法。

全球生物化学技术公司（Global BioChem Technology，GBT）是中国领先的谷物加工商。采用的工艺的第一个步骤是使用雷内镍催化剂，使葡萄糖转化成山梨酸醇；第二步是在加压和相对较高的温度下加氢裂化，生成最终产品。该公司采用的这种技术可生产达到聚合级纯度的50%~60%的丙二醇、25%的乙二醇、10%的丁二醇。

8.8.3 生物质生产丁二酸

丁二酸是另一种重要的有机化工原料，也是生产中间体，主要用于医药工业、食品工业、化学工业等。传统的丁二酸生产方法主要是应用石化法生产。发酵生产丁二酸是利用可再生糖源和二氧化碳作为主要原料，开辟了对温室气体二氧化碳利用的新途径，成本低廉，环境友好。近年来，由于石油危机及环境污染的双重压力，微生物发酵法生产丁二酸以其具有节约大量的石油资源，并且可以降低由石化方法产生的污染等优点而受到广泛关注。

目前，有关发酵法生产丁二酸的研究文献报道很多，多采用廉价的生物质原料如糖类、淀粉类、菊粉类、木质纤维素、乳清、纸浆废液等可再生的生物质作为发酵的初始原料。

制约微生物发酵生产丁二酸发展的技术难题是代谢产物的浓度达到一定范围后，目标产物不再增加，而杂质则大量增加，导致发酵产率无法提高，大量杂质还会干扰后续的分离即代谢产物的反馈抑制。有学者采用自主研发、成功筛选出的高产菌株，即以最常见的玉米秸秆为基质原料经前期处理后，采用反应和分离耦合的过程工程策略消除或减少产物对发酵过程的反馈抑制，建立了新型离子交换树脂高选择性吸附分离丁二酸的方法，并实现树脂洗脱、再生简单和可重复

（重复使用30次吸附量仅下降5%），生产出高品质的丁二酸产品。该技术与传统丁二酸生产方法相比，主要有以下优势和特点：

（1）筛选到丁二酸高产菌株，丁二酸终浓度达116.2g/L，产率达到70%，纯度达到90%，实现丁二酸生产的高转化率和高收率，使丁二酸的产量增加到145.2g/L，产率为1.3g/（L·h），收率达到80%。

（2）优化生产工艺，实现了低成本生产，其生产成本低于8000元/吨。

（3）生产无污染，清洁环保。

8.8.4 生物质生产多元醇

随着我国科技投入的不断加大，化工多元醇生物炼制研究水平的不断提高，利用可再生生物质原料生产化工多元醇产品，已成为当前研究与关注的热点之一。利用可再生生物质进行化工多元醇（2，3-丁二醇、1，2-丙二醇和木糖醇）生物炼制的技术也已经有了较大的进步。

2，3-丁二醇（2，3-butanediol，2，3-BD）是一种C_4化合物。它可直接用作风味添加剂、增湿剂、软化剂等，也可用来制备增塑剂、熏蒸剂、香水、油墨、炸药以及药物的手性载体等，广泛应用于食品、化工、航空航天燃料等领域。

1，2-丙二醇（1，2-propanediol，1，2-PD）是一种重要的C_3化合物。目前1，2-丙二醇用途十分广泛。在聚氨酯行业，1，2-丙二醇用作聚酯元醇的原料、聚醚多元醇的起始剂、聚氨酯扩链剂等，用量占其总消耗量的27%；在食品工业中，1，2-丙二醇利用其低毒性和良好的溶剂特性，主要作为香料和色素的溶剂；由于其还具有吸湿性，也可作为食品和烟草工业中的保湿剂；在化妆品工业中，1，2-丙二醇可作为软化剂、湿润剂和溶剂；在药品工业中，1，2-丙二醇主要用于液体、油膏形式药物的载体。除此以外，1，2-丙二醇还可用作防腐剂、稳定剂、水果催熟剂、除冰剂、防冻液和热载体等。

木糖醇（xylitol）是一种重要的五碳糖醇，因其许多独特的功能，广泛应用于食品、医药及化工等行业中。木糖醇在化学工业上也有重要的用途，木糖醇可作为起始剂制备聚醚，是进一步合成硬质泡沫塑料的基本原料；木糖醇具有5个羟基，可作为甘油和食用油代用品，应用于造纸、日用化工产品及国防工业中；与C_5~C_9脂肪酸酯化可制得耐热的增塑剂，用于鞋底、农用薄膜、人造合成革和电缆料等；木糖醇还可以用于合成新型可降解聚合物。

8.8.5 生物质生产琥珀酸

琥珀酸是一种常见的天然有机酸，广泛地存在于人体、动物、植物和微生物中，1546年由Gerogius Agricola从琥珀中分离发现而得名。琥珀酸（succinic acid），学名为丁二酸（butanedioic acid），分子式是$C_4H_6O_4$，分子量为118.09，是三羧酸循环的中间产物，同时也是厌氧代谢的产物之一，很多厌氧微生物以琥珀酸盐为能量代谢的主要终产物。由于琥珀酸分子还含有两个活泼的亚甲基，琥珀酸除具有二元酸的典型反应特性外，还具有许多其他重要反应特性，如氧化、还原、脱水、酯化、磺化、卤化、酰化等。

琥珀酸是一种重要的有机化合物，美国能源部2004年将琥珀酸列为十二种最有潜力的可以从生物质生成的大宗化学品之一。近年来，琥珀酸大量应用于医药、食品、农药、染料、香料、塑料、油漆、照相材料工业，甚至开拓新的应用领域，国际市场上需求猛增。

现在的农业、食品和制药工业中的琥珀酸多是采用微生物发酵法制得，即利用细菌或其他微生物，以淀粉、糖或其他微生物可以利用的物质为原料生产琥珀酸。发酵法生产琥珀酸有诸多优点。

首先，原料成本低廉。传统的化学合成需要以高价格的石油作为原料，而发酵法可以利用资源丰富且价格低廉的生物质，成本比传统的化学法成倍降低。

其次，发酵过程绿色环保。化学合成法属于高能耗高污染的过程，而发酵法以可再生糖源为主要原料，反应条件温和，并且在一定程度上缓解了环境压力。其原因在于在发酵过程中，能够固定大量的二氧化碳，减少了温室气体的排放。

第三，节约大量的能源。根据美国能源部的信息，琥珀酸此项产品每年能够节约 1.034×10^6J 能量。这将充分利用农林废弃物，变废为宝，合理利用资源，大大缓解现今社会的能源短缺问题，减少煤等不可再生化石资源的消耗，有利于人类社会的可持续发展。

8.8.6 生物质生产甲醇、合成氨

开发新型生物质高温气化工艺是技术始终追求的目标，是世界各国在这一领域迫切需要解决的课题，并将成为碳化工艺新的分支。在学者们的共同努力下，出现了国际上称之为BSF技术的新方法，BSF技术是通过气化技术生成合成气，然后通过F-T合成反应，制得醇类和燃料油的工艺技术。

把这一技术与生物质气化相结合，在煤气化技术的基础上实现生物质高温气化制取合成气技术，是我国科学家们根据我国特有的具体情况发展出来的伟大成果。该工艺采用固定床煤气发生炉，实现了生物质块状燃料的高温气化过程，使所有含碳生物质转化为甲醇合成氨的原料气，进而经净化、压缩后，在合成装置中生产甲醇、合成氨产品，合成装置中 CH_4 不参加反应。该技术的特点是，由于是高温气化，煤气中的焦油含量极低，碳的利用率提高，污染较小；不参加反应的 CH_4 放入吹风气锅炉与吹风阶段的空气煤气一起燃烧来产生水蒸气，使煤气炉的蒸汽气化剂自给有足。

把生物质固化成型，气化后转化为农作物及机动机车的粮食，使之造福人

类，符合科学发展观的宗旨。利用草木生物原料加工成氨，取之于农再利用于农，这本身就是一个经济循环。生物质原料生产甲醇、合成氨是变废为宝，保护环境的重大举措。

8.8.7 生物质生产醋酸

醋酸的主要生产工艺有 BP Cativa 工艺和塞拉尼斯 AO Plus 工艺。BP 公司是世界最大的醋酸供应商，世界生产的醋酸 70%采用 BP 技术。BP 公司 1996 年推出 Cativa 技术专利，Cativa 工艺采用基于铱的新催化剂体系，并使用多种新的助剂，如铼、钌、锇等，铱催化剂体系活性高于铑催化剂，副产物少，并可在水浓度小于5%的情况下操作，可大大改进传统的甲醇羰基化过程，削减生产费用高达 30%，节减扩建费用 50%。此外，因水浓度降低，CO 利用效率提高，蒸汽消耗减少。AO Plus 工艺通过加入高浓度无机碘（主要是碘化锂）以提高铑催化剂的稳定性。加入碘化锂和碘甲烷后，反应器中水浓度降低至 4%~5%，但羰基化反应速率仍保持很高水平，从而极大地降低了装置的分离费用。催化剂组成的改变使反应器在低水浓度（4%~5%）下运行，提高了羰基化反应产率和分离提纯能力。

美国生物加工公司 ZeaChem 于 2010 年 2 月 4 日宣布，已成功试验了从可再生生物质制取醋酸的发酵工艺过程，并使其规模从实验室 0.5L 放大到 5000L。试验结果已成功地验证了发酵过程，在小于 100h 内，可得到大于 50g 醋酸/L，超越了 ZeaChem 公司该工艺开发阶段的目标浓度水平。这些结果也已被重复并取得验证。醋酸生产是 ZeaChem 公司计划从纤维素生物质制取燃料和化学品的第一个工艺步骤。该发酵过程基于使用废水处理过程中常用的细菌类型醋酸菌。与酵母不同，这类醋酸菌在发酵过程中不产生二氧化碳。

ZeaChem 公司表示，现已有足够证据表明，基于混合糖类，可使公司取得的成果放大到工业生产水平。ZeaChem 公司的工艺使用自然产生的醋酸菌细菌和现有的工艺过程，超越了商业上用于发酵的切实可行的阈值。ZeaChem 公司正在从其这一里程碑出发，继续加快部署纤维素生物炼油厂技术。

8.8.8 纤维素生物质制取芳烃

生物质包括植物、农作物、林产物、海产物、农林废弃物、城市废弃物（报纸、天然纤维等），直接或间接来源于太阳能和植物的光合作用。相对于石化资源而言，生物质储量更加丰富，而且可再生。生物质通过合理转化以生产多种有机化学品和燃料，利用生物质制芳烃技术的开发和应用，不仅可以减少芳烃生产对石化与燃料的依赖性，也是缓解全球石油资源稀缺的替代工艺。

目前利用生物质生产芳烃几种路线有较好的代表性工艺，如：Virent 公司开发的生物基氢解糖类经过催化转化制 PX（Bio-Forming）工艺、Anellotech 公司开发的生物质热解制芳烃（Bio-Aromatics）工艺以及 Gevo 公司开发的生物质异丁醇制芳烃工艺。

美国马萨诸塞州立大学对生物质木质素催化裂解制芳烃工艺进行了深入研究，并开发了 Biomass to Aromatic 工艺。为防止水和氧气对反应温度控制产生不良影响，工艺过程采用无氧无水条件，反应物流以工艺产生的 H_2或 CO/CO_2气体作为载体。其工艺首先将固态生物质原料（如木材废料、玉米秸秆、甘蔗渣等）干燥后研磨至粉末，然后与粉状 ZSM-5 催化剂混合送入高温循环流化床反应器中，以气体涡流的形式充分混合并加热；在 600℃，0.1~0.4 MPa 的条件下，原料粉末经过催化剂孔道时迅速转化为芳烃，并在催化剂表面产生积炭使其失活；失活催化剂和反应产物一并移至网状分离器，反应物经冷凝、提纯可获得 BTX 产品，催化剂则送入再生系统恢复活性后返回反应器循环利用。再生系统内部催化剂烧焦所产生的热量可用于工艺供热和供能。显然，Biomass to Aromatic 工艺是一种高效的生物质转化工艺，所有化学反应在一个流化床中完成，有效提高芳烃选择性和产率，具备良好的工艺可行性。

8.8.9 生物质制氢

以氢气作为能源正日益受到人们的重视，氢本身是可再生的，燃烧时只生成水，不产生任何污染物，甚至也不产生 CO_2，实现真正的“零排放”。生物质制氢是利用微生物的生理代谢作用分解有机物从而产生氢气的技术，其优点在于产氢稳定性好、产氢能力高，是一项新型的发展前景广阔的生物工程技术，也是一种符合可持续发展战略的环境友好型制氢新方法。

生物质制氢是研究的热点，有两种方法：方法一是生物质微生物制氢法，包括光合生物产氢、发酵细菌产氢、光合生物与发酵细菌的混合培养产氢，例如厌氧发酵制氢的原理：生物质含有大量的葡萄糖、纤维素等碳水化合物，这等高分子化合物在常温、常压和接近中性的温和条件下在厌氧细菌的作用下可降解为葡萄糖等单糖。然后通过单一细菌或混合细菌发酵制取氢气；方法二是生物质气化法，即通过热化学转化方式将处理过的生物质转化为燃气或合成气。生物质气化制氢适用于含水率低于 35%的生物质，是指生物质在高温（800~900℃）下通过气化剂的作用部分氧化转化成含一氧化碳和氢气等易燃气体混合物的过程。该方法其目标是将生物质原料部分氧化转化成气体燃料，产生的低热值气体可以直接作为涡轮和发动机的气体燃料；生物质热裂解制氢是使生物质分解为可燃气体和烃类的一种制氢方法，首先对生物质进行间接加热使其裂解，裂解后的产物进行二次反应，以便获得更多的氢气，最后分离反应结束后得到混合气体，进而得到生物质氢气。

总之，随着化石能源的不断减少以及环境污染压力的不断增大，人们对环境保护及可持续发展的日益关注，致力于生物质的开发利用，变得越来越紧迫。

9 生物质热转化材料技术

9.1 生物质材料及发展趋势

生物质材料（biomass）是指由动物、植物及微生物等生命体衍生得到的材料，主要由有机高分子物质组成，在元素组成上主要包含碳、氢和氧三种元素。由于是由动物、植物和微生物等生命体的衍生物得到，未经修饰的生物质材料容易被自然界微生物降解为水、二氧化碳和其他小分子，其产物将再次加入自然界循环，因此生物质材料具备可再生和可生物降解的重要特征。

生物质材料有以下几点特征：

（1）生物质材料的种类多、分布广、储量丰富。

（2）生物质材料以碳、氢、氧三种元素为主并可能含有氮、硫、钠等元素，因此归属有机高分子。

（3）生物质材料具有较好的可生物降解性，绝大部分生物质材料在自然环境中很快被微生物完全降解为水、二氧化碳和其他小分子。

（4）生物质资源具有资源丰富、可再生的特点，通过自然界碳循环可以实现永续利用，是未来制成人类可持续发展材料的重要来源。

目前，生物质材料已逐渐得到广泛应用。像合成高分子材料一样，生物质材料可以制成塑料、工程塑料、纤维、涂料、胶黏剂、絮凝剂、功能材料、复合材料等，应用在生产生活的各个领域。生物质材料的研究和开发途径主要包括以下四条：

（1）将自然界的生物质直接利用制成材料。

（2）为了提高生物质材料的性能，通常对生物质原料进行化学改性，主要包括衍生化、接枝和交联等。

（3）复合和共混是提高材料综合性能和降低成本最经济、简便的方法，特别是将两种以上生物质原料通过复合或者共混可制备具有更好品质的新材料。

（4）将生物质资源转化为小分子化工材料，建立生物质材料的原料平台。

生物质材料的发展方向具有一致性，即提高材料的使用性并实现高性能化。但是，由于生物质资源具有来源的多样性和结构的不均一性，导致某些生物质资源难于溶解、熔融，或具备较高的亲水性，这将引发对其特性的研究，同时也增加了开发的困难程度。因此，在原料部分生物质材料的发展，主要通过生物化工技术如可控降解以及分子结构裁切等得到分子量及其分布在一定程度可控、结构相对均一的高分子原料。对于小分子化工原料，则需要着眼研究提高产率和纯度。并且，发展某些生物质高分子溶液纺丝绿色工艺的关键是开发低污染甚至无污染的溶剂体系。以纤维素为例，目前已经开发出离子液体以及氢氧化钠/尿素（或硫脲）新溶剂体系，并且开发了可以制备出满意性能纤维的绿色工艺。利用生物质资源制备的小分子化工原料开发而成的生物质材料，在使用性能方面具有优势，特别是具有较好的加工成型性能和疏水性能。但是，成本问题是制约这类材料应用的主要问题，这需要在小分子化工原料的制备工艺和聚合工艺方面取得突破。

对于直接以生物质分子作为原料开发的材料，制约淀粉和蛋白质塑料广泛应用的瓶颈问题是需要解决加工成型和亲水性的问题。目前，化学改性和物理共混是最有效的手段，纳米复合技术被认为是最有价值的方法。但是，要获得成本适中、具有实际应用价值的产品，还需要更为深入的研究。此外，来源于生物质资源的纳米刚性结晶体具有和无机纳米填料同样的增强功能，被认为是一种环境友好的生物可降解纳米填料。关于利用这些生物质纳米粒开发高性能复合材料和功能材料的研究日趋活跃，可望产生出一系列具有应用价值的利于可持续发展的产品。最近，仿生材料的研究和开发成为高分子材料研究的活跃领域。仿生材料具有自然界能产生特殊性能的某些结构特点，如何可控的构筑这些结构成为研究的关键。因此，对于组成生物质资源的各种高分子原料，如何有序的将其结合在一起，从而实现特殊的结构和性质，将成为一个新兴的研究方向。

9.2 生物质炭吸附材料

9.2.1 木质活性炭材料

木质活性炭是以优质的薪材、木屑、桃核、椰壳等为原材料，按照木质活性炭的国家标准（GB/T13803.2—1999），采用当今比较流行的工艺：比如磷酸法、氯化锌法进行加工生产而成。因为这几种工艺使木质活性炭的中孔结构和比表面积更发达，使其吸附容量大，过滤速度快。高强度低灰分，孔径分布合理；着火点高。

由于这些特点所以广泛应用于：

（1）气相吸附。

（2）有机溶剂的回收（苯系气体甲苯，二甲苯，醋酸纤维行业中丙酮的回收，粘胶短纤维生产中 CS_2 的回收等）。

（3）杂质的回收。由于高吸附性和脱附性，从而大大提高溶剂的回收率，有害气体的祛除，谷氨酸及盐、乳酸及盐、柠檬酸及盐、葡萄酒、调味品、动植物蛋白、生化制品、医药中间体、维生素、抗生素等产品的脱色、精制、除臭、去污水、去杂质等。

9.2.2 竹制活性炭材料

竹制活性炭在元素组成上主要是碳、氢、氧，具有疏松多孔的六角形结构，其分子细密多孔，质地坚硬。其矿物质是普通木质活性炭的5倍；表面积是木质活性炭的2~3倍，吸附能力是木炭的10倍以上。基于类似于洋葱状富勒烯碳的微观结构及舒展的碳纳米管结构，因而竹制木质活性炭具有一般木质活性炭不具有的特殊功能，例如与人体接触能去湿吸汗，促进人体血液循环和新陈代谢，缓解疲劳。

竹制活性炭的生产工艺流程大体包括合理进行原料选择、主工艺、后续加工及产后配套等。其主体工艺多采用热解工艺，一般要经过干燥、预炭化、炭化、煅烧等4个阶段。要制备合乎规格的竹炭，每个阶段的控制温度尤为重要：预干燥阶段为60~100℃，干燥阶段为100~150℃，预炭化阶段为150~270℃，炭化阶段为270~450℃，煅烧阶段为450~1000℃。在后续加工过程中再根据不同需求采取相应的关键加工技术制成筒炭、片炭、片粉末状炭等。

9.2.3 生物炭肥料

生物炭是生物质原料（如木材、草、玉米秆或其他农作物废物）在裂解炉限氧或绝氧环境下燃烧发生裂解反应后产生的一类难熔的、稳定的、高度芳香化的、富含碳素的固态物质。

生物炭几乎是纯碳，从分子组成上来看主要是由碳、氢、氧、氮组成的大量的高分子、高密度的碳水化合物和多种矿物营养物质，此外还含有一定量的灰分，灰分含量与生产生物炭的原料来源和种类有直接关系。生物炭不是一般的木炭，是一种碳含量极其丰富的木炭，其富含微孔，容重小，比表面积大，吸附能力强，多带负电荷，可以形成相对稳定的电磁场；生物炭还具有高度的芳香化、物理的热稳定性和生物化学抗分解性等特性。

物质结构决定物质性质，物质性质又决定物质的用途，生物炭的这些特点使其用途变得极为广泛。其中生物质炭作为肥料在农业上的应用可以弥补木炭的不足，极大地发挥效用。其多孔结构利于通气透水；容重小，表面积大，吸水、吸气能力强，则有利于保水保肥；多种矿物营养物质，可提供作物生长必需的营养元素；生物炭施入土壤后也可以利用自身超强的吸附性将土壤中作物生长所需要的营养元素吸附在它周围；同时生物炭作为吸附剂本身具有调节稳定性，它通过调整土壤的pH值和水、肥、气、热状况，促进作物健康生长，改善微生物生存环境，为微生物的生长繁殖提供了有利的条件。生物炭的副产品——木醋液，呈弱酸性，富含有机质，具有超强的渗透性，将其与叶面肥或农药混合使用可提高两者的利用率，通过减少农药肥料使用量，也降低了化肥和农药的残留，提高农产品的品质。生物炭与木醋液的这些功能和特点，决定了它在农业上具有广阔的应用前景。

9.3 生物质热转化可降解材料

9.3.1 壳聚糖可降解生物质材料

壳聚糖（chitosan，CS）是由大部分氨基葡萄糖和少量N-乙酰氨基葡萄糖通过β-1,4-糖苷键连接起来的直链多糖，通常是从虾、蟹、昆虫的外壳或真菌细胞壁中提取甲壳素（chitin）在100~180℃，40%~60%的氢氧化钠溶液中非均相脱去乙酰基所得到的，化学名称为（1，4）-2-乙酰氨基-2-脱氧-β-D-葡聚糖，其结构如图9-1所示。

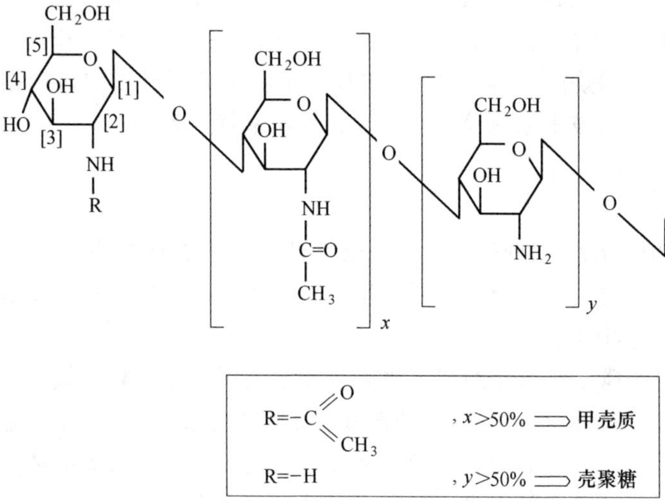

R=—C(=O)CH₃ , x>50% ⟹ 甲壳质

R=—H , y>50% ⟹ 壳聚糖

图9-1 甲壳质和壳聚糖的结构

壳聚糖溶于酸性溶解液呈黏稠液体，具有一定黏度，但不稳定长链的部分会发生水解。这是多糖的一种属性，称之为降解性。壳聚糖这种天然高分子，经降解，当脱乙酰度达到50%左右，可以变成水溶性壳聚糖，进行完全生物降解。目前，国内外学者提出的降解方法主要有化学降解、物理降解和生物降解三大类。

壳聚糖具有许多优良的功能性质和潜在的应用价值，其中成膜性非常引人关注，其分子之间的交联形成了空间网络结构，易成膜，这种膜拉伸强度大、韧性好、耐碱和耐有机溶剂。因此壳聚糖作为一种优良膜材料，在食品、医药、纺织、化工、造纸等工业领域可得到广泛的应用。目前壳聚糖因制成各种各样的膜，如食品保鲜膜、生物可降解膜和可食用膜等，越来越受到人们的重视。

9.3.2 淀粉类可降解生物质材料

淀粉由葡萄糖分子聚合而成，分子式为（$C_6H_{10}O_5$）$_n$，其内部含有小颗粒结晶结构，是一种六元环状可再生的天然高分子，并广泛分布于自然界中。对于不同种类的淀粉，因来源和结构可能会不同，其形状、颗粒大小及水溶性也有显著的差别，但其直径分布大体在5~40μm范围内，干淀粉的密度在1.514~1.520g/cm^3之间；天然淀粉分子内存在大量的氧键和羟基，致使其基本不溶于水和各种溶剂，同时具有亲水但并不溶于冷水的特性，也决定了其水溶液在加热到一定温度时会发生糊化反应，在缓慢冷却过程中凝胶化，在温度达到300℃以上时发生部分分解。

淀粉是绿色植物光合作用的最终产物，是生物合成的最丰富的可再生资源，具有品种多、价格低廉等特点，由于淀粉易受微生物侵蚀，具有优良的生物降解性能，因此，开发淀粉类可降解塑料不仅为更好地利用丰富的天然资源开辟了一条新的途径，而且还可以解决“白色污染”，为现有的生活环境和未来可持续再生产提供良好的“沃土”，同时在一定程度上缓解了石化能源紧缺的危机。

利用淀粉作为制备生物降解性塑料的原料，其主要优势在于以下几点：

（1）淀粉能够在各种复杂环境中进行完全生物降解，比如在塑料中充当填充物的淀粉分子经降解或被分解后，生成二氧化碳气体和水，不会产生固液气任何形态的污染。

（2）基于天然淀粉具有糊化性能，同时热稳定性和溶解性较差，通过改性（即打破并改变淀粉分子的结构使其无序排列）生成热塑性淀粉，从而制备热塑性淀粉塑料，将为生产可降解塑料提供一种新的生物途径。同时热塑性淀粉塑料可以使用传统的塑料加工设备，因此全淀粉热塑性塑料将会是今后发展的重点。

（3）淀粉是一种来源广泛、价格便宜的可再生绿色资源，这决定了它将成为最为经济的生物降解材料。由于淀粉可以从玉米、马铃薯、小麦、谷物中获取，因此合理开发淀粉基降解塑料，还可以增加淀粉的使用价值，促进农村经济发展；填充淀粉塑料（含淀粉量7%~30%）自20世纪80年代盛行，其每年的产量发展能达到几亿千克，但是这种填充淀粉塑料并不能完全降解，加上填充型淀粉塑料比传统塑料生产成本高，不具备回收价值，因此国外已将它定为淘汰型。

9.4 生物质热融纤维材料

热黏性粉末用于热黏合纺材制作以来，热黏合聚合物在纺织工业中的应用已有近30年的历史。自80年代起，热黏合纤维（尤其是短纤）的产量在不断增长，其中大多数是用于热黏合法生产非织造布。将混入一定数量热黏合纤维的纤维网加热，使热黏合纤维熔化，同时施以适当压力，得到强力大且质地柔软的非织造布。其中纤维的特性对非织造布性能有着至关重要的影响。近年来，优质聚合物不断被开发，纺丝技术的不断提高，促进了热黏合纤维的应用越来越广泛。

热黏合纤维包括易黏纤维、热熔黏合纤维、双组分纤维三种，见表 9-1。

表 9-1 黏合纤维种类

种 类	组成结构	举例	生产公司（产品）	成 本	最终产品评价
易粘纤维	均聚物	无定型聚酯	Hoochst (Trevira-kB)	低	非常僵硬，强度低，黏合比例高
热熔黏合纤维	均聚物	聚丙烯	Rocmy (Typat)	低	较硬，强度一般，绝缘性好，黏合比例高
	共聚物	共聚酰胺	EMS (Grilonk-140)	高	柔软，有弹性，强度高，稳定性好，黏合纤维比例低
		共硫酯	Eastman (Kodel410)	中	
双组分纤维	皮/芯型	聚酰胺 66/6	ICI	高	柔软，蓬松程度高，稳定性好，黏合纤维比例高
		聚酯/共聚酰胺	BASF		
	并列型	聚酯/聚乙烯	DuPont	高	
		聚丙烯/聚乙烯	ES		

近年来，熔喷法、纺黏法、水力缠结法等非织造织物的制造工艺备受关注。但改进传统制造技术，同样可得到性能较好的非织造织物。

非织造织物的主要生产方式是采用热力和压力熔融化学黏合剂或树脂黏合纤维输网。也曾出现过用纤维作为热熔介质方法，其中可追溯到 40 年代的 Kendall 和 Vinyon 等专利。由于刚度和最终产品要求等其他限制，这种工艺未能广泛应用于有潜力的众多产品中。命名为热熔纤维的新纤维，弥补了这种缺陷，并将成为生产有专用性能的膨体织物的主要手段。

这种产品采用低于基体纤维熔点温度熔化的制造工艺，使纤维得到附加的可熔融特性。从而使产品满足需求，并降低加工和能量消耗。该工艺所生产的非织造织物可用于加工尿布（或其他）包覆层、揩布、手术/医用产品、过滤层和高弹材料。

严格地说，任何热塑性纤维，如尼龙、烯烃和聚酯纤维都能被熔融，关键问题在于它们究竟是自熔还是与基体纤维相熔，并能提供均匀的非织造织物纤维网。这就使得对热熔纤维同热黏合纤维的分类，在定义上有分歧。例如，从某种定义上来说，使用聚丙烯所生产的尿布包覆层时，可认为是一种热熔纤维；而对另一种说法是，热熔纤维仅仅包括与其他纤维混合的这些产品，即相当于为基体特别设计的黏合剂。

热熔纤维同其他基体纤维，例如聚酯、聚丙烯、尼龙甚至最近才“加入”

的棉花等进行熔融，其产物常常具有基体纤维的性质。最终产品所要求的性能决定了混合比，其变化范围为15%~60%。

以天然高分子为原料通常难以直接采用简单的熔融纺丝工艺进行加工。例如采用湿法纺丝工艺以植物纤维素为原料制取黏胶纤维，其生产流程长、能源消耗大，而且污染环境。因此，自上世纪60年代以来，以再生纤维素纤维为代表的再生纤维成为研究热点。如采用新型溶剂（NMMO）得到的Lyocell纤维，因其具有较高的干强、湿强和湿模量，优良的尺寸稳定性，被誉为“21世纪的绿色纤维”。我国也进行了Lyocell纤维的研究，但尚处于千吨级生产线的阶段。此外，将离子液体等溶剂作为纤维素的直接溶剂也具有非常广泛的应用前景。

将纤维素改性后所得到的纤维素衍生物在一定条件下通过生物质原料的改性制备热塑性高分子，然后进行熔融纺丝，可提高纺丝效率，省去溶剂使用和回收利用的步骤，缩短流程，同时最大程度地降低环境负荷。因此，再生纤维素熔融纺丝法是最具长远竞争力的技术创新加工方法。该方法在日本已有报道。

此外，我国在新型纤维素溶剂研究中，取得了一些令人瞩目的成果，例如武汉大学的低温碱/尿素（硫脲）体系、中科院和东华大学等的离子液体体系在国际研究中均享有盛誉。

9.5 生物质热融复合塑料

塑料因其质轻、强度高、耐水、透明、易加工、价格低，从而和钢铁、木材、水泥并列成为四大支柱材料，也是人类现代社会的伟大发明之一。此外，由于目前全球森林资源锐减，各国环护意识不断高涨，要求一方面限伐、禁伐森林，尽量减少木材的采伐量，推进寻找木材的替代品；另一方面对于木材的利用提出了更高的要求。在木材的传统使用中属于“废料”占有25%~35%，如何合理利用边角料，提高木材工业利用效率备受人们的关注。

据调查，我国农业纤维的年产量在几千万吨以上，生物质纤维100万吨以上，其他天然纤维500~1000万吨。随着我国农村生产、生活水平的日益提高，过去被用作农村燃料的农业植物纤维已逐渐被液化气、煤气等清洁燃料所代替，除少量农业植物纤维被用于生产饲料及经济作物外，大量的农业植物纤维，尤其是稻糠、秸秆、果壳等难于自然腐变的材料，被焚烧处理，这不仅浪费了自然资源，更严重损害了农村及其周边城市的环境。合理利用这些经济便捷的资源，制备生物质纤维塑料无机添加剂复合材料是我国可持续经济发展重要的一部分，也是新型材料发展的必然趋势。

以自然界动、植物生长过程中形成的天然高分子物质为原料制成的新材料即为生物质材料。目前国内外出现的生物质塑料可划分为两类，即：（1）填充型生物质塑料。在这类材料中天然高分子仅用作填充料，因其高分子链未能塑化，其潜在的力学性能并没有表现出来；（2）热塑型生物质塑料，如热塑淀粉材料、热塑纤维素（秸秆）材料等。这类材料的高分子链充分塑化，发挥出了生物质高分子链潜在的力学性能。另有一类材料是通过采用特殊试剂将纤维素制成溶液，然后将其挤出成丝或流延成膜（或片材），最后将其中的溶剂洗出而成材。这类纤维素溶液的浓度仅有 12%以下，虽然也可以制备材料，但工艺成本较高，并非是制备塑料的未来之路。

以生物质资源（如淀粉、秸秆、棉短绒、竹粉等）为原料直接制备生物质塑料，大致存在下述 4 个方面的关键性技术问题：（1）如何有效破坏生物物质的各级结构，分离出生物质高分子。（2）如何通过减弱或抵消天然高分子间氢键的相互作用，降低高分子热运动的活化能。目前常采取的方法是：溶剂法、增塑剂法、对含氢键官能团进行化学改性等方法。（3）含氢键高分子分子间作用力强，其熔体受剪切力后高分子在彼此拖拽下"集体"运动，而难以对"单束"高分子进行梳理，因此它的熔体表现出"剪切变黏"现象。对这类聚合物进行熔融加工，还需要研究含氢键聚合物（或其增塑体系）熔体的流变特点、对此类熔体加工的施力方式及所采取的设备。（4）生物质高分子加工过程中控制并避免天然高分子链形成"最稳态的螺旋弹簧"构象结构。否则天然高分子将形成凝胶，构象变化将不再有可逆性，因而难以再进行热塑和再加工。

20 世纪 70 年代末以来，研究者们开始探索将生物质材料转化为热塑性材料。在传统的生物质材料加工条件下，生物质材料既不能熔融和流动也不能溶解于普通溶剂。然而，生物质材料并非没有任何塑性，作为天然有机高分子材料的复合体，与高分子材料类似，它实际上是一类黏弹性材料。如果采取有利于表现材料黏性的加工方式和环境条件进行加工，突出该类材料的热塑性，就可能为其热塑性加工创造条件。

Funakoshi 等（1979）和 Shiraishi 等（1979a，1979b）报道了木材化学改性转化为热塑性材料的办法，通过酯化和醚化作用将木材转变为热熔性材料，开辟了木材科学研究新领域。这一研究引起了当时研究者的广泛关注。

例如，Matsuda 等（1988a，1988b）采用二元羧酸酐酯化木材，然后与环氧树脂进行酯化齐聚得到热塑性木材。Hon 等（1989a，1989b，1992）分别对木粉进行苄基化、氰乙基化和酯化改性，均得到热塑性材料。Rowell 等（1992，1994）的研究只对木纤维或农作物纤维的基质木质素和半纤维素进行塑化改性，而保持起到增强作用的纤维素的完整性。余权英等（1994a，1994b，1998）研究了杉木的酯化、氰乙基化和苄基化改性，发现常规方法不能塑化木材，在酰化过程中采用三氟乙酸处理木材可得到较好的热塑性。Hassan 等（2000，2001）在非溶剂条件下利用琥珀酸酐将甘蔗渣转化为热塑性材料。Timar 等（2000a，2000b）先用马来酸酐进行单酯化生成游离羧基，再与甲基丙烯酸环氧丙酯和马来酸酐交替发生齐聚酯化反应，得到的齐聚酯化木粉在80℃即开始软化，经热压成型制得了高强度板材，实现了杨木锯末的塑化改性。Lu等（2002，2003a，2003b）较系统的研究了剑麻纤维的苄基化改性及其热成型。Ohkoshi等（1990，1991，1992）研究了木材的烯丙基化，发现木材的热塑性随烯丙基化程度增大而提高。

Shiraishi（2000）总结前人的研究结果指出，木材的热塑性取决于纤维素，而纤维素的熟塑性又决定于其结晶度，木质素和半纤维的热行为受到它们与纤维素分子间次价键结合的约束。纤维素分子键间由氢键形成结构规整坚固的结晶结构，要使纤维素熔融，必须使结晶结构熔融。而纤维素晶体的熔点高于其降解温度，在这种结晶结构熔融之前纤维素已开始热分解。例如木炭横断面上留有年轮痕迹，这就表明在炭化温度下木材也未产生流动（Nishimiya，1998）。因此可以得出这样的结论，纤维素是一种热塑性极低的高分子化合物。此外，存在于细胞壁中的木质素被认为是一种立体的海绵状聚合体，木质素与碳水化合物之间形成强烈的化学键（LCCs），纤维素以原纤束的形式交织贯穿在木质素的聚集结构中，同时半纤维素填充在纤维素和木质素之间。因此，在木材细胞壁中的三种主要成分——纤维素、半纤维素和木素形成了坚固的互相交叉贯穿的聚合物网状结构（Interpenetrating polymer network. WN）(Shiraishi，2000)，只有拆开这一结构，才能将木材变成像塑料一样的可熔融的材料。

通过木质材料主要组分发生化学反应能够实现木材的热塑性改性，但是不足之处在于这类改性方法破坏了材料的基本化学结构，既丧失了原有的优良性能又造成加工成本高昂，这对于以产品物美价廉且环境友好为特征的木材产业而言是很难被接受的。因此对生物质材料的任何新的产业化加工方式，必须充分利用生物质材料的固有性质特点，保持乃至突出其优良特性以及经济有效。生物质材料的塑性加工，就是在基本保持生物质材料优良性能的前提下，通过综合运用机械、物理、化学、生物等方法以相对较低的成本和较高的生产效率赋予生物质材料以更高的塑性，使其在塑性较突出的条件下，以类似于加工热塑性塑料的方式成型加工，制备高性能产品，获得近乎定量的原料利用率，从而实现生物质材料资源的高效利用。

进行生物质材料的热塑性加工需要解决的关键问题有：(1)破坏纤维素的结晶结构以赋予其塑性，建立无定形结构或者成型后建立新的结晶结构；(2)适度破坏木质素的交联结构或增加链端的柔性，大幅度提高其塑性；(3)弄清楚半纤维素对于生物质材料刚性的作用，以及三种主要高分子物质的相互作用对于材料热塑性的意义，基于此建立生物质材料的塑性调控方法；(4)生物质材料塑性加工设备效率提高，以及如何在加工过程中降低乃至避免因高温、剪切等作用所造成的大分子降解。

生物质材料的塑性加工是学术界的研究方向，更是产业界几十年来的梦想，其实现将极大地推动着林产工业的发展甚至是革命。然而，作为一项具有原始的，带有创新特征的研究且因其基本科学问题尚未揭示清楚，生物质材料的塑性加工技术及其产业化应用还需要经过长期艰苦的科学研究和技术发展才能从根本上解决问题。不过，其中取得的阶段性研究成果相信对于其研究发展具有极大的鼓舞作用和良好的应用价值。由于这项研究的基础性及与其他高新技术的密切相关性，研究者们将会集中在大幅度提高木塑复合材料中生物质材料的用量、木材弯曲技术中提高弯曲效率和定型质量、人造板生产中降低热压应力和吸湿膨胀以及竹材成型技术等方面作出进一步的探究。

木塑复合材料是一类以生物质材料和废旧塑料为主要原料的新型生态环境材料。目前，国际学术界和产业界共同关注的热点和难点问题是，如何改善纤维与塑料的界面相容性和熔体的流变性能，从而以尽可能高的生物质材料添加量获得高性能的木塑复合材料产品。针对这个方面，笔者认为可以着眼于改善生物质材料的热塑性或热软化性能，不仅有望实现大幅提高生物质材料的添加量和改善产品的木质感等重要性能，而且能够改善其界面相容性和成型性能，提高木塑复合材料的成型加工效率、降低生产成本，从而使木塑复合材料发展成为大规模利用生物质材料的一条重要途径。

9.6　生物质材料的应用与发展

根据生物质材料的来源，生物质材料亦有广义和狭义之分。广义的生物质材料是以木本、草本、藤本植物及其加工剩余物和废弃物为原料，通过物理、化学和生物学等技术手段，或与其他材料复合，加工制造而成的，包含实木、竹材、藤材以及木质人造板等。

狭义的生物质材料如生物质重组材料、生物质复合材料、生物质胶黏剂、生物质基塑料以及利用生物质加工而成的油墨、染料、颜料和油漆等，是以灌木、草本植物以及林业剩余物、废弃木材、农作物秸秆等组分为原材料，通过物理、化学和生物学等技术手段，或与其他材料复合加工而成的。我国目前发展态势良好的生物质材料主要有：木塑复合材、生物质基塑料、麦秸板、稻草板、生物质基胶黏剂和生物质基陶瓷等。

生物质材料按照其来源可分为：

（1）乔木基生物质材料：实木和木质人造板等；

（2）灌木基生物质材料：灌木人造板、灌木基复合材料和传统的柳编制品等；

（3）竹藤基生物质材料：竹材、藤材、竹藤基复合材料等；

（4）秸秆与草本基生物质材料：麦秸刨花板、麦秸纤维板、稻草中密度纤维板、草/木复合中密度纤维板、软质秸秆板、轻质秸秆复合墙体材料、秸秆塑料复合材、甘蔗渣纤维板等非木质人造板，以及椰棕纤维及其材料与制品等。

按照生物质材料的组成和生产特点可分为：

（1）合成生物质材料，即以化学或生物化学方法将生物质加工成可降解的高分子材料、功能高分子材料、生物质胶粘剂、精细化学品以及新型碳吸附材料等，如灌木刨花板、灌木纤维板、秸秆刨花板、定向麦秸板、蛋白类胶粘剂、淀粉类胶粘剂、木质素胶粘剂、生物质高分子防腐剂、聚乳酸和生物乙烯等。

（2）生物质基复合材料，即生物质与生物质、生物质与废旧塑料等合成高分子材料、生物质与水泥和石膏等无机物质制造的复合材料，如木塑复合材料和木基陶瓷复合材料等。

9.6.1 灌木人造板

灌木林主要分布在我国北方和西部省区，面积已达 2.92 亿亩。灌木人造板是指利用灌木（柠条、沙柳、沙棘等）原料生产而成的人造板，主要产品为灌木纤维板、中纤板和刨花板等。

灌木人造板产业已成为宁夏、内蒙古等地区沙产业的重要产业之一。如宁夏青铜峡市建成年产 10 万立方米的沙柳/ 紫穗槐/ 杨木高密度纤维板生产线，并在银川投资建设年产 25 万立方米沙生灌木高密度纤维板项目，于 2011 年 10 月投产；2006 年内蒙古已建立了 20 多家沙生灌木人造板企业，年产人造板 25 万吨。仅在鄂尔多斯市，以沙柳为原料的人造板企业近 10 家，年加工能力达 17 万立方米。

9.6.2 木基或生物质基塑料复合材料

木塑复合材料（ Wood plastic composite，WPC），又称生物质基塑料复合材料，是以木材或竹材的纤维和粉末、苎麻、花生壳、稻壳、农作物秸秆、废弃塑料为主要原料，经特殊工艺处理后，加工而成的复合材料。可分为结构型木塑复合材料和轻质装饰型木塑复合材料两大类。

目前其应用已涵盖了原木、塑料、塑钢、铝合金及其他类似复合材料的使用领域。在我国部分地区，门窗、保温材料、室外家具、步道、园林建筑和高楼安装的遮光板等也采用了这种材料。

我国木塑复合材料制造水平与欧美发达国家基本处于同一产业平台，已成为世界第二大木塑复合材料生产国。据不完全统计，截至 2009 年底，全国直接从事 WPC 研发、生产的企事业单位 200 多家，从业人员 10 余万人，年产量达 20 万吨，年产值超过 30 亿元，市场年增长率为 30%，预计到 2015 年，WPC 产量将达到250万吨。日前已成功应用于北京奥运场馆和上海世博会等国家重点工程。

9.6.3 农作物秸秆复合材料

农作物秸秆复合材料主要包括麦秸刨花板、麦秸定向刨花板、稻草中密度纤维板、麦秸纤维板及草/木复合中密度纤维板、软质秸秆板复合墙体材料、秸秆塑料复合材料等，并广泛应用于家具制造、建筑装修和包装等领域。

目前，世界秸秆复合材料的产量240万立方米/年，其中美国约150万立方米/年，加拿大约50万立方米/年，主要为麦秸刨花板。我国秸秆板产量约40万立方米/年，居于世界前列，其生产主要分布在湖北、江苏、黑龙江，山东、四川、上海和安徽，包含稻草中密度纤维板、草/木复合中密度纤维板、秸秆塑料复合材料等。

德国的秸秆人造板设备制造水平处于领先地位。通过对国外先进技术的消化吸收以及自主技术创新，2009年，陕西建成世界第一条定向结构麦秸板（OSSB）生产线；南京林业大学和中国林科院木材工业研究所等进行了“稻/麦秸秆人造板制造技术与产业化”开发，并获2009年国家科技进步二等奖。我国稻草板产量也已建成年产1.5万立方米的秸秆板生产线6条，年产5万立方米的生产线4条，秸秆建筑材料生产线10余条，初步形成了农作物秸秆材料产业，当前正在进行年产8万立方米秸秆板生产线的技术攻关。

列入“十一五”国家科技支撑计划的秸秆人造板制造技术研究中，中国林科院木材工业研究所与江苏大盛板业有限公司合作，重点开发秸秆处理技术、秸秆纤维二次分离技术、生物质胶黏剂制备技术以及秸秆全生物量利用技术；并研制国产化秸秆建材制造设备及产品，建成一条年产3万立方米的秸秆生产线；同时，研究林业剩余物与回收塑料发泡复合成型、轻质中空绿色型材等成套技术和装备，制造发泡轻质建材产品，并建成年产1万立方米的发泡轻质建材示范厂。通过关键制造技术示范以及相关技术在建筑装饰、轻型板材、装饰角线、门套、整体门等方面的应用，推动高效利用农作物秸秆资源，部分替代石油基材料。

9.6.4 生物质胶黏剂与其他生物质材料

甲醛系树脂胶引起的污染问题受到社会的广泛关注，也为生物质胶黏剂的发展提供了契机。据中国胶黏剂工业协会统计，2008年、2009年我国胶黏剂的产量分别为583万吨和646万吨。其研发，主要集中在单宁、淀粉、木质素，以及大豆蛋白质、油茶饼粕、木材液化产物利用等方面。生物质胶黏剂的发展并不成熟，其性能与合成树脂相比，还有一定差距，关键技术（尤其在合成工艺、耐水、贮藏性能等方面）有待突破。同时，为了利于生物质胶黏剂的开发和推广利用，需要针对生物质胶黏剂的生产和应用制定新标准。此外，生物质基碳质吸附材料、功能生物质材料研究刚起步。

总之，目前我国灌木人造板、木基或生物质基塑料复合材料和农作物秸秆复合材料发展迅速，产业化进展良好；而生物质胶黏剂、生物质基碳质吸附新材料和功能生物质材料等，还处于研究阶段，产业化程度较低。

参 考 文 献

[1] [日] 国井大藏，[美] O. 列文斯比尔．流态化工程 [M]. 华东石油学院，上海化工设计院，等编译．北京：石油工业出版社，1977.

[2] 朱尚叙．粉磨工艺与设备 [M]. 武汉：武汉工业大学出版社，1993.

[3] 易维明，郭超，姚宝刚．生物质导热系数的测定方法 [J]. 农业工程学报，1996，12 (3)：38~41.

[4] 何娇，孔火良，高彦征．表面改性秸秆生物质环境材料对水中 PAHs 的吸附性能 [J]. 中国环境科学，2011，31 (1)：50~55.

[5] Glosky D, Glicksman L, Decker N. Thermal resistance at a surface in contact with fluidized bed particles [J]. International Journal of Heat and Mass Transfer , 1985, 27: 599~610.

[6] 姚宗路，等．木质类生物质粉碎机设计研究 [C] //2010 国际农业工程大会论文集，6: 109~113.

[7] Tabil L, Sokhansanj S. Process conditions affecting the physical quality of alfalfa pellets [J]. Appl. Eng. Agric. , 1996, 12 (3): 345~350.

[8] Colley Z, et al. Moisture effect on the physical characteristics of switchgrass pellets [J]. TASAE, 2006 (49): 1845~1851.

[9] Peleg M, Moreyra R. Effect of moisture on the stress relaxation pattern of compacted powders [J]. Powder Technology, 1979, 23 (2): 277~279.

[10] Mohammad Hosein Kianmehr. Effect of temperature, pressure and moisture content on durability of cattle manure pellet in open-end die method [J]. Journal of Agricultural Science, 2012, 4 (5): 203~208.

[11] Nalladurai Kaliyan, R Vance Morey. Factors affecting strength and durability of densified biomass products [J]. Biomass and Bioenergy, 2009, 33 (3): 337~359.

[12] Aivars Kakitis, Imants Nulle, Dainis Ancans. Mechanical properties of composite biomass briquettes [J]. Proceedings of the 8th International Scientific and Practical Conference, 2011 (1): 175~183.

[13] 邢宝林，等．生物质型煤机械强度的影响因素 [J]. 中国煤炭，2007，33 (7): 68~70.

[14] 李海军，戴益敏，张英．玉米秸秆粉碎特性试验研究 [J]. 节能，2007，4: 34~36.

[15] 李旭英．农业纤维物料压缩试验研究 [D]. 呼和浩特：内蒙古农业大学，1991.

[16] 杨云芳，刘志坤．毛竹材抗拉弹性模及抗拉强度 [J]. 浙江林学院学报，1996，13 (1): 21~27.

[17] 范林．揉碎玉米秸秆机械特性的试验研究 [D]. 呼和浩特：内蒙古农业大学，2008.

[18] 李在峰，等．生物质冷态压缩特性曲线分析 [J]. 可再生能源，2008，26 (4): 52~55.

[19] 高梦祥，等．玉米秸秆的力学特性测试研究 [J]. 农业机械学报，2003，34 (4): 47~52.

[20] 管宁．11 种针叶树木材密度与切削阻力关系的研究［J］．林业科学，1991，27（6）：630~638.

[21] 管宁．15 种阔叶树材中切削厚度、刀具前角和木材含水率对切削阻力的影响［J］．林业科学，1994，30（2）：134~139.

[22] 孙军．木质燃料燃烧前的预处理［J］．可再生能源，2004（6）：51~53.

[23] Jean Philippe. Orthogonal cutting mechanies of maple: Modeling a solid wood-cutting process [J]. Journal of Wood Science: The Japanese Wood Research Science, 2004, 50 (1): 28~34.

[24] 袁湘月．典型生物质材料削片合格率灰色模型与切削力研究［D］．北京：北京林业大学，2007.

[25] Sudhagar Mani, et al. Effects of compressive force, particle size and moisture content on mechanical properties of biomass pellets from grasses [J]. Biomass and Bioenergy, 2006 (30): 648~654.

[26] M V Gil, et al. Mechanical durability and combustion characteristics of pelletsfrom biomass blends [J]. Bioresource Technology, 2010 (101): 8859~8867.

[27] K Theerarattananoon, et al. Physical properties of pellets made from sorghum stalk, corn stover, wheat straw, and big bluestem [J]. Industrial Crops and Products, 2011 (33): 325~332.

[28] Sudhagar Mani, et al. Grinding performance and physical properties of wheat and barley straws, corn stover and switchgrass [J]. Biomass and Bioenergy, 2004, 27: 339~352.

[29] 郭祯祥，赵仁勇．玉米硬度测定方法研究［J］．粮食与饲料工业，2002，12：44~46.

[30] Marie Genet, Alexia Stokes, Franck Salin. The influence of cellulose content on tensile strength in tree roots [J]. Plant and Soil, 2005, 278: 1~9.

[31] Aarseth K A. Attrition of feed pellets during pneumatic conveying: the influence of velocity and bend radius [J]. Biosys Eng, 2004, 89: 197~213.

[32] Mani S, Tabil L G, Sokhansanj S. An overview of compaction of biomass grinds [J]. Powder Handl Process, 2003 (15): 160~168.

[33] 刘荣厚，等．生物质热化学转换技术［M］．北京：化学工业出版社，2005.

[34] 易维明．生物质比热容的测量方法［J］．山东工程学院学报，1996，10（1）：7~10.

[35] 彭担任．煤的比热容及其影响因素研究［J］．煤，1998，7（4）：1~4.

[36] 王婷．木质素提取及其应用研究进展［J］．新疆化工，2011（3）：7~10.

[37] 徐学耘．秸秆原料的初步分析［J］．农机化学研究，1994：99~103.

[38] 陈益华，李志红，沈彤．我国生物质能利用的现状及发展对策［J］．农机化学研究，2006（1）：25~28.

[39] 肖军．生物质利用现状［J］．安全与环境工程，2003（1）：11~14.

[40] 朱清时，闫立峰，郭庆祥．生物质洁净能源［M］．北京：化学工业出版社，2002.

[41] 周凤起，周大地．中国长期能源战略［M］．北京：中国计划出版社，1999.

[42] 刘荣厚，牛卫生，张大雷．生物质热化学转换技术［M］．北京：化学工业出版社，2005.

[43] 钱湘群．秸秆切碎及压缩成型特性与设备研究［D］．杭州：浙江大学，2003.
[44] 肖宏儒，陈永生，宋卫东．秸秆成型燃料加工技术发展趋势［J］．农业装备技术，2006，32（2）：11~13.
[45] 姜洋，曲静霞，郭军，等．生物质颗粒燃料成型条件的研究［J］．可再生能源，2006（5）：16~18.
[46] 王民，郭康权，朱文荣．秸秆制作成型燃料的试验研究［J］．农业工程学报，1993，9（1）：99~104.
[47] 林维纪，张大雷．生物质固化成型技术及其展望［J］．新能源，1999，2（4）：39~42.
[48] 蒋剑春，刘石彩，戴伟娣，等．林业剩余物制造颗粒成型燃料技术研究［J］．林产化学与工业，2003，19（3）：25~30.
[49] 吕文，王春峰，王国胜，等．中国林木生物质能源发展潜力研究［J］．中国能源，2005，27（11）：21~26.
[50] 崔明，赵立欣，田宜水，等．中国主要农作物秸秆资源能源化利用分析评价［J］．农业工程学报，2008，24（12）：291~296.
[51] 韩鲁佳，闫巧娟，刘向阳，等．中国农作物秸秆资源及其利用现状［J］．农业工程学报，2002，18（3）：87~91.
[52] 盛奎川，吴杰．生物质成型燃料的物理品质和成型机理的研究进展［J］．农业工程学报，2004，20（2）：242~245.
[53] 何元斌．生物质压缩成型燃料及成型技术［J］．农村能源，1995.
[54] 孔雪辉，王述洋，黎粤华．生物质燃料固化成型设备发展现状及趋势［J］．机电产品开发与创新，2010，23（2）：12，13，21.
[55] 姚宗路，田宜水，孟海波，等．生物质固体成型燃料加工生产线及配套设备［J］．农业工程学报，2010，26（9）：280~285.
[56] 霍丽丽，侯书林，赵立欣，等．生物质固体成型燃料技术及设备研究进展［J］．安全与环境学报，2009，9（6）：27~31.
[57] 周春梅，许敏，易维明．生物质压缩成型技术的研究［J］．高校理科研究，2006：72，73，75.
[58] 姜文荣，李骅，何文龙，等．生物质成型燃料燃烧特性的研究进展［J］．中国农机化，2012（6）：189~190，195.
[59] 郭献军，刘石明，肖波，等．生物质粉体燃烧炉实验研究［J］．环境科学与技术，2009，32（7）：54~56.
[60] 任智铨，张富胜，段绪强，等．生物质燃料锅炉的设计和研发［J］．石油和化工设备，2012（11）：76~79.
[61] 鲍振博，刘玉乐，郭俊旺，等．生物质气化中焦油的产生及其危害性［J］．安徽农业科学，2011，39（4）：2243~2244.
[62] 赖艳华，吕明新，马春元，等．缩口结构对降低生物质两段气化中焦油生成量的影响研究［J］．太阳能学报，2004，25（4）：547~551.
[63] 潘春鹏，黄群星，池涌，等，添加 CaO 对生物质热解焦油生成的影响研究［J］．热力发

电，2012（8）：18~23.
[64] 陈建芬. 生物质催化热解和气化的应用基础研究 [D]. 武汉：华中科技大学，2007.
[65] 张红梅. 生物质燃油做柴油机代用燃料的研究 [D]. 郑州：河南农业大学，2004.
[66] 田水泉，张立科，杨凤玲，等. 生物质能源化学转化技术与应用研究进展 [J]. 安徽农业科学，2011，39（3）：1645~1650.
[67] 罗思义，肖波，郭献军. 生物质微米燃料旋风燃烧试验研究 [J]. 锅炉技术，2010，44（1）：69~72，76.
[68] 罗思义，肖波，郭献军. 生物质微米燃料富氧燃烧特性分析 [J]. 东北林业大学学报，2009，37（5）：86~87.
[69] 张霞，蔡宗寿，阮建雯. 云南省生物质颗粒燃料发展前景分析 [J]. 农机化研究，2013（1）：224~227.
[70] 刘石明，郭献军，胡智泉，等. 生物质微米燃料（BMF）空气-水蒸气气化实验研究 [J]. 太阳能学报，2010.
[71] 苏琼. 生物质微米燃料催化气化实验研究 [D]. 武汉：华中科技大学，2006.
[72] 乔国朝，王述洋. 生物质热解液化技术研究现状及展望 [J]. 林业机械与木工设备，2005，33（5）：4~7.
[73] 常杰. 生物质液化技术的研究进展 [J]. 现代化工，2003，23（9）：13~18.
[74] 刘康，贾青竹，王昶. 生物质热解技术研究进展 [J]. 化学工业与工程，2008，25（5）：87~92.
[75] Velden M V, Baeyens J, Brems A, et al. Fundamentals, kinetics and endothermicity of the biomass pyr olysis reaction [J]. Renewable Energy, 2009, 35 (1): 1232~1242.
[76] Goyal H B, Diptendu Saxena R C. Bio-fuels from thermochemical conversion of renewable resources: A review [J]. Renewable and Sustainable Energy Reviews, 2008 (12): 504~517.
[77] 汤爱君，马海龙，董玉平. 提高生物质热解气化燃气热值的甲烷化技术 [J]. 可再生能源，2003，112（6）：15~17.
[78] 蔡继业，蔡忆昔. 生物质液化燃油的可利用性及转化技术 [J]. 农机化研究，2004（4）：221~224.
[79] 杜洪双，常建民，王鹏起. 木质生物质快速热解生物油产率影响因素分析 [J]. 林业机械与木工设备，2007，35（3）：16~20.
[80] 李晓娟，常建民，范东斌. 生物质快速热解技术现状及展望 [J]. 林业机械与木工设备，2009，37（1）：7~9.
[81] 蒋剑春. 生物质热化学转化行为特性和工程化研究 [D]. 北京：中国林业科学研究院林产化学工业研究所，2003.
[82] 曾其良，王述洋，徐凯宏. 典型生物质快速热解工艺流程及其性能评价 [J]. 森林工程，2008，24（3）：47~50.
[83] Scott D S, Piskorz J, Bergougnou M A, et al. The role of temperature in the fast pyrolysis of cellulose and wood [J]. Industrial and Engineering Chemistry Research, 1988, 27: 8~15.
[84] 易维明，柳善建，毕冬梅，等. 温度及流化床床料对生物质热裂解产物分布的影响 [J].

太阳能学报，2011，32（1）：25~29.

[85] Varhegyi G，Antal M. Simultaneous the rmogravimetric mass spectrometric studies of thermal decomposition of biopolymers：Sugar cane bagasse in the presence and absence of catalysts [J]. Energy and Fuels，1988，2：273~277.

[86] 方昭贤．不同种类生物质热裂解液化试验研究 [D]. 杭州：浙江大学，2008.

[87] 刘宇，李颖．利用小型流化床的生物质热裂解影响因素分析 [J]. 农业工程学报，2008，24（8）：206~209.

[88] Blasi C D. Heat，momentum and mass transport through a shrinking biomass particle exposed to thermal radiation [J]. Chemical Engineering Science，1996，51（7）：1121~1132.

[89] 李天舒，刘荣厚．生物质快速热裂解主要参数对生物油产率的影响 [J]. 环境污染治理技术与设备，2006，7（16）：18~22.

[90] Caglar A，Demirba A. Conversion of cotton shell to liquid products by pyrolysis [J]. Energy Conversion and Management，2000（41）：1749~1756.

[91] 牛艳青，王学斌，谭淳章，等．金属元素对木屑快速热解的影响 [J]. 农业工程学报，2009，25（12）：228~233.

[92] Lu Qiang，Zhang Ying，Tang Zhe，et al. Catalytic upgrading of biomass fast pyrolysis vapors with titania and zirconia / titania based catalysts [J]. Fuel，2010，89（8）：2096~2103.

[93] Ersam P. Catalytic pyrolysis of biomass：Effects of pyrolysis temperature，sweeping gas flow rate and MgO catalyst [J]. Energy，2010，35（7）：2761~2766.

[94] 柳善建，易维明，柏雪源，等．流化床生物质快速热裂解试验及生物油分析 [J]. 农业工程学报，2009，25（1）：203~207.

[95] Demirbas A. Mechanisms of liquefaction and pyrolysis of biomass [J]. Energy Conversion & Management，2000，41：633~646.

[96] Maschiog K. Pyrolysis，a promising route for biomass utilization [J]. Bio-resource Technology，1992（42）：219~231.

[97] 张春梅，赵风琴，刘庆玉，等．流化床系统参数对生物油产率的影响 [J]. 农业工程学报，2011，27（5）：292~297.

[98] 马承荣，肖波，杨家宽，等．生物质热解影响因素研究 [J]. 环境生物技术，2005，23（5）：10~15.

[99] Tsamba A J，Yang W H，Blasi A K W. Pyrolysis characteristics and global kinetics of coconut and cashew nut shells [J]. Fuel Processing Technology，2006，87（1）：523~550.

[100] 李志合，易维明，高巧春，等．生物质闪速热解挥发特性的研究 [J]. 可再生能源，2005（4）：26~29.

[101] 杜海清．木质类生物质催化热解动力学研究 [D]. 哈尔滨：黑龙江大学，2008.

[102] Lu C B，Song W L，Lin W G. Kinetics of biomass catalytic pyrolysis [J]. Biotechnology Advances，2009，27（4）：583~587.

[103] 张瑞霞，仲兆平，黄亚继．生物质热解液化技术研究现状 [J]. 节能，2008，27（6）：16~19.

[104] 孔晓英，武书彬．农林废弃物热解液化机理及其主要影响因素［J］．造纸科学与技术，2001，20（5）：22~26.

[105] 王富丽，黄世勇，宋清滨，等．生物质快速热解液化技术的研究进展［J］．广西科学院学报，2008，24（3）：225~230.

[106] Manuel G P, Wang X S, Shen J, et al. Fast pyrolysis of oilmallee woody biomass ：Effect of temperature on the yield and quality of pyrolysis products ［J］. Industrial & Engineering Chemistry Research，2008，47（6）：1846~1854.

[107] Akwasia B, Mullen C A, Goldbergn M, et al. Producti on of bio-oil from alfalfa stems by fluidized bed fast pyrolysis ［J］. Industrial & Engineering Chemistry Research，2008，47（12）：4115~4122.

[108] 刘荣厚，栾敬德．榆木木屑快速热裂解主要工艺参数优化及生物油成分的研究［J］．农业工程学报，2008，24（5）：187~190.

[109] Boukis I, Gyftopoulou M E, Papami Chael I. Progress in thermochemical biomass conversion ［M］. Oxford：Blackwell Publishing Ltd .，2001：25~32.

[110] Velden M V, Baeyens J, Boukis I . Modeling CFB biomass pyrolysis reactors ［J］. Biomass Bioenergy，2008，32（2）：128~139.

[111] Lédé J. Comparison of contact and radiant ablative pyrolysis of biomass ［J］. Journal of Analytical and Applied Pyrolysis，2003，70（3）：601~618.

[112] Bridgwater A V. The production of biofuels and renewable chemicals by fast pyrolysis of biomass ［J］. International Journal of Global Energy Issues，2007，27（2）：160~203.

[113] LéDé J, Brous F, Ndiaye F T. Properties of bio-oils produced by biomass fast pyrolysis in a cyclone reactor ［J］. Fuel，2007，86（12/13）：1800~1810.

[114] 李滨．转锥式生物质闪速热解装置设计理论及仿真研究［D］．哈尔滨：东北林业大学，2008.

[115] Chen M Q, Wang J, Zhang M X, et al . Catalytic effects of eight inorganic additives on pyrolysis of pine wood sawdust by microwave heating ［J］. Journal of Analytical and Applied Pyrolysis，2008，82（1）：145~150.

[116] Adisak P, James O T, Bridgewater A V. Evaluation of catalytic pyrolysis of cassava rhizome by principal component analysis ［J］. Fuel，2010，89（1）：1~10.

[117] 白鲁刚，颜涌捷，李庭深．煤与生物质共液化的催化反应［J］．化工冶金，2000，21（2）：198~203.

[118] 陈吟颖．生物质与煤共热解试验研究［D］．北京：华北电力大学，2007.

[119] Miura M, Kaga H, Yoshida T. Microwave pyrolysis of cellulosic materials for the production of an hydrosugars ［J］. The Japan Wood Research Soeiety，2001，47（6）：502~506.

[120] Miura M, Kaga H, Sakura I A. Rapid pyrolysis of wood block by microwave heating ［J］. Journal of Analytical and Applied Pyrolysis，2004，71（1）：187~199.

[121] 商辉，Kingman S, Robinson J．微波热裂解木屑的基础研究［J］．生物质化学工程，2009，43（6）：18~22.

[122] Wan Y Q, Chen P, Zhan G B, et al . Microwave-assisted pyrolysis of biomass: Catalysts to improve product selectivity [J]. Journal of Analytical and Applied Pyrolysis, 2009, 86 (1): 161~167.

[123] 易维明，柏雪源，何芳，等 . 利用热等离子体进行生物质液化技术的研究 [J]. 山东工程学院学报，2000，14 (1): 9~12.

[124] 李志合，易维明，李永军 . 等离子体加热流化床反应器的设计与实验 [J]. 农业机械学报，2007，38 (4): 66~68.

[125] 修双宁，易维明，李保明 . 秸秆类生物质闪速热解规律 [J]. 太阳能学报，2005，26 (4): 538~542.

[126] 日本能源学会 . 生物质和生物能源手册 [M]. 史仲平，华兆哲，译 . 北京：化学工业出版社，2007.

[127] 袁振宏，吴创之，马隆龙 . 生物质能利用原理与技术 [M]. 北京：化学工业出版社，2004.

[128] 陈孙航，黄亚继 . 生物质液体燃料的特性和转化利用技术 [J]. 能源与环境，2008 (5): 27~29.

[129] 王琦 . 生物质热裂解制取生物油及其后续应用研究 [D]. 杭州：浙江大学，2008.

[130] Velden M V, Baeyens J, Brems A, et al. Fundamentals, kinetics and endothermicity of the biomass pyrolysis reaction [J]. Renewable Energy, 2010, 35 (1): 232~242.

[131] Lu Q, Li W Z, Zhu X F. Overview of fuel properties of biomass fast pyrolysis oils [J]. Energy Conversion and Management, 2009, 50 (5): 1376~1383.

[132] 郑志锋，黄元波，潘晶，等 . 煤与生物质的共热解液化研究进展 [J]. 生物质化学工程，2009，43 (5): 55~60.

[133] 戴先文，吴创之，周肇秋，等 . 循环流化床反应器固体生物质的热解液化 [J]. 太阳能学报，2001，22 (2): 124~130.

[134] 王黎明，王述洋 . 国内外生物质热解液化装置的研发进展 [J]. 太阳能学报，2006，27 (11): 1180~1184.

[135] Diebold J P, Czernik S, et al. Biomass pyrolysis oil properties and combustion meeting [C] //NREL, 1994: 90~108.

[136] Roy C, Lemieux R, de Caumia B, et al. Pyrolysis oils from biomass: producing, analyzing and upgrading [M]. Washington D C: American Chemical Society, 1988: 16~30.

[137] 张琦，常杰，王铁军，等 . 生物质裂解油的性质及精制研究进展 [J]. 石油化工，2006，35 (5): 493~498.

[138] 徐莹，常杰，张琦，等 . 固体碱催化剂上生物油催化酯化改质 [J]. 石油化工，2006，35 (7): 615~618.

[139] 李理，阴秀丽，吴创之，等 . 生物质热解油气化制备合成气的研究 [J]. 可再生能源，2007，25 (1): 40~43.

[140] 王树荣，廖艳芬，骆仲泱，等 . 生物质热裂解制油的动力学及技术研究 [J]. 燃烧科学与技术，2002，8 (2): 176~180.

[141] Sipila K, Kuoppala E, Fagernas L, et al. Characterization of Biomass-Based Flash Pyrolysis Oils [J]. Biomass Bioenery, 1998, 14 (2): 103~113.

[142] Czernik S, Bridgwater A V. Overview of applications of biomass fast pyrolysis oils [J]. Energy Fuels, 2004, 18 (2): 590~598.

[143] Jean Nepo Murwanashyaka, Hooshang Pakdel, Christian Roy. Seperation of syringol from birch wood-derived vacuum pyrolysis oil [J]. Separation and Purification Technology, 2001, 24 (1~2): 155~165.

[144] Sanding E, Walling G, Daugaar D E, et al. The prospect for integrating fast pyrolysis into biomass power systems [J]. Power Energy Systems, 2004, 24 (3): 228~238.

[145] Chum H, Deibold J, Sczhill J, et al. Biomass pyrolysis oil feed-stocks for phenolic adhesives [C] // In: Hemingway R W, Conner A H, Branham S J, eds. Adhesives from Renewable Resources, ACS Symposium Series No. 385. Washington D C: Am. Chem. Soc., 1989: 135~151.

[146] Shriner R L, Fuson R C, Curtin D Y. The synthetic identification of organic compounds: A laboratory manual [M]. Wiley: New York, 1964.

[147] Mourant D, Yang D Q, Lu X, et al. Anti-fungal properties of the pyroligneous liquors from the pyrolysis of softwood bark [J]. Wood Fiber Sci, 2005, 37 (3): 542~548.

[148] Ba T Y, Chaala A, Garcia-Perez M, et al. Colloidal properties of bio-oils obtained by vacuum pyrolysis of softwood bar characterization of water-soluble and water-insoluble fraction [J]. Energy Fuels, 2004, 18 (3): 704~712.

[149] Michio Ikura. Emulsification of pyrolysis derived bio-oil in diesel fuel [J]. Biomass and Bioenergy, 2003, 24 (3): 221~232.

[150] 徐绍平，刘娟，李世光，等. 杏核热解生物油萃取-柱层析分离分析和制备工艺 [J]. 大连理工大学学报，2005，45 (4): 505~510.

[151] 李世光，徐绍平，路庆花. 快速热解生物油柱层析分离与分析 [J]. 太阳能学报，2005，26 (4): 449~555.

[152] Saari P, Hakka K, Jumppanen J, et al. Study on industrial scale chromatographic separation methods of galactose from biomass hydrolysates [J]. Chemical Engineering & Technology, 2010, 33 (1/2): 137~144.

[153] Piskorz J, Majerski P, Radilein D, et al. Conversion of lignins to hydrocarbon fuels [J]. Energy & fuels, 1989, 3: 723~726.

[154] Love G D, Snape C E, Carr A D, et al. Release of covalently-bound alkane biomarkers in high yields from kerogen via catalytic hydropyrolysis [J]. Org Geochem, 1995, 23 (10): 981~986.

[155] Busetto L, Fabbri D, Mazzoni R, et al. Application of the Shvo catalyst in homogeneous hydrogenation of bio-oil obtained from pyrolysis of white poplar: New mild upgrading conditions [J]. Fuel, 2011, 90 (6): 1197~1207.

[156] 刘颖，林鹿，庞春生，等. Pd/C 催化剂对生物质基丁酮催化加氢制取仲丁醇 [J]. 工

业催化，2009，17（7）：41～42.

[157] Williams P T, Horne P A. The influence of catalyst regeneration on the composition of zeolite-upgraded biomass pyrolysis oils [J]. Fuel, 1995, 74 (12): 1839～1851.

[158] Adjaye J D, Bakhshi N N. Catalytic conversion of a biomass-derived oil to fuels and chemicals Ⅱ: Chemical kinetics, parameter estimation and model predictions [J]. Biomass and Bioenergy, 1995, 8 (4): 265～277.

[159] Vitoloa S, Seggiania M, Fredianib P, et al. Catalytic upgrading of pyrolytic oils to fuel over different zeolites [J]. Fuel, 1999, 78: 1147～1159.

[160] 郭晓亚，颜涌捷，李庭琛，等．生物质裂解油催化裂解精制［J］．过程工程学报，2003，3（1）：91～95.

[161] Diebold J P, Czernik S. Additives to lower and stabilize the viscosity of pyrolysis oils during storage [J]. Energy & Fuels, 1997, 11: 1081～1091.

[162] Lopez Juste G, Salva Monfort J J. Preliminary test on combustion of wood derived fast pyrolysis oils in a gas turbine combustor [J]. Biomass and Bioenergy, 2000, 19: 119～128.

[163] 王丽红，吴娟，易维明，等．玉米秸秆粉热解生物油的分析及乳化［J］．农业工程学报，2009，25（10）：204～208.

[164] 张健，李文志，陆强，等．复配乳化剂乳化生物油/柴油技术［J］．农业机械学报，2009，40（2）：104～106.

[165] 王琦，李信宝，王树荣，等．生物质热解生物油与柴油乳化的试验研究［J］．太阳能学报，2010，31（3）：381～384.

[166] Wang Jinjiang, Chang Jie, Fan Juan. Catalytic esterification of bio-oil by ion exchange resins [J]. Journal of Fuel Chemistry and Technology, 2010, 38 (5): 560～564.

[167] 王琦，姚燕，王树荣，等．生物油离子交换树脂催化酯化试验研究［J］．浙江大学学报（工学版），2009，43（5）：927～930.

[168] Crown Zellerbach Corporation. Process for preparation of levoglucosan: US, 3235541 [P]. 1966-02-15.

[169] Weyerhaeuser Company. Separating levoglucosan and carbohydrate derived acids from aqueous mixtures containing the same by treatment with metal compounds: US, 3374222 [P]. 1968-03-19.

[170] Midwest Research Institute. Isolation of levoglucosan from pyrolysis oil from cellulose: US, 5371212 [P]. 1994-12-06.

[171] Red Arrow Products Company. Process for producing hydroxyacetaldehyde: US, 5252188 [P]. 1993-10-12.

[172] Red Arrow Products Company. Process for producing hydroxyacetaldehyde: US, 5393542 [P]. 1995-02-28.

[173] Midwest Research Institute. Preparation of brightness stabilization agent for lignin containing pulp from biomass pyrolysis oils: US, 6193837 B1 [P]. 2001-02-27.

[174] American Can Company. Fractionation of oil obtained by pyrolysis of lignocellulosic materials to re-

cover a phenolic fraction for use in making phenol-formaldehyde resins: US, 4209647 [P]. 1980-06-24.

[175] Midwest Research Institute. Process for fractionating fast-pyrolysis oils, and products derived therefrom: US, 4942269 [P]. 1990-07-17.

[176] Midwest Research Institute. Process for preparing phenolic formaldehyde resole resin products derived from fractionated fast-pyrolysis oils: US, 5091499 [P]. 1992-02-25.

[177] Midwest Research Institute Ventures. Phenolic compound containin/netural fractions extract and products derived therefrom from fractionated fast-pyrolysis oils: US, 5223601 [P]. 1993-06-29.

[178] 廖艳芬，王树荣，谭洪，等. 生物质热裂解制取液体燃料技术的发展 [J]. 能源工程，2002 (2): 1~5.

[179] 黄进，夏涛，郑化. 生物质化工与生物质材料 [M]. 北京：化学工业出版社，2009.

[180] 付国楷，张驰，张智. 竹制活性炭在水体净化中的作用初探 [J]. 三峡环境与生态，2009，2 (6): 15~17.

[181] 张忠河，林振衡，付娅琦，等. 生物炭在农业上的应用 [J]. 安徽农业科学，2010，38 (22): 11880~11882.

[182] 李治，刘晓非，等. 壳聚糖降解研究进展 [J]. 化工进展，2000，6: 1~4.

[183] 孙振华. 淀粉基可降解材料的合成与性能研究 [D]. 武汉：湖北大学，2012.

[184] 宋天顺，晏再生，胡颖，等. 沉积物微生物燃料电池修复水体沉积物研究进展 [J]. 现代化工，2009，11.

[185] Helder M, Strik D P, Hamelers H V M, et al. New plantgrowth medium for increased power output of the plant-microbial fuel cell [J]. Bioresource Technology, 2012, 104: 417~423.

[186] Wang X, Feng Y J, Liu J, et al. Sequestration of CO_2 discharged from anode by algal cathode in microbial carbon capture cells (MCCs) [J]. Biosensors and Bioelectronics, 2010, 25 (12): 2639~2643.

[187] Pandit S, Nayak B K, Das D. Microbial carbon capture cell using cyanobacteria for simultaneous power generation, carbon dioxide sequestration and wastewater treatment [J]. Bioresource Technology, 2012, 107: 97~102.

[188] Schamphelaire L, Verstraete W. Revival of the biological sunlight- to-biogas energy conversion system [J]. Biotechnology Bioengineering, 2009, 103 (2): 296~304.

[189] Hyeon J J, Kyu-won S, Sang H L, et al. Production of algal biomass (chlorella vulgaris) using sediment microbial fuel cells [J]. Bioresource Technology, 2012, 109: 308~311.

[190] 刘丹. 关于城市污泥燃料化的方案 [J]. 上海节能，2008 (7): 23~26.

[191] 蔡木林，刘俊新. 污泥厌氧发酵产氢的影响因素 [J]. 环境科学，2005，26 (2): 98~101.

[192] 史吉航，吴纯德. 超声破解促进污泥两相厌氧消化性能研究 [J]. 中国给水排水，2008，24 (21): 21~25.

[193] 王治军，王伟. 热水解预处理改善污泥的厌氧消化性能 [J]. 环境科学，2005，26

(1)：68~71.

[194] 赵春芳，邝生鲁，奚强．以葡萄糖为基质的消化污泥厌氧发酵产氢气的研究 [J]. 化学工业与工程技术，2001，22 (4)：4~5.

[195] 唐春忠．循环经济显身手污泥焚烧创效益 [J]. 中国资源综合利用，2005 (7)：30~35.

[196] Werthe Ogada T. Sewage sludge combustion [J]. Progress in Energy and Combustion Science, 1999, 25 (1)：55~116.

[197] 蔺法峰，韩成吉．污泥焚烧处理的可行性探讨 [J]. 中国建设信息，2008 (20)：26~27.

[198] 陈鸿，吴滨，郭晨华．城市污泥焚烧处理工艺比较研究 [J]. 科技创新导报，2008 (20)：103~104.

[199] 李爱民，高宁博，李润东，等．NO_x 和 SO_2在污泥气化焚烧处理中的排放特性 [J]. 燃烧科学与技术，2004，10 (4)：289~294.

[200] 王涛．污泥焚烧技术现状、存在问题与发展趋势 [J]. 西南给排水，2007 (1)：7~10.

[201] 矫维红，那永洁，郑明辉，等．城市下水污泥焚烧过程中二次污染物排放特性的试验研究 [J]. 环境污染治理技术与设备，2006，7 (4)：74~77.

[202] 黄凌军，杜红，鲁承虎，等．欧洲污泥干化焚烧处理技术的应用与发展趋势 [J]. 给水排水，2003，29 (11)：19~22.

[203] 李桂菊，王子曦，赵茹玉．直接热化学液化法污泥制油技术研究进展 [J]. 天津科技大学学报，2009，24 (2)：74~78.

[204] 熊思江，章北平，冯振鹏，等．湿污泥热解制取富氢燃气影响因素研究 [J]. 环境科学学报，2010，30 (5)：996~1001.

[205] 牟宁．污泥气化处理工艺浅议 [J]. 环境保护与循环经济，2010 (5)：49~56.

[206] 横山伸也，铃木明．污水处理厂中污泥的油化处理技术 [J]. 新疆环境保护，1992，14 (4)：55~60.

[207] 邵立明．污水厂污泥低温热解过程能量平衡分析 [J]. 上海环境科学，1996，15 (6)：19~21.

[208] 李海英，张书廷，赵新华．城市污水污泥热解温度对产物分布的影响 [J]. 太阳能学报，2006，27 (8)：835~840.

[209] 黎锡流，曾利容，保国裕．甘蔗糖厂综合利用 [M]. 北京：中国轻工业出版社，1998.

[210] R Katzen. 木质素纤维原料的乙醇生产：最大量的可再生能源原料 [J]. 酒精，2004 (2)：46~50.

[211] 保国裕．提高蔗髓饲料营养价值的探讨 [J]. 甘蔗糖业，2004 (5)：34~41.

[212] 张龙，闫德冉，董青山，等．纤维素酶的研究及应用进展 [J]. 酒精，2005 (1)：9~13.

[213] 黄明权，张大雷，姜洋，等．影响生物质固化成型因素的研究 [J]. 农村能源，1999，83 (1)：17~18.

[214] 姜洋，曲静霞，潘亚杰，等．生物质致密成型技术处理木材加工废弃物的应用 [J]. 人

造板通讯，2004，111（3）：13~14.

[215] 赖艳华，吕明新，董玉平．生物质热解气化气中焦油生成机理及其脱除研究［J］．农村能源，2001（4）：16~19.

[216] 吴创之，阴秀丽，刘平，等．生物质焦油裂解的技术关键［J］．新能源，1998，20（7）：1~5.

[217] 何伯翠．秸秆热解气化气中焦油生成机理及除焦方法［J］．皖西学院学报，2002，18（4）：46~48.

[218] 孙云娟，蒋剑春．生物质气化过程中焦油的去除方法综述［J］．生物质化学工程，2006，40（2）：31~35.

[219] 杨海平，米铁，陈汉平，等．生物质气化中焦油的转化方法［J］．煤气与热力，2004，24（3）：122~126.

[220] 张存兰．不同吸附剂对生物质气化焦油去除效果的影响［J］．安徽农业科学，2009，37（18）：8663~8665.

[221] Gil J, Corella J, Aznar M P, et al. Biomassgasification in atmospheric and bubbling fluidized bed: Effect of the type of gasifying agent on the product distribution [J]. Biomass and Bioenergy, 1999, 17 (5): 389~403.

[222] 吴创之，阴秀丽，徐冰，等．生物质富氧气化特性的研究［J］．太阳能学报，1997，18（3）：237~242.

[223] 应浩，蒋剑春．生物质能源转化技术与应用（Ⅳ）——生物质热解气化技术研究和应用［J］．生物质化学工程，2007，41（6）：47~55.

[224] 盛建菊．生物质气化发电技术的进展［J］．节能技术，2007（1）：68~71.

[225] Gil J, Caballero M A, Martin J A, et al. Biomass gasification with air in a fluidized bed: effect of the in bed use of dolomite under different operation conditions [J]. Industrial Engineering and Chemistry Research, 1999, 38: 26~35.

[226] 吴创之，马隆龙，陈勇．生物质气化发电技术发展现状［J］．中国科技产业，2006，2：76~79.

[227] 陈德铭．全面贯彻落实科学发展观加快生物质能的开发利用［J］．可再生能源，2005，129（5）：1~3.

[228] 蒋国良，袁超，史景钊，等．生物质转化技术与应用研究进展［J］．河南农业大学学报，2005，39（4）：464~471.

[229] Adam J, Antonakou E, Lappas A, et al. Insitu catalytic upgrading of biomass derived fast pyrolysis vapours in a fixed bed reactor using mesoporous materials [J]. Microporous and Mesoporous Materials, 2006, 96 (1~3): 93~101.

[230] Garcia L, French R, Czernik S, et al. Catalytic steam reforming of bio-oils for the production of hydrogen: effects of catalyst composition [J]. Applied Catalysis A: General, 2000, 201 (2): 225~339.

[231] 刘荣厚．生物质能工程［M］．北京：化学工业出版社，2009.

[232] McKendry P. Energy production from biomass (Part 3): Gasification technologies [J]. Biore-

source Technology, 2002, 83 (1): 55~63.

[233] 马隆龙，肖艳京，任永志，等．生物质气化发电能源工程 [J]. 能源工程，2000，2: 4~6.

[234] Meng N, Leung Y C. An overview of hydrogen production from biomass [J]. Fuel Processing Technology, 2006, 87 (6): 461~472.

[235] Rapagns S. Catalytic gasification of biomass to produce hydrogen rich gas [J]. International Journal of Hydrogen Energy, 1998, 23 (7): 551~557.

[236] Franco C, Pinto F. The study of reaction influencing the biomass steam gasification [J]. Fuel, 2003, 82 (7): 835~842.

[237] Li X T. Biomass gasification in a circulating fluidized bed [D]. Vancouver: The University of British Columbia, 2002.

[238] 车丽娜，王维新．生物质气化影响因素的分析 [J]. 新疆农机化，2008 (3): 41~43.

[239] 陈蔚萍，陈迎伟，刘振峰．生物质气化工艺技术应用与进展 [J]. 河南大学学报 (自然科学版), 2007, 37 (1): 35~41.

[240] 李海霞，朱跃钊，廖传华，等．原料对生物质气化的影响 [J]. 农机化研究，2010，32 (2): 213~215.